国家出版基金项目
NATIONAL PUBLICATION FOUNDATION

Supported by Key Project for the Development of State Facilities and Information Infrastructure for Science and Technology: National Specimen Information Infrastructure (2005DKA21401)
The Thirteenth Five-Year Plan for National Important Books Publication Project
国家科技基础条件平台：标本资源共享平台建设项目（2005DKA21401）资助
“十三五”国家重点图书出版规划项目

Type Specimens in China National Herbarium (PE)

Volume 11
ANGIOSPERMAE(8)

中国国家植物标本馆（PE）模式标本集

第 11 卷

被子植物门（8）

Institute of Botany, Chinese Academy of Sciences Edit
The editors of this volume LIN Qi, YANG Zhirong and LIN Yun

中国科学院植物研究所 编
本卷主编 林 祁 杨志荣 林 云

河南科学技术出版社
Henan Science and Technology Press

图书在版编目（CIP）数据

中国国家植物标本馆（PE）模式标本集. 第11卷，被子植物门. 8：英汉对照 / 中国科学院植物研究所编；林祁，杨志荣，林云本卷主编. —郑州：河南科学技术出版社，2017.6
ISBN 978-7-5349-8160-9

Ⅰ. ①中… Ⅱ. ①中… ②林… ③杨…④林… Ⅲ. ①植物—标本—中国—图集 Ⅳ. ①Q94-34

中国版本图书馆CIP数据核字（2017）第026364号

The editors of this volume LIN Qi, YANG Zhirong and LIN Yun

Edited by BAN Qin, CHEN Shurong, CHEN Yali, DU Yufen, FU Lianzhong, HE Shanshan, JING Xuan, LI Hongli, LIN Qi, LIN Yun, LIU Wenqun, MA Xintang, SHI Qingchun, WANG Mingqiong, WANG Zhongtao, WU Huibing, WU Jiali, YANG Zhirong, YUN Yingxia

(Names are arranged in alphabetical order)

主　编　林　祁　杨志荣　林　云

编著者（以姓氏拼音为序）

班　勤　陈淑荣　陈雅丽　杜玉芬　傅连中　何珊珊
敬　璇　李红丽　林　祁　林　云　刘文群　马欣堂
石青春　王明琼　王忠涛　吴慧冰　吴佳丽　杨志荣
云映霞

生物中国总策划：周本庆

出版发行：河南科学技术出版社
地址：郑州市经五路66号　邮编：450002
电话：（0371）65737028　65788613
网址：www.hnstp.cn
策划编辑：周本庆　杨秀芳
责任编辑：陈　艳
责任校对：李振方
整体设计：张　伟
责任印制：张艳芳
印　　刷：北京盛通印刷股份有限公司
经　　销：全国新华书店
幅面尺寸：240mm × 345mm　印张：76　字数：250千字
版　　次：2017年6月第1版　2017年6月第1次印刷
定　　价：1 500.00元

Introduction

Predecessors of China National Herbarium (abbreviated code PE), Institute of Botany, Chinese Academy of Sciences are the Herbarium, Department of Botany, the Fan Memorial Institute of Biology, Peiping (1928), as well as the Herbarium, Institute of Botany, the National Academy of Peiping (1929). Now PE has developed into the largest herbarium in Asia. The current collections contain more than 2 650 000 specimens in the herbarium, including mosses, ferns, seed plants, seed collections and plant fossil samples. Among them, there are about 20 000 type specimens (holotype, isotype, lectotype, isolectotype, neotype, isoneotype, epitype, isoepitype, syntype, isosyntype, paratype, isoparatype).

Type specimens in this book were produced by selecting the most important type specimen deposited at PE under the same scientific name (species, subspecies, variety and form), and then they were also reviewed and scanned. After compilation, ***Type Specimens in China National Herbarium*** (***PE***) which consists of 14 volumes is completed.

Type Specimens in China National Herbarium (***PE***) includes 7 451 type specimens, comprising 4 356 holotypes, 2 203 isotypes, 319 lectotypes, 8 isolectotypes, 3 neotypes, 3 isoepitypes, 27 syntypes, 94 isosyntypes, 279 paratypes, 170 isoparatypes, and belonging to 194 families, 1 134 genera, 6 159 species, 66 subspecies, 1 114 varieties and 122 forms. The taxa are arranged by family according to the system of ***Flora Bryophytorum Sinicorum*** and ***Flora Reipublicae Popularis Sinicae***. Infra-family taxa are alphabetized by genera, species, subspecies, varieties and forms. The explanation of each taxon is listed in the figure caption with Chinese name, scientific name, original publication, nature of specimen (holotype/ isotype/ lectotype/ isolectotype/ neotype/ isoneotype/ epitype/ isoepitype/ syntype/ isosyntype/ paratype/ isoparatype), type locality (country/ province/ county/ mountain if present), altitude, collection date, collector and collection number. The collector and type locality in this book follow ***Index Herbariorum Sinicorum*** (L. K. Fu, 1993) and ***Gazetteer of China—An Index to the Atlas of the People's Republic of China*** (Chinese Academy of Surveying & Mapping, 1997) respectively.

This book is a very important work for researching and identifying Chinese plants. It could also be used as a reference by plant taxonomists and people from botanic research institutions, educational institutions and production departments at home and abroad.

Volume 11 of ***Type Specimens in China National Herbarium*** (***PE***) includes 553 type specimens from Aquifoliaceae to Theaceae (1), comprising 218 holotypes, 228 isotypes, 33 lectotypes, 1 neotype, 1 isoepitype, 4 syntypes, 16 isosyntypes, 42 paratypes, 12 isoparatypes, and belonging to 20 families, 65 genera, 448 species, 5 subspecies, 91 varieties and 11 forms.

Greatest thanks to Prof. Li Liangqing and Prof. Zhang Xianchun, curators of China National Herbarium (PE), for their support and help throughout the publication of the book.

LIN Qi

February 2016

前　言

中国科学院植物研究所国家植物标本馆（缩写代号 PE）的前身是 1928 年成立的北平静生生物调查所植物标本室和 1929 年成立的北平研究院植物研究所标本室，现已发展为亚洲最大的植物标本馆，目前馆藏植物标本 265 万余份，包括苔藓植物标本、蕨类植物标本、种子植物标本、种子标本和植物化石标本，其中模式标本近 2 万份（含主模式、等模式、后选模式、等后选模式、新模式、等新模式、附加模式、等附加模式、合模式、等合模式、副模式、等副模式）。

书中所收录的模式标本是在同一学名下（种、亚种、变种、变型）遴选出一份最重要的馆藏模式标本，经整理并扫描后编撰而成《中国国家植物标本馆（PE）模式标本集》（共 14 卷）。

全书共收有模式标本 7 451 份，含 4 356 份主模式、2 203 份等模式、319 份后选模式、8 份等后选模式、3 份新模式、3 份等附加模式、27 份合模式、94 份等合模式、279 份副模式、170 份等副模式，隶属于 194 科、1 134 属、6 159 种、66 亚种、1 114 变种和 122 变型。全书各科依据《中国苔藓志》及《中国植物志》系统排列，属、种、亚种、变种、变型的名称按字母顺序排列。每张扫描模式标本相片的图注解释均标注中名、学名、原始文献、模式类型（主模式、等模式、后选模式、等后选模式、新模式、等新模式、附加模式、等附加模式、合模式、等合模式、副模式、等副模式）、采集地点（国名、省名、县名、山名）、海拔、采集时间（年月日）、采集人和采集号。本书中的采集人根据《中国植物标本馆索引》(傅立国，1993) 书写，采集地根据《中国地名录—中华人民共和国地图集地名索引》（国家测绘局地名研究所，1997）书写。

本书是一部研究与鉴定中国植物的重要著作，可供国内外植物分类学者及有关植物学科研、教学和生产部门人员参考。

第 11 卷包括被子植物门冬青科至山茶科（1）的模式标本，共 553 份，含 218 份主模式、228 份等模式、33 份后选模式、1 份新模式、1 份等附加模式、4 份合模式、16 份等合模式、42 份副模式、12 份等副模式，隶属于 20 科、65 属、448 种、5 亚种、91 变种和 11 变型。

感谢中国国家植物标本馆（PE）馆长李良千研究员和张宪春研究员在本书编撰过程中给予的支持和帮助。

林　祁

2016 年 2 月

Contents
目　录

Aquifoliaceae

冬青科

dongqing ke

棱枝冬青 ***Ilex angulata*** Merr. & Chun in Sunyatsenia 2(2-3): 266, f. 30. 1935. **Isotype:** China. Hainan: Tongjia (=Dingan), alt. 520 m, 1932-09-01, N. K. Chun & C. L. Tso 43779.

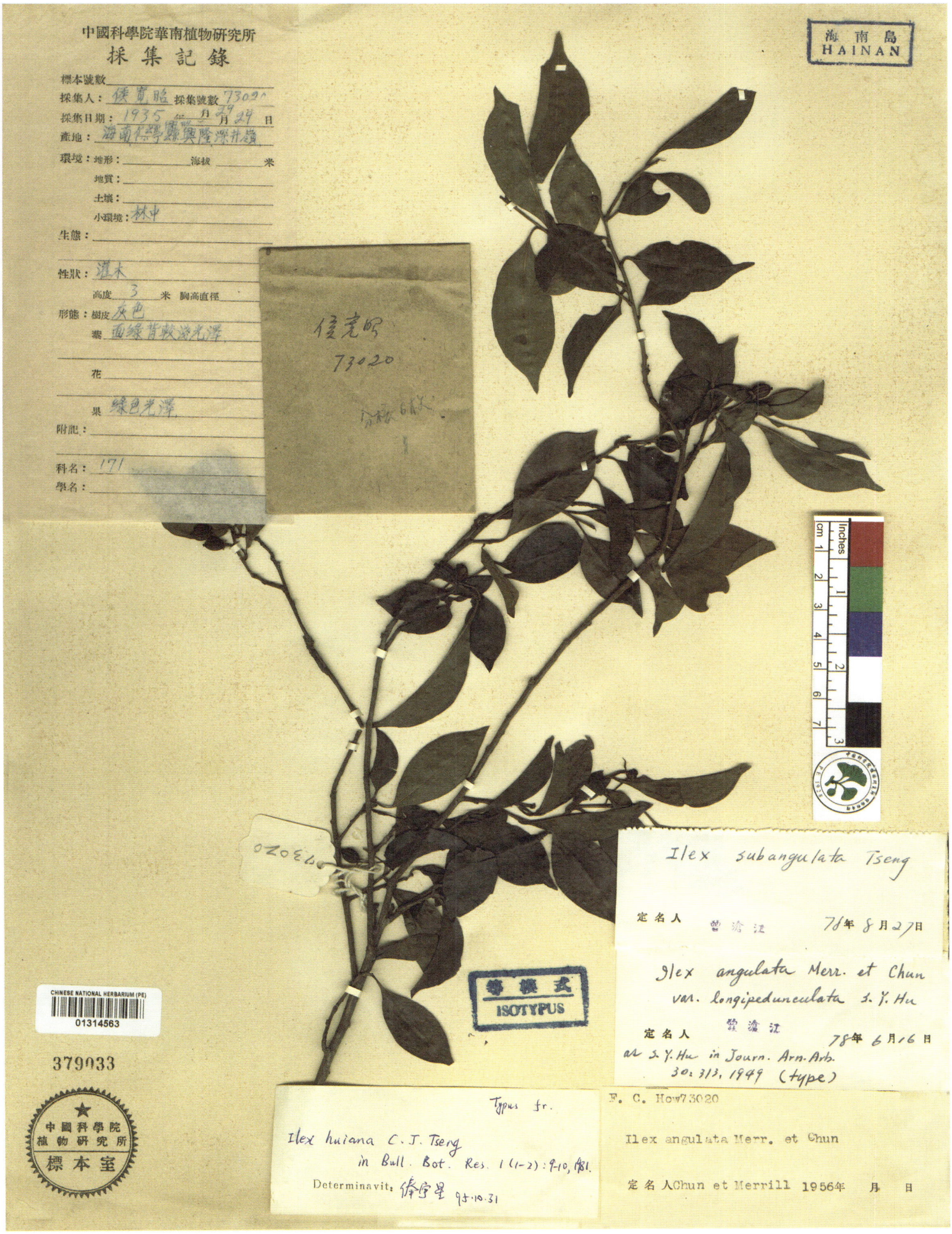

长梗棱枝冬青 ***Ilex angulata*** Merr. & Chun var. ***longipedunculata*** S. Y. Hu in J. Arnold Arb. 30(3): 313. 1949. **Isotype:** China. Hainan: Baoting, 1935-06-29, F. C. How 73020.

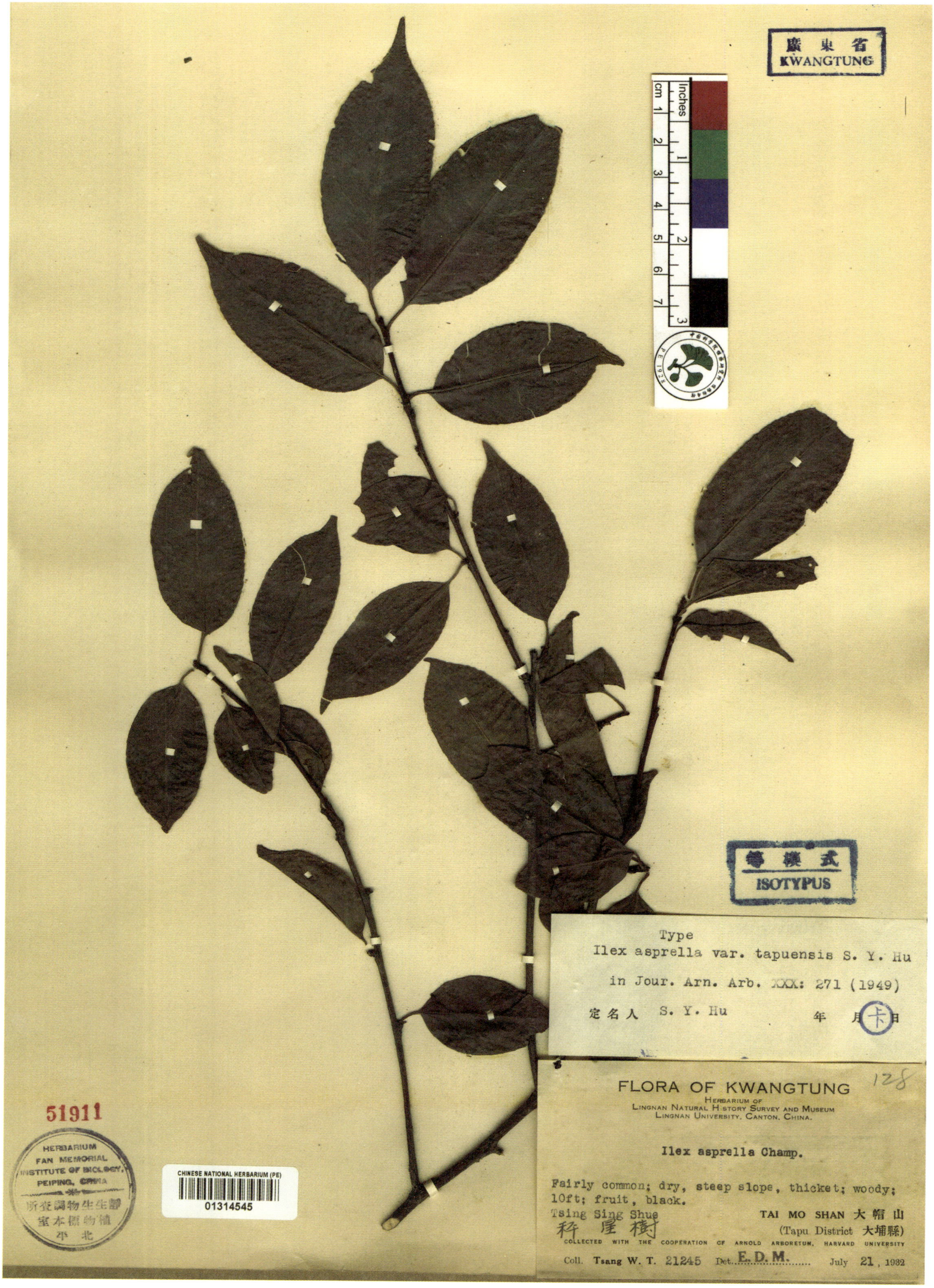

大埔秤星树 ***Ilex asprella*** (Hook. & Arn.) Champ. ex Benth. var. ***tapuensis*** S. Y. Hu in J. Arnold Arb. 30(3): 271. 1949.
Isotype: China. Guangdong: Dapu, 1932-07-21, W. T. Tsang 21245.

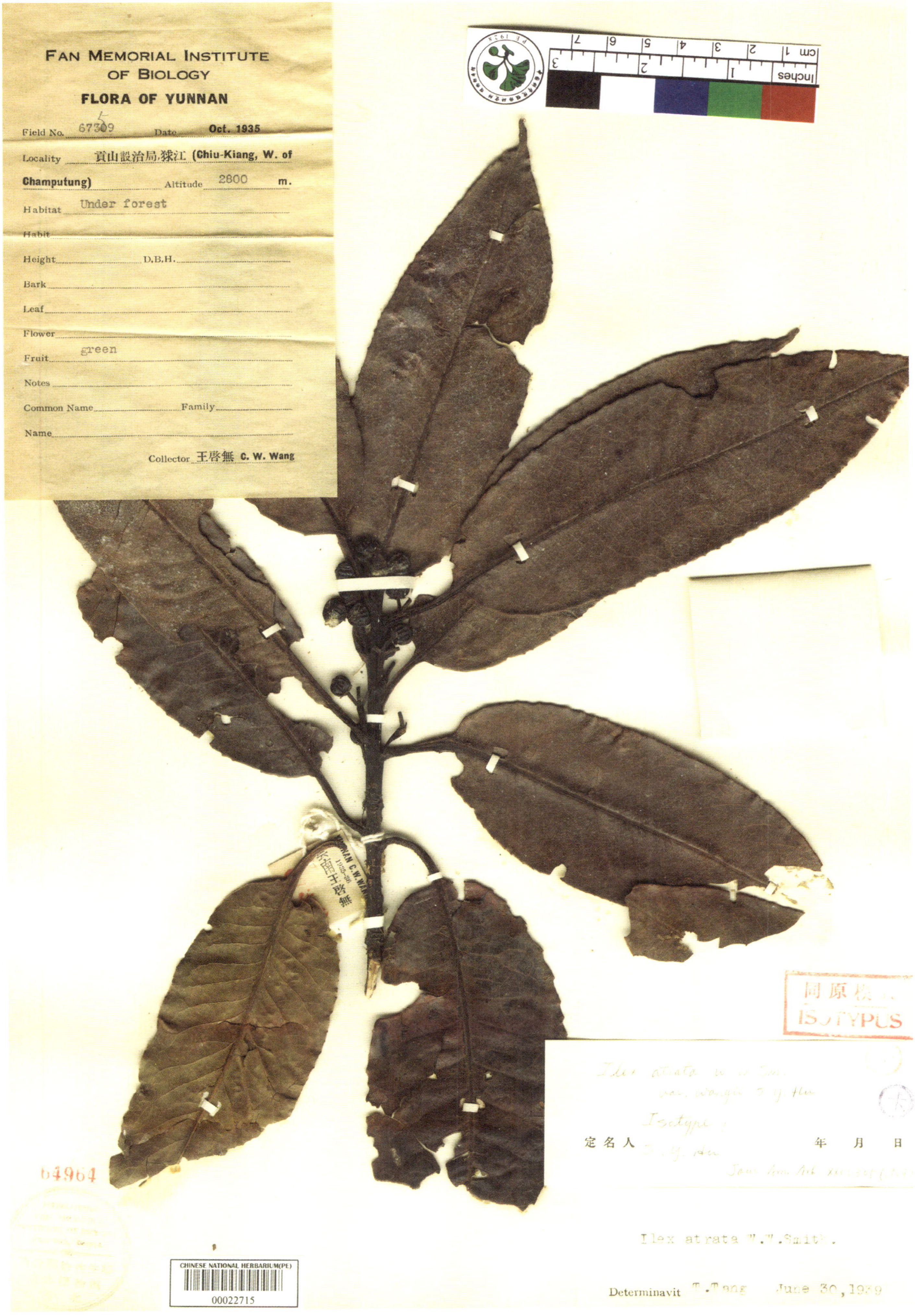

长梗黑果冬青 ***Ilex atrata*** W. W. Smith var. ***wangii*** S. Y. Hu in J. Arnold Arbor. 30(3): 305. 1949. **Isotype:** China. Yunnan: Gongshan, alt. 2 800 m, 1935-10-??, C. W. Wang 67359.

纸叶冬青 ***Ilex chartacifolia*** C. Y. Wu ex Y. R. Li in Bull. Bot. Res., Harbin 5(1): 11, pl. 3: 2. 1985. **Isotype:** China. Yunnan: Yangbi, 1940-10-29, R. C. Ching 25348.

城口冬青 ***Ilex chengkouensis*** C. J. Tseng in Bull. Bot. Res., Harbin 1(1-2): 15, photo. 2. 1981. **Holotype:** China. Chongqing: Chengkou, alt. 2 100 m, 1958-10-21, T. L. Dai 106785.

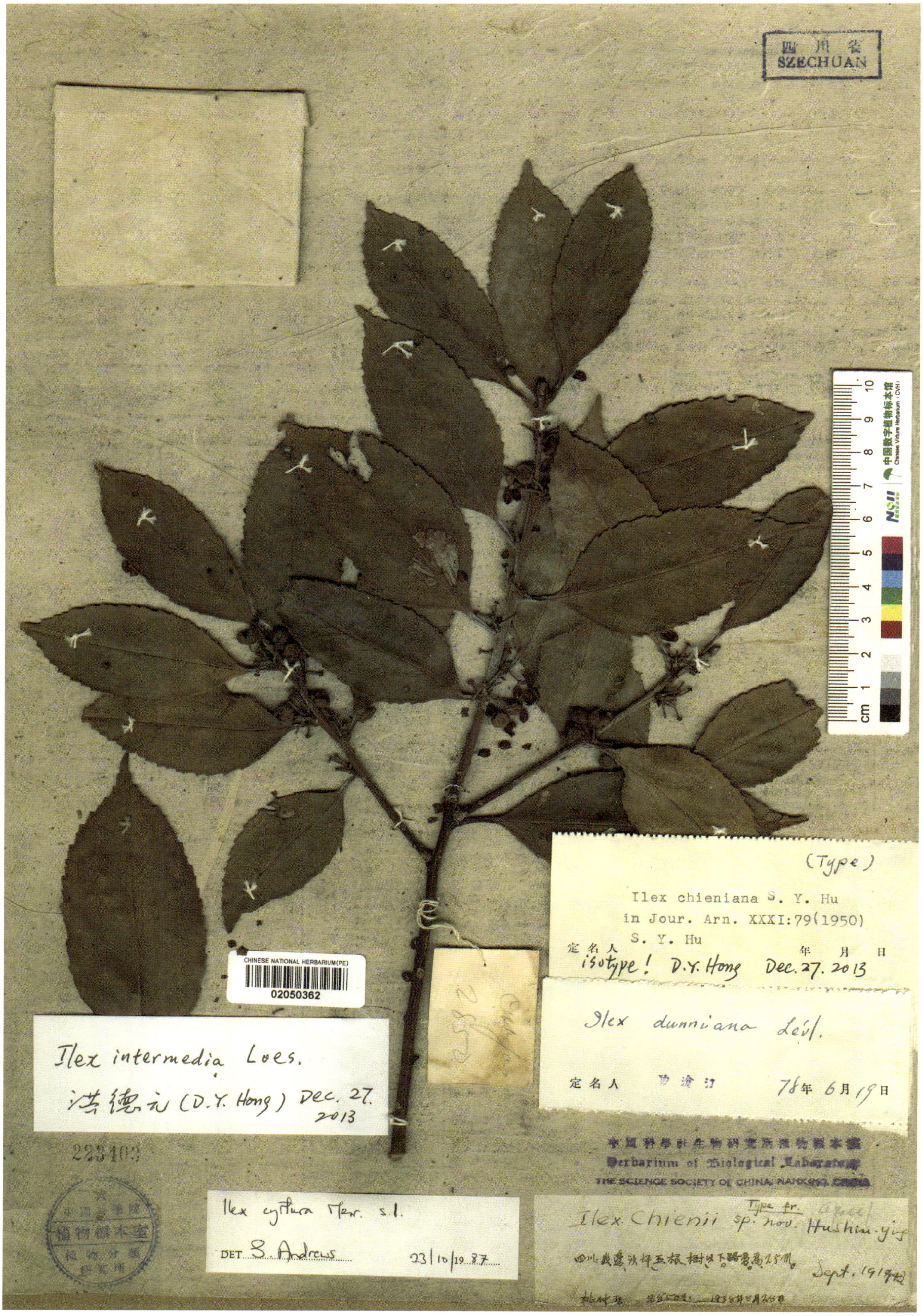

钱氏冬青 ***Ilex chieniana*** S. Y. Hu in W. P. Fang, Icon. Pl. Omei. 2(2): pl. 166. 1946. **Syntype:** China. Sichuan: Ebian, 1938-08-28, C. W. Yao 2850.

苗山冬青 ***Ilex chingiana*** Hu & Tang in Bul. Fan Mem. Inst. Biol., Bot. Ser. 9(5): 252. 1940. **Holotype:** China. Guangxi: Luocheng, alt. 1 280 m, 1928-06-14, R. C. Ching 6011.

密花冬青 ***Ilex confertiflora*** Merr. in Lingnan Sci. J. 13(1): 35. 1934. **Isotype:** China. Guangdong: Zengcheng, 1932-04-26, W. T. Tsang 20347.

珊瑚冬青 ***Ilex corallina*** Franch. in Bull. Soc. Bot. France 33: 452. 1886. **Isotype:** China. Yunnan: Dali, 1884-04-17, Delavay 927.

铜光冬青 ***Ilex cupreonitens*** C. Y. Wu ex Y. R. Li in Bull. Bot. Res., Harbin 5(1): 14, pl. 4: 3. 1985. **Isotype:** China. Yunnan: Wenshan, alt. 1 800~2 200 m, 1947-08-12, K. M. Feng 11147.

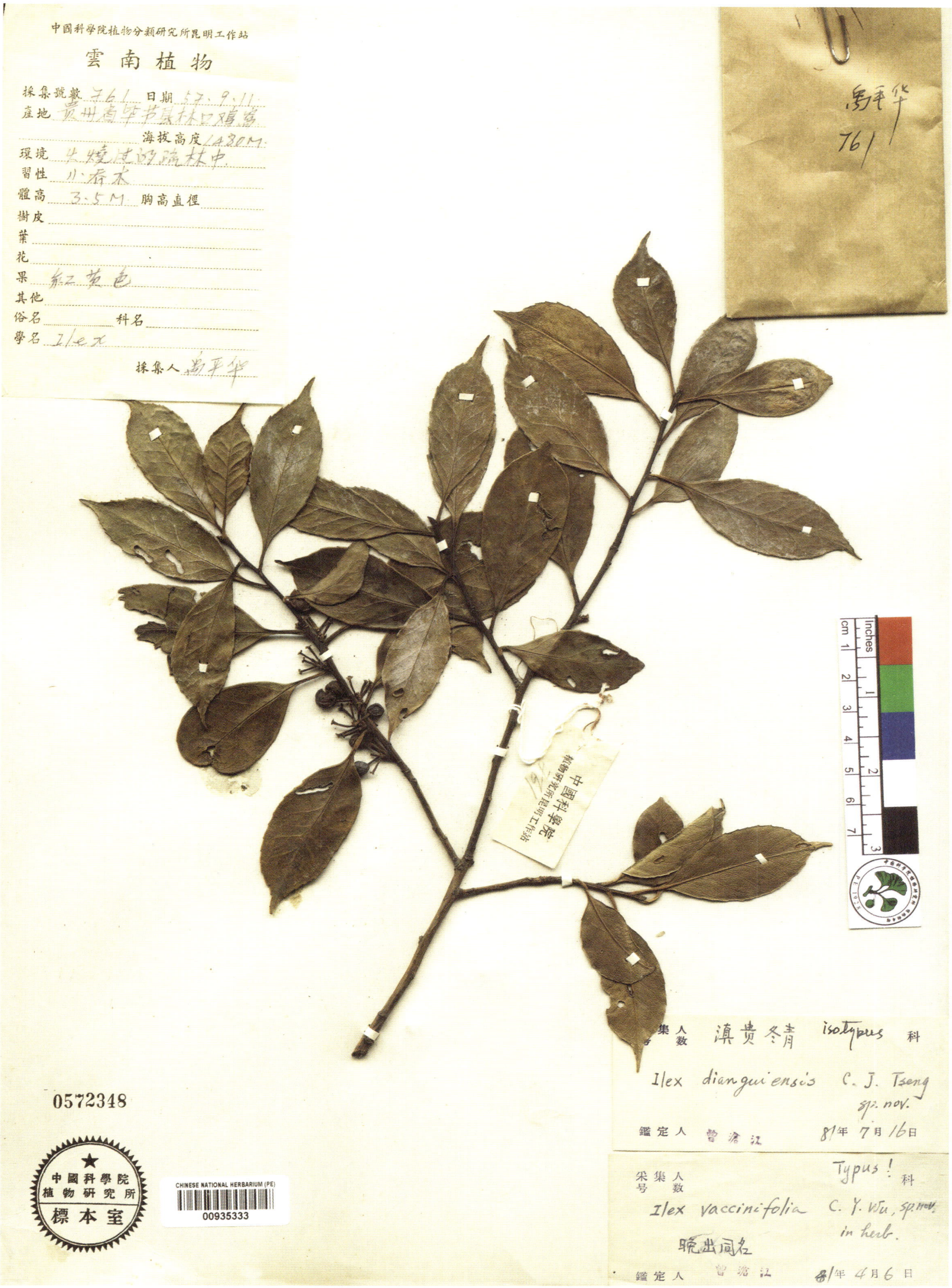

滇贵冬青 ***Ilex dianguiensis*** C. J. Tseng in Bull. Bot. Res., Harbin 1(1-2): 25. 1981. **Isotype:** China. Guizhou: Bijie, alt. 1 480 m, 1957-09-11, P. H. Yu 761.

长柄冬青 ***Ilex dolichopoda*** Merr. & Chun in Sunyatsenia 5(1-3): 107, pl. 13. 1940. **Isotype:** China. Hainan: Baoting, alt. 610 m, 1935-06-20, F. C. How 72955.

显脉冬青 ***Ilex editicostata*** Hu & Tang in Bul. Fan Mem. Inst. Biol., Bot. Ser. 9(5): 248. 1940. **Holotype:** China. Guizhou: Fanjingshan, alt. 1 700 m, 1931-10-20, A. N. Steward, C. Y. Chiao & H. C. Cheo 691.

平核冬青 ***Ilex estriata*** C. J. Tseng in Bull. Bot. Res., Harbin 1(1-2): 37. 1981. **Holotype:** China. Sichuan: Hechuan, 1934-??-??, X. L. Sun 5576.

柃叶冬青 ***Ilex euryoides*** C. J. Tseng in Bull. Bot. Res., Harbin 1(1-2): 16. 1981. **Holotype:** China. Hubei: Lichuan, 1957-10-07, G. X. Fu & Z. S. Zhang 1951.

凤庆冬青 ***Ilex fengqingensis*** C. Y. Wu ex Y. R. Li in Bull. Bot. Res., Harbin 5(1): 10, pl. 3: 1. 1985. **Isotype:** China. Yunnan: Shunning (=Fengqing), alt. 2 700 m, 1938-07-12, T. T. Yu 16713.

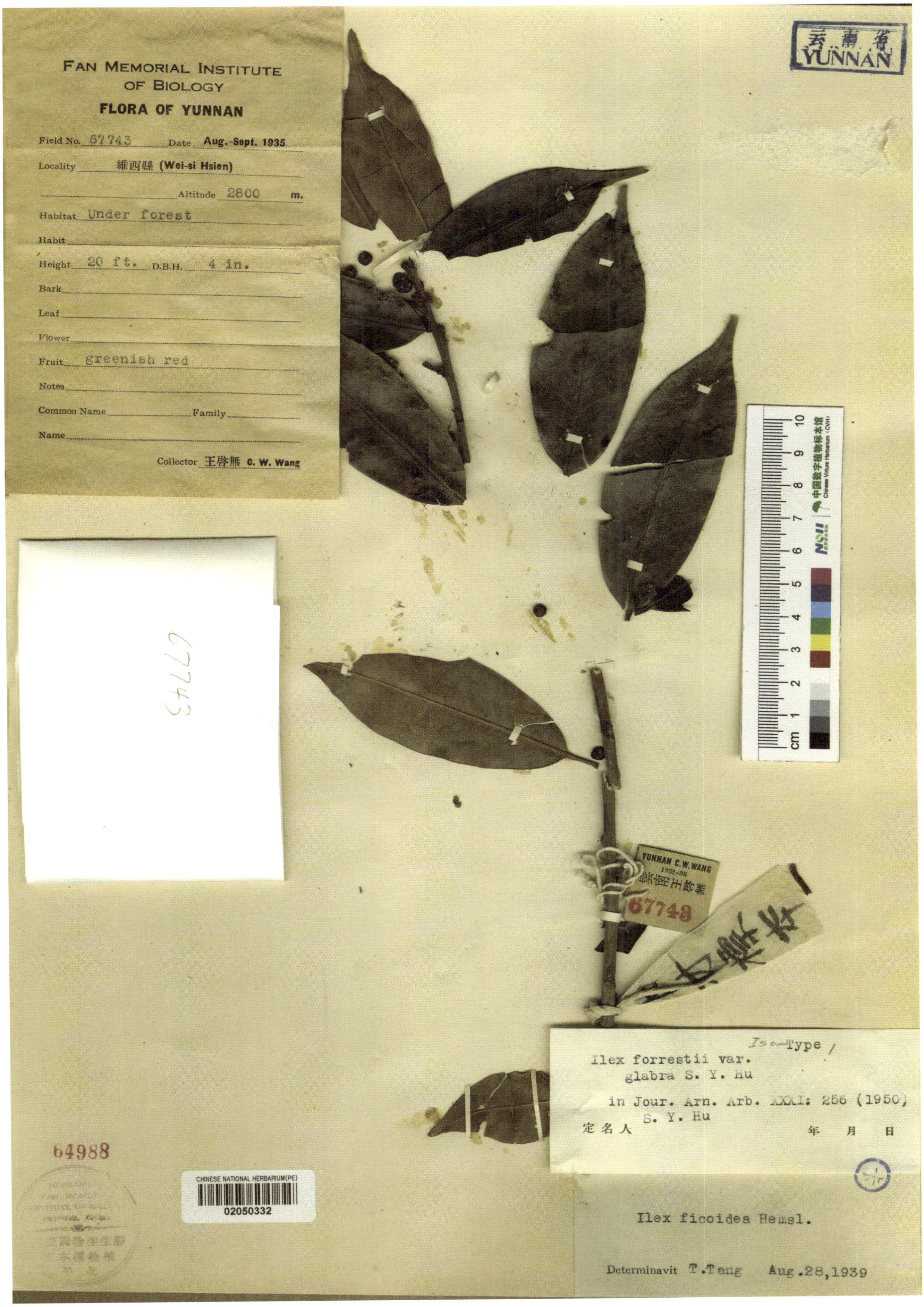

无毛滇西冬青 ***Ilex forrestii*** Comber var. ***glabra*** S. Y. Hu in J. Arnold Arb. 31(3): 256. 1950. **Isotype:** China. Yunnan: Weixi, alt. 2 800 m, 1935-(08~09)-??, C. W. Wang 67743.

小叶樊氏冬青 ***Ilex franchetiana*** Loes. var. ***parvifolia*** S. Y. Hu in W. P. Fang, Icon. Pl. Omei. 2(2): pl.160. 1946. **Syntype:** China. Sichuan: Precise locality not known, 1935-?? -??， T. H. Tu 303.

纤枝冬青 ***Ilex gracilis*** C. J. Tseng in Bull. Bot. Res., Harbin 1(1-2): 28. 1981. **Holotype:** China. Yunnan: Gongshan, alt. 1 600 m, 1938-09-06, T. T. Yu 20137.

海南冬青 ***Ilex hainanensis*** Merr. in Lingnan Sci. J. 13(1): 60. 1934. **Isotype:** China. Hainan: Lingshui, 1932-05-(03~20), H. Fung 20086.

霍山冬青 ***Ilex huoshanensis*** Y. H. He in Acta Phytotaxon. Sin. 40(4): 380, f. 1. 2002. **Holotype:** China. Anhui: Huoshan, alt. 580 m, 1998-05-14, B. M. Li 98002.

细刺枸骨 ***Ilex hylonoma*** Hu & Tang in Bul. Fan Mem. Inst. Biol., Bot. Ser. 9: 250. 1940. **Syntype:** China. Sichuan: Emei, Emeishan, alt. 1 160 m, 1935-06-24, T. H. Tu 397.

井冈山冬青 ***Ilex jinggangshanensis*** C. J. Tseng in Bull. Bot. Res., Harbin 1(1-2): 8. 1981. **Holotype:** China. Jiangxi: Jinggangshan, 1963-10-26, J. S. Yue & al. 5416.

皱柄冬青 ***Ilex kengii*** S. Y. Hu in J. Arnold Arb. 31(3): 244. 1950. **Isotype:** China. Zhejiang: Ningbo, Y. L. Keng 1175.

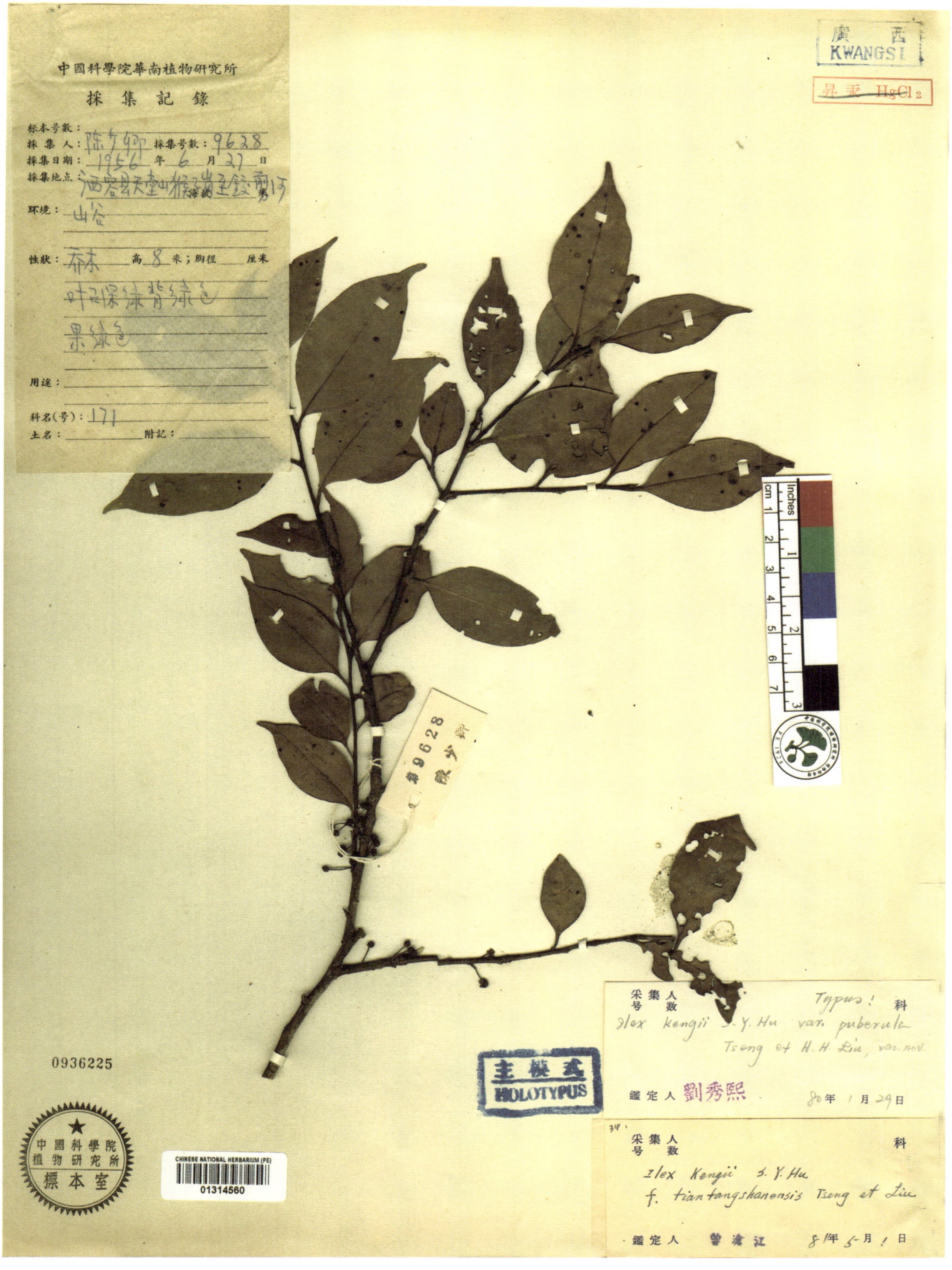

天堂山冬青 ***Ilex kengii*** S. Y. Hu f. ***tiantangshanensis*** C. J. Tseng & H. H. Liu ex C. J. Tseng in Bull. Bot. Res., Harbin 1(1-2): 34. 1981. **Holotype:** China. Guangxi: Rong Xian, 1956-06-27, S. H. Chun 9628.

凸脉冬青 ***Ilex kobuskiana*** S. Y. Hu in J. Arnold Arbor. 31(2): 236. 1950. **Isotype:** China. Guangdong: Dapu, 1932-07-11, W. T. Tsang 21145.

昆明冬青 ***Ilex kunmingensis*** H. W. Li ex Y. R. Li in Bull. Bot. Res., Harbin 5(1): 19, pl. 6: 1. 1985. **Isotype:** China. Yunnan: Songming, alt. 2 100~2 300 m, 1953-10-12, P. Y. Chiou 50398.

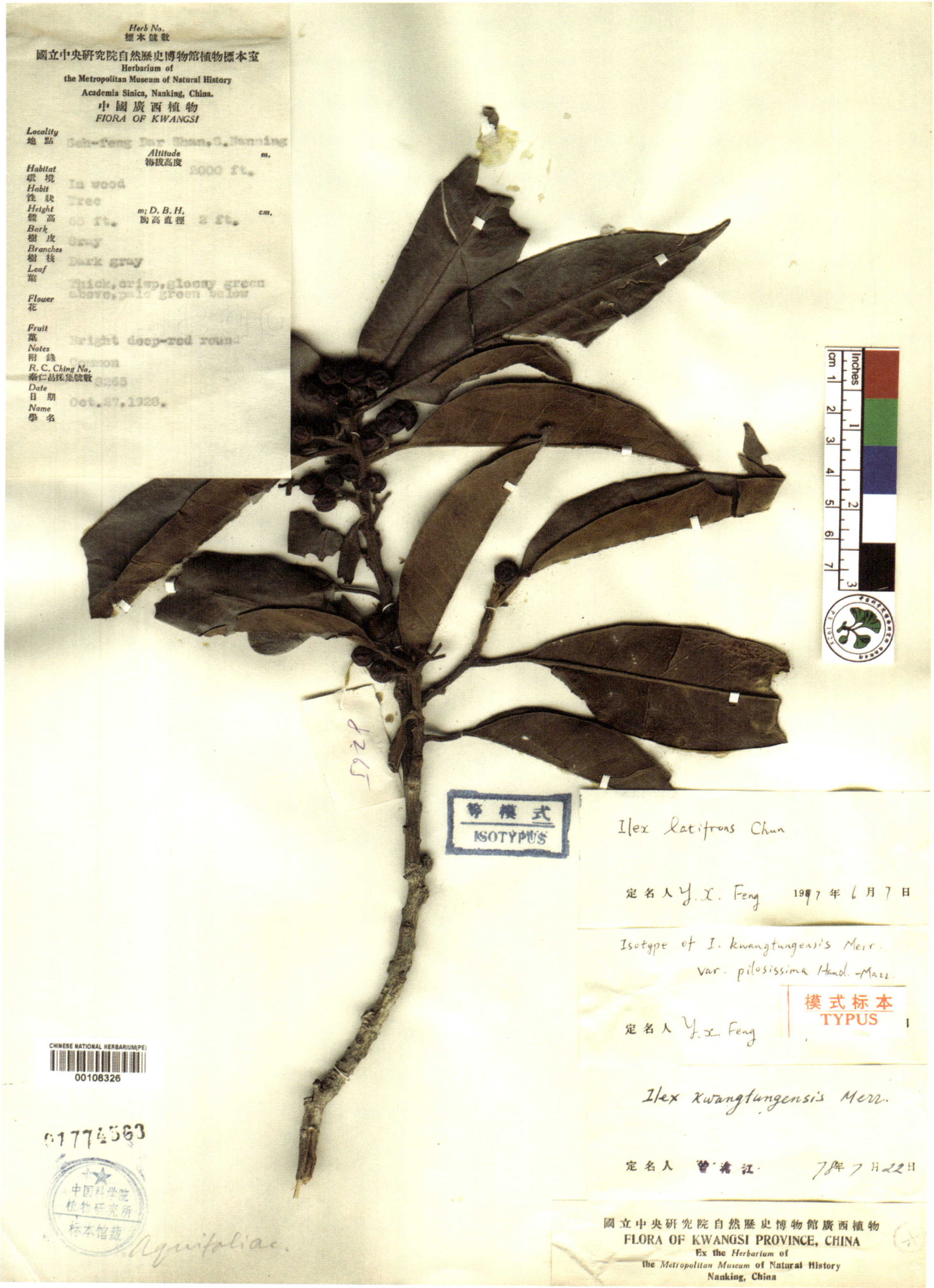

疏柔毛冬青 ***Ilex kwangtungensis*** Merr. var. ***pilosissima*** Hand.-Mazz. in Symb. Sin. 7(3): 655. 1933. **Isotype:** China. Guangxi: Nanning, alt. 610 m, 1928-10-27, R. C. Ching 8265.

方氏冬青 ***Ilex latifolia*** Thunb. var. ***fangii*** Rehd. in J. Arnold Arb. 11(3): 163. 1930. **Isosyntype**: China. Sichuan: Emei, Emeishan, alt. 1 525~1 678 m, 1928-08-17, W. P. Fang 3098.

阔叶冬青 ***Ilex latifrons*** Chun in Sunyatsenia 2(1): 69, pl. 18. 1934. **Isotype:** China. Guangdong: Xinyi, 1931-08-05, C. Wang 31101.

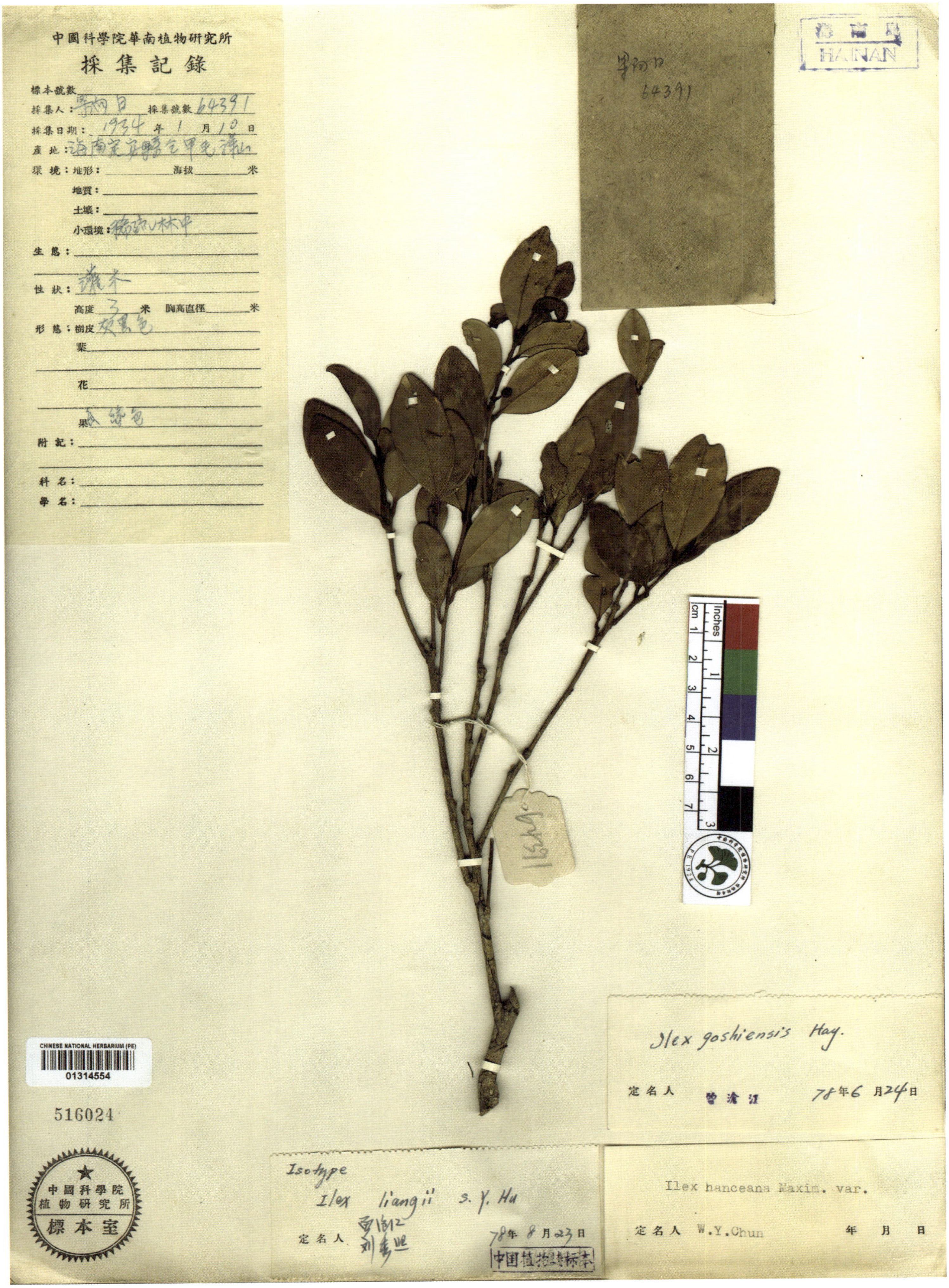

保亭冬青 ***Ilex latifolia*** S. Y. Hu in J. Arnold Arb. 31(3): 246. 1950. **Isotype:** China. Hainan: Dingan, 1934-01-10. H. Y. Liang 64391.

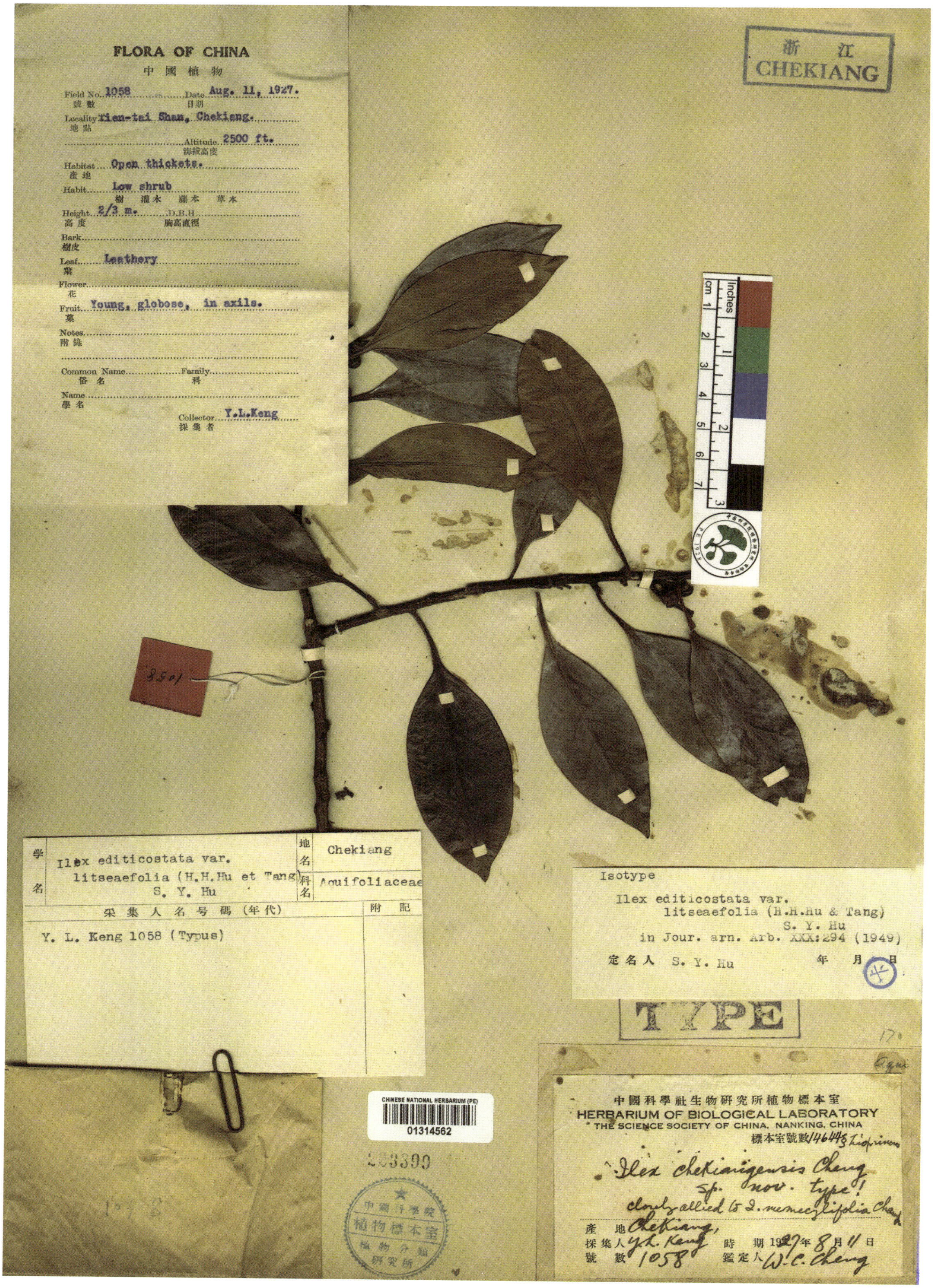

木姜冬青 ***Ilex litseaefolia*** Hu & Tang in Bull. Fan Mem. Inst. Biol., Bot. Ser. 9(5): 247. 1940. **Isotype:** China. Zhejiang: Ningbo, alt. 762 m, 1927-08-11, Y. L. Keng 1058.

无毛长尾冬青 ***Ilex longecaudata*** Comber var. ***glabra*** S. Y. Hu in J. Arnold Arbor. 31(3): 246. 1950. **Isotype:** China. Yunnan: Pingbian, alt. 1 400 m, 1934-08-30, H. T. Tsai 61730.

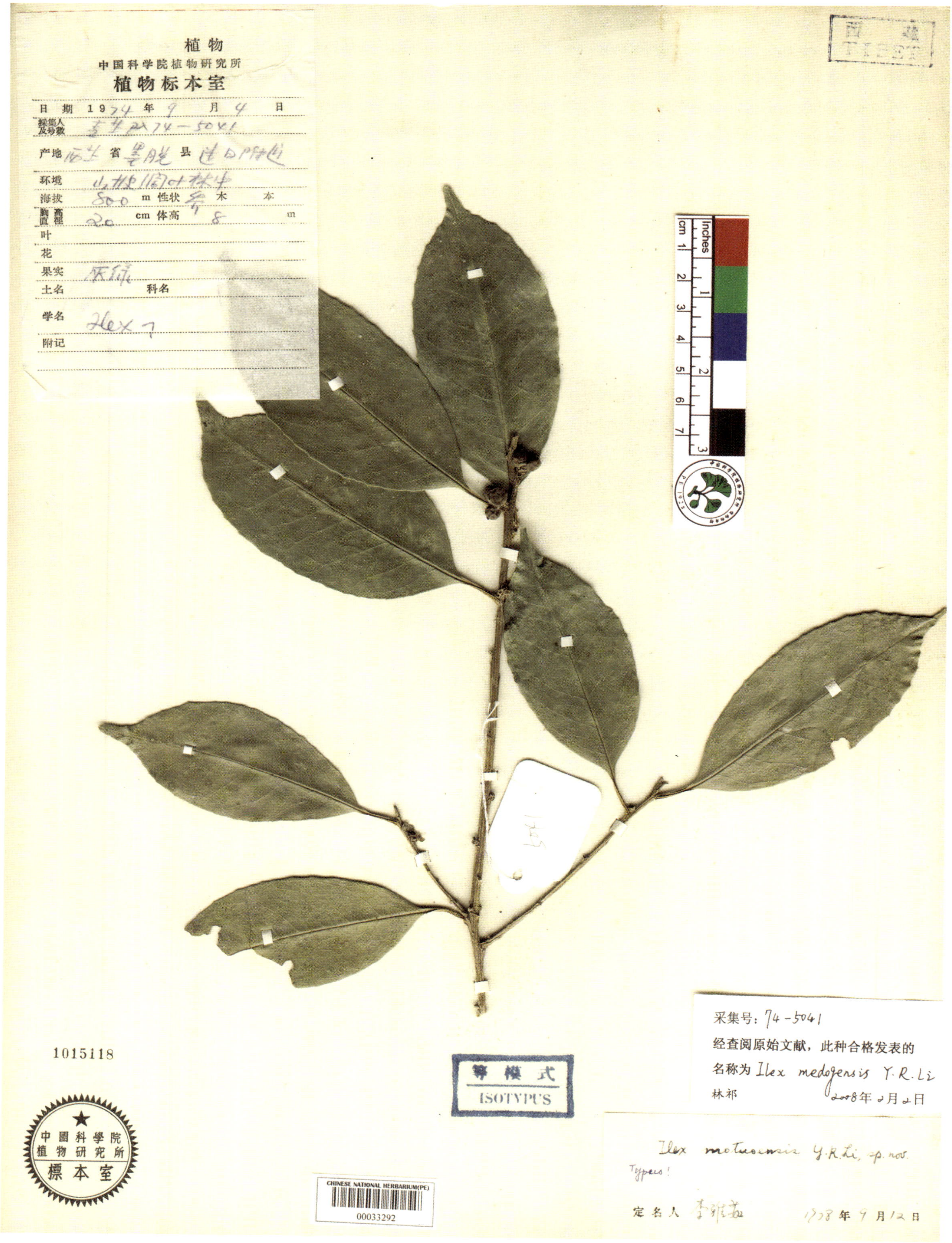

墨脱冬青 ***Ilex medogensis*** Y. R. Li in Acta Bot. Yunnan. 3(3): 351, f. 1. 1981. **Isotype:** China. Xizang: Mêdog, alt. 800 m, 1974-09-04, Qinghai-Xizang Exped. 74-5041.

小核冬青 ***Ilex micropyrena*** C. Y. Wu ex Y. R. Li in Bull. Bot. Res., Harbin 5(1): 20, pl. 6: 3. 1985. **Isotype:** China. Yunnan: Gongshan, alt. 1 700 m, 1940-09-28, K. M. Feng 8070.

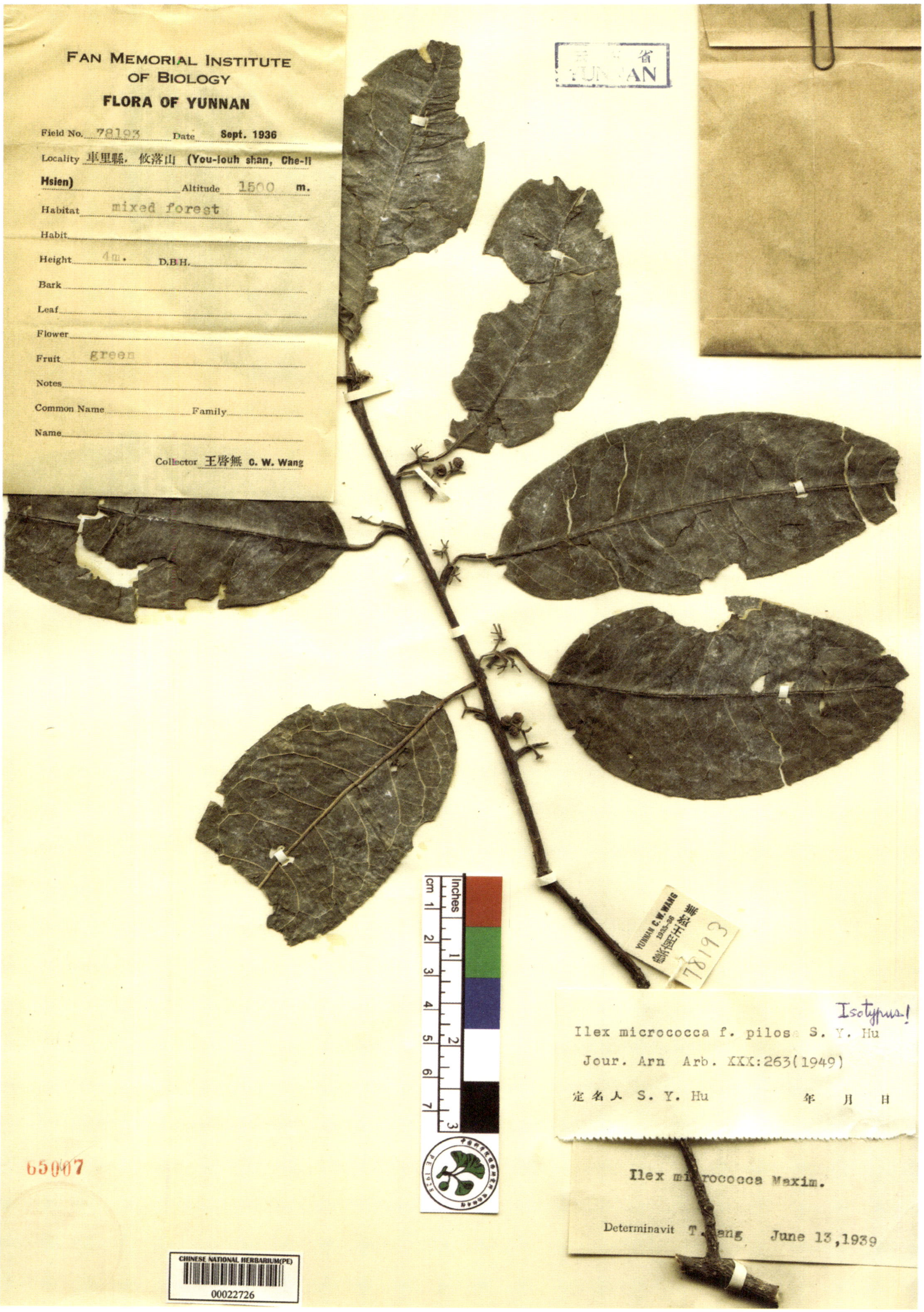

毛梗冬青 ***Ilex micrococca*** Maxim. f. ***pilosa*** S. Y. Hu in J. Arnold Arbor. 30(3): 263. 1949. **Isotype:** China. Yunnan: Che-li (=Jinghong), alt. 1 500 m, 1936-09-??, C. W. Wang 78193.

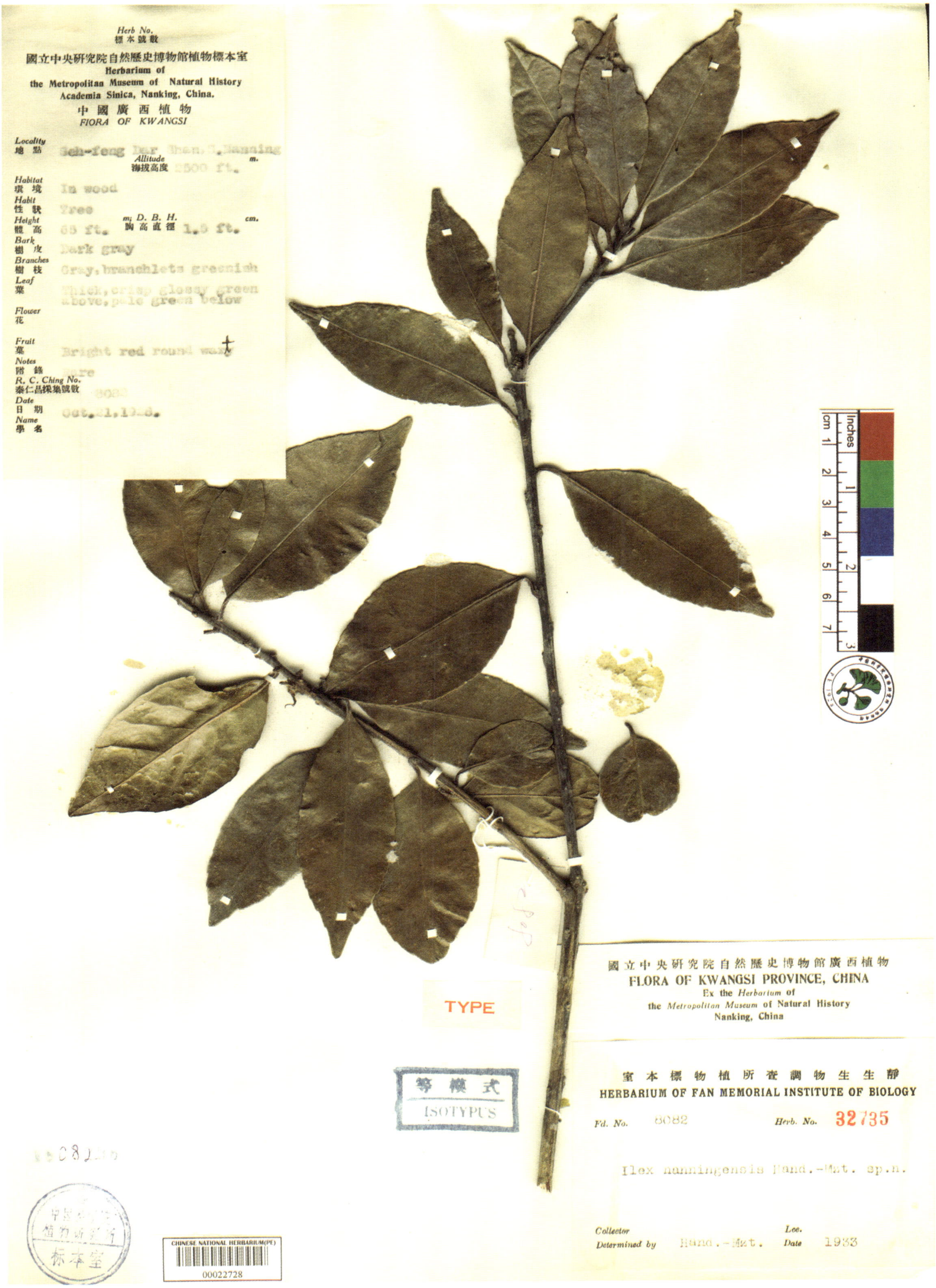

南宁冬青 ***Ilex nanningensis*** Hand.-Mazz in Sinensia 5(1-2): 2. 1934. **Isotype:** China. Guangxi: Nanning, alt. 763 m, 1928-10-21, R. C. Ching 8082.

洼皮冬青 ***Ilex nuculicava*** S. Y. Hu in J. Arnold Arb. 30(4): 385. 1949. **Isotype:** China. Hainan: Qiongzhong, alt. 1 830 m, 1932-11-08, N. K. Chun & C. L. Tso 44244.

短柄洼皮冬青 ***Ilex nuculicava*** S. Y. Hu var. ***brevipedicellata*** S. Y. Hu in J. Arnold Arb. 30(4): 387. 1949. **Isotype:** China. Hainan: Dingan, alt. 610 m, 1932-09-19, N. K. Chun & C. L. Tso 43859.

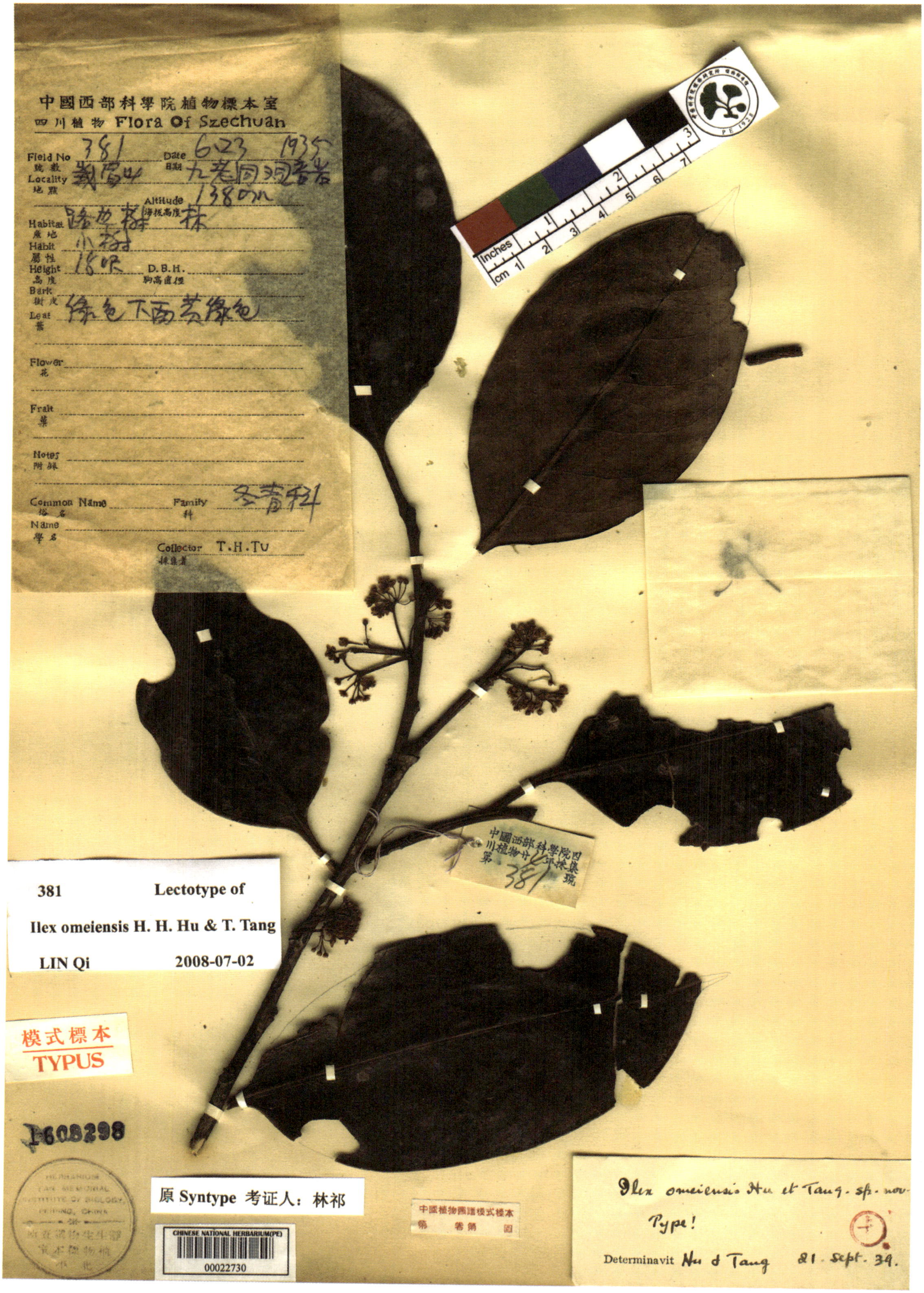

峨眉冬青 ***Ilex omeiensis*** Hu & Tang in Bull. Fan Mem. Inst. Biol., Bot. 9(5): 245. 1940. **Lectotype** (designated by Q. Lin & al. in Acta Bot. Boreal.-Occident. Sin. 29: 175. 2009.): China. Sichuan: Emei, Emeishan, alt. 1 380 m, 1935-06-23, T. H. Tu 381.

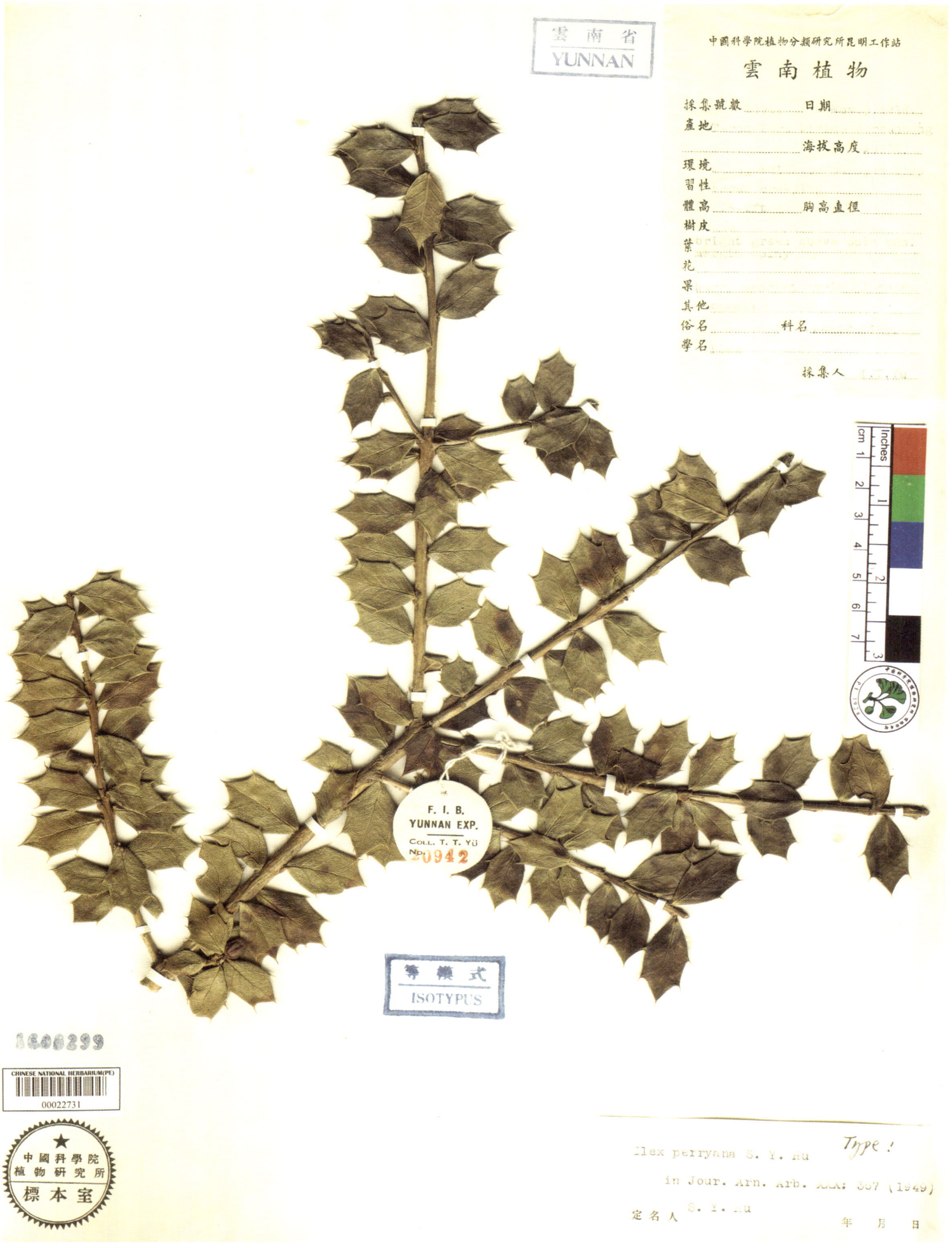

皱叶冬青 ***Ilex perryana*** S. Y. Hu in J. Arnold Arbor. 30(4): 367. 1949. **Isotype:** China. Yunnan: Gongshan, alt. 2 800 m, 1938-11-03, T. T. Yu 20942.

平南冬青 ***Ilex pingnanensis*** S. Y. Hu in J. Arnold Arb. 31(1): 59. 1950. **Isotype:** China. Guangxi: Pingnan, C. Wang 40428.

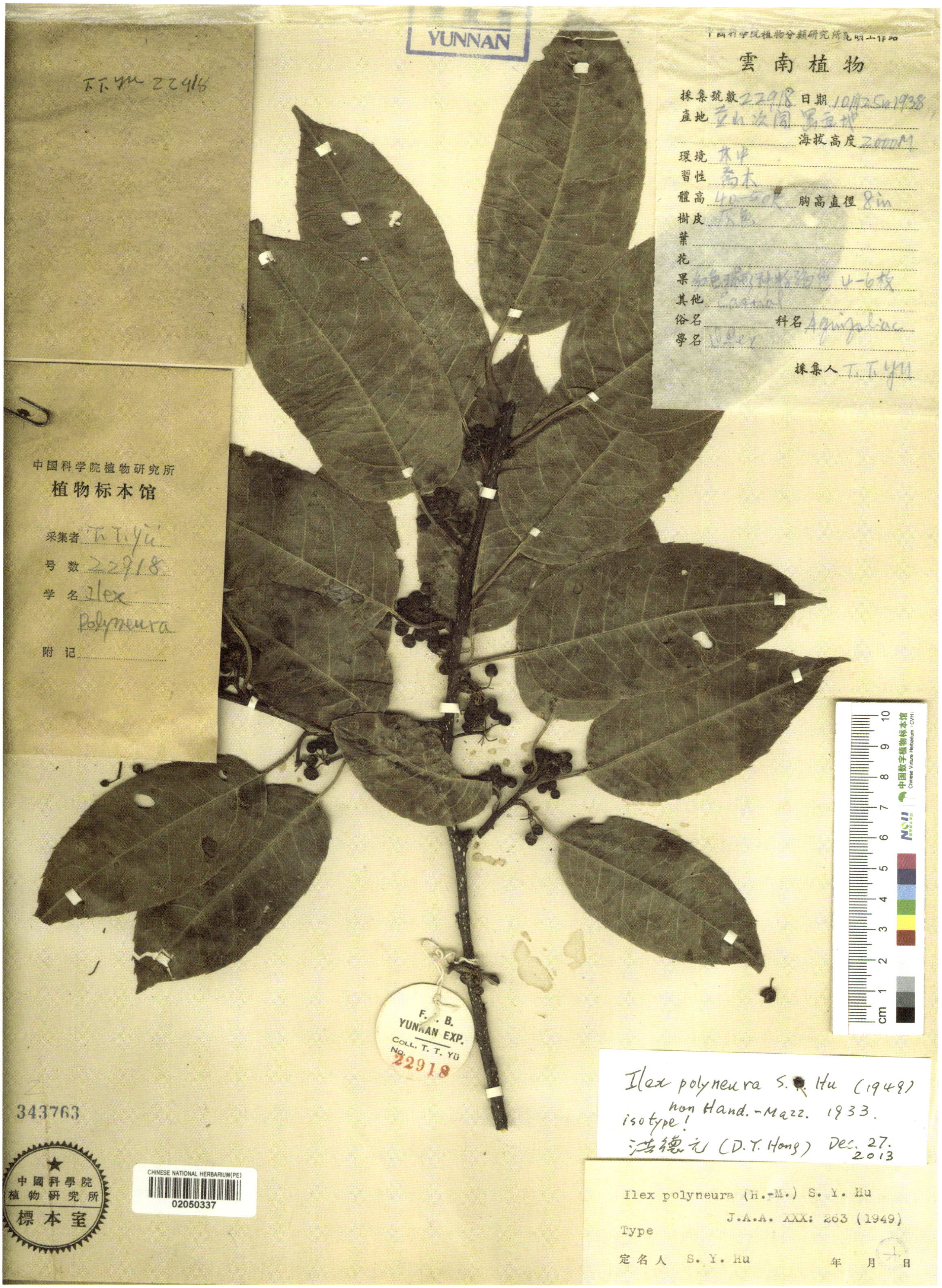

多脉冬青 ***Ilex polyneura*** S. Y. Hu in J. Arnold Arb. 30(3): 263. 1949. **Isotype:** China. Yunnan: Gongshan, alt. 2 000 m, 1938-10 -25, T. T. Yu 22918.

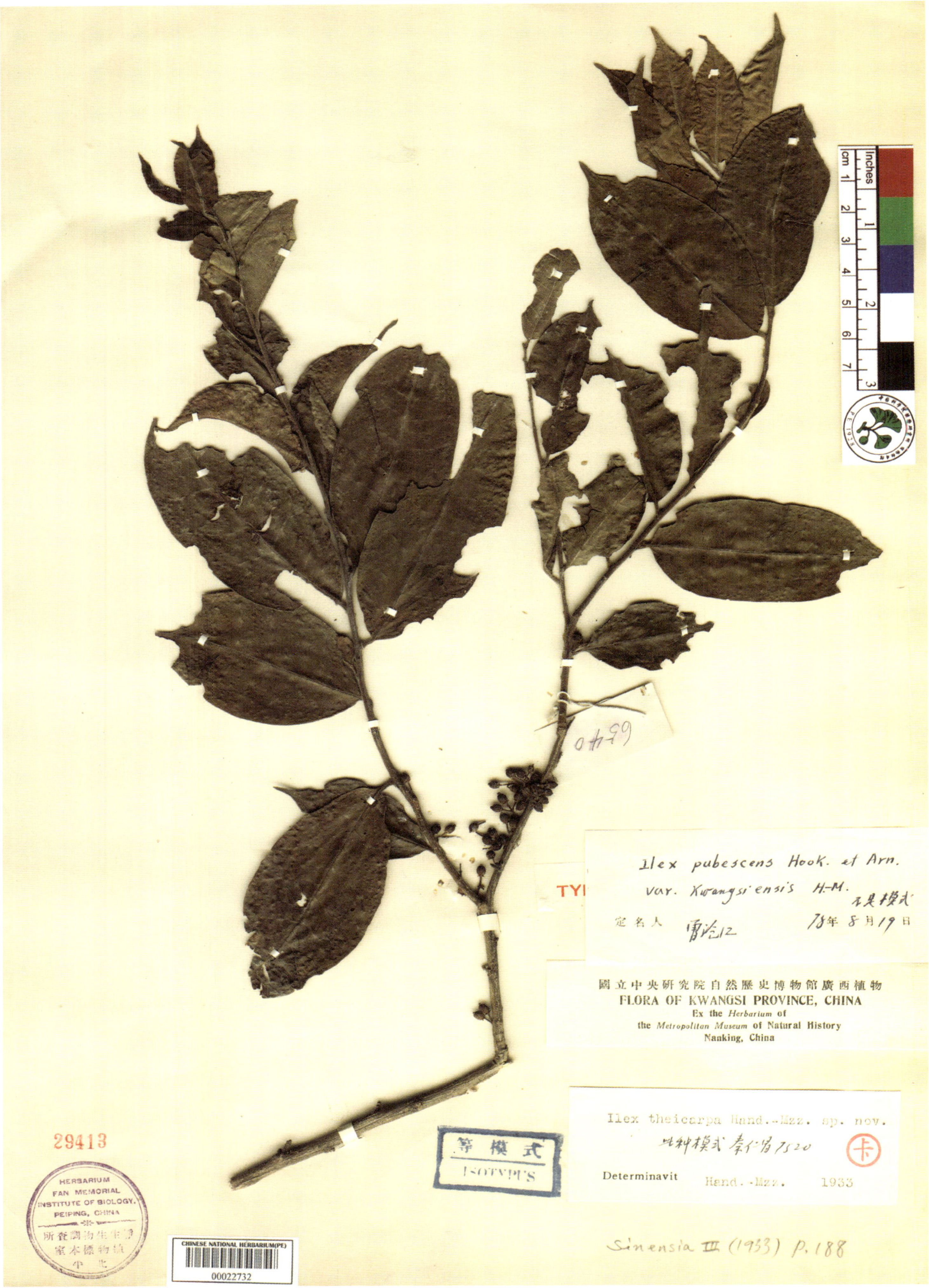

广西毛冬青 ***Ilex pubescens*** Hook. & Arn. var. ***kwangsiensis*** Hand.-Mazz. in Sinensia 3(8): 189. 1933. **Isotype:** China. Guangxi: Baise, alt. 550 m, 1928-07-23, Anonymous 6540.

高山冬青 ***Ilex rockii*** S. Y. Hu in J. Arnold Arb. 30(3): 336. 1949. **Isoparatype:** China. Yunnan: Gongshan, alt. 2 700~2 900 m, 1938-09 -13, T. T. Yu 20228.

薄核冬青 ***Ilex tenuis*** C. J. Tseng in Bull. Bot. Res., Harbin 1(1-2): 20. 1981. **Holotype:** China. Guangdong: Lianshan, 1958-06-19, P. C. Tam 58379.

密毛冬青 ***Ilex theicarpa*** Hand.-Mazz. in Sinensia 3(8): 188. 1933. **Isotype:** China. Guangxi: Baise, alt. 915 m, 1928-09-18, R. C. Ching 7520.

蒋英冬青 ***Ilex tsiangiana*** C. J. Tseng in Bull. Bot. Res., Harbin 1(1-2): 36. 1981. **Holotype:** China. Yunnan: Dali, (1933-1934)-??-??, Y. Tsiang 11680.

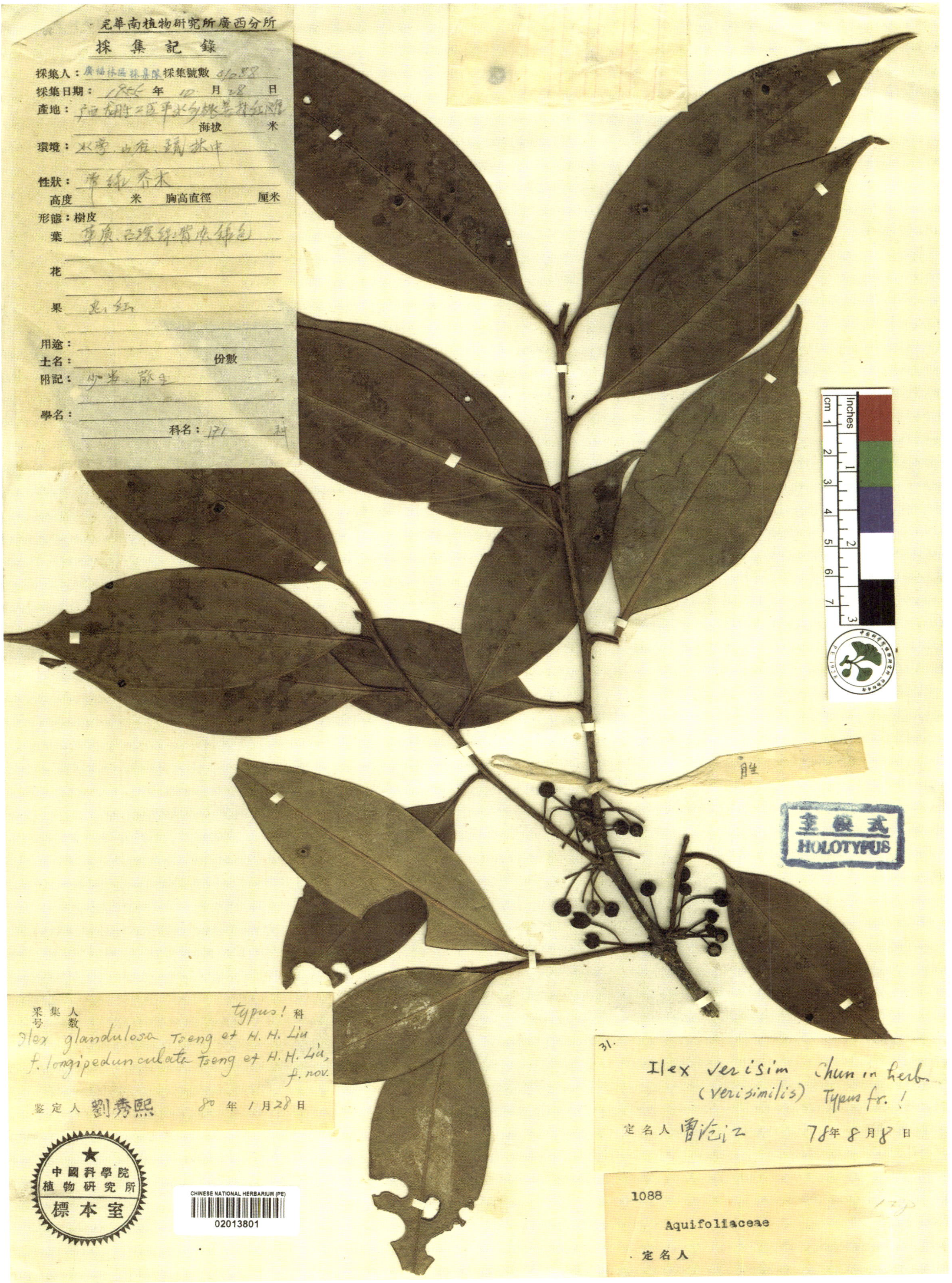

湿生冬青 ***Ilex verisimilis*** Chun ex C. J. Tseng ex S. K. Chen & Y. X. Feng in Acta Phytotax. Sin. 37(2): 144. 1999.
Holotype: China. Guangxi: Longsheng, 1955-10-28, Guangfu For. Exped. 1088.

假枝冬青 ***Ilex wangiana*** S. Y. Hu in J. Arnold Arb. 31(1): 54. 1950. **Isotype:** China. Yunnan: Weixi, alt. 1 932 m, 1935-07-??，C. W. Wang 64164.

西藏冬青 ***Ilex xizangensis*** Y. R. Li in Acta Bot. Yunnan. 3(3): 353, f. 3. 1981. **Isotype:** China. Xizang: Mêdog, alt. 3 200 m, 1974-07-31, Qinghai-Xizang Exped. 74-3852.

阳春冬青 ***Ilex yangchunensis*** C. J. Tseng in Bull. Bot. Res., Harbin 1(1-2): 24. 1981. **Isotype:** China. Guangdong: Yangchun, 1935-11-06, C. Wang 38676.

独龙冬青 ***Ilex yuiana*** S. Y. Hu in J. Arnold Arb. 32(4): 396. 1951. **Isotype:** China. Yunnan: Gongshan, alt. 1 350 m, 1938-09-07, T. T. Yu 20181.

Celastraceae

卫矛科

weimao ke

过山枫 ***Celastrus aculeata*** Merr. in Lingnan Sci. J. 13(1): 37. 1934. **Isotype:** China. Guangdong: Zengcheng, 1932-04-04, W. T. Tsang 20092.

木樨假卫矛 ***Chingithamnus osmanthoides*** Hand.-Mazz. in Sinensia 2: 128. 1932. **Isotype:** China. Guangxi: Nanning, alt. 915 m, 1928-10-19, R. C. Ching 7990.

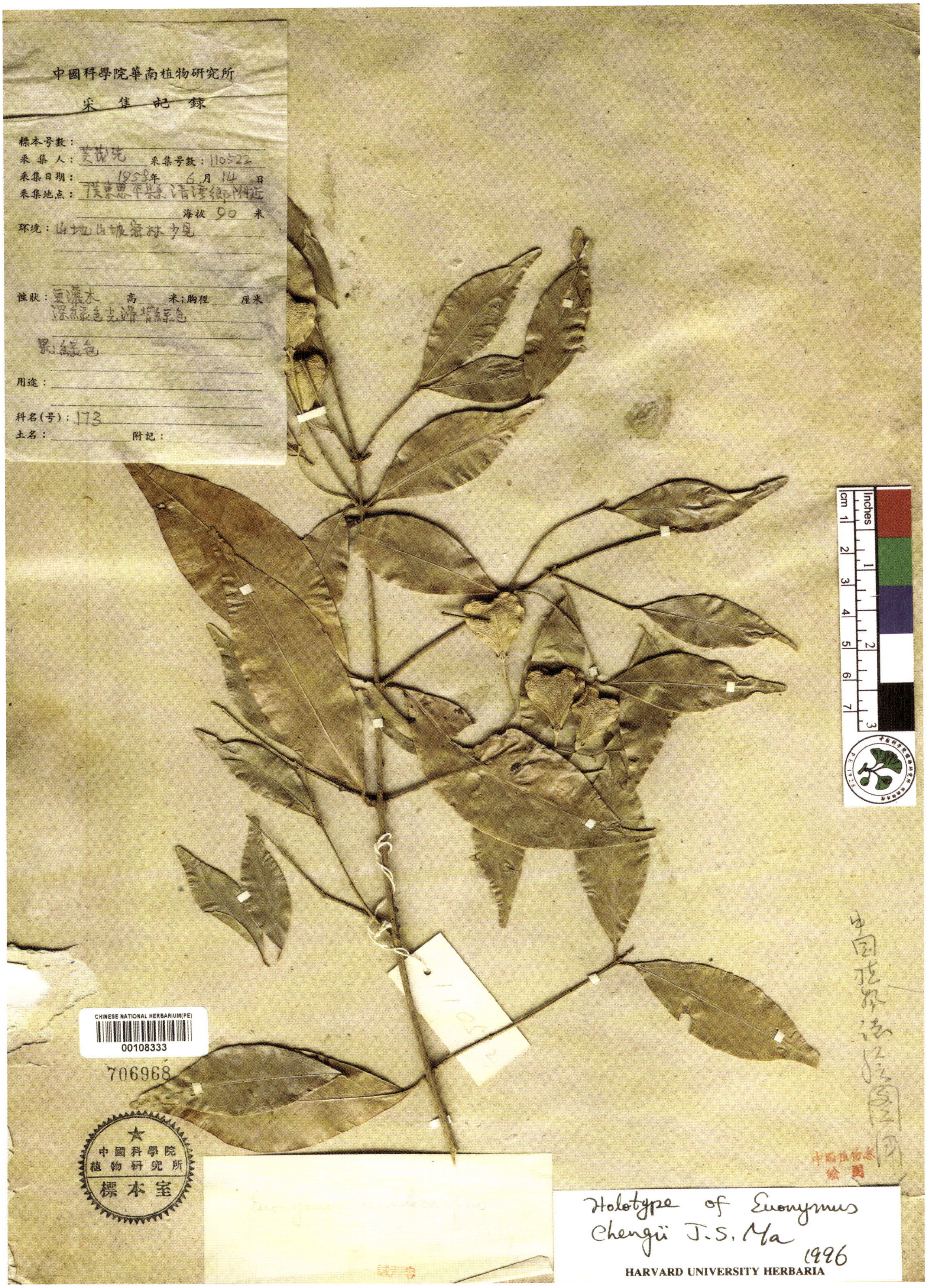

静容卫矛 ***Euonymus chengii*** J. S. Ma in Harvard Papers. Bot. 10: 95, f. 8. 1997. **Holotype:** China. Guangdong: Enping, alt. 90 m, 1958-06-14, M. X. Huang 110522.

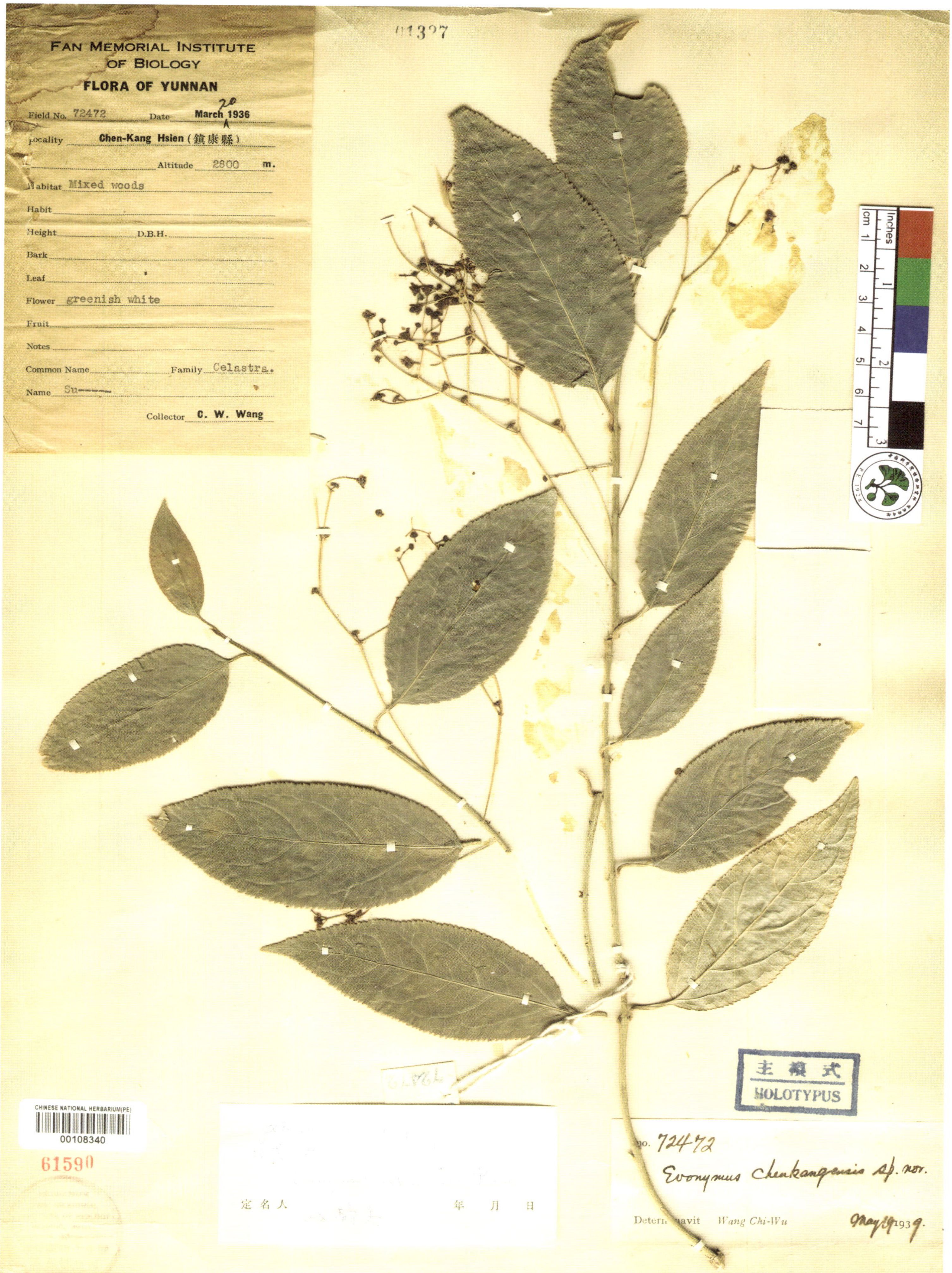

镇康卫矛 ***Euonymus chenkangensis*** C. W. Wang in Bull. Fan Mem. Inst. Biol., Bot. Ser. 10: 283. 1941. **Holotype:** China. Yunnan: Zhenkang, alt. 2 800 m, 1936-03-20, C. W. Wang 72472.

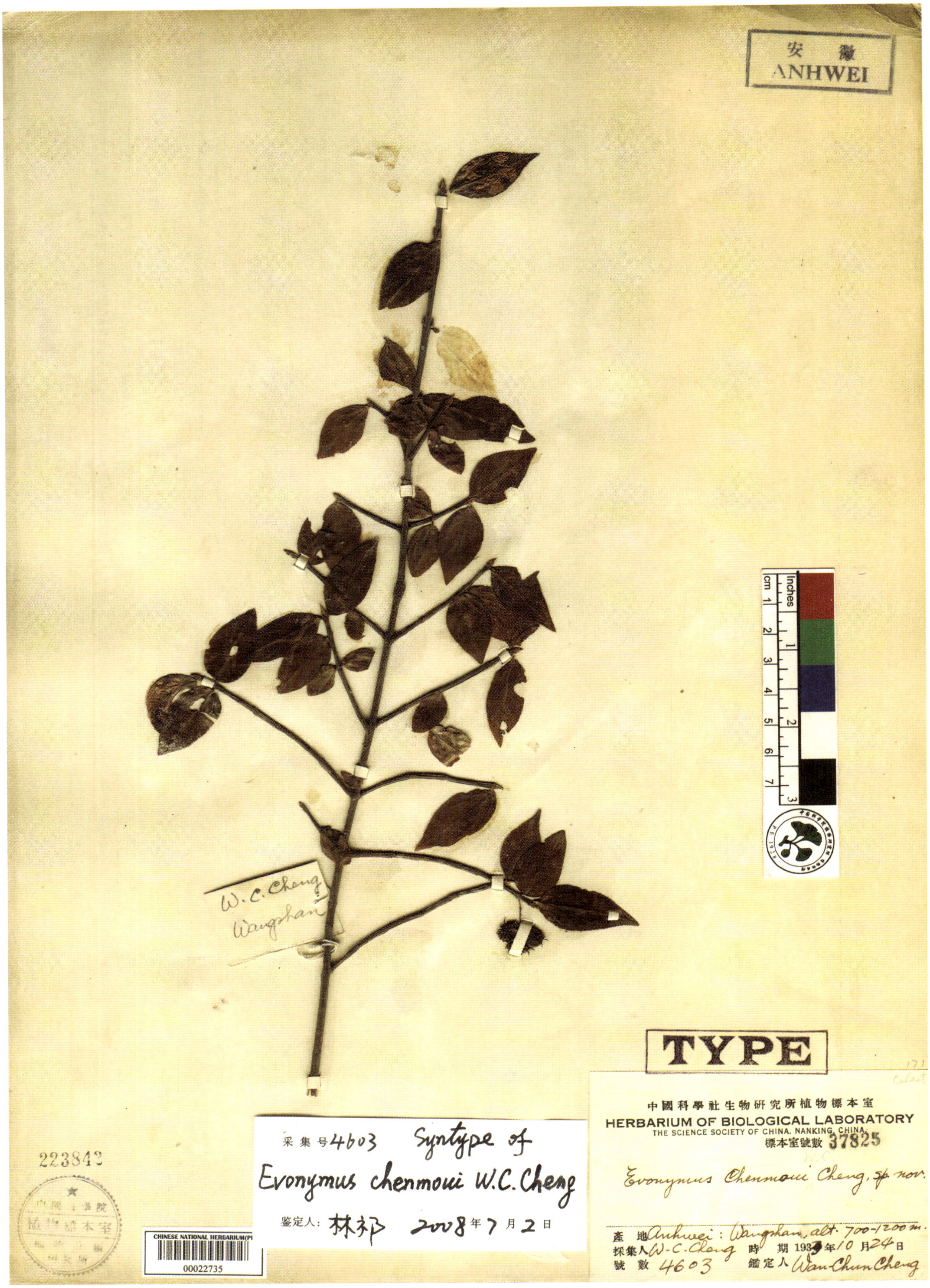

陈谋卫矛 ***Euonymus chenmoui*** W. C. Cheng in Contr. Biol. Lab. Sci. Soc. China, Bot. Ser. 10: 75. 1935. **Syntype:** China. Anhui: Huangshan, alt. 700~1 200 m, 1933-10-24, W. C. Cheng 4603.

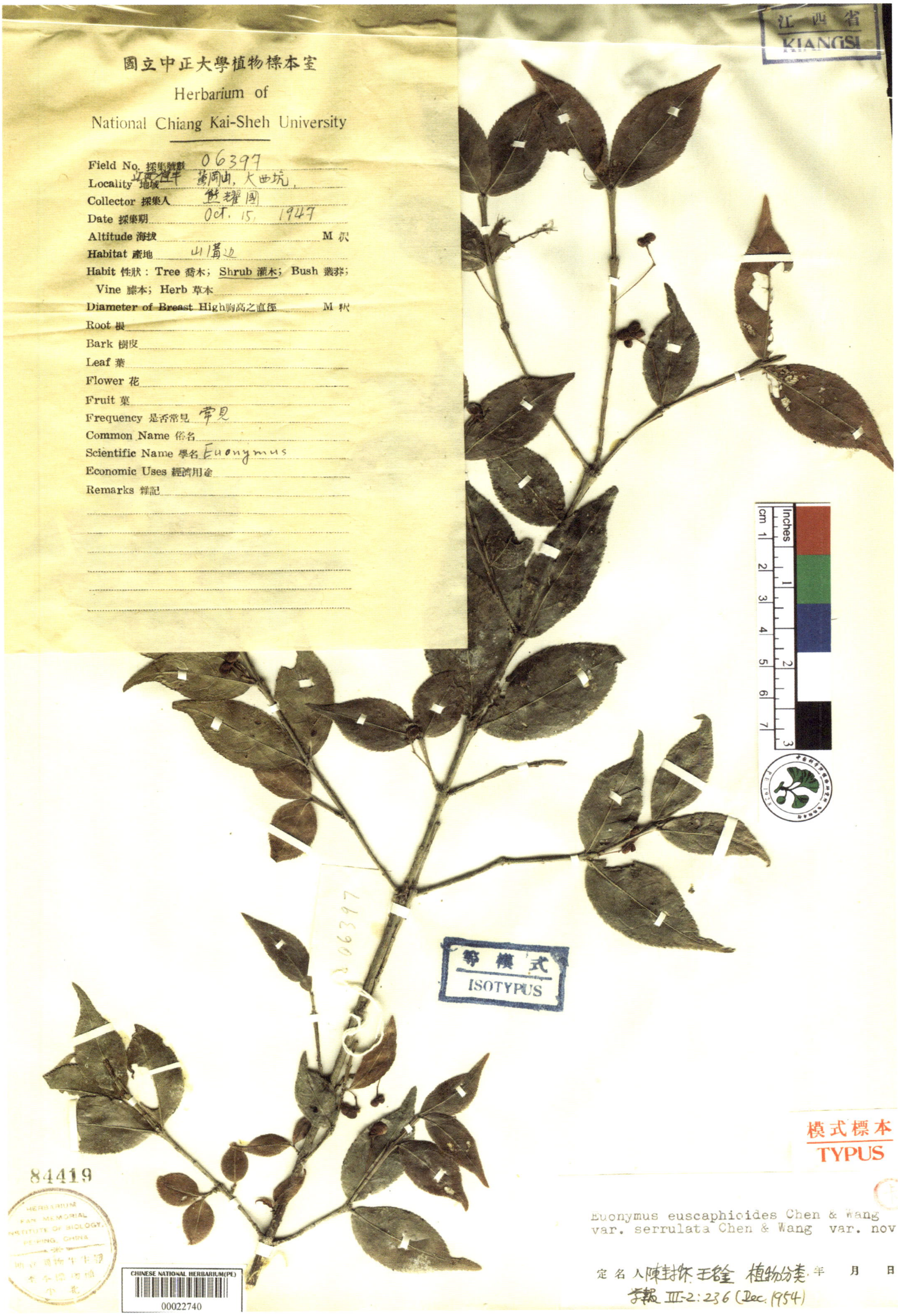

垂丝细齿卫矛 ***Euonymus euscaphioides*** Chen & M. C. Wang var. ***serrulata*** Chen & M. C. Wang in Acta Phytotaxon. Sin. 3(2): 236. 1954. **Isotype:** China. Jiangxi: Yifeng, 1947-10-15, Y. G. Hsiung 06397.

纤细鸦椿卫矛 ***Euonymus euscaphis*** Hand.-Mazz. var. ***gracilipes*** Rehd. in in J. Arnold Arb. 8(3): 158. 1927. **Isotype:** China. Anhui: Changgonshan, alt. 850 m, 1925-08-17, R. C. Ching 3249.

榕叶卫矛 ***Euonymus ficoides*** C. Y. Cheng ex J. S. Ma in Harvard Papers Bot. 10: 94, f. 6. 1997. **Holotype:** China. Yunnan: Malipo, alt. 1 700 m, 1947-10-31, K. M. Feng 12627.

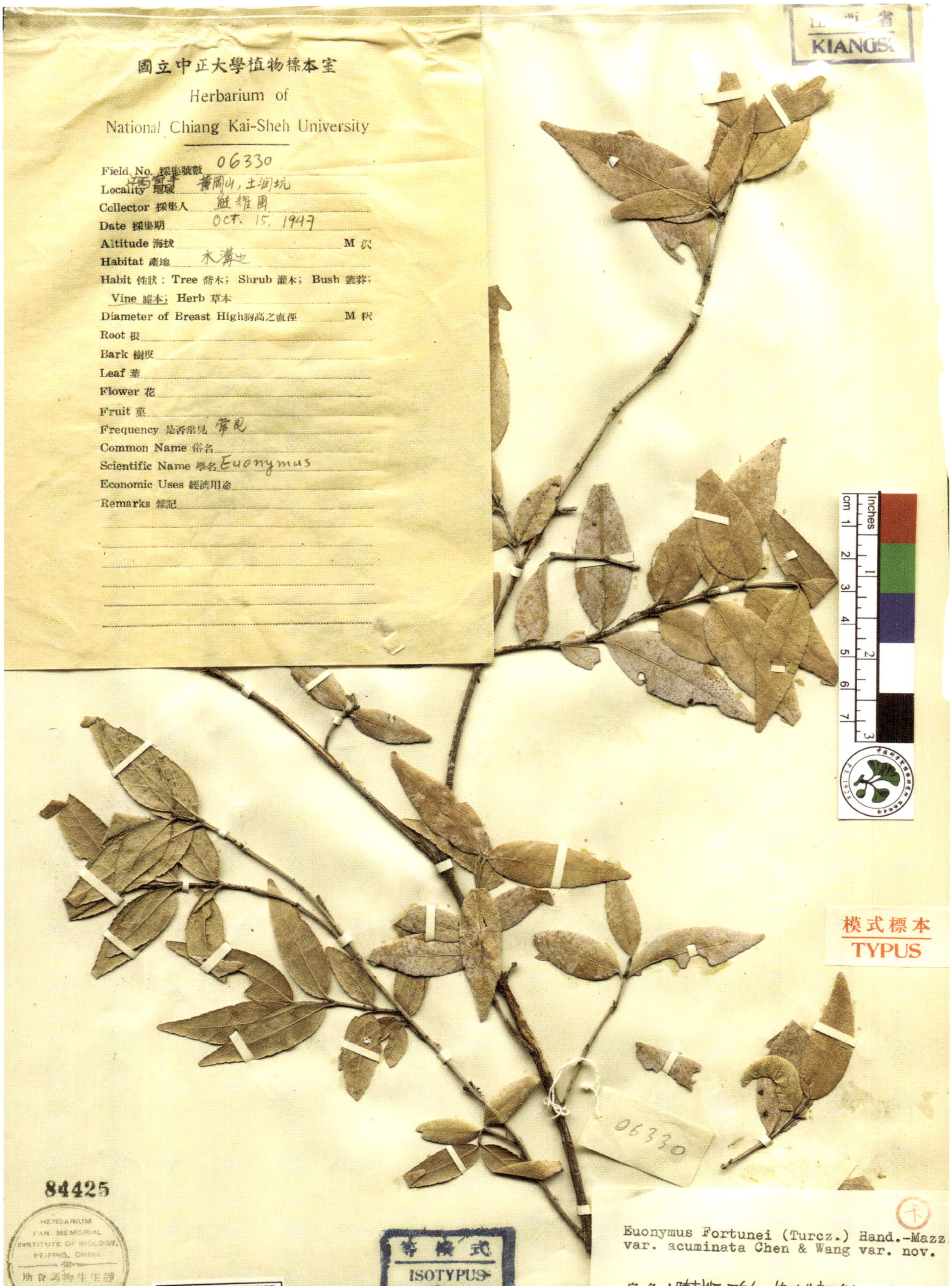

青棉藤 ***Euonymus fortunei*** (Turcz.) Hand.-Mazz. var. ***acuminata*** Chen & M. C. Wang in Acta Phytotaxon. Sin. 3(2): 238. 1954. **Isotype:** China. Jiangxi: Yifeng, 1947-10-15, Y. G. Hsiung 06330.

金阳卫矛 ***Euonymus jinyangensis*** C. Y. Chang in Bull. Bot. Res., Harbin 5(1): 83, photo. 1. 1985. **Isotype:** China. Sichuan: Jinyang, alt. 2 700 m, 1976-08-27, Sichuan Exped. 14634.

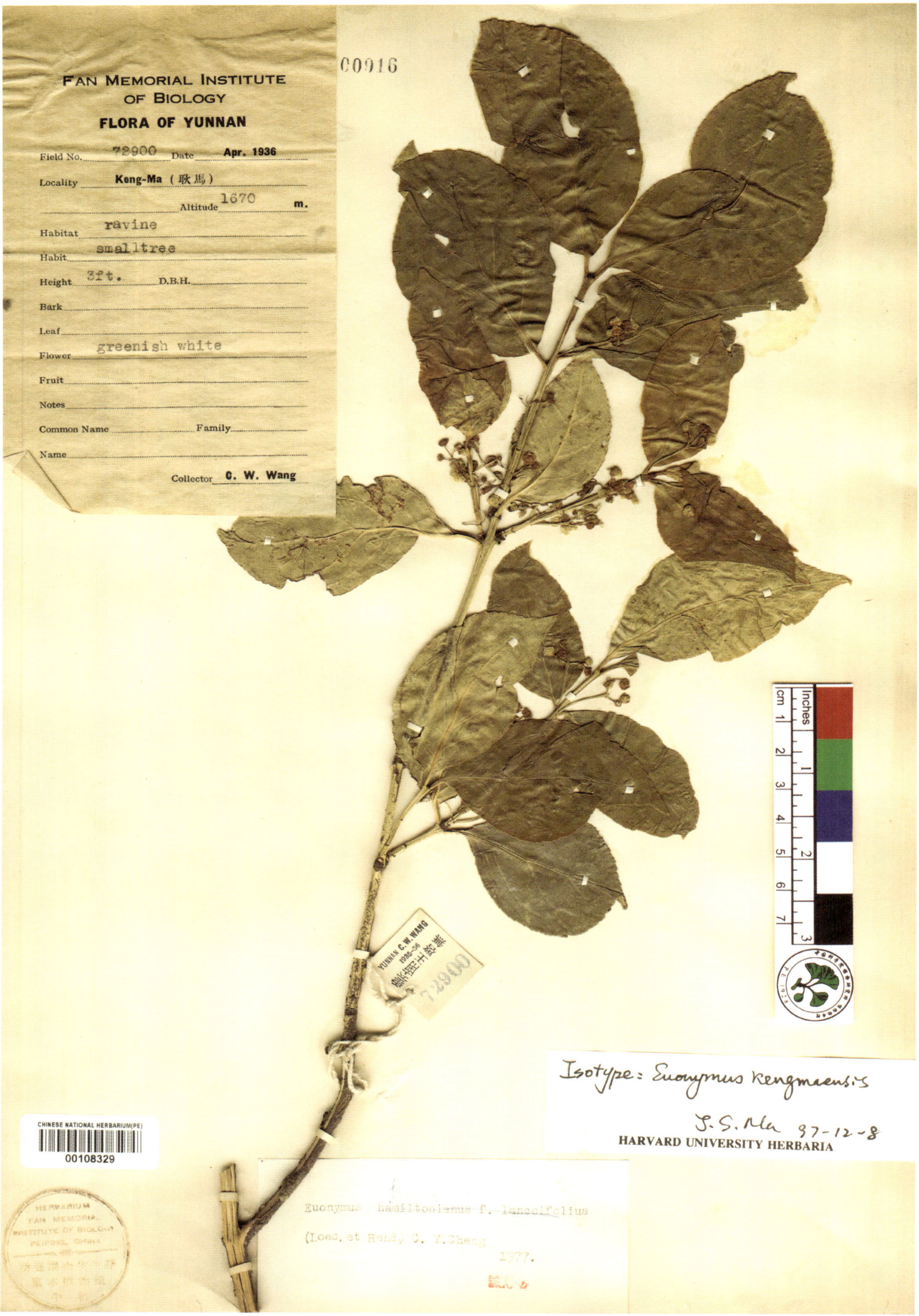

耿马卫矛 ***Euonymus kengmaensis*** C. Y. Cheng ex J. S. Ma in Harvard Papers Bot. 10: 93, f. 1. 1997. **Isotype:** China. Yunnan: Gengma, alt. 1 670 m, 1936-04-??, C. W. Wang 72900.

贵州卫矛 ***Euonymus kweichowensis*** C. H. Wang in Chinese J. Bot. 1(1): 51. 1936. **Holotype:** China. Guizhou: Yinjiang, Fanjingshan, alt. 1 700 m, 1931-09-17, Albert N. Steward, C. Y. Chiao & H. C. Cheo 606.

丽江卫矛 ***Euonymus lichiangensis*** W. W. Smith in Notes Roy. Bot. Gard. Edinburgh 10: 33. 1917. **Isosyntype:** China. Yunnan: Lijiang, alt. 3 050~3355 m, 1910-05-??, G. Forrest 5620.

梅里卫矛 ***Euonymus merrillianus*** C. H. Wang in Contr. Bot. Surv. N. W. China 1: 12. 1939. **Holotype:** China. Guangdong: Dayushan, 1927-12-21, W. T. Tsang 16497.

海桐卫矛 ***Euonymus pittosporoides*** C. Y. Cheng ex J. S. Ma in Harvard Papers Bot. 3(2): 232, f. 2. 1998. **Holotype:** China. Guangxi: Nandan, alt. 610 m, 1937-08-03, C. Wang 41260.

八宝茶 ***Euonymus przewalskii*** Maxim. in Bull. Acad. Imp. Sci. St.-Petersb. 27: 451. 1881. **Lectotype:** (designated here) China. Gansu: Datong He, 1872-06-23, Przewalsky s. n.

库叶岛卫矛 ***Euonymus sachalinensis*** Maxim. in Bull. Acad. Imp. Sci. St.-Petersb. 27: 446. 1881. **Isosyntype:** RUSSIA. Fudzi-yama, 1864-??-??, Tschonoski s. n.

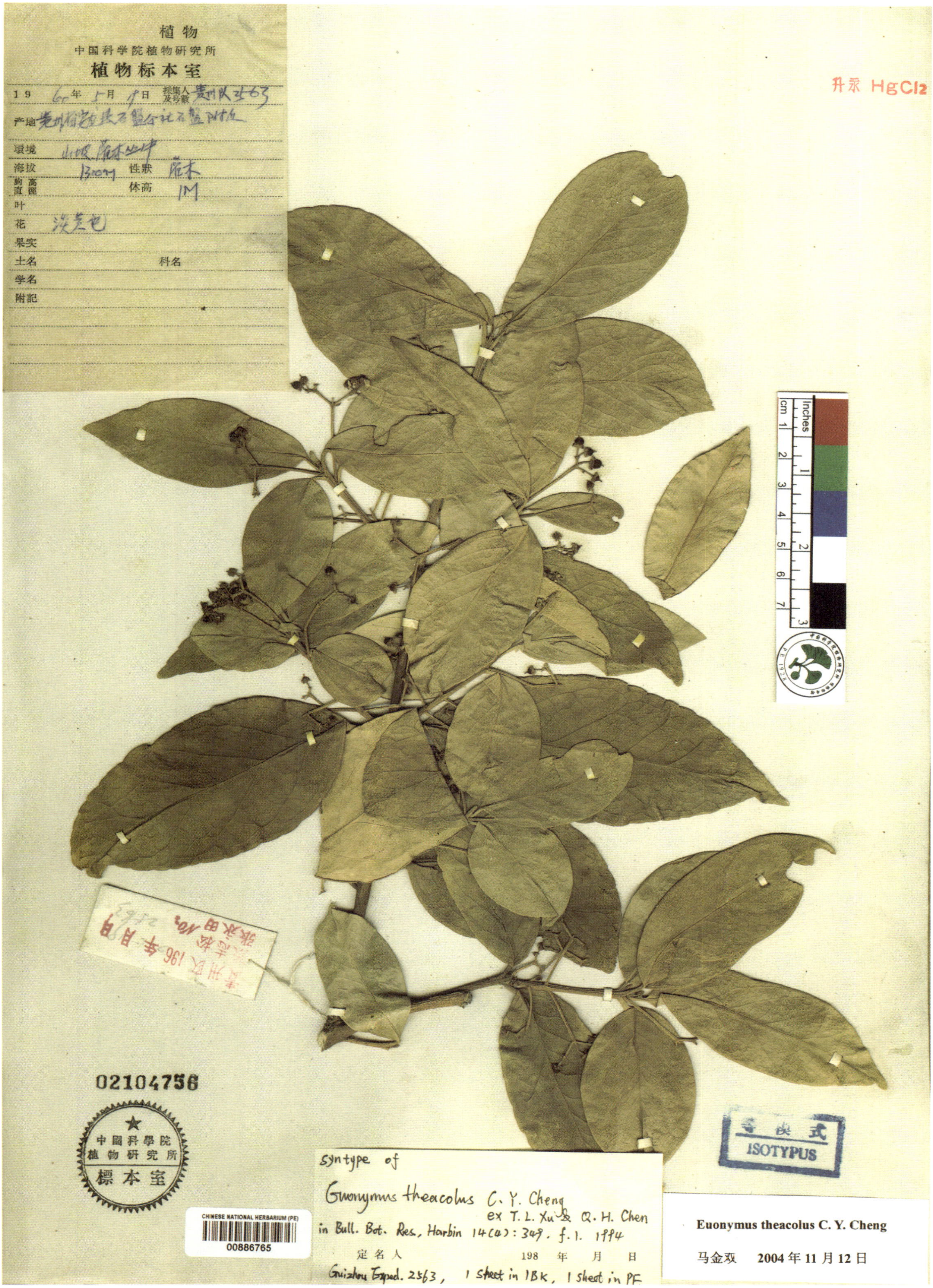

茶色卫矛 ***Euonymus theacolus*** C. Y. Chang in Bull. Bot. Res., Harbin 14(4): 349, f. 1. 1994. **Isotype:** China. Guizhou: Anlong, alt.1 300 m, 1960-05-19, Guizhou (Z. S. Zhang & Y. T. Chang) Exped. 2563.

拟游藤卫矛 ***Euonymus vaganoides*** C. Y. Cheng ex J. S. Ma in Harvard Papers Bot. 10: 93, f. 2. 1997. **Isotype:** China. Yunnan: Pingbian, alt. 1 250 m, 1939-11-29, C. W. Wang 82863.

瘤果卫矛 ***Euonymus verrucocarpa*** C. Y. Cheng & J. S. Ma in Harvard Papers Bot. 3(2): 231, f. 1. 1998. **Isotype:** China. Yunnan: Longling, alt. 2 400 m, 1934-01-06, H. T. Tsai 54558.

征镒卫矛 ***Euonymus wui*** J. S. Ma in Harvard Papers Bot. 10: 97, f. 13. 1997. **Isotype:** China. Yunnan: Malipo, alt. 1 900~2 100 m, 1947-11-02, K. M. Feng 12708.

轮生沟瓣 ***Glyptopetalum verticillatum*** Q. R. Liu & S. Y. Meng in Phytotaxa 234(2): 186. 2015. **Isotype:** China. Yunnan: Yuanjiang, alt. 780 m, 2011-07-10, Q. R. Liu 201107018.

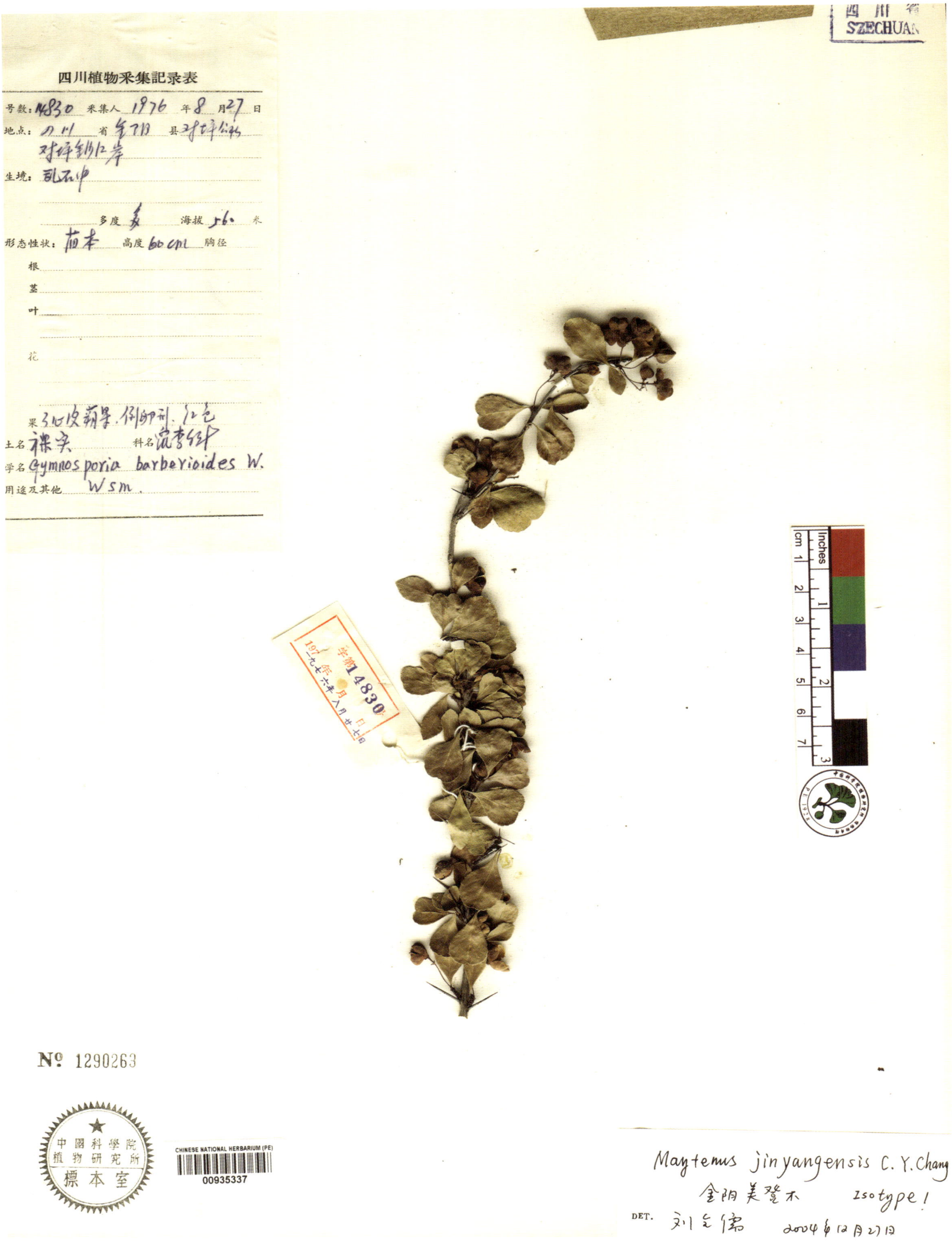

金阳美登木 ***Maytenus jinyangensis*** C. Y. Chang in J. Sichuan Univ., Nat. Sci. Ed. 1985(2): 88. 1985. **Isotype:** China. Sichuan: Jinyang, alt. 560 m, 1976-08-27, Sichuan Exped. 14830.

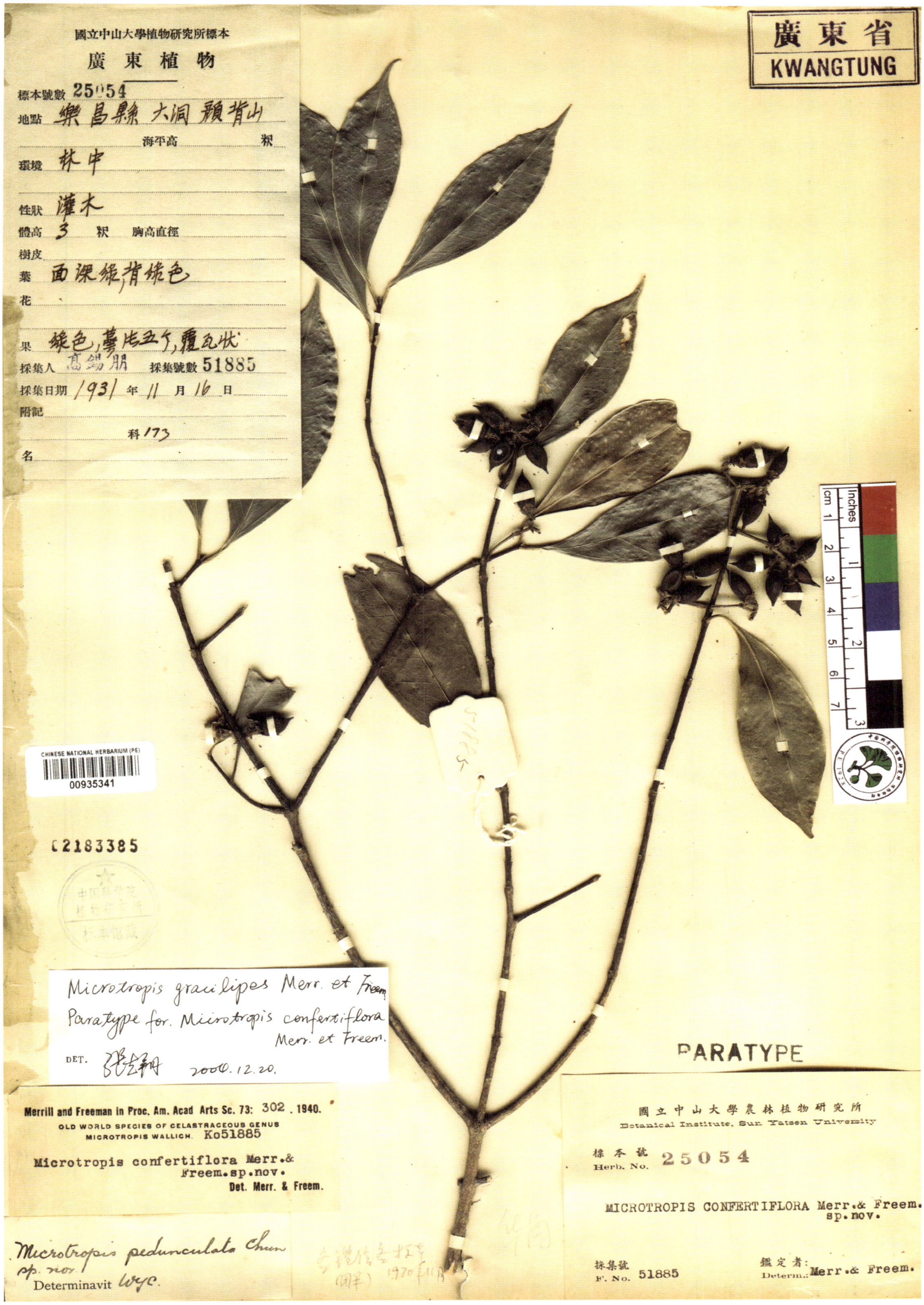

团花假卫矛 ***Microtropis confertiflora*** Merr. & Freem. in Proc. Amer. Acad. Arts Sci. 73: 302. 1940. **Paratype:** China. Guangdong: Lechang, 1931-11-16, S. P. Ko, 51885.

长梗福建假卫矛 ***Microtropis fokienensis*** Dunn var. ***longipedunculata*** W. C. Cheng in Contr. Biol. Lab. Sci. Soc. China, Bot. Ser. 9: 199. 1934. **Holotype:** China. Chongqing: Nanchuan, 1928-11-05, W. P. Fang 5756.

密花假卫矛 ***Microtropis gracilipes*** Merr. & Metc. in Lingnan Sci. J. 16(1): 88, f. 6. 1937. **Isosyntype:** China. Guangdong: Mei Xian, 1932-08-(04~31), W. T. Tsang 21425.

小叶密花假卫矛 ***Microtropis gracilipes*** Merr. & Metc. var. ***parvifolia*** Merr. & Metc. in Lingnan Sci. J. 16(1): 88. 1937. **Isotype:** China. Guangdong: Mei Xian, 1932-08-(04~31), W. T. Tsang 21488.

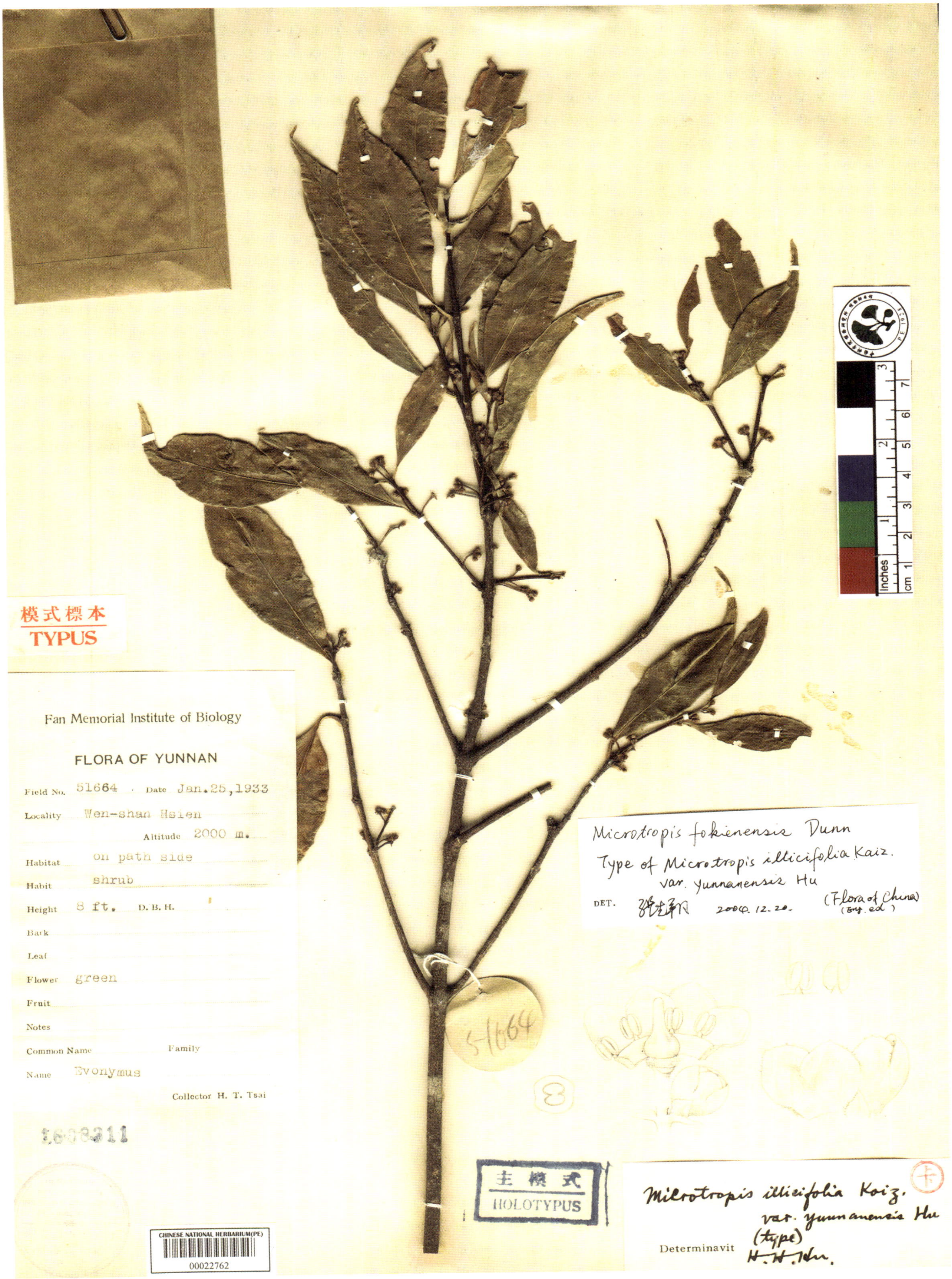

云南假卫矛 ***Microtropis illiciifolia*** Koiz. var. ***yunnanensis*** Hu in Bull. Fan Mem. Inst. Biol., Bot. 7: 214. 1936. **Holotype:** China. Yunnan: Wenshan, alt. 2 000 m, 1933-01-25, H. T. Tsai 51664.

方枝假卫矛 ***Microtropis tetragona*** Merr. & Freem. in Proc. Amer. Acad. Arts 73: 290. 1940. **Isotype:** China. Guangxi: Pingnan, 1937-01-02, C. Wang 40779.

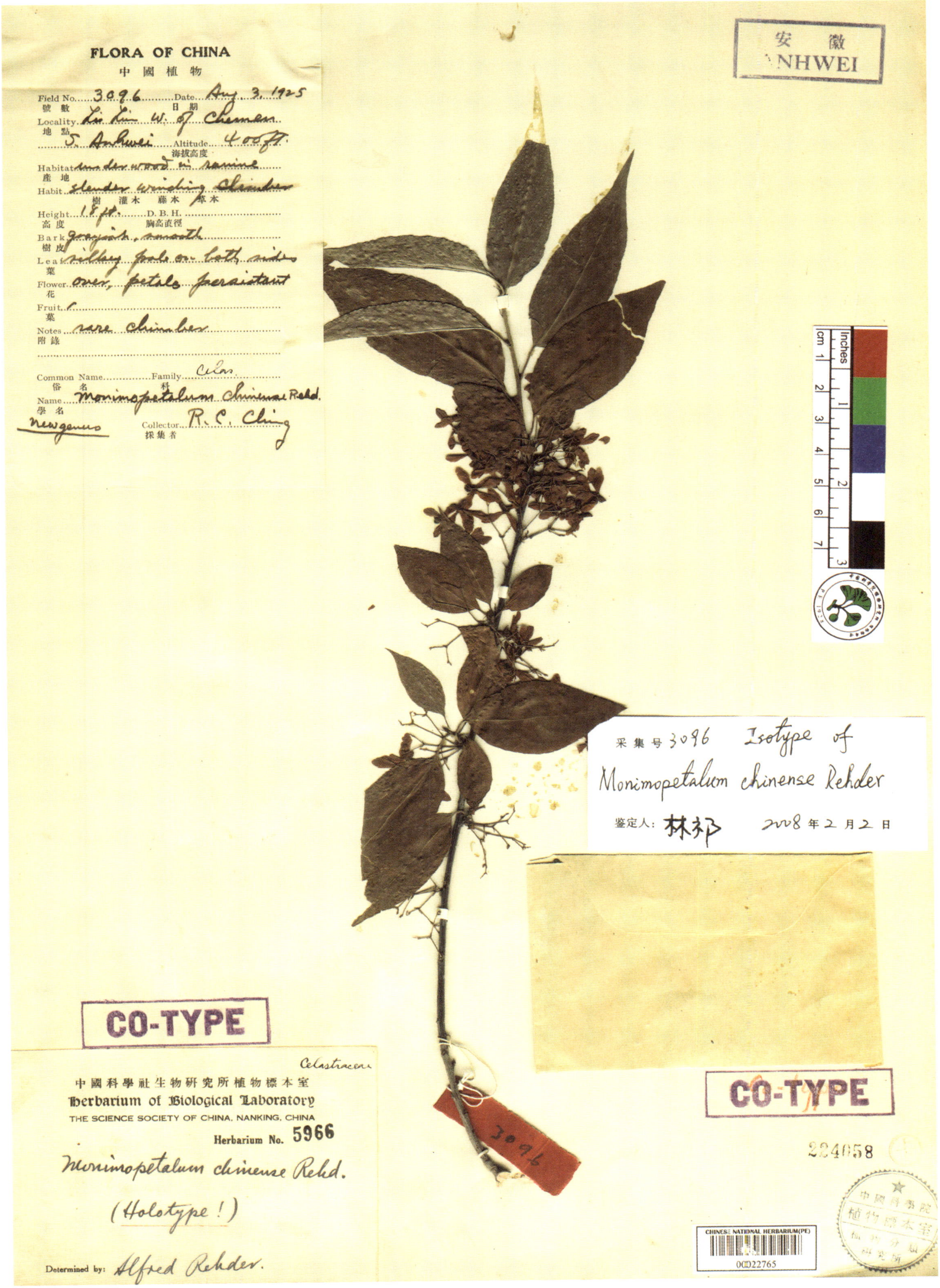

永瓣藤 ***Monimopetalum chinense*** Rehd. in J. Arnold Arbor. 7(4): 234. 1926. **Isotype:** China. Anhui: Qimen, alt. 122 m, 1925-08-03, R. C. Ching 3096.

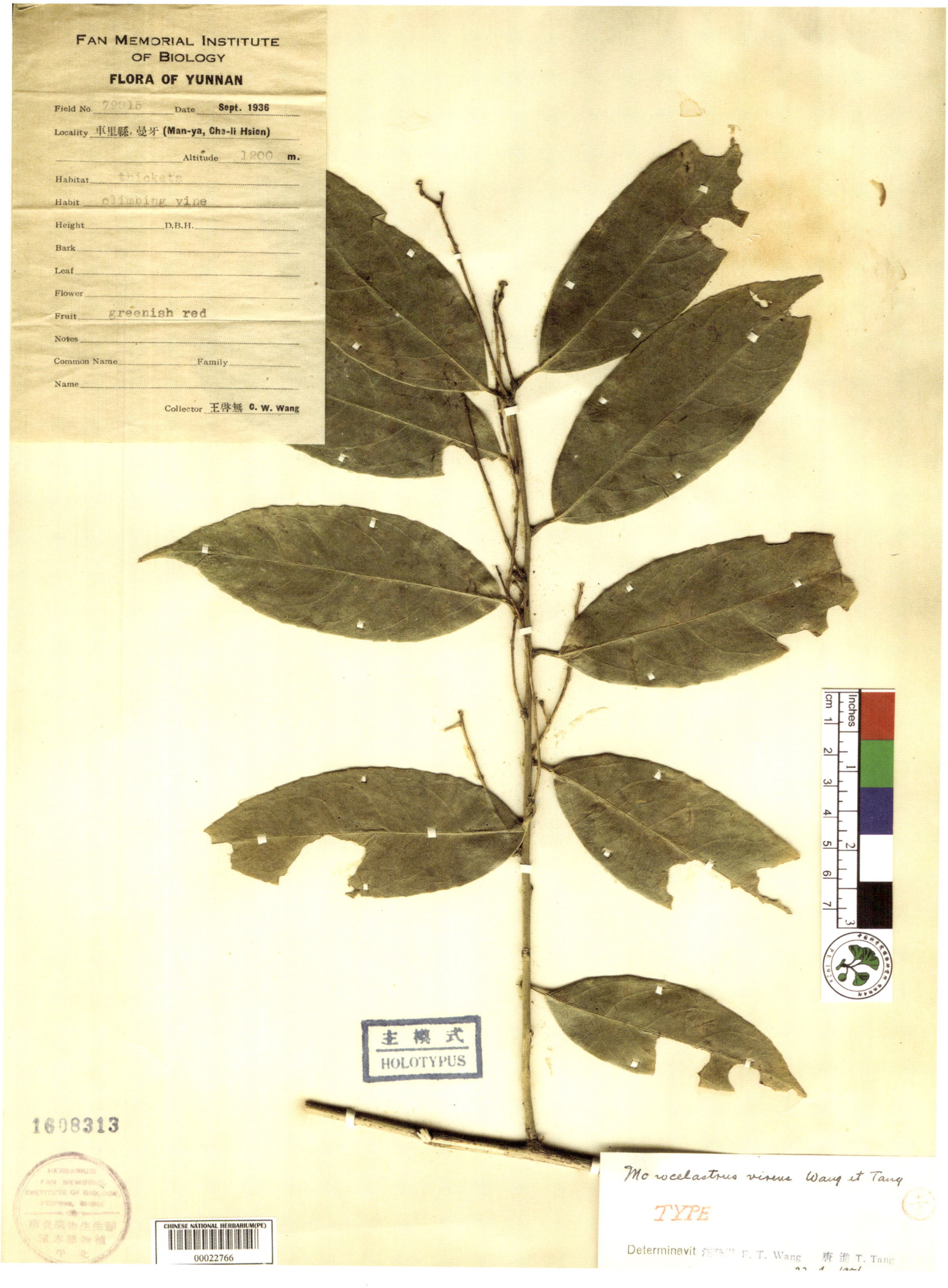

绿独子藤 ***Monocelastrus virens*** F. T. Wang & Tang in Acta Phytotaxon. Sin. 1(2): 135. 1951. **Holotype:** China. Yunnan: Jinghong, alt. 1 200 m, 1936-09-??, C. W. Wang 79015.

Hippocrateaceae

翅子藤科

chiziteng ke

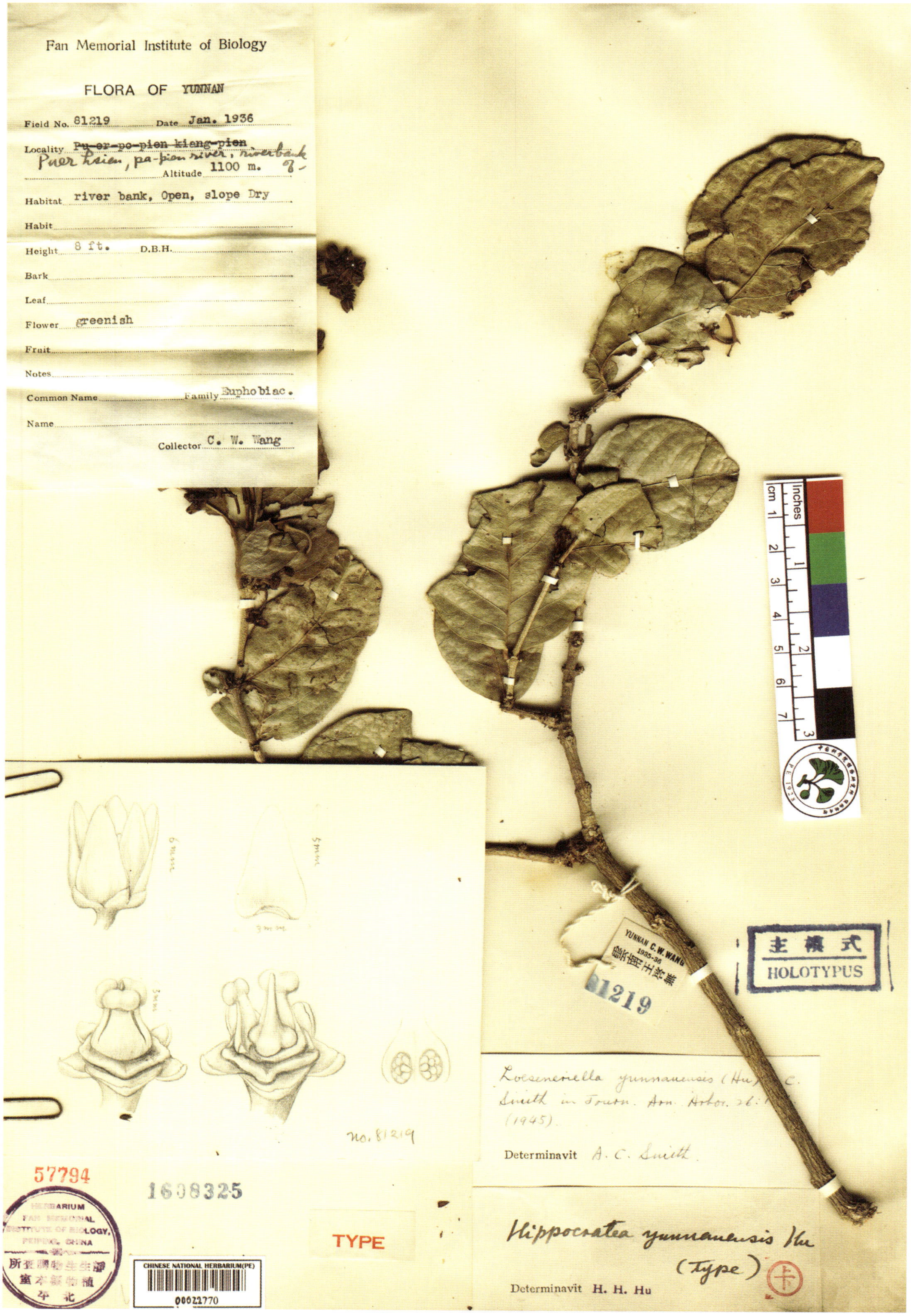

云南翅子藤 ***Hippocratea yunnanensis*** Hu in Bull. Fan Mem. Inst. Biol., Bot. Ser. 10: 152. 1940. **Holotype:** China. Yunnan: Puer, alt. 1 100 m, 1936-01-??, C. W. Wang 81219.

闊叶柶拉木 ***Salacia amplifolia*** Merr. in Acta Phytotaxon. Sin. 7(1): 55, pl. 18. 1958. **Isotype:** China. Hainan: Sanya, 1933-10-16, C. Wang 34631.

密花五层龙 ***Salacia confertiflora*** Merr. in Lingnan Sci. J. 14(1): 27. 1935. **Isotype:** China. Hainan: Sanya, 1932-08-(19-20), S. K. Lau 423.

密花桫拉木 ***Salacia confertiflora*** Merr. in Lingnan Sci. J. 14(1): 27. 1935. **Isoepitype** (designated by Chun & How in Acta Phytotaxon. Sin. 7: 56. 1958.): China. Hainan: Baisha, 1954-11-18, E Hainan Exped. 753.

粉叶五层龙 ***Salacia glaucifolia*** C. Y. Wu in S. Y. Bao, Fl. Reip. Pop. Sin. 46: 4, 290, pl. 2: 11-12. 1981. **Isotype:** China. Yunnan: Pingbian, alt. 400 m, 1954-09-29, K. M. Feng 4724.

多籽五层龙 ***Salacia polysperma*** Hu in Bull. Fan Mem. Inst. Biol., Bot. Ser. 10: 153. 1940. **Holotype:** China. Yunnan: Che-li (=Jinghong), alt. 950 m, 1936-08-??, C. W. Wang 75558.

Staphyleaceae

省沽油科

shengguyou ke

光山香圆 ***Turpinia glaberrima*** Merr. in Lingnan Sci. J. 7: 312. 1929. **Isotype:** China. Hong Kong: New Territory, 1927-04-21, W. Y. Chun 4825.

Icacinaceae

茶茱萸科

chazhuyu ke

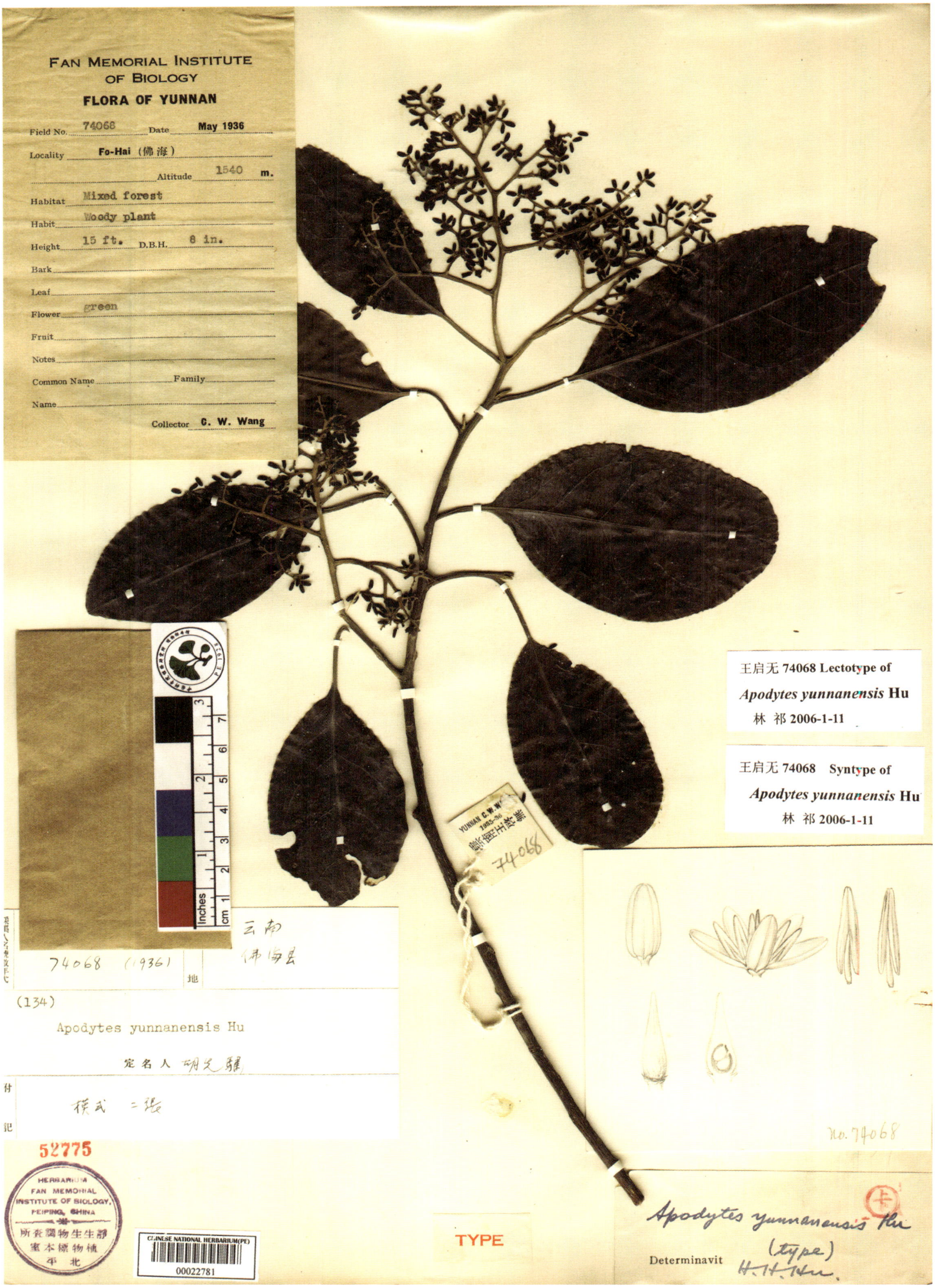

云南柴龙树 ***Apodytes yunnanensis*** Hu in Bull. Fan Mem. Inst. Biol., Bot. Ser. 10: 154. 1940. **Lectotype** (designated by Q. Lin & al. in Bull. Bot. Res. Harbin 28: 538. 2008.): China. Yunnan: Fo-Hai (=Menghai), alt. 1 540 m, 1936-05-??, C. W. Wang 74068.

假柴龙树 ***Mappia obtusifolia*** Merr. in Lingnan Sci. J. 14(1): 28, f. 9. 1935. **Isotype** China. Hainan: Sanya, 1932-07-11, S. K. Lau 233.

无须藤 ***Natsiatum sinense*** Oliv. in Hooker's Icon. Pl. 19(4): Pl. 1900. 1889. **Isosyntype:** China. Chongqing: Wushan, 1889-03-??, A. Henry 5598.

毛蕊木 ***Stemonurus chingianus*** Hand.-Mazz. in Sinensia 2(1): 3. 1931. **Holotype:** China. Guangxi: Luocheng, alt. 305 m, 1928-05-23, R. C. Ching 5226.

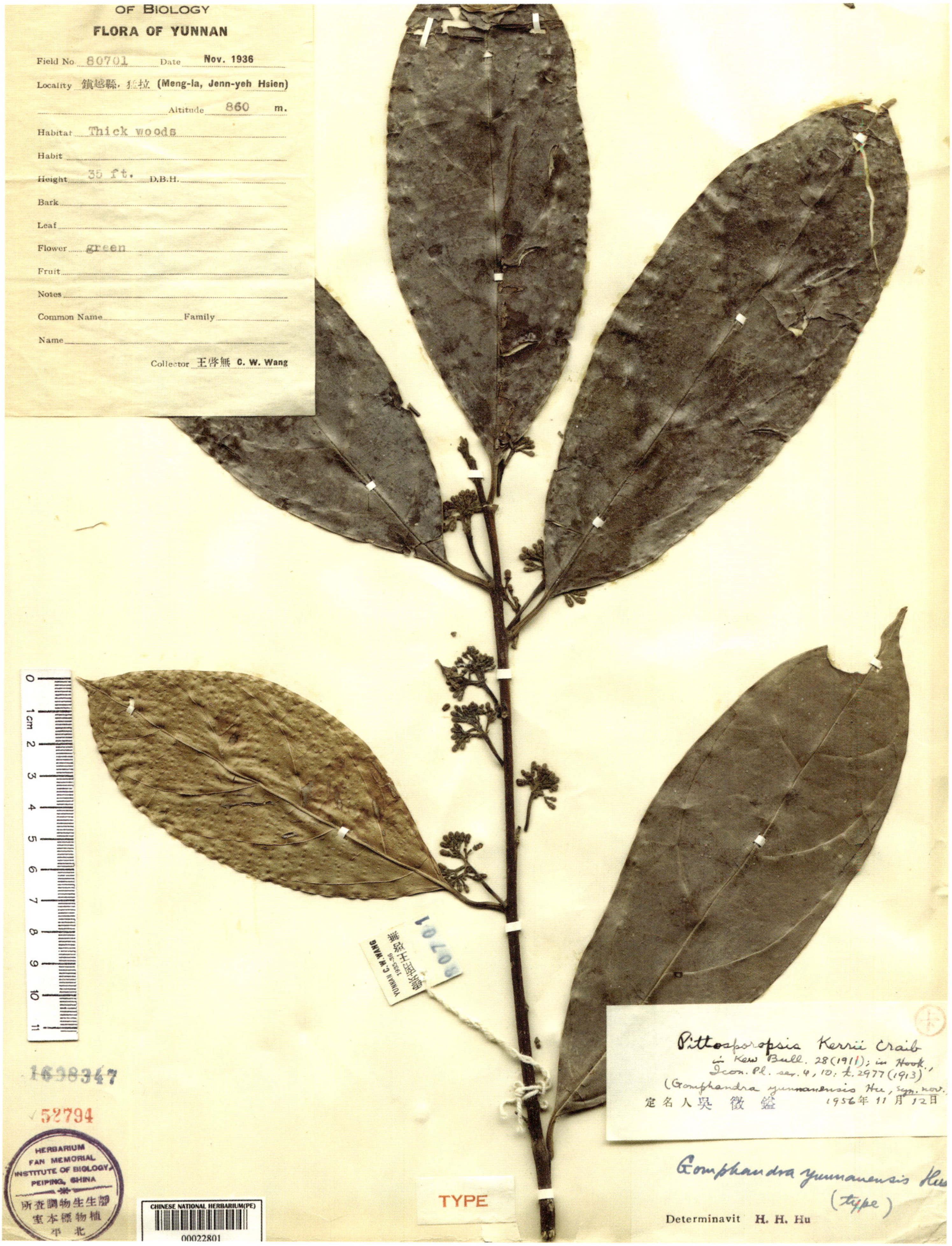

云南毛蕊木 ***Stemonurus yunnanensis*** Hu in Bull. Fan Mem. Inst. Biol., Bot. Ser. 10: 156. 1940. **Holotype:** China. Yunnan: Mengla, alt. 860 m, 1936-11-??, C. W. Wang 80701.

Aceraceae

槭树科

qishu ke

锐角枫 ***Acer acutum*** W. P. Fang in Contr. Biol. Lab. Sci. Soc. China, Bot. Ser. 8: 164, f. 7. 1932. **Lectotype** (designated here)**:** China. Zhejiang: Linan, 1929-08-11, S. S. Chien 718.

天童锐角槭 ***Acer acutum*** W. P. Fang var. ***tientungense*** W. P. Fang & M. Y. Fang in Acta Phytotaxon. Sin. 11(2): 146. 1966. **Holotype:** China. Zhejiang: Yin Xian, alt. 262 m, 1957-07-20, X. Y. He 27067.

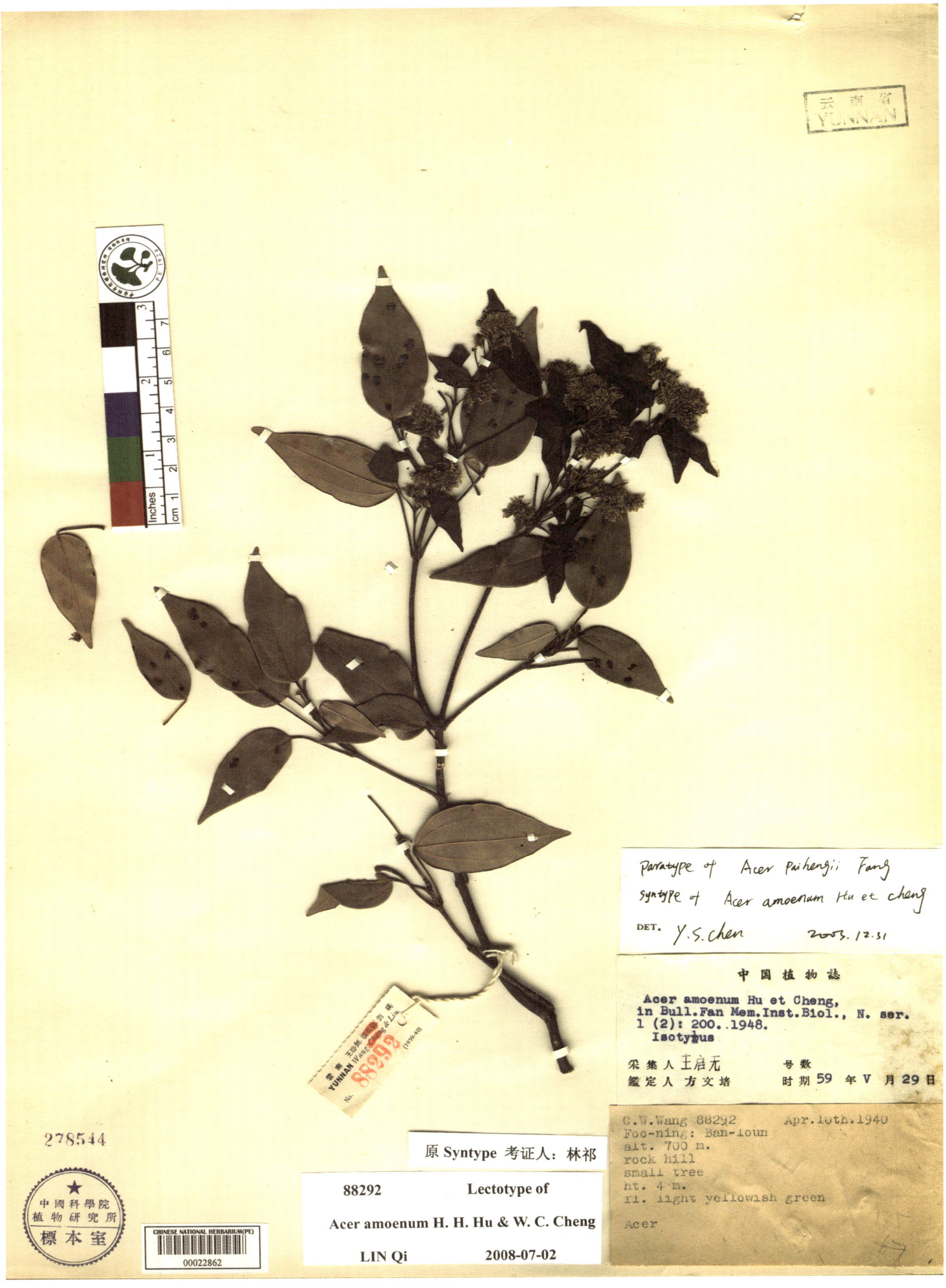

富宁槭 ***Acer amoenum*** H. H. Hu & W. C. Cheng in Bull. Fan Mem. Inst. Biol., New Ser. 1(2): 200. 1948. **Lectotype** (designated by Q. Lin & al. in Acta Bot. Boreal.-Occident. Sin. 29: 175. 2009.): China. Yunnan: Funing, alt. 700 m, 1940-04-10, C. W. Wang 88292.

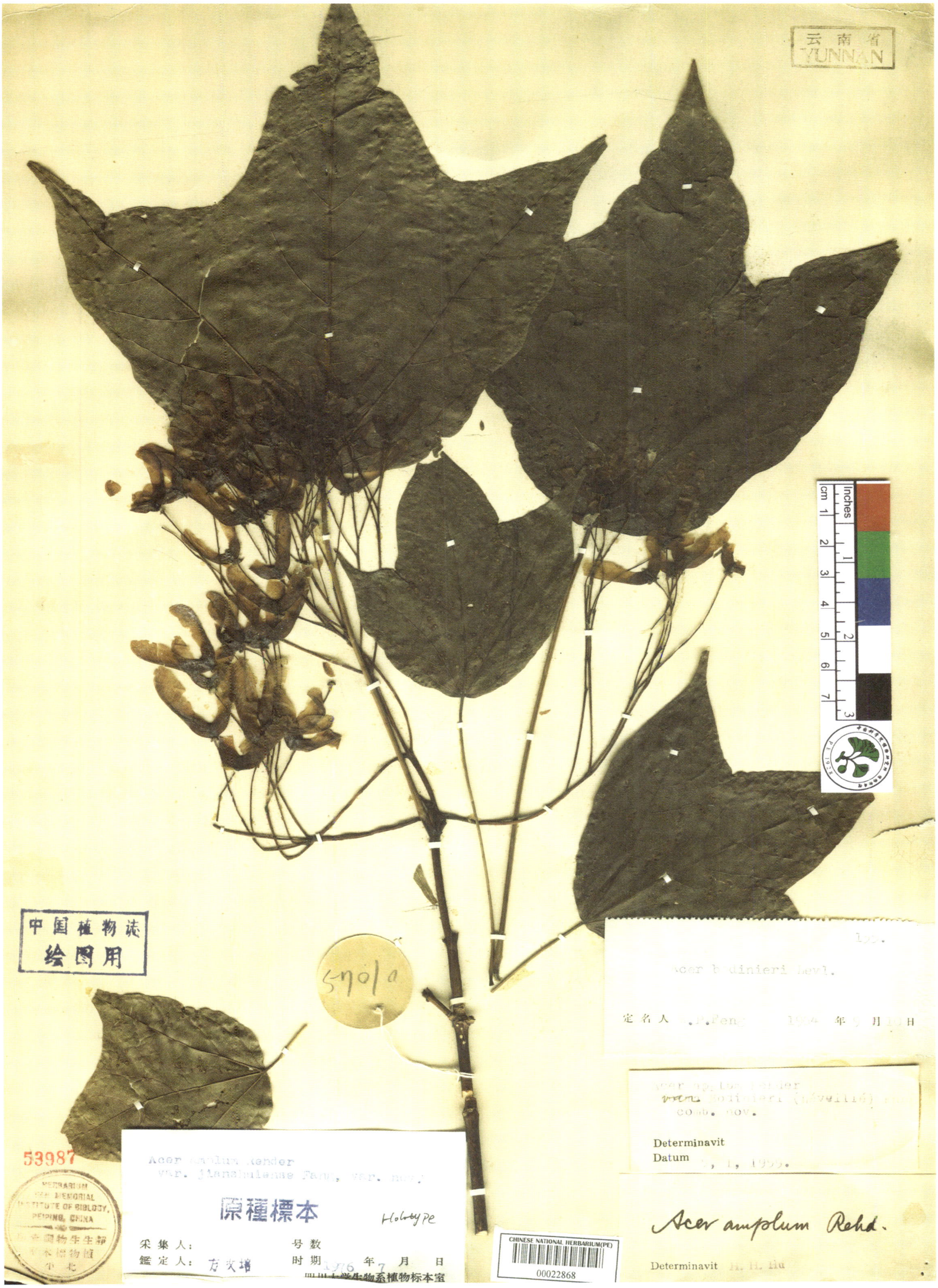

建水阔叶槭 ***Acer amplum*** Rehd. var. ***jianshuiense*** W. P. Fang in Acta Phytotaxon. Sin. 17(1): 68, pl. 9: 4. 1979. **Holotype:** China. Yunnan: Jianshui, alt. 1 800 m, 1933-(04~05)-??, H. T. Tsai 57010.

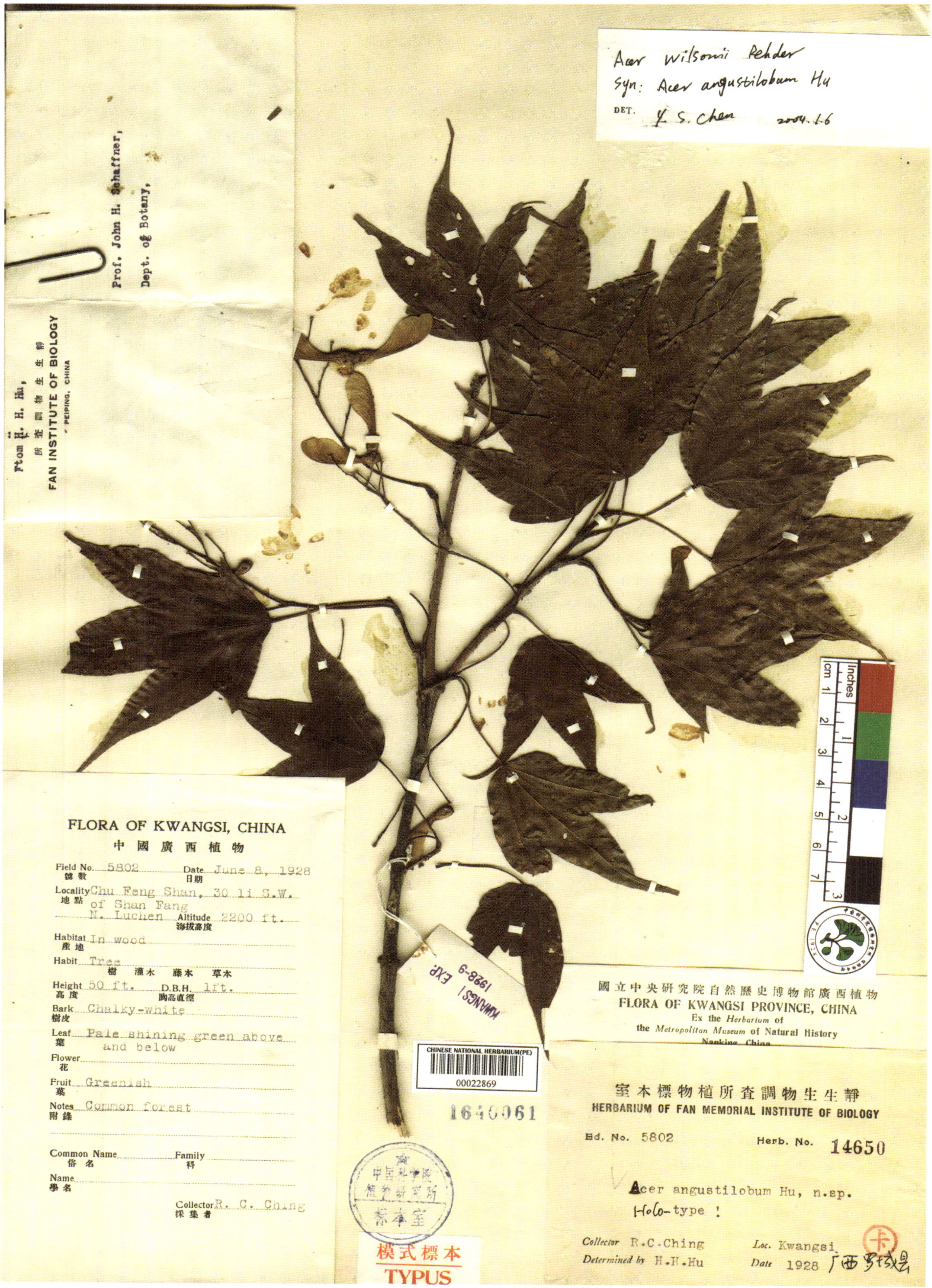

狭叶槭 ***Acer angustilobum*** Hu in J. Arnold Arbor. 12(3): 154. 1931. **Holotype:** China. Guangxi: Luocheng, alt. 671 m, 1928-06-08, R. C. Ching 5802.

长尾窄裂槭 ***Acer angustilobum*** Hu var. ***angustilobum*** Hu f. ***longicaudatum*** W. P. Fang in Acta Phytotaxon. Sin. 11(2): 160. 1966. **Isotype:** China. Guangxi: Rongshui, alt. 750 m, 1958-08-07, S. H. Chun 16115.

西畴窄裂槭 ***Acer angustilobum*** Hu var. ***sichouense*** W. P. Fang & M. Y. Fang in Acta Phytotaxon. Sin. 11(2): 161. 1966. **Holotype:** China. Yunnan: Xichou, alt. 1 500~1 800 m, 1947-08-30, K. M. Feng 11514.

安徽槭 ***Acer anhweiense*** W. P. Fang & M. Y. Fang in Acta Phytotaxon. Sin. 11(2): 150. 1966. **Holotype:** China. Anhui: Huangshan, 1936-08-17, P. C. Tsoong 4540.

短翅安徽槭 ***Acer anhweiense*** W. P. Fang & M. Y. Fang var. ***brachypterum*** W. P. Fang & P. L. Chiu in Acta Phytotaxon. Sin. 17(1): 71. 1979. **Isotype:** China. Zhejiang: Changhua, 1957-08-25, X. Y. He 26414.

毛脉槭 ***Acer barbinerve*** Maxim. in Bull. Acad. Imp. Sci. St.-Petersbourg, 12: 227. 1867. **Lectotype** (designated here): China. Heilongjiang: Usuri (=Wusuli), 1860-08-28, Maximowicz s. n.

凸果贵阳槭 ***Acer bodinieri*** Lévl. var. ***convexum*** W. P. Fang in Acta Phytotaxon. Sin. 11(2): 148. 1966. **Isotype:** China. Guizhou: Kaili, alt. 670 m, 1959-05-22, S Guizhou Exped. 1507.

雁荡三角槭 ***Acer buergerianum*** Miq. var. ***yentangense*** W. P. Fang in Acta Phytotaxon. Sin. 11(2): 164. 1966. **Holotype:** China. Zhejiang: Tiantai, Yandangshan, 1935-05-??, P. C. Tsoong 251.

云南扇叶槭 ***Acer campbellii*** Hiern var. ***yunnanense*** Rehd. in Sargent, Trees & Shrubs 1(4): 179. 1905. **Isotype:** China. Yunnan: Mengzi, alt. 2 135 m, A. Henry 10495.

怒江槭 ***Acer chienii*** Hu & W. C. Cheng in Bull. Fan Mem. Inst. Biol., New Ser. 1(2): 207. 1948. **Isotype:** China. Yunnan: Gongshan, 1938-08-14, T. T. Yu 19895.

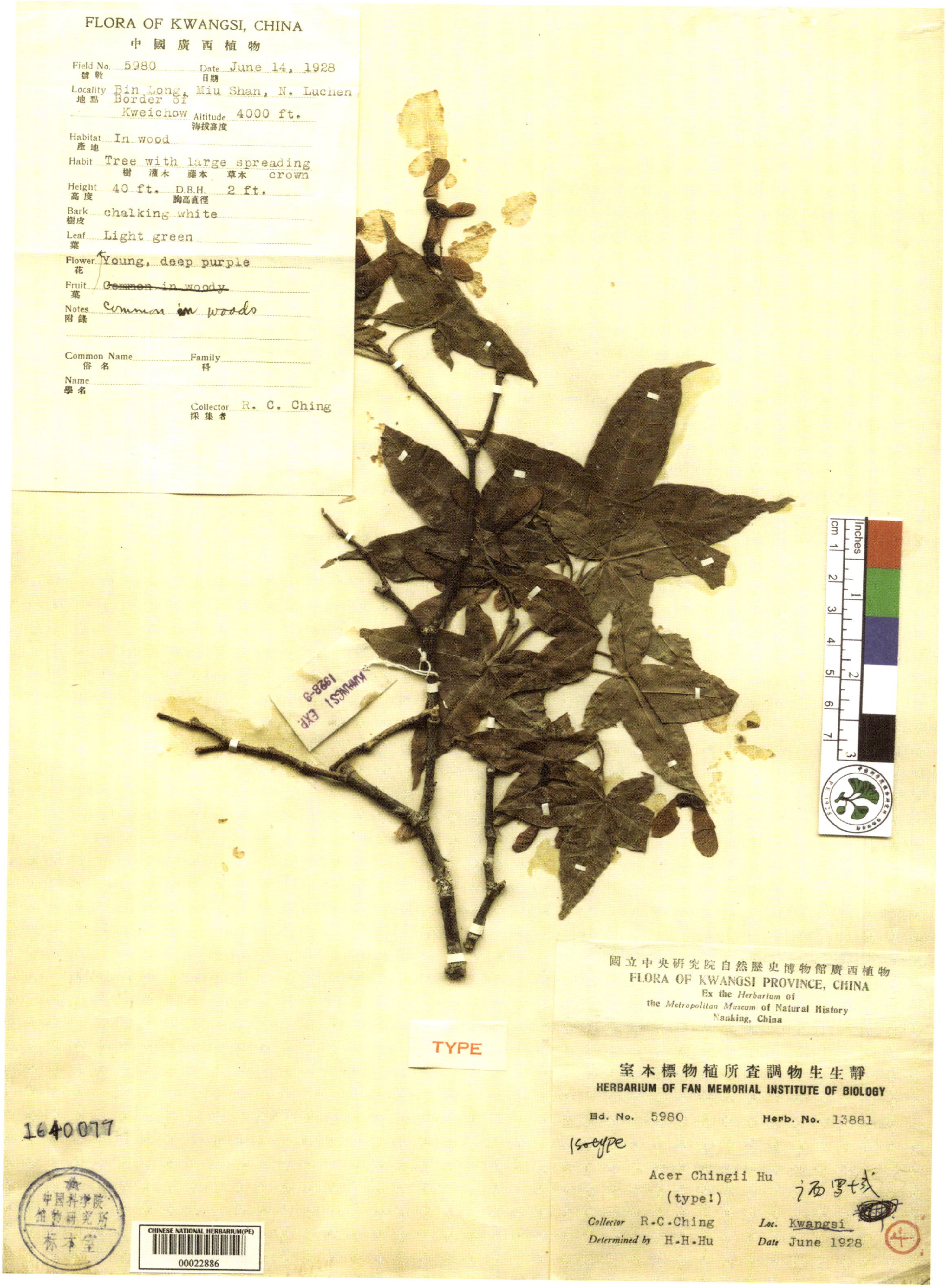

黔桂槭 ***Acer chingii*** Hu in J. Arnold Arbor. 11(4): 224. 1930. **Isotype:** China. Guangxi: Luocheng, alt. 1 220 m, 1928-06-14, R. C. Ching 5980.

乳源槭 ***Acer chunii*** W. P. Fang in Sunyatsenia 3(4): 263, pl. 33. 1937. **Isotype:** China. Guangdong: Ruyuan, 1934-04-23, S. P. Ko 54172.

两型叶乳源槭 ***Acer chunii*** W. P. Fang subsp. ***dimorphophyllum*** W. P. Fang in Acta Phytotaxon. Sin. 17(1): 68, pl. 9: 2. 1979. **Holotype:** China. Sichuan: Ebian, alt. 1 000~1 500 m, 1976-08-??, T. S. Chao s. n.

密叶槭 ***Acer confertifolium*** Merr. & Metc. in Lingnan Sci. J. 16(2): 167, f. 7. 1937. **Isotype:** China. Guangdong: Mei Xian, 1932-08-(04~31), W. T. Tsang 21407.

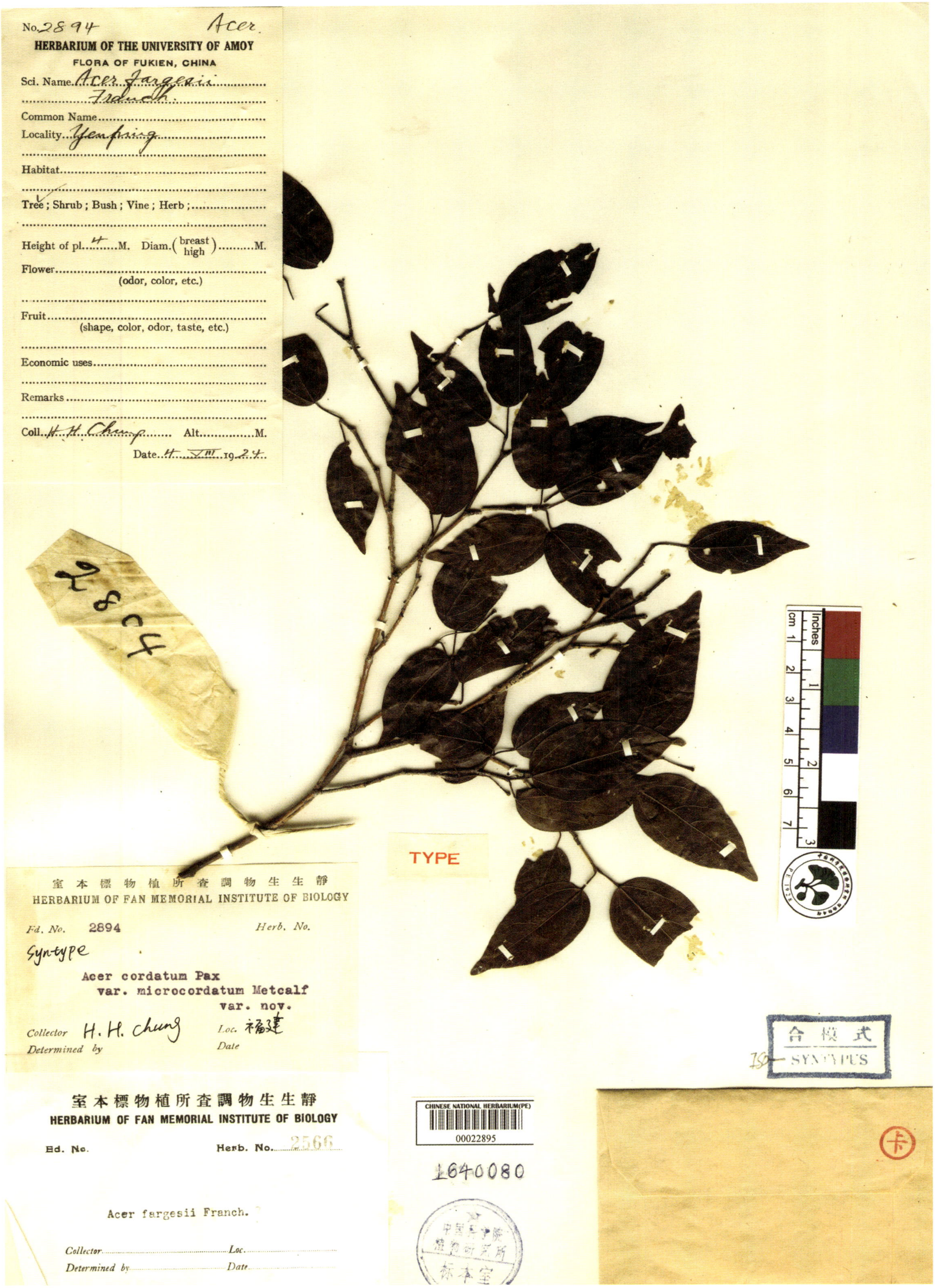

小紫果槭 ***Acer cordatum*** Pax var. ***microcordatum*** Metc. in Lingnan Sci. J. 11(2): 199. 1932. **Isosyntype:** China. Fujian: Nanping, alt. 730 m, 1924-08-04, H. H. Chung 2894.

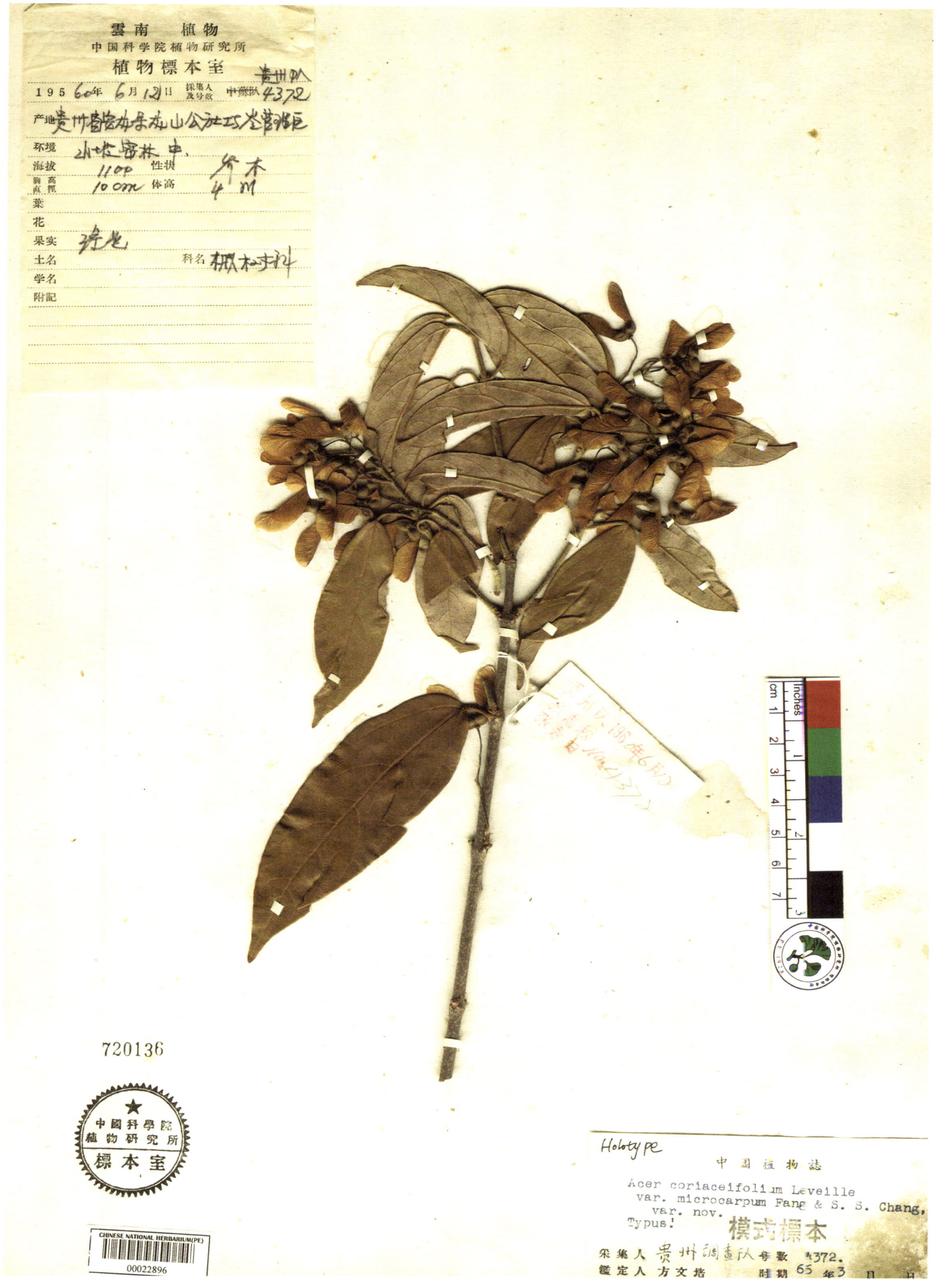

小果革叶槭 ***Acer coriaceifolium*** Lévl. var. ***microcarpum*** W. P. Fang & S. S. Chang in Acta Phytotaxon. Sin. 17(1): 79. 1979. **Holotype:** China. Guizhou: Anlong, alt. 1 100 m, 1960-06-12, Z. S. Zhang & Y. T. Chang 4372.

厚叶槭 ***Acer crassum*** Hu & W. C. Cheng in Bull. Fan Mem. Inst. Biol., New Ser. 1(2): 201. 1948. **Lectotype** (designated by Q. Lin & al. in Acta Bot. Boreal.-Occident. Sin. 29: 175. 2009.): China. Yunnan: Funing, alt. 1 000 m, 1940-05-07, C. W. Wang 87087.

十蕊槭 ***Acer decandrum*** Merr. in Lingnan Sci. J. 11(1): 47. 1932. **Isotype:** China. Hainan: Hongmaoshan, 1929-06-06, W. T. Tsang & Fung 253.

两型叶网脉槭 ***Acer dimorphifolium*** Metc. in Lingnan Sci. J. 11(2): 201, f. 3-5. 1932. **Isosyntype:** China. Fujian: Nanping, 1925-07-01, H. H. Chung 3638.

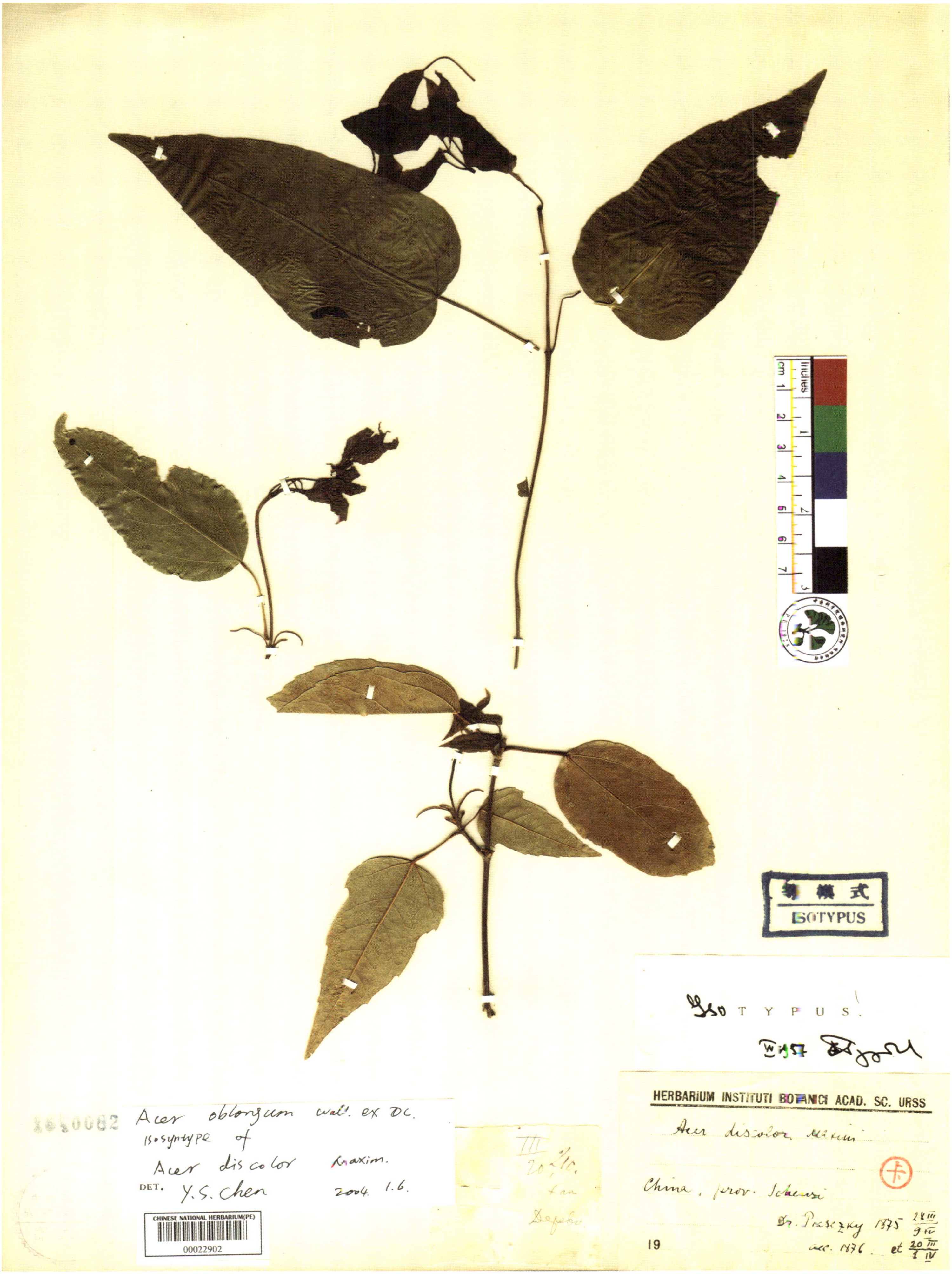

异色槭 ***Acer discolor*** Maxim. in Bull. Acad. Imp. Sci. St.-Petersbourg, 26: 436. 1880. **Isotype:** China. Shaanxi: Hanshui, 1875-03-28, Piasezki s. n.

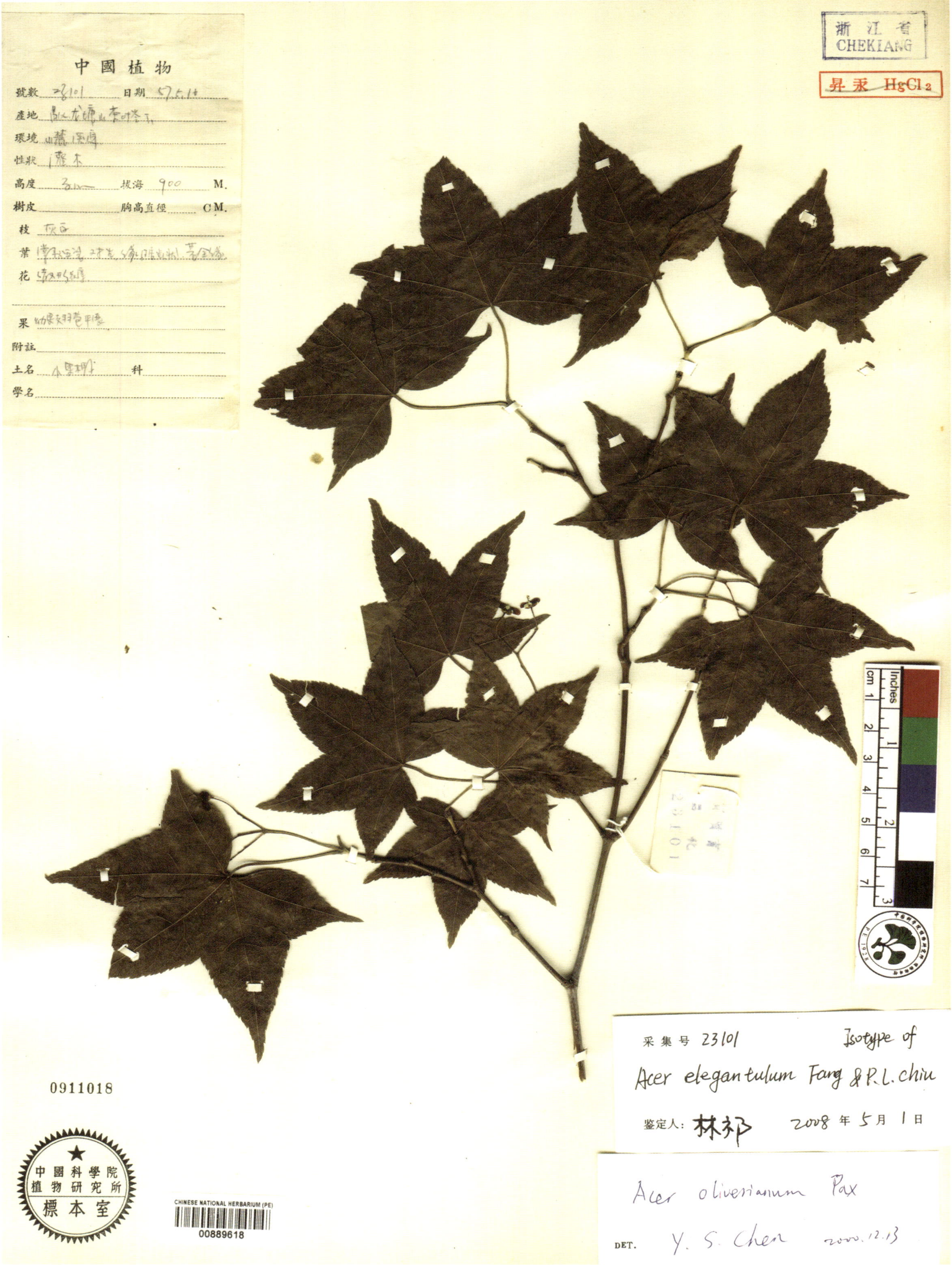

秀丽槭 ***Acer elegantulum*** W. P. Fang & P. L. Chiu in Acta Phytotaxon. Sin. 17(1): 76, pl. 11:3. 1979. **Isotype:** China. Zhejiang: Changhua, alt. 900 m, 1957-05-16, X. Y. He 23101.

桉状槭 ***Acer eucalyptoides*** W. P. Fang & Y. T. Wu in Acta Phytotaxon. Sin. 17(1): 83, pl. 13:4. 1979. **Isotype:** China. Xizang: Nyalam, alt. 2 200 m, 1975-06-27. Qinghai-Xizang Exped. 5977.

大果罗浮槭 ***Acer fabri*** Hance var. ***megalocarpum*** Hu & W. C. Cheng in Bull. Fan Mem. Inst. Biol., New Ser. 1(2): 202. 1948. **Isotype:** China. Yunnan: Funing, alt. 700 m, 1940-05-27, C. W. Wang 89656.

红果罗浮槭 ***Acer fabri*** Hance var. ***rubrocarpum*** Metc. in Lingnan Sci. J. 11(2): 206. 1932. **Isosyntype:** China. Guangxi: Luocheng, alt. 1 068 m, 1928-06-14, R. C. Ching 5998.

梧桐槭 ***Acer firmianioides*** W. C. Cheng in J. Sci. Technol. China 2: 36. 1949. **Holotype:** China. Hubei: Lichuan, alt. 1 280 m, 1948-08-29, W. C. Cheng & C. T. Hwa 740.

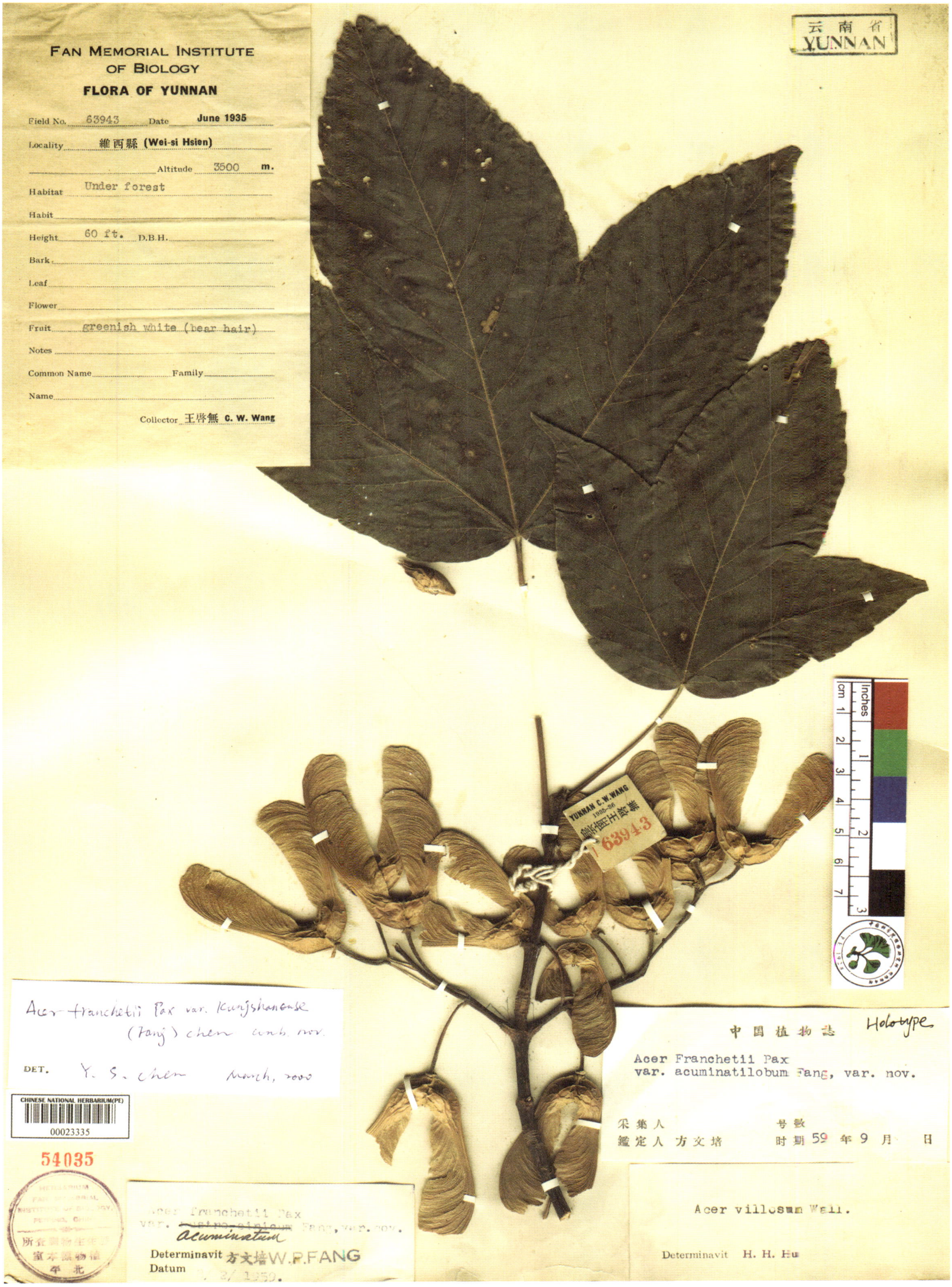

尖裂房县槭 ***Acer franchetii*** Pax var. ***acuminatilobum*** W. P. Fang & H. F. Chow in Acta Phytotaxon. Sin. 11(2): 178. 1966. **Holotype:** China. Yunnan: Weixi, alt. 3 500 m, 1935-06-??, C. W. Wang 63943.

大果房县槭 ***Acer francheti*** Pax var. ***francheti*** Pax f. ***megalocarpum*** W. P. Fang & W. K. Hu in Acta Phytotaxon. Sin. 11(2): 177. 1966. **Isotype:** China. Sichuan: Tianquan, alt. 2 500 m, 1953-10-07, H. L. Tsiang 37975.

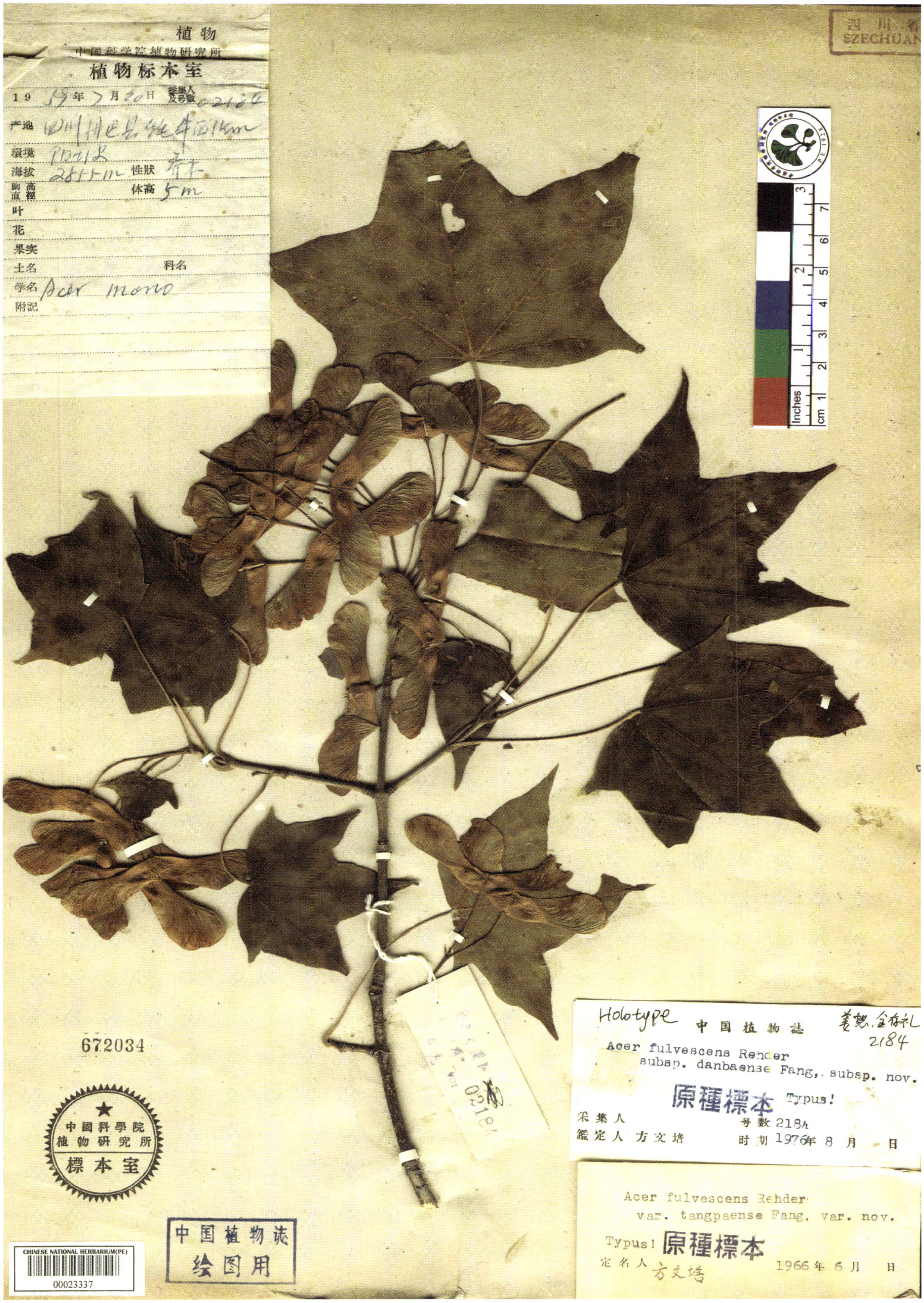

丹巴黄毛槭 ***Acer fulvescens*** Rehd. subsp. ***danbaense*** W. P. Fang in Acta Phytotaxon. Sin. 17(1): 65, pl. 8: 4. 1979.

Holotype: China. Sichuan: Danba, alt. 2 855 m, 1959-07-20, S. Jiang & C. L. Jin 02184.

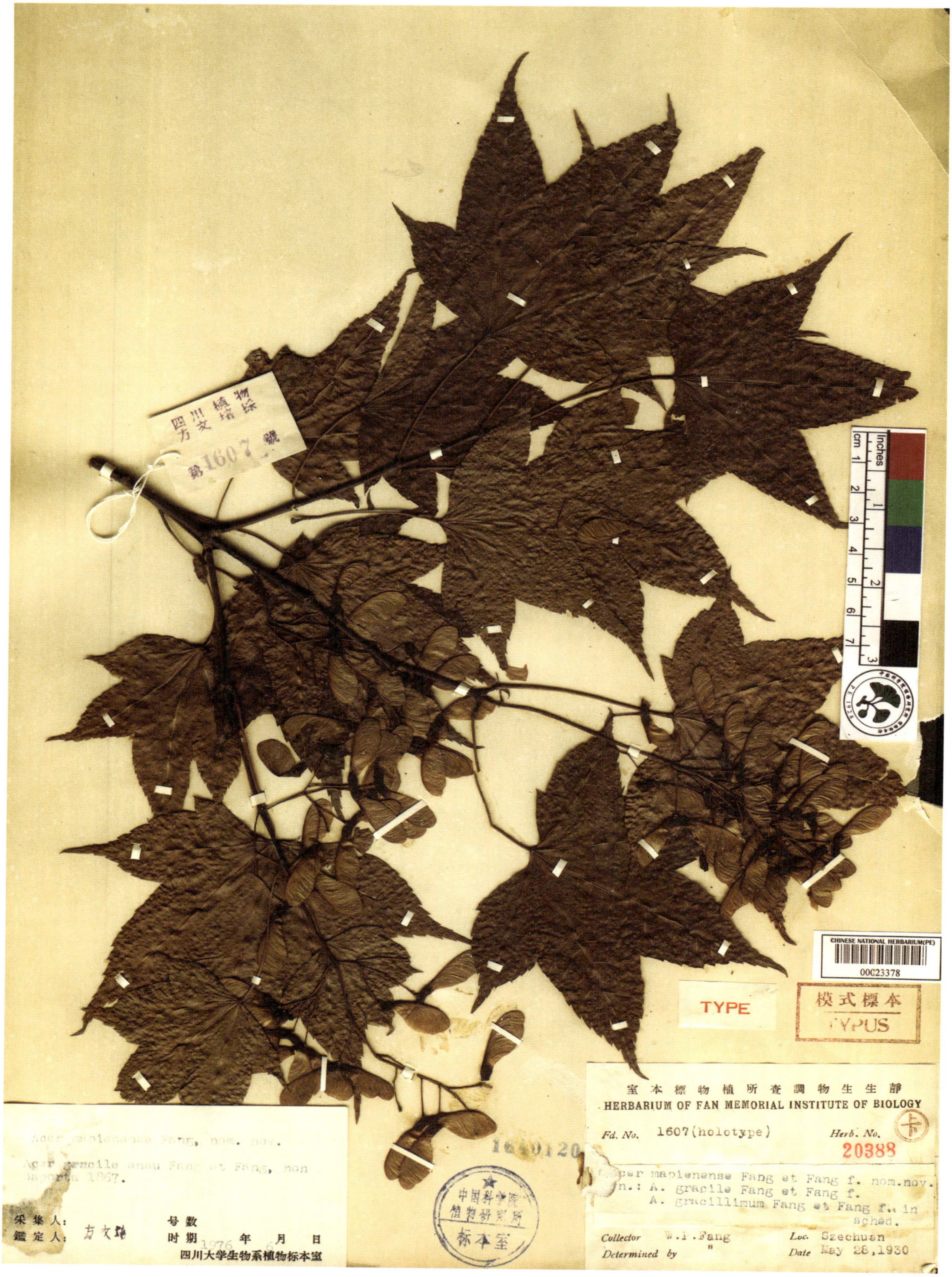

纤瘦槭 ***Acer gracile*** W. P. Fang & M. Y. Fang in Acta Phytotaxon. Sin. 11(2): 155. 1966. **Holotype:** China. Sichuan: Mabian, 1930-05-28, W. P. Fang 1607.

海南槭 ***Acer hainanense*** F. Chun & W. P. Fang in Acta Phytotaxon. Sin. 11(2): 171. 1966. **Isotype:** China. Hainan: Baisha, 1936-02-25, S. C. Liu 25444.

中间型建始槭 ***Acer henryi*** Pax f. ***intermedium*** W. P. Fang in Contr. Biol. Lab. Sci. Soc. China, Bot. Ser.. 7(6): 187. 1932.
Lectotype (designated by Q. Lin & al. in Acta Bot. Boreal.-Occident. Sin. 29: 175. 2009.): China. Hubei: Liang Sun Kou, alt. 1 700 m, 1922-08-08, W. Y. Chun 3767.

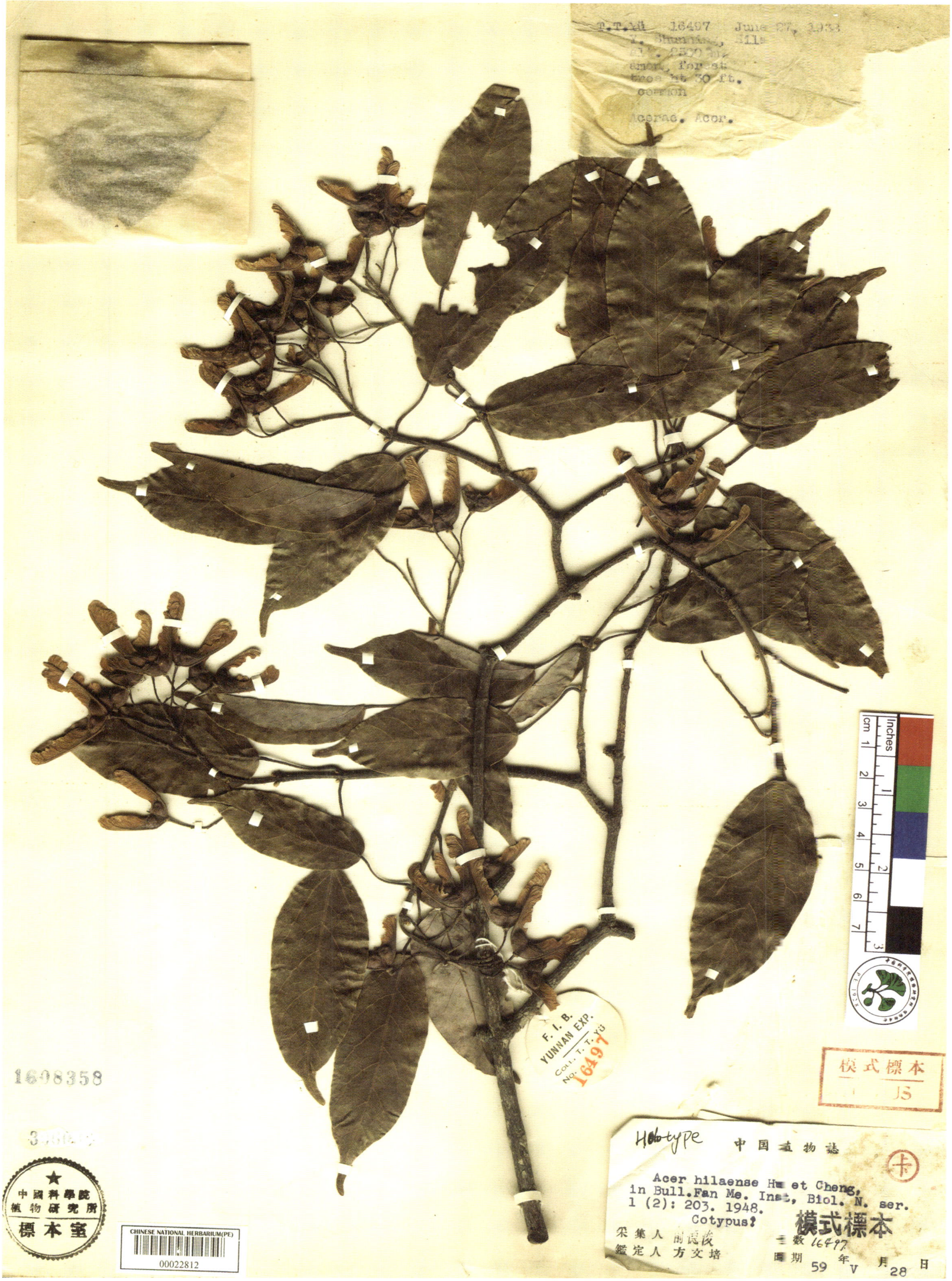

海拉槭 ***Acer hilaense*** Hu & W. C. Cheng in Bull. Fan Mem. Inst. Biol., New Ser. 1(2): 203. 1948. **Holotype:** China. Yunnan: Shunning (=Fengqing), alt. 2 500 m, 1938-06-27, T. T. Yu 16497.

圆叶锐齿槭 ***Acer hookeri*** Miq. var. ***orbiculare*** W. P. Fang & Y. T. Wu in Acta Phytotaxon. Sin. 17(1): 83. 1979. **Isotype:** China. Xizang: Cona, alt. 2 600 m, 1975-08-28, Qinghai-Xizang Exped. 751718.

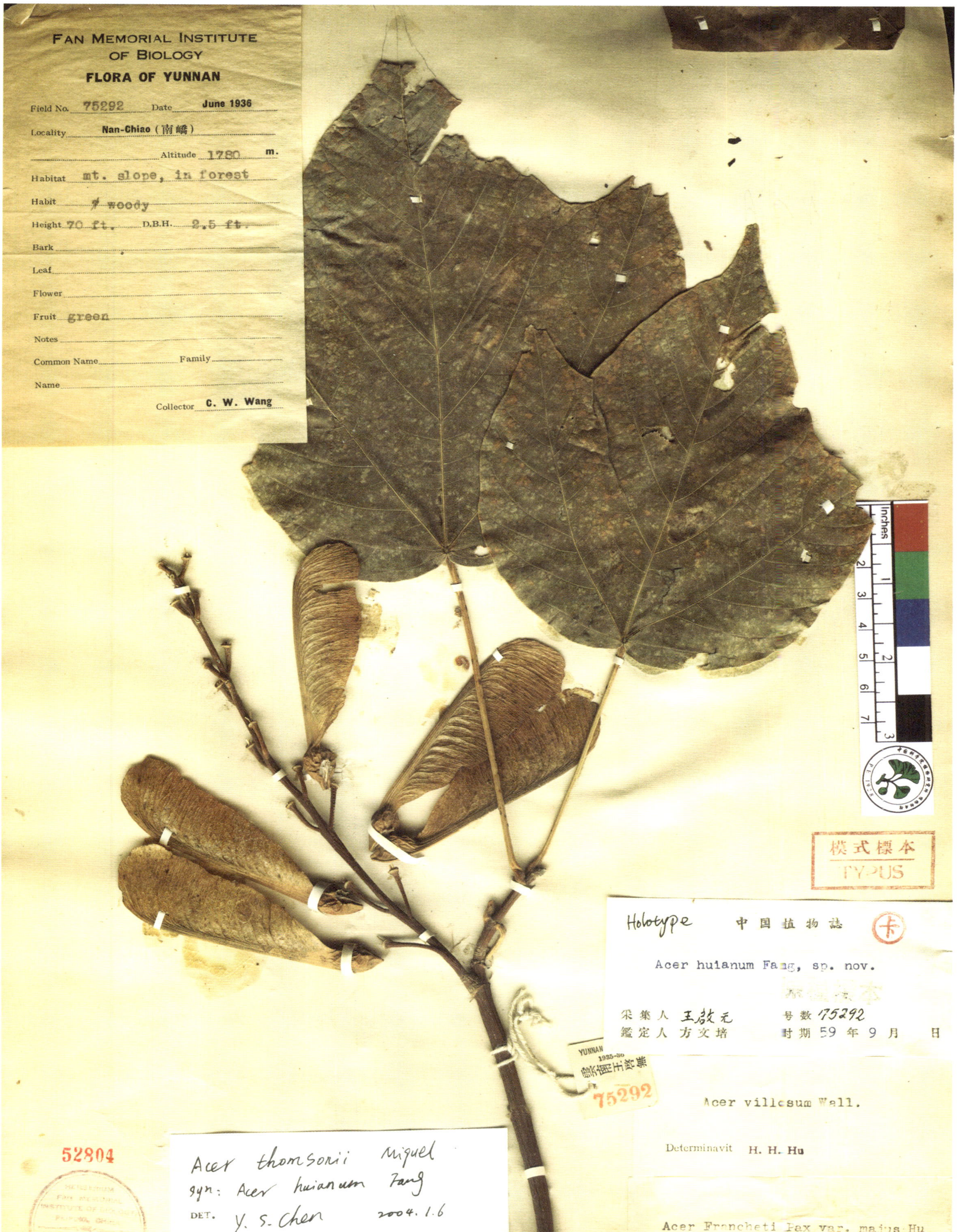

步曾槭 ***Acer huianum*** W. P. Fang in Acta Phytotaxon. Sin. 11(2): 178. 1966. **Holotype:** China Yunnan: Nan-Chiao (=Menghai), alt. 1 780 m, 1936-06-??, C. W. Wang 75292.

甘肃槭 ***Acer kansuense*** W. P. Fang in Acta Phytotaxon. Sin. 11(2): 186. 1966. **Holotype:** China. Gansu: Xigu, alt. 2 500 m, 1951-08-22, T. P. Wang 14876.

赣槭 ***Acer kiangsiense*** W. P. Fang & M. Y. Fang in Acta Phytotaxon. Sin. 11(2): 176. 1966. **Holotype:** China. Jiangxi: Nanfeng, 1935-07-??, P. C. Tsoong 450.

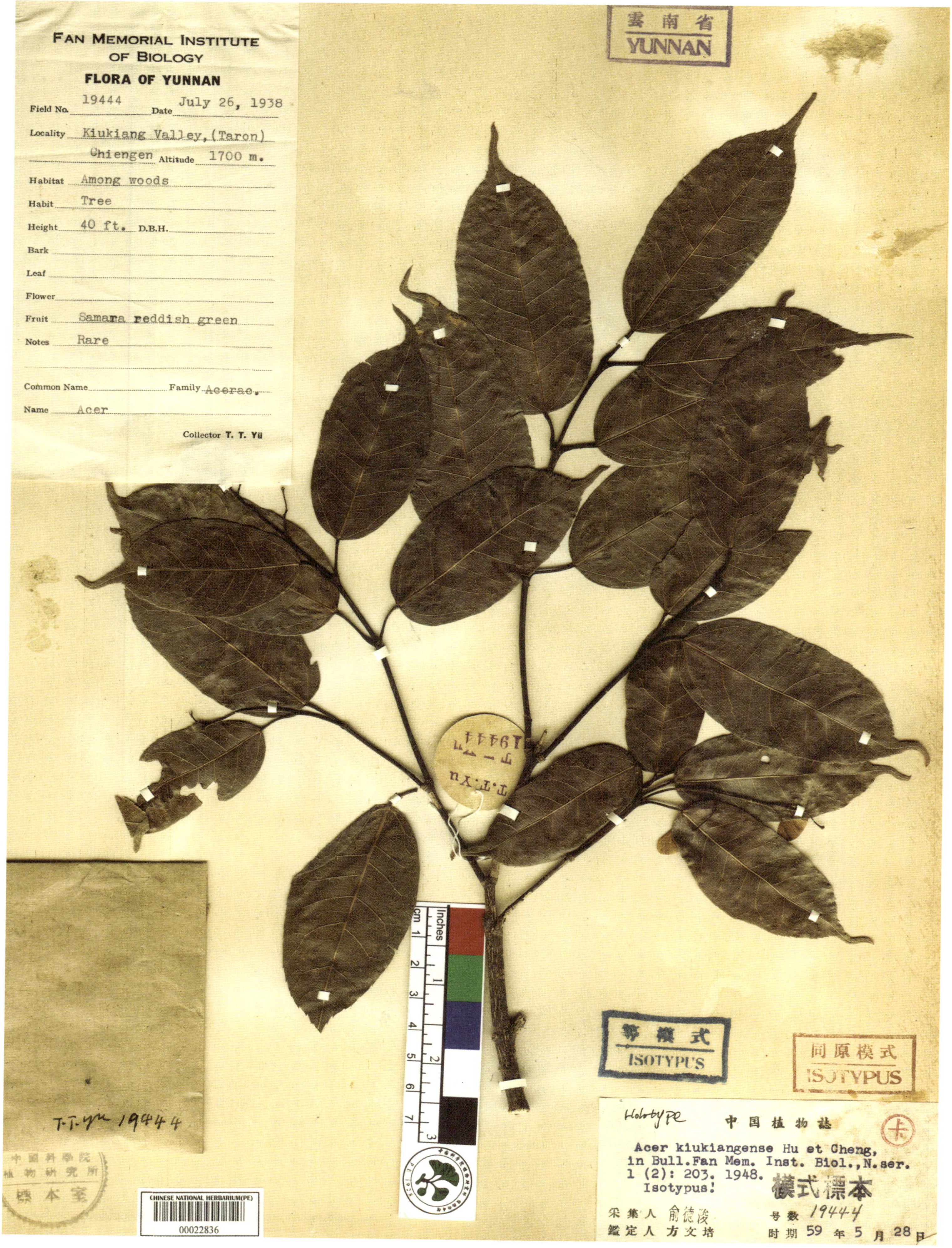

俅江槭 ***Acer kiukiangense*** Hu & W. C. Cheng in Bull. Fan Mem. Inst. Biol., New Ser. 1: 203. 1948. **Isotype:** China. Yunnan: Gongshan, alt. 1 700 m, 1938-07-26, T. T. Yu 19444.

贡山槭 ***Acer kungshanense*** W. P. Fang & C. Y. Chang in Acta Phytotaxon. Sin. 11(2): 180. 1966. **Holotype:** China. Yunnan: Gongshan, alt. 3 400 m, 1938-09-28, T. T. Yu 23146.

国楣槭 ***Acer kuomeii*** W. P. Fang & M. Y. Fang in Acta Phytotaxon. Sin. 11(2): 156. 1966. **Holotype:** China. Yunnan: Xichou, alt. 1 500~1 550 m, 1947-09-17, K. M. Feng 11818.

桂林槭 ***Acer kweilinense*** W. P. Fang in Acta Phytotaxon. Sin. 11(2): 157. 1966. **Isotype:** China. Guangxi: Longsheng, alt. 1 480 m, 1955-06-04, Guangfu For. Exped. 00429.

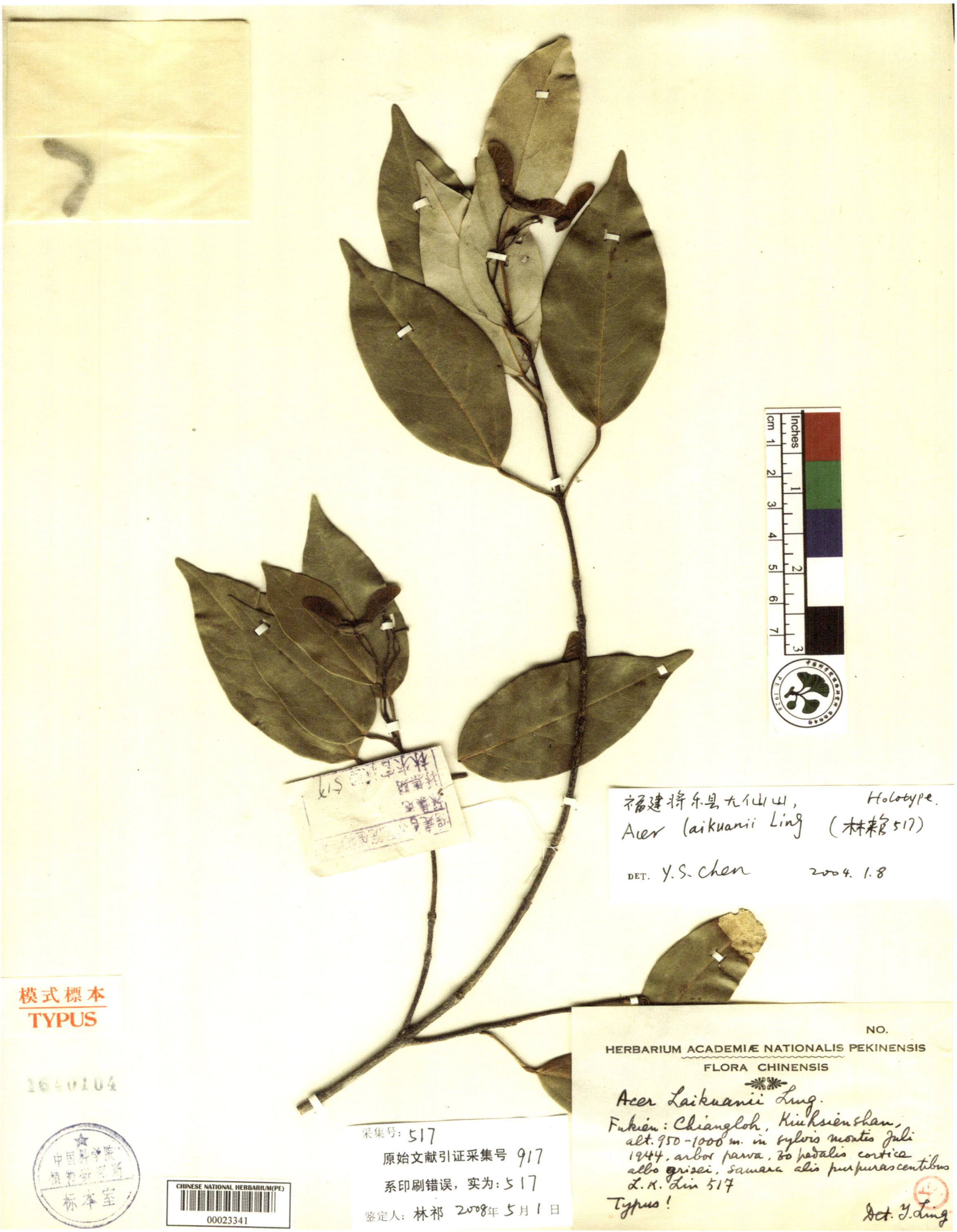

将乐槭 ***Acer laikuanii*** Ling in Acta Phytotaxon. Sin. 1(2): 201, f. 1. 1951. **Holotype:** China. Fujian: Jiangle, alt. 950~1 000 m, 1944-07-??, L. K. Lin 517.

来苏槭 ***Acer laisuense*** W. P. Fang & W. K. Hu in Acta Phytotaxon. Sin. 11(2): 175. 1966. **Isotype**: China. Sichuan: Li Xian, alt. 2 650 m, 1956-08-19, D. P. Ho 45918.

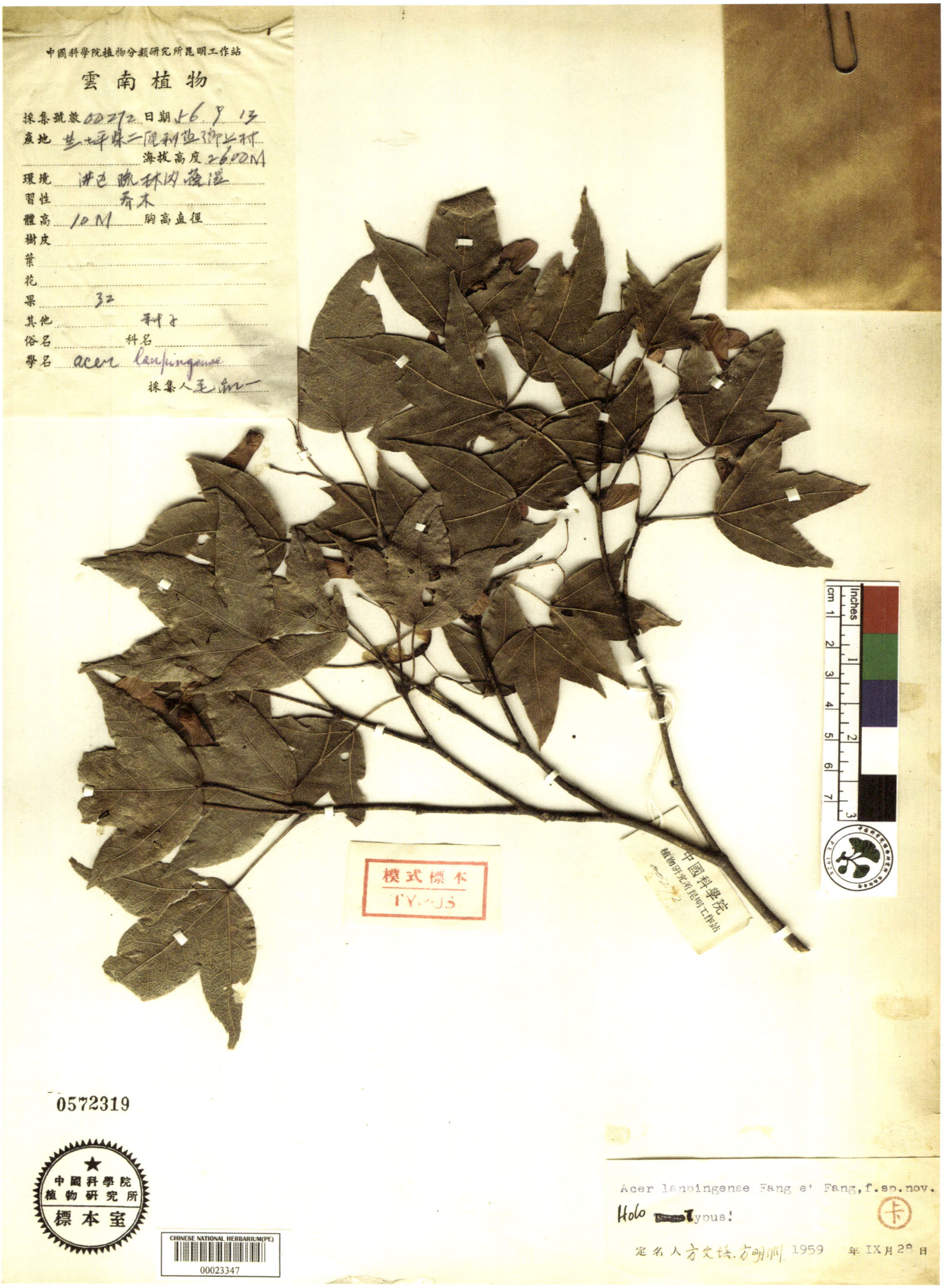

兰坪槭 ***Acer lanpingense*** W. P. Fang & M. Y. Fang in Acta Phytotaxon. Sin. 11(2): 162. 1966. **Holotype:** China. Yunnan: Lanping, alt. 2 600 m, 1956-09-13, P. I Mao 00272.

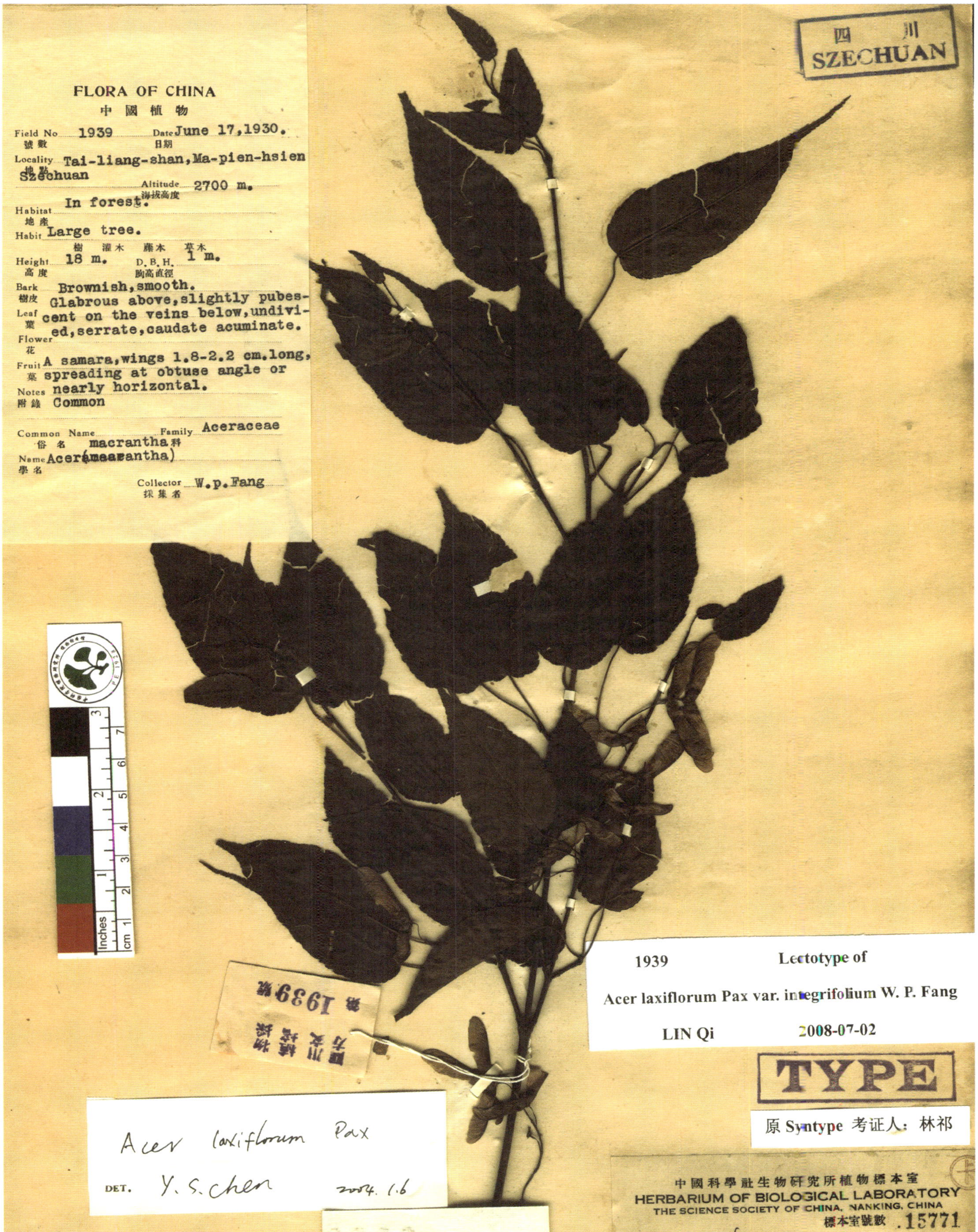

全缘叶疏花槭 ***Acer laxiflorum*** Pax var. ***integrifolium*** Chien & W. P. Fang in Contr. Biol. Lab. Sci. Soc. China, Bot. Ser. 7(6): 179. 1932. **Lectotype** (designated by Q. Lin & al. in Acta Bot. Boreal.-Occident. Sin. 29: 176. 2009.): China. Sichuan: Mabian, alt. 2 700 m, 1930-06-17, W. P. Fang 1939.

长叶疏花槭 ***Acer laxiflorum*** Pax var. ***longiphyllum*** Chien & W. P. Fang in Contr. Biol. Lab. Sci. Soc. China, Bot. Ser. 7(6): 179. 1932. **Holotype:** China. Sichuan: Mabian, alt. 2 500 m, 1930-06-19, W. P. Fang 4513.

雷波槭 ***Acer leipoense*** W. P. Fang & T. P. Soong in Acta Phytotaxon. Sin. 11(2): 179. 1966. **Holotype:** China. Sichuan: Leibo, alt. 2 100~2 200 m, 1952-06-29, C. T. Kuan 8460.

白毛雷波槭 ***Acer leipoense*** W. P. Fang & T. P. Soong subsp. ***leucotrichum*** W. P. Fang in Acta Phytotaxon. Sin. 17(1): 85, pl. 14: 4. 1979. **Isotype:** China. Sichuan: Tianquan, 1951-06-20, W. K. Hu & Z. He 10002.

细叶槭 ***Acer leptophyllum*** W. P. Fang in Acta Phytotaxon. Sin. 17(1): 61, pl. 7: 2. 1979. **Holotype:** China. Jiangxi: Yongxiu, alt. 1 100 m, 1963-05-21, S. S. Lai 02250.

君范槭 ***Acer lingii*** W. P. Fang in Acta Phytotaxon. Sin. 11(2): 165. 1966. **Holotype:** China. Fujian: Fuzhou, 1942-05-19, P. C. Tsoong 687.

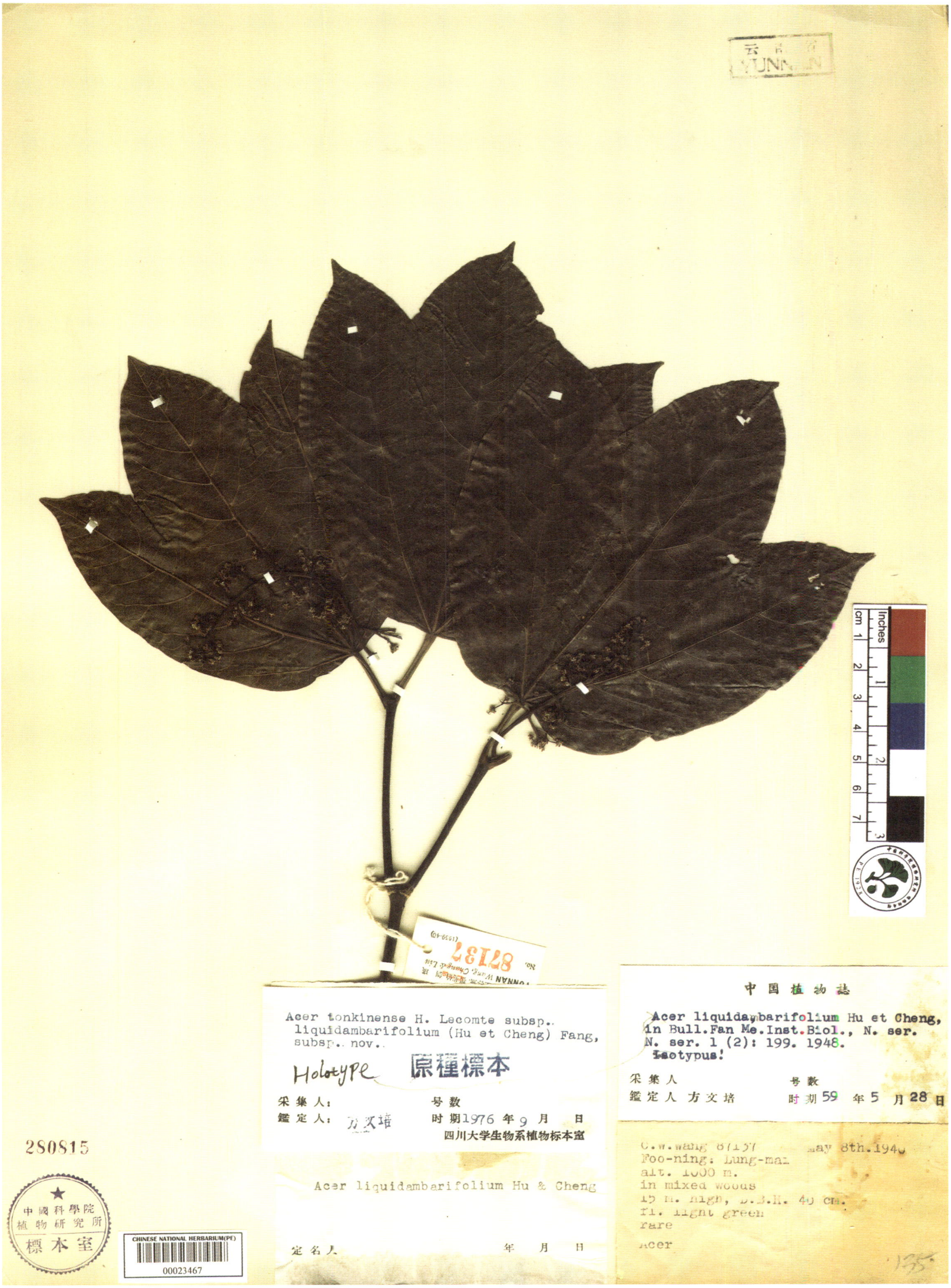

枫叶槭 ***Acer liquidambarifolium*** Hu & W. C. Cheng in Bull. Fan Mem. Inst. Biol., New Ser. 1(2): 199. 1948. **Holotype:** China. Yunnan: Funing, alt. 1 000 m, 1940-05-08, C. W. Wang 87137.

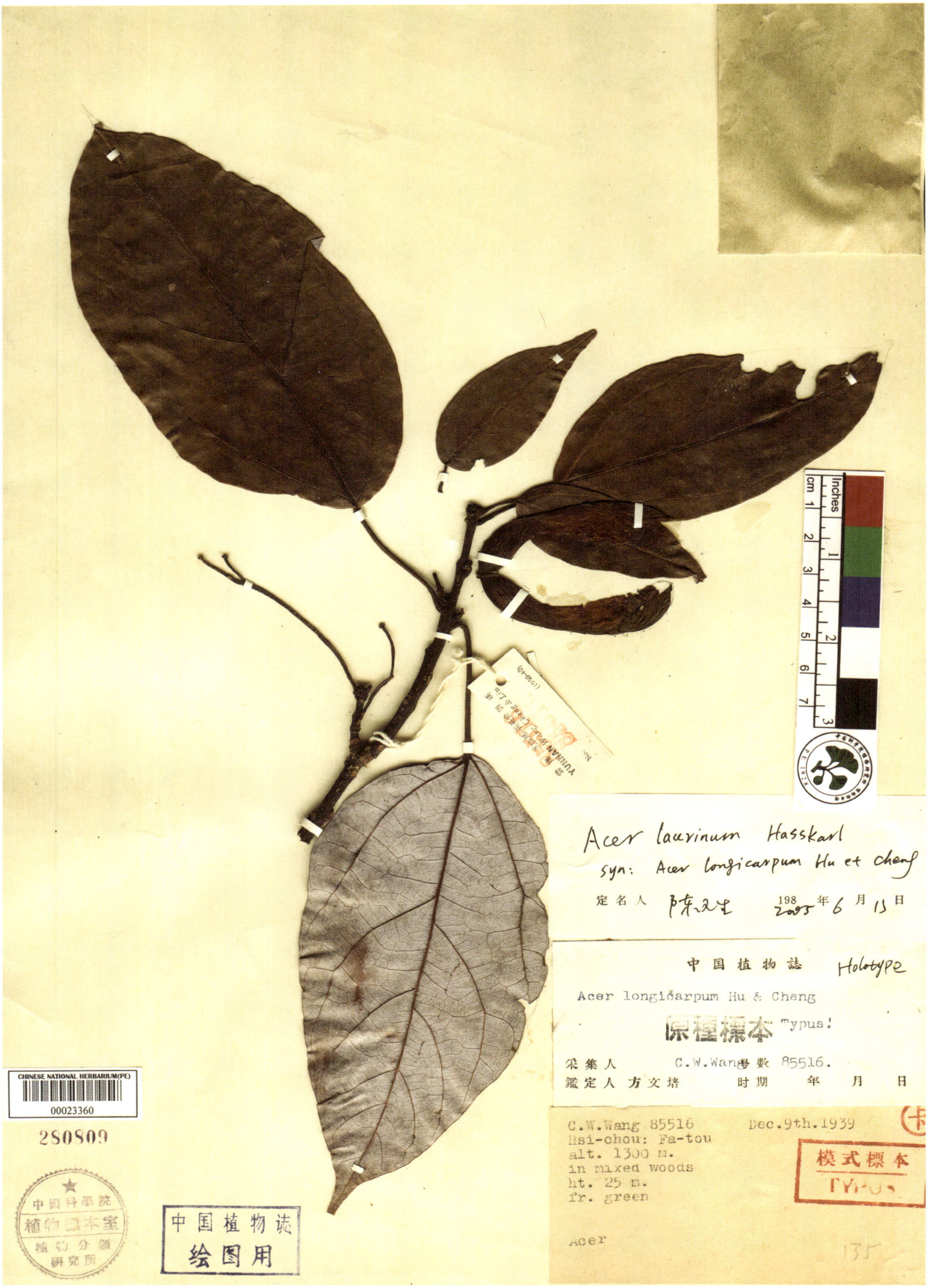

长翅槭 ***Acer longicarpum*** Hu & W. C. Chang in Bull. Fan Mem. Inst. Biol., New Ser. 1(2): 206. 1948. **Holotype:** China. Yunnan: Xichou, alt. 1 300 m, 1939-12-09, C. W. Wang 85516.

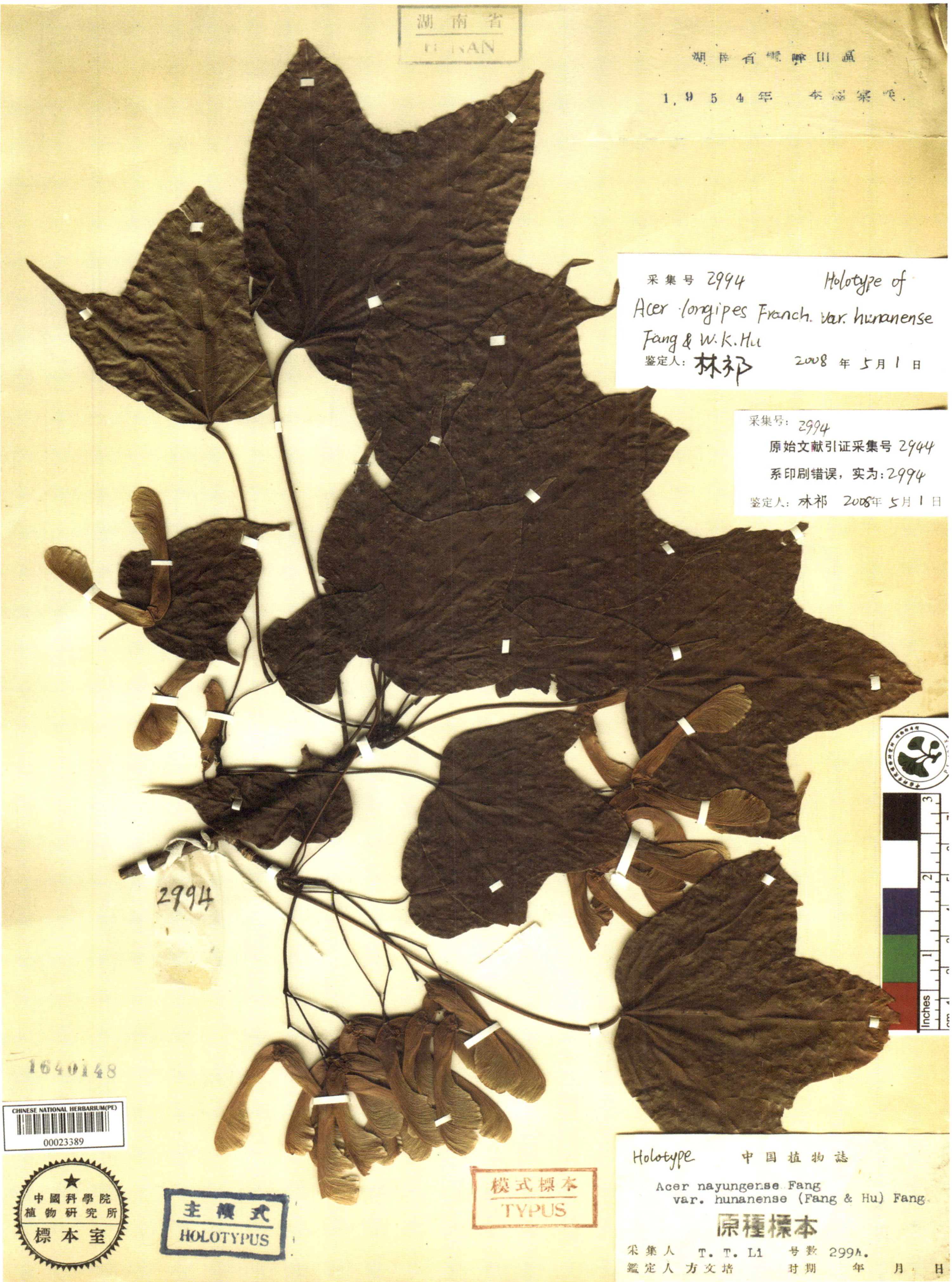

湖南长柄槭 ***Acer longipes*** Franch. ex Rehd. var. ***hunanense*** W. P. Fang & W. K. Hu in Acta Phytotaxon. Sin. 11(2): 145. 1966. **Holotype:** China. Hunan: Qianyang, 1954-??-??, Z. T. Lee 2994.

维西长柄槭 ***Acer longipes*** Franch. & Rehd. var. ***weixiense*** W. P. Fang in Acta Phytotaxon. Sin. 17(1): 65. 1979. **Holotype:** China. Yunnan: Weixi, alt. 2 800~3 000 m, 1940-5-20, K. M. Feng 4033.

龙胜槭 ***Acer lungshengense*** W. P. Fang in Acta Phytotaxon. Sin. 11(2): 179. 1966. **Holotype:** China. Guangxi: Longsheng, alt. 1 620 m, 1955-10-19, Guangfu For. Exped. 01077.

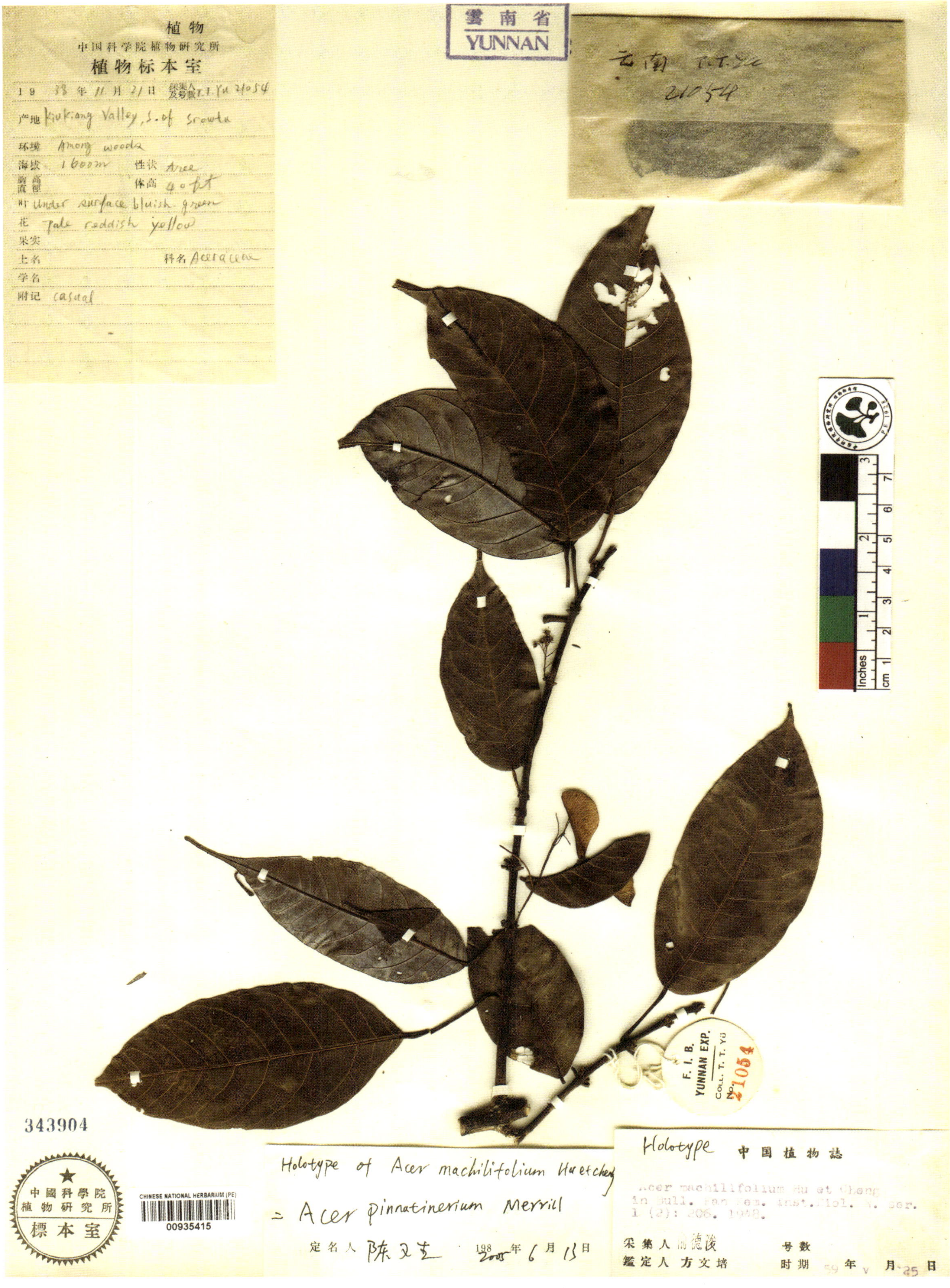

楠叶槭 ***Acer machilifolium*** Hu & W. C. Cheng in Bull. Fan Mem. Inst. Biol., New Ser. 1(2): 206. 1948. **Holotype:** China. Yunnan: Gongshan, alt. 1 600 m, 1938-11-21, T. T. Yu 21054.

大齿槭 ***Acer megalodum*** W. P. Fang & H. Y. Su in Acta Phytotaxon. Sin. 17(1): 84, pl. 14: 3. 1979. **Holotype:** China. Shaanxi: Taibai, Taibaishan, alt. 2 300 m, 1937-09-27, T. N. Liou & P. C. Tsoong 1228.

大翅色木槭 ***Acer mono*** Maxim. var. ***macropterum*** W. P. Fang in Acta Phytotaxon. Sin. 17(1): 62, pl. 8: 1. 1979. **Isoparatype:** China. Yunnan: Dêqên, alt. 2 900~3 300 m, 1940-07-16, K. M. Feng 5456.

岷山色木槭 ***Acer mono*** Maxim. var. ***minshanicum*** W. P. Fang in Acta Phytotaxon. Sin. 17(1): 63, pl. 8: 2. 1979. **Isotype:** China. Sichuan: Li Xian, alt. 2 700~2 800 m, 1952-09-17, Z. He & T. L. Chow 14090.

七裂地锦槭 ***Acer mono*** Maxim. f. ***septemlobum*** W. P. Fang & T. P. Soong in Acta Phytotaxon. Sin. 11(2): 146. 1966.
Isotype: China. Chongqing: Nanchuan, alt. 1 350 m, 1957-06-23, C. H. Hsiung & Z. L. Zhou 91605.

木里槭 ***Acer muliense*** W. P. Fang & W. K. Hu in Acta Phytotaxon. Sin. 11(2): 182. 1966.**Holotype:** China. Sichuan: Muli, alt. 3 200 m, 1937-05-24, T. T. Yu 5676.

多齿长尾槭 ***Acer multiserratum*** Maxim. in Acta Horti Petrop. 11: 107. 1889. **Lectotype** (designated here): China. Sichuan: Mör-ping (=Baoxing), 1885-07-15, G. N. Potanin s. n.

纳雍槭 ***Acer nayongense*** W. P. Fang in Acta Phytotaxon. Sin. 17(1): 67, pl. 9: 3. 1979. **Holotype:** China. Guizhou: Nayong, alt. 1 750 m, 1959-07-29, Bijie Exped. 580.

大果飞蛾槭 ***Acer oblongum*** Wall. ex DC. var. ***macrocarpum*** Hu in J. Arnold Arbor. 12(3): 154. 1931. **Isotype:** China. Guangxi: Luocheng, alt. 300 m, 1928-05-23, R. C. Ching 5220.

橄榄槭 ***Acer olivaceum*** W. P. Fang in Acta Phytotaxon. Sin. 17(1): 75, pl. 10: 4. 1979. **Isotype:** China. Zhejiang: Linan, Tianmushan, alt. 1 000 m, 1957-04-26, Y. Y. Ho 21116.

昌化稀花槭 ***Acer pauciflorum*** W. P. Fang var. ***changhwaense*** W. P. Fang & M. Y. Fang in Acta Phytotaxon. Sin. 11(2): 149. 1966. **Holotype:** China. Zhejiang: Changhua, 1958-06-13, Y. Y. Ho 29119.

花序梗槭 ***Acer pedunculatum*** Hao in Contr. Inst. Bot. Nat. Acad. Peiping 2: 178. 1934. **Holotype:** China. Shaanxi: Huayin, Huashan, alt. 1 700 m, 1932-08-08, K. S. Hao 3974.

卷毛长柄槭 ***Acer pictum*** Thunb. var. ***pubigerum*** W. P. Fang in Contr. Biol. Lab. Sci. Soc. China, Bot. Ser. 8: 163. 1932. **Isosyntype:** China. Zhejiang: Tiantai, Tiantaishan, 1932-07-04, S. Chen 509.

疏毛槭 ***Acer pilosum*** Maxim. in Bull. Acad. Imp. Sci. St.-Petersbourg, 26(3): 436. 1880. **Isotype:** China. Gansu: S Gansu, Precise locality not known, 1875-06-(03~15), Piasezky. s. n.

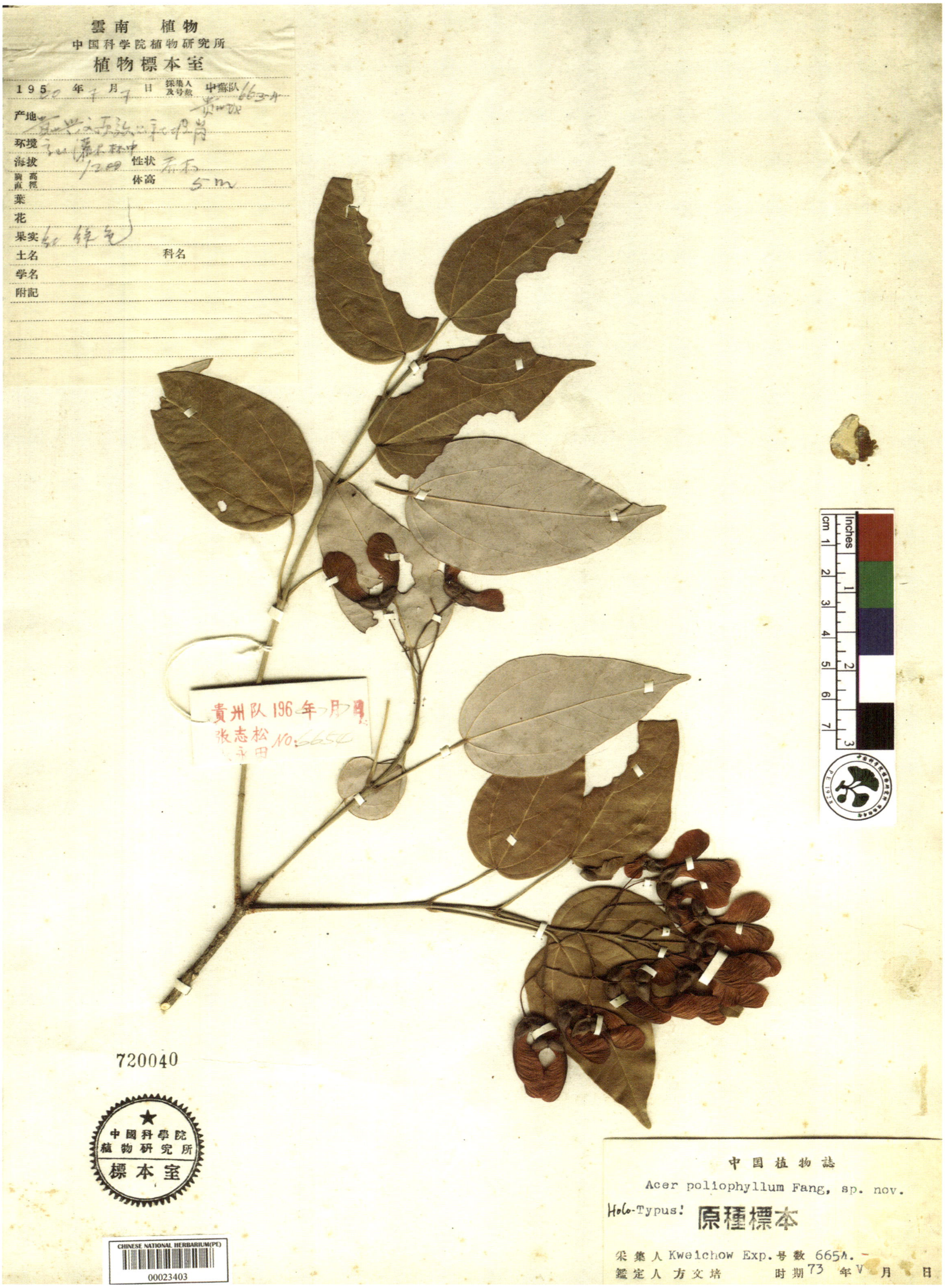

灰叶槭 ***Acer poliophyllum*** W. P. Fang in Acta Phytotaxon. Sin. 17(1): 82, pl. 12: 4. 1979. **Holotype:** China. Guizhou: Xingyi, alt. 1 200 m, 1960-07-07, Z. S. Zhang & Y. T. Chang 6654.

多果槭 ***Acer prolificum*** W. P. Fang & M. Y. Fang in Acta Phytotaxon. Sin. 11(2): 154. 1966. **Holotype:** China. Sichuan: Mabian, 1930-06-21, W. P. Fang 4588.

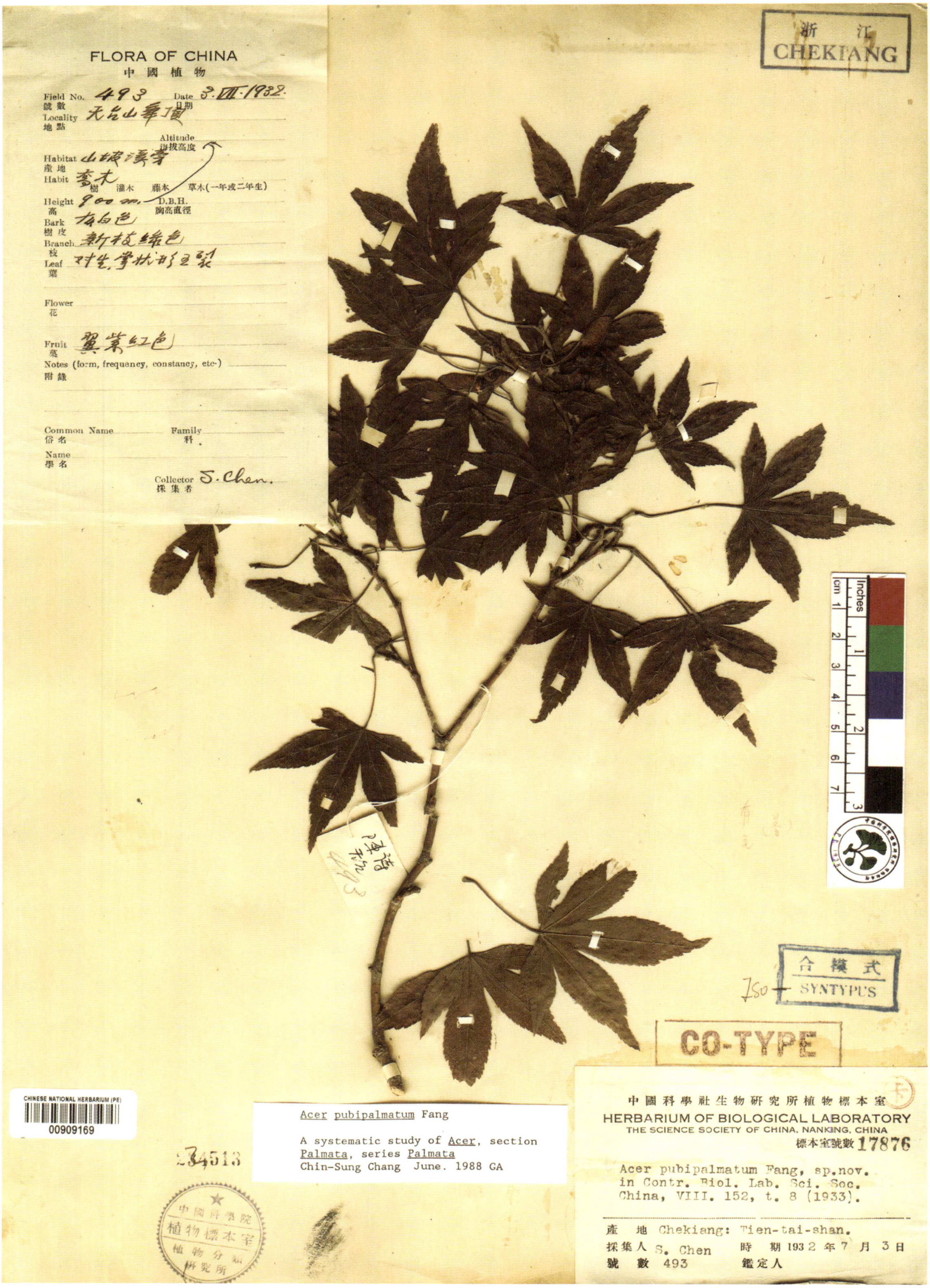

毛鸡爪槭 ***Acer pubipalmatum*** W. P. Fang in Contr. Biol. Lab. Sci. Soc. China, Bot. Ser. 8: 169, f. 8. 1932. **Isosyntype:** China. Zhejiang: Tiantai, Tiantaishan, alt. 900 m, 1932-07-03, S. Chen 493.

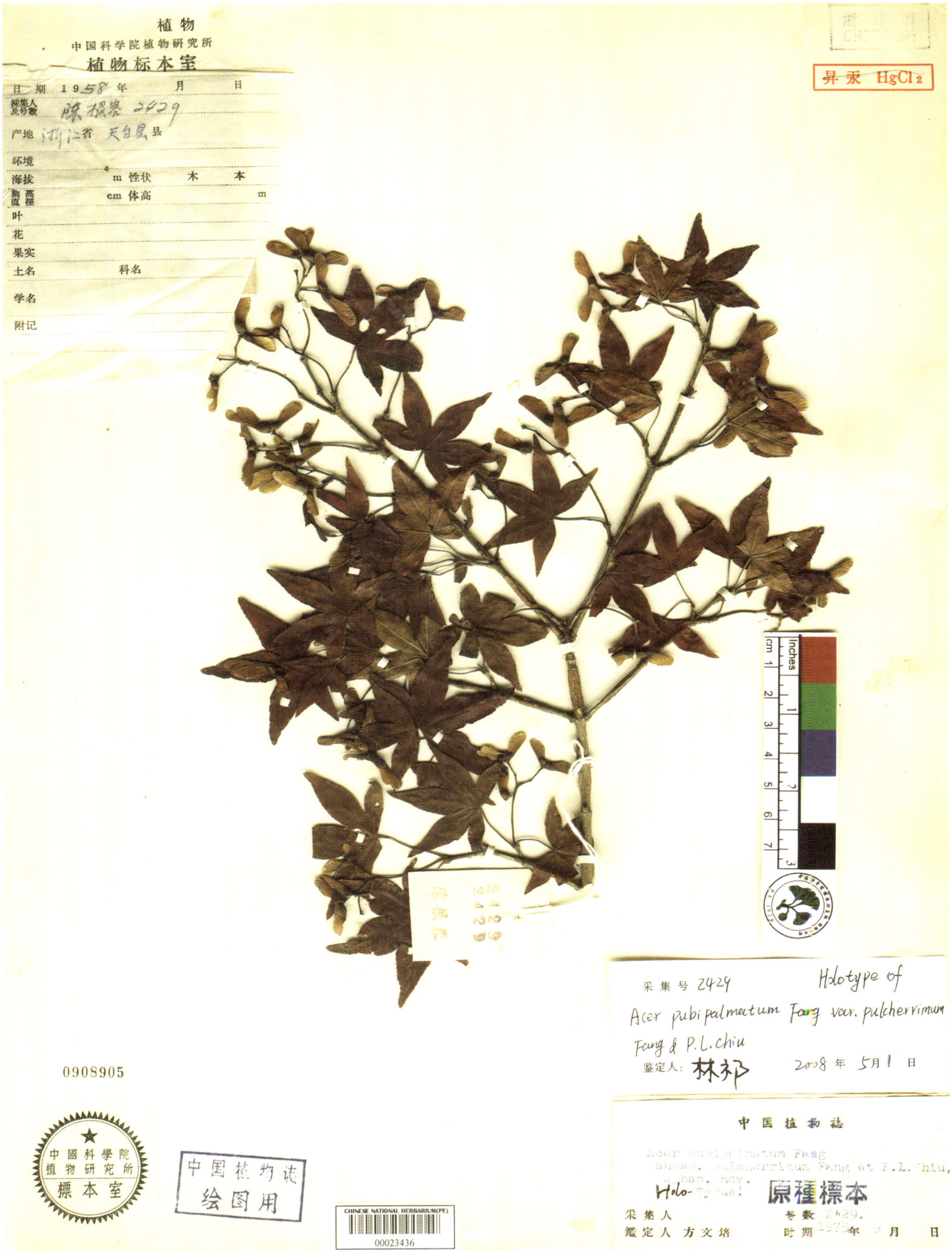

美丽毛鸡爪槭 ***Acer pubipalmatum*** W. P. Fang var. ***pulcerrimum*** W. P. Fang & P. L. Chiu in Acta Phytotaxon. Sin. 17(1): 70. 1979. **Holotype:** China. Zhejiang: Tiantai, Tiantaishan, 1958-??-??, K. Y. Chen 2429.

鸡毛爪槭 ***Acer pubipetiolatum*** Hu & W. C. Cheng in Bull. Fan Mem. Inst. Biol., New Ser. 1(2): 205. 1948. **Lectotype** (designated by Q. Lin & al. in Acta Bot. Boreal.-Occident. Sin. 29: 176. 2009.): China. Yunnan: Gengma, alt. 2 450 m, 1938-08-08, T. T. Yu 17284.

河南杈叶槭 ***Acer robustum*** Pax var. ***honanense*** W. P. Fang in Acta Phytotaxon. Sin. 17(1): 71. 1979. **Holotype:** China. Henan: Song Xian, 1960-08-26, K. C. Kuan & T. L. Tai 2336.

小杈叶槭 ***Acer robustum*** Pax. var. ***minus*** W. P. Fang in Acta Phytotaxon. Sin. 17(1): 72. 1979. **Holotype:** China. Henan: Song Xian, 1960-08-26, K. C. Kuan & T. L. Tai 2322.

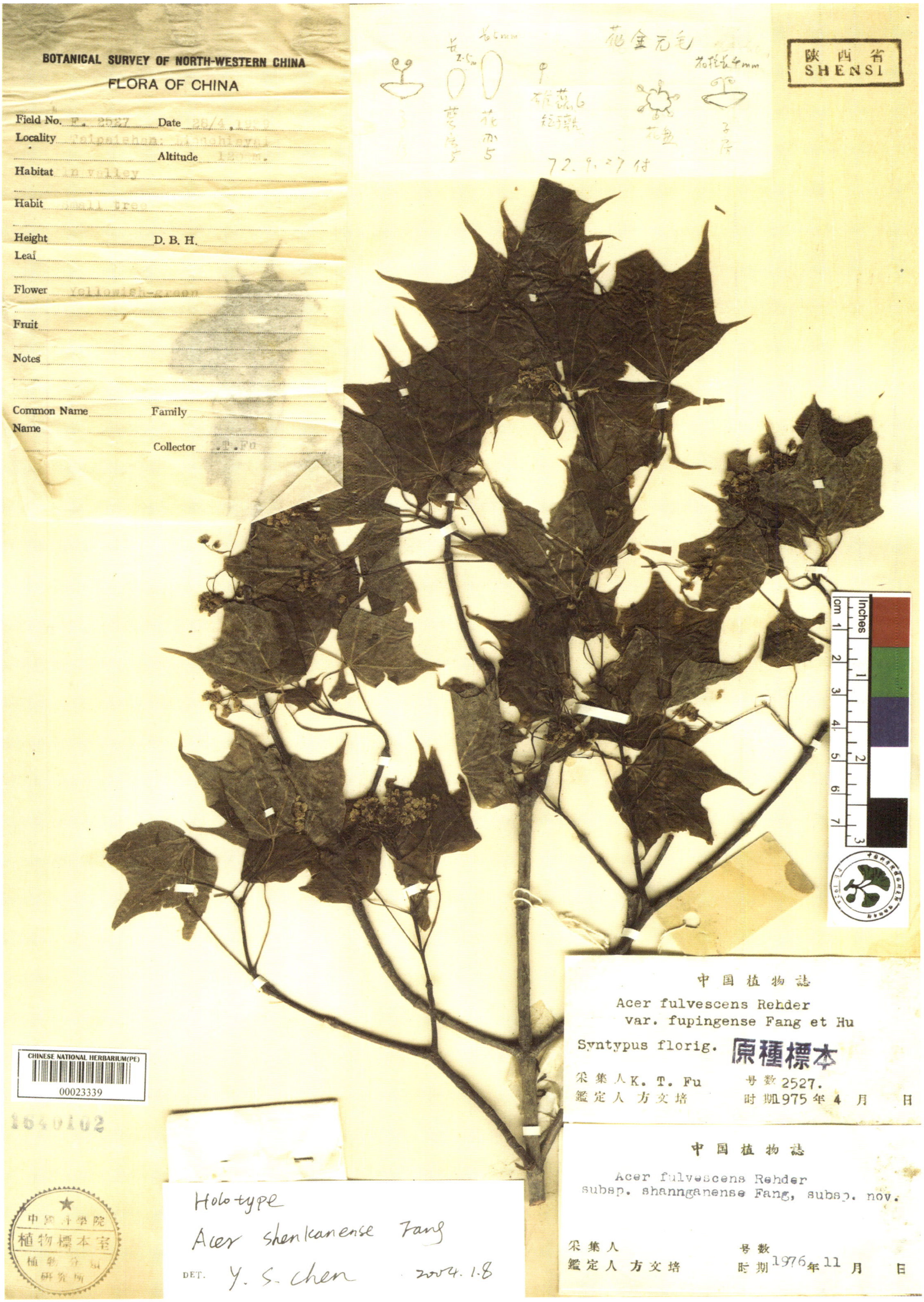

陕甘槭 ***Acer shenkanense*** W. P. Fang, Fl. Tsinling. 1(3): 452. 1981. **Holotype:** China. Shaanxi: Taibai, Taibaishan, alt. 1 200 m, 1939-04-28, K. T. Fu 2527.

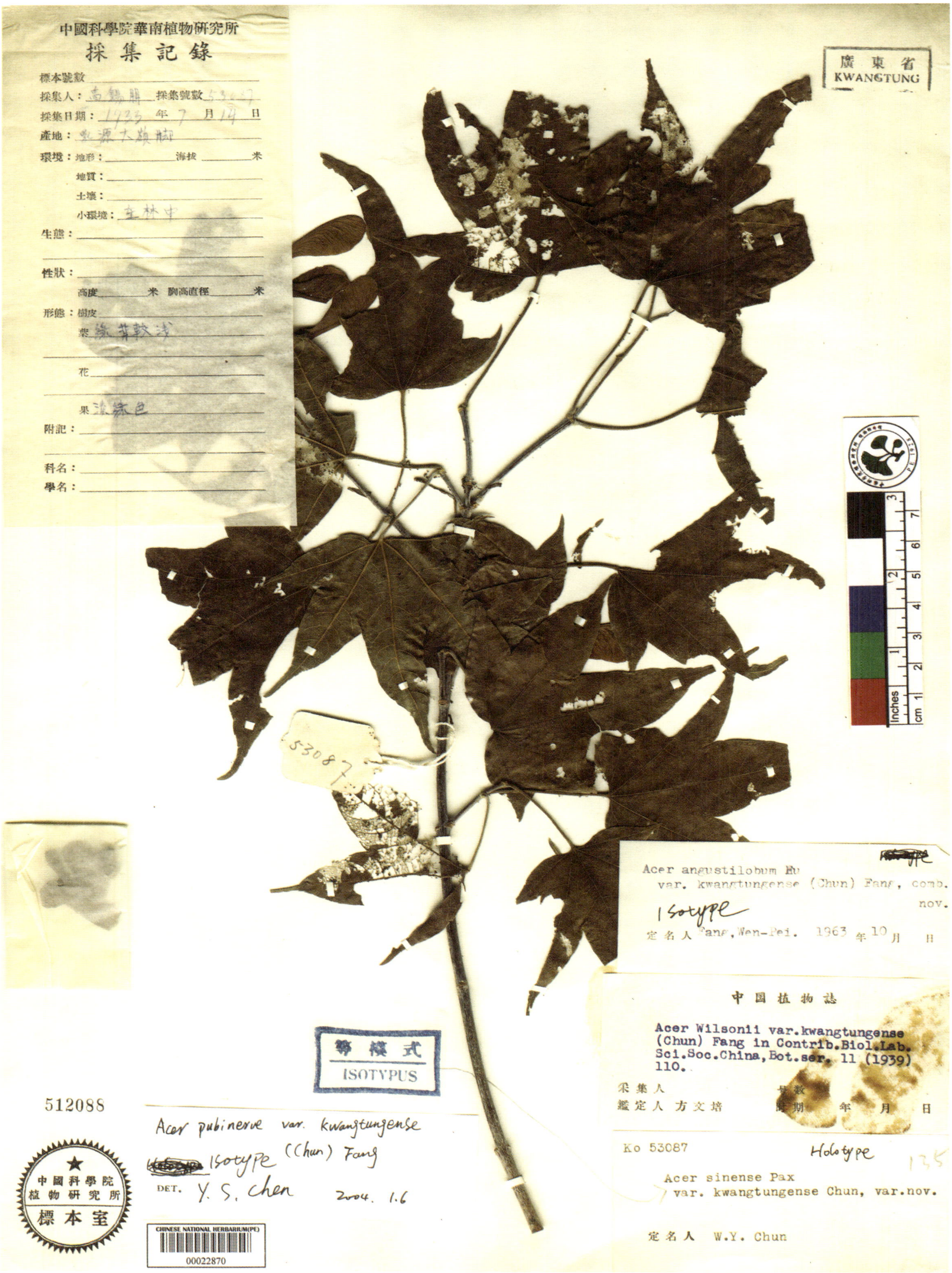

广东毛脉槭 ***Acer sinense*** Pax var. ***kwangtungense*** Chun in Sunyatsenia 1(4): 264. 1934. **Isotype:** China. Guangdong: Ruyuan, 1933-07-14, S. P. Ko 53087.

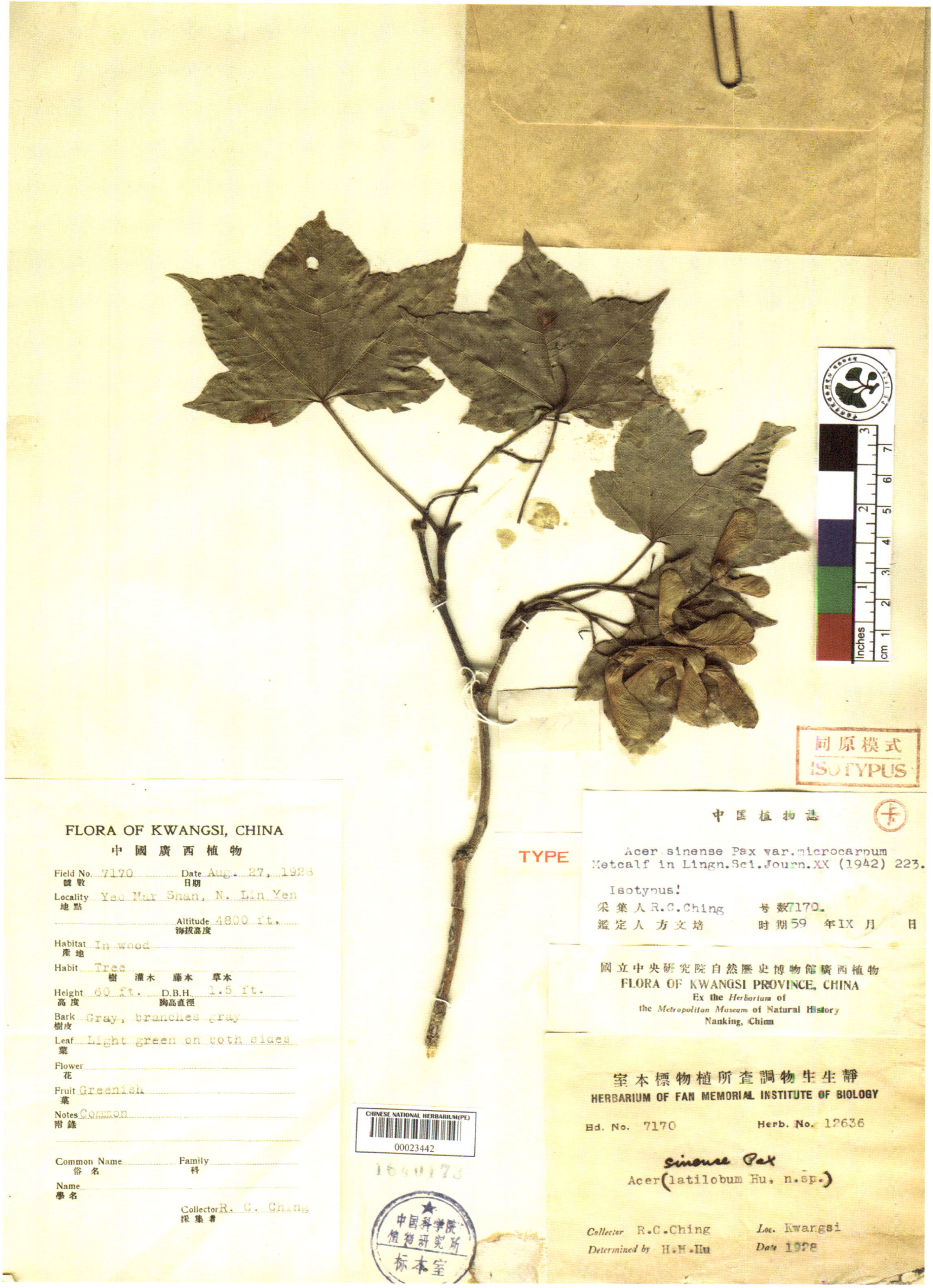

小果中华槭 ***Acer sinense*** Pax var. ***microcarpum*** Metc. in Lingnan Sci. J. 20: 223. 1942. **Isotype:** China. Guangxi: Lingyun, alt. 1 464 m, 1928-08-27, R. C. Ching 7170.

陕西槭 ***Acer shensiense*** W. P. Fang & L. C. Hu in Acta Phytotaxon. Sin. 11(2): 185. 1966. **Holotype:** China. Shaanxi: Hu Xian, 1951-08-21, P. C. Kuo 512.

天目槭 ***Acer sinopurpurascens*** W. C. Cheng in Contr. Biol. Lab. Sci. Soc. China, Bot. Ser. 6(7): 62, f. 2. 1931. **Lectotype** (designated by Q. Lin & al. in Acta Bot. Boreal.-Occident. Sin. 29: 176. 2009.): China. Zhejiang: Linan, W Tianmushan, alt. 1 200 ～ 1 300 m, 1931-04-23, W. C. Cheng 2424.

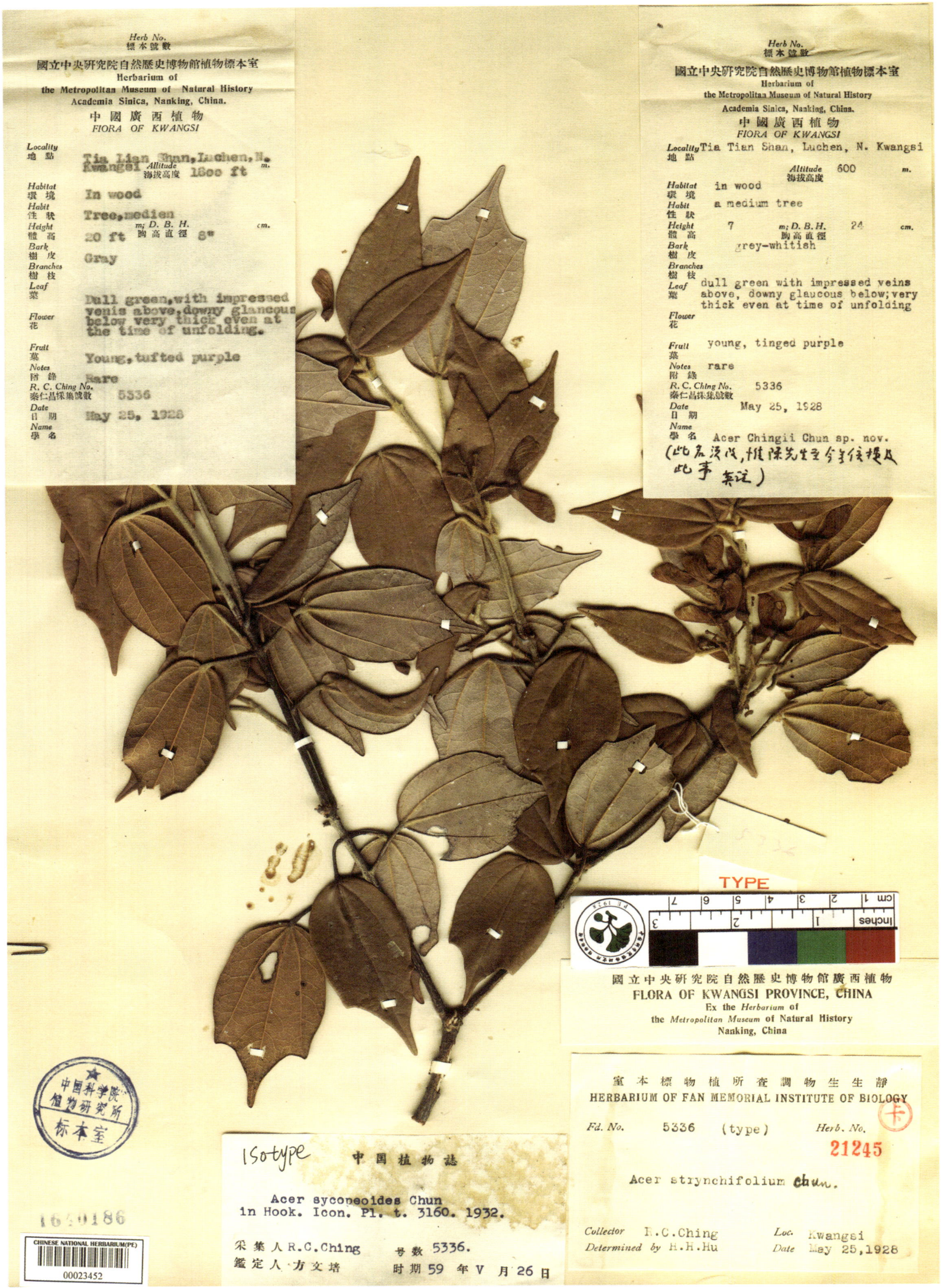

角叶槭 *Acer sycopseoides* Chun in Hook. Icon. Pl. 32(3): t. 3160. 1932. **Isotype:** China. Guangxi: Luocheng, alt. 600 m, 1928-05-25, R. C. Ching 5336.

大埔槭 ***Acer taipuense*** W. P. Fang in Acta Phytotaxon. Sin. 11(2): 163. 1966. **Isotype:** China. Guangdong: Dabu, 1958-08-16, X. G. Li 202503.

落叶槭 ***Acer tenellum*** Pax in Hook. Icon. Pl. 19(4): t. 1897. 1889. **Isotype:** China. Chongqing: Wushan, 1889-03-??, A. Henry 5612.

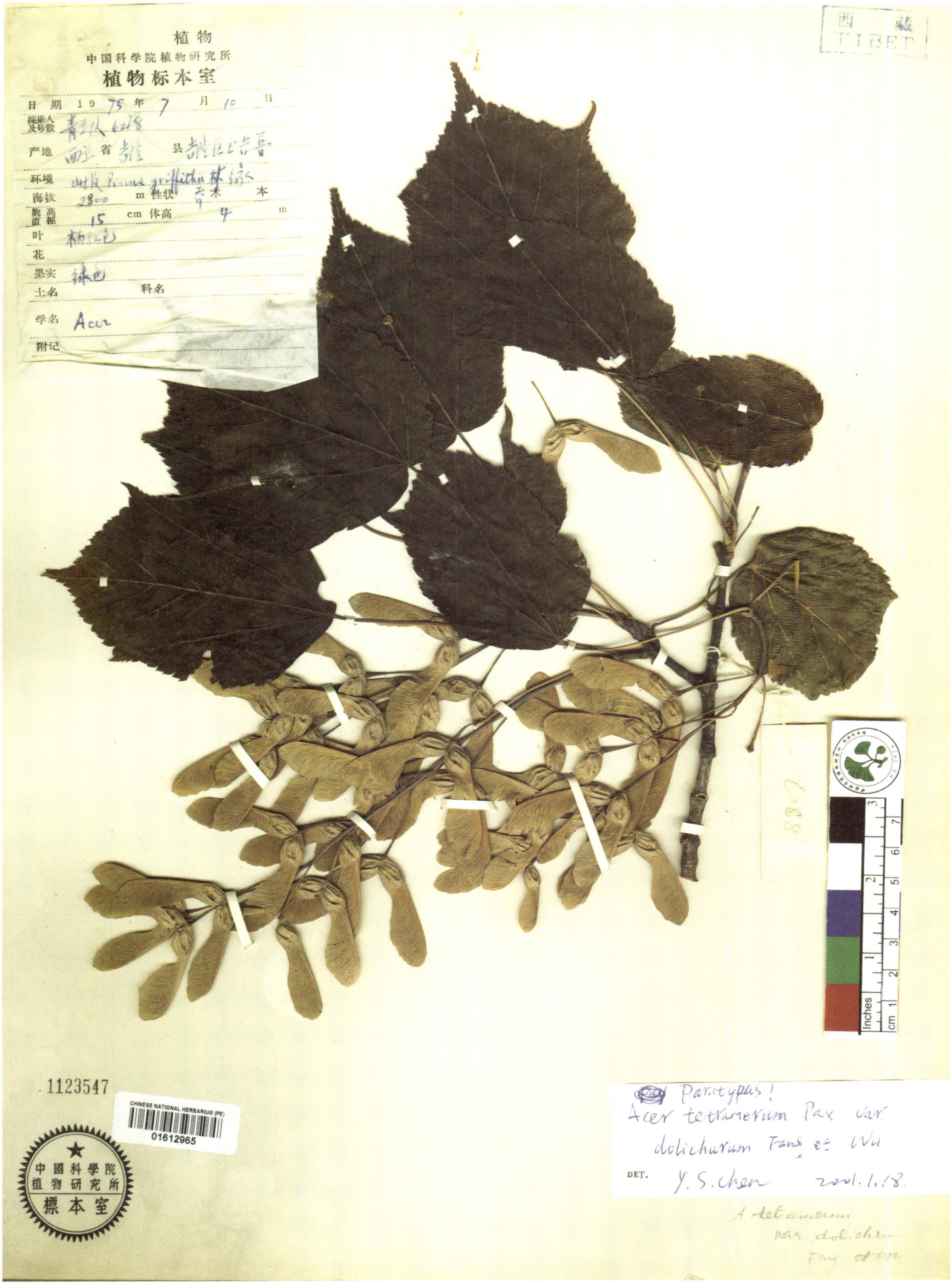

长尾四蕊槭 ***Acer tetramerum*** Pax var. ***dolichurum*** W. P. Fang & Y. T. Wu in Acta Phytotaxon. Sin. 17(1): 85, pl. 14: 2. 1979. **Paratype:** China. Xizang: Gyirong, alt. 2 800 m, 1975-07-10, Qinghai-Xizang Exped. 6268.

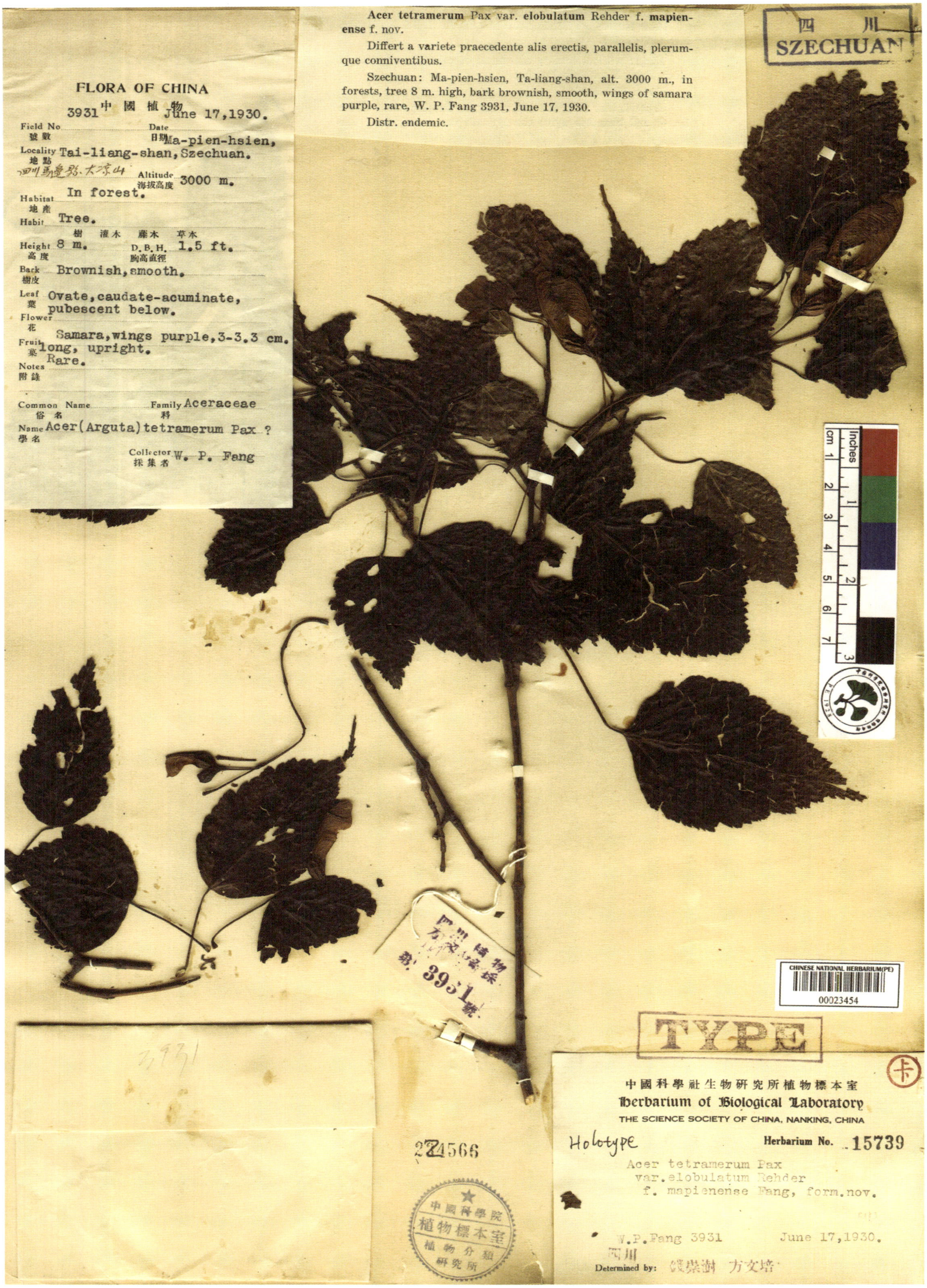

马边槭 ***Acer tetramerum*** Pax. var. ***elobulatum*** Rehd. f. ***mapienense*** W. P. Fang in Contr. Biol. Lab. Sci. Soc. China, Bot. Ser. 7: 183. 1932. **Holotype:** China. Sichuan: Mabian, alt. 3 000 m, 1930-06-17, W. P. Fang 3931.

绿果槭 ***Acer tetramerum*** Pax var. ***elobulatum*** Rehd. f. ***viridicarpum*** W. P. Fang in Contr. Biol. Lab. Sci. Soc. China, Bot. Ser. 7: 184. 1932. **Isotype:** China. Sichuan: Emei, Emeishan, alt. 2 100 m, 1930-07-18, W. P. Fang 6640.

蒿苹四蕊槭 ***Acer tetramerum*** Pax var. ***haopingense*** W. P. Fang in Acta Phytotaxon. Sin. 11(2): 182. 1966. **Holotype:** China. Shaanxi: Taibai, Taibaishan, alt. 1 400 m, 1938-07-08, K. T. Fu 2414.

茶条槭 ***Acer theiferum*** W. P. Fang in Acta Phytotaxon. Sin. 11(2): 151. 1966. **Holotype:** China. Jiangsu: Nanjing, 1933-05-08, W. P. Fang 10413.

天全槭 ***Acer tienchuanense*** W. P. Fang & T. P. Soong in Acta Phytotaxon. Sin. 11(2): 187. 1966. **Holotype:** China. Sichuan: Tianquan, 1953-08-28, H. L. Tsiang 35393.

三花槭 ***Acer triflorum*** Komar. in Acta Horti Petrop. 18(3): 430. 1901. **Lectotype** (designated here): China. Jilin: Changbaishan, 1896-08-(04~18), V. L. Komarov s. n.

秦岭槭 ***Acer tsinglingense*** W. P. Fang in Acta Phytotaxon. Sin. 11(2): 180. 1966. **Holotype:** China. Shaanxi: Zhongnanshan, alt. 1 500 m, 1933-06-04, H. W. Kung 2618.

尾叶槭 ***Acer urophyllum*** Maxim. in Acta Horti Peteop. 11: 105. 1899. **Lectotype** (designated here): China. Sichuan: Mörping (=Baoxing), 1885-07-04, G. N. Potanin s. n.

黄志槭 ***Acer wangchii*** W. P. Fang in Acta Phytotaxon. Sin. 11(2): 168. 1966. **Paratype:** China. Guangxi: Nandan, alt. 2 500 m, 1937-06-23, C. Wang 40877.

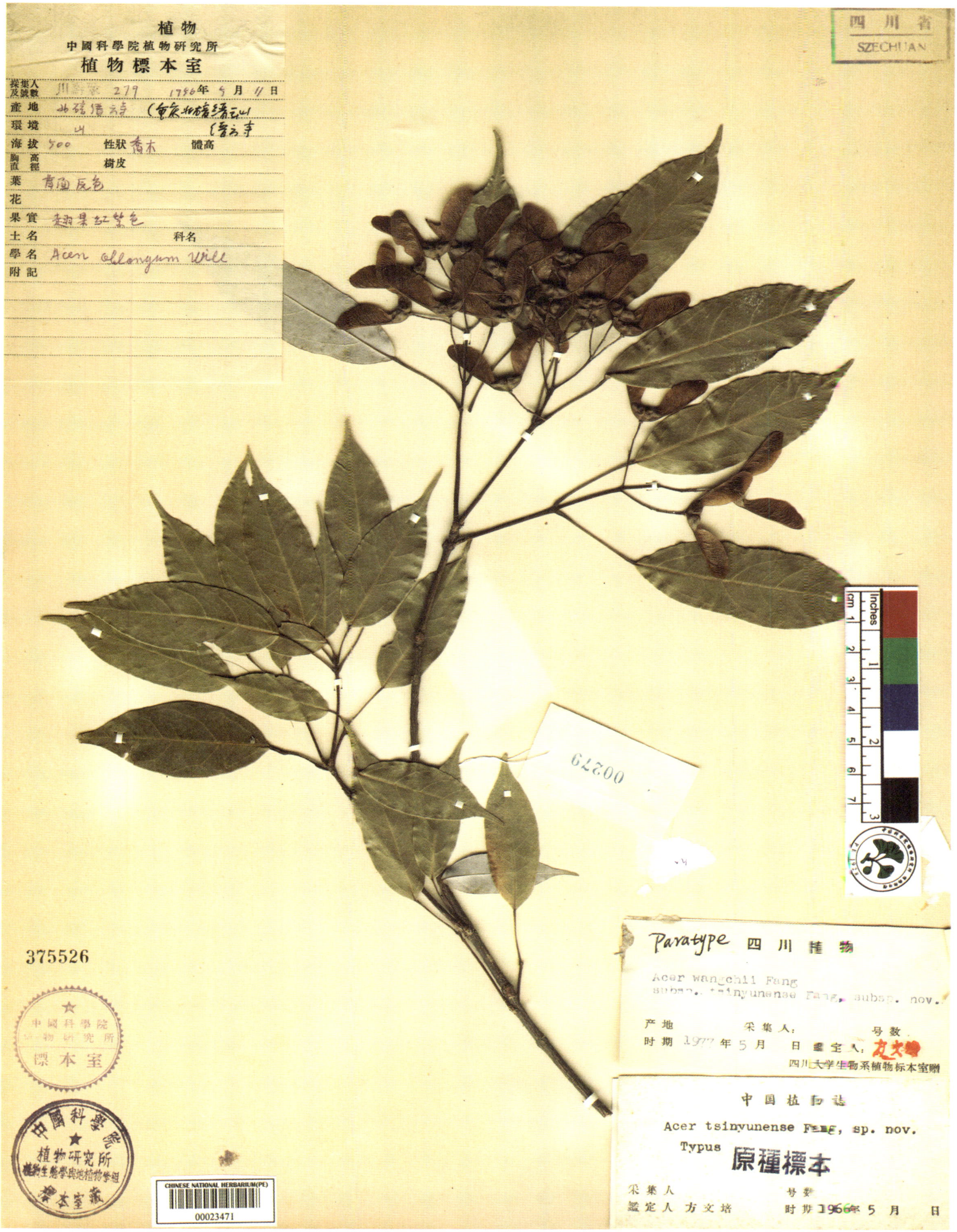

缙云槭 ***Acer wangchii*** W. P. Fang subsp. ***tsinyunense*** W. P. Fang in Acta Phytotaxon. Sin. 17(1): 82, pl. 13: 1. 1979.
Paratype: China. Chongqing: Beibei, alt. 500 m, 1956-05-11, Sichuan-Guizhou Exped. 279.

武夷槭 ***Acer wuyishanicum*** W. P. Fang in Acta Phytotaxon. Sin. 17(1): 80, pl. 12: 3. 1979. **Paratype:** China. Jiangxi: Guixi, alt. 780 m, 1958-07-21, S. S. Lai 3886.

漾濞枫 ***Acer yangbiense*** Y. S. Chen & Q. E. Yang in Novon 13(3): 296, f. 1, 2. 2003. **Holotype:** China. Yunnan: Yangbi, alt. 2 400 m, 2002-04-24, Y. S. Chen 2010.

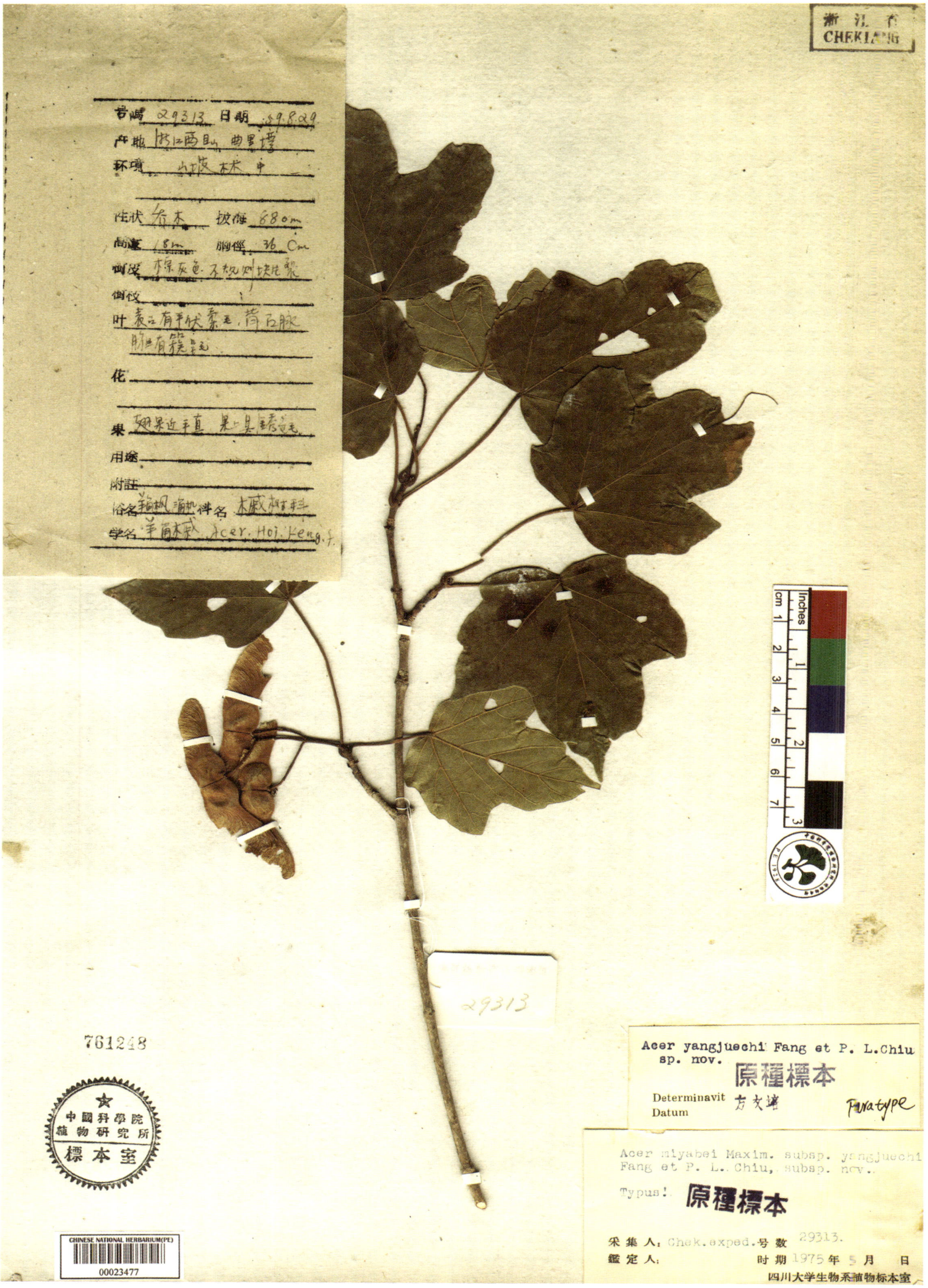

羊角槭 ***Acer yangjuechi*** W. P. Fang & P. L. Chiu in Acta Phytotaxon. Sin. 17(1): 61, pl. 7: 1. 1979. **Paratype:** China. Zhejiang: Linan, Tianmushan, alt. 880 m, 1959-08-29, Zhejiang Exped. 29313.

荫昆槭 ***Acer yinkunii*** W. P. Fang in Acta Phytotaxon. Sin. 11(2): 169. 1966. **Isotype:** China. Guangxi: Duan, 1957-07-01, Y. K. Lee Po 1546.

川甘槭 ***Acer yui*** W. P. Fang in Contr. Biol. Lab. Sci. Soc. China, Bot. Ser. 9(3): 235, f. 22. 1934. **Holotype:** China. Sichuan: Songpan, alt. 1 950 m, 1933-10-11, T. T. Yu 2672.

金钱槭 ***Dipteronia sinensis*** Oliv. in Hook. Icon. Pl. 19(4): t. 1898. 1889. **Isosyntype:** China. Chongqing: Wushan, 1889-03-??, A. Henry 5696.

太白金钱槭 ***Dipteronia sinensis*** Oliv. var. ***taipeiensis*** W. P. Fang & M. Y. Fang in Acta Phytotaxon. Sin. 11(2): 139. 1966. **Holotype:** China. Shaanxi: Taibai, Taibaishan, 1933-10-28, T. P. Wang 1399.

Hippocastanaceae

七叶树科

qiyeshu ke

浙江七叶树 ***Aesculus chekiangensis*** Hu & W. P. Fang in J. Sichuan Univ., Nat. Sci. Ed. 1960(3): 86, pl. 2. 1960.
Paratype: China. Jiangsu: Precise locality not known, 1926-07-??, C. L. Tso 2797.

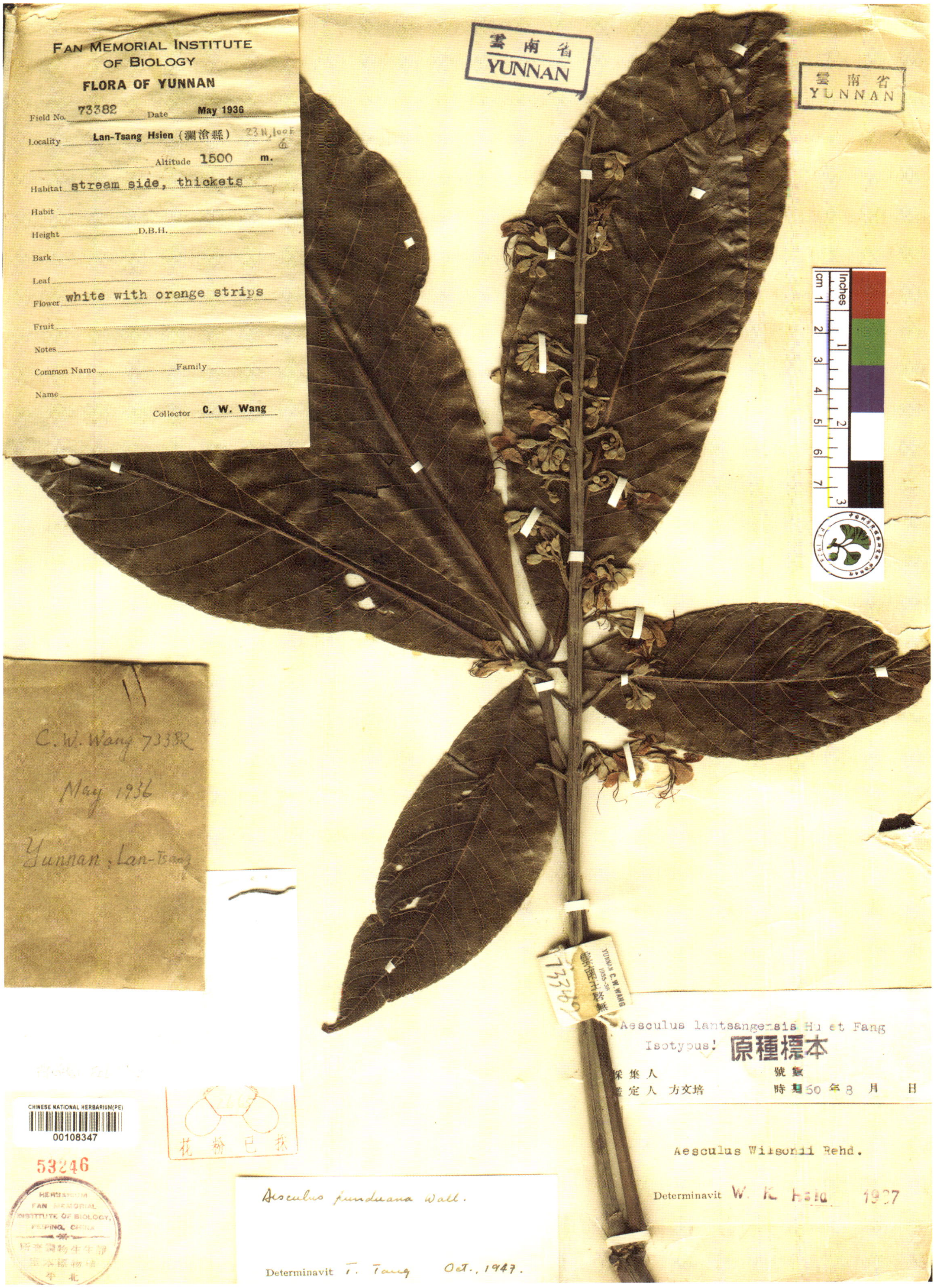

澜沧七叶树 ***Aesculus lantsangensis*** Hu & W. P. Fang in J. Sichuan Univ., Nat. Sci. Ed. 1960(3): 87, pl. 3. 1960.
Isotype: China. Yunnan: Lancang, alt. 1 500 m, 1936-05-??, C. W. Wang 73382.

大叶七叶树 ***Aesculus megaphylla*** Hu & W. P. Fang in J. Sichuan Univ., Nat. Sci. Ed. 1960(3): 105, pl. 12. 1960.
Holotype: China. Yunnan: Xichou, 1943-05-09, P. C. Tsoong & K. Z. Kuang 248.

石生七叶树 ***Aesculus rupicola*** Hu & W. P. Fang in J. Sichuan Univ., Nat. Sci. Ed. 1960(3): 91, pl. 5. 1960. **Holotype:** China. Yunnan: Xichou, alt. 1 400 m, 1943-05-26, P. C. Tsoong & K. Z. Kuang 437.

Sapindaceae

无患子科

wuhuanzi ke

细子龙 ***Paranephelium chinense*** Merr. in Lingnan Sci. J. 14(1): 30, f. 10. 1935. **Isotype:** China. Hainan: Sanya, 1932-06-19, S. K. Lau 131.

黄绒毛瓣无患子 ***Sapindus rarak*** DC. var. ***velutina*** C. Y. Wu & T. L. Ming, Fl. Yunnan. 1: 261. 1977. **Isotype:** China. Yunnan: Shiping, alt. 1 600 m, 1933-05-21, H. T. Tsai 53418.

Sabiacea

清风藤科

qingfengteng ke

厚叶泡花树 ***Meliosma crassifolia*** Hand.-Mazz. in Sinensia 3(8): 191. 1933. **Isotype:** China. Guangxi: Nanning, alt. 650 m, 1928-10-28, R. C. Ching 8290.

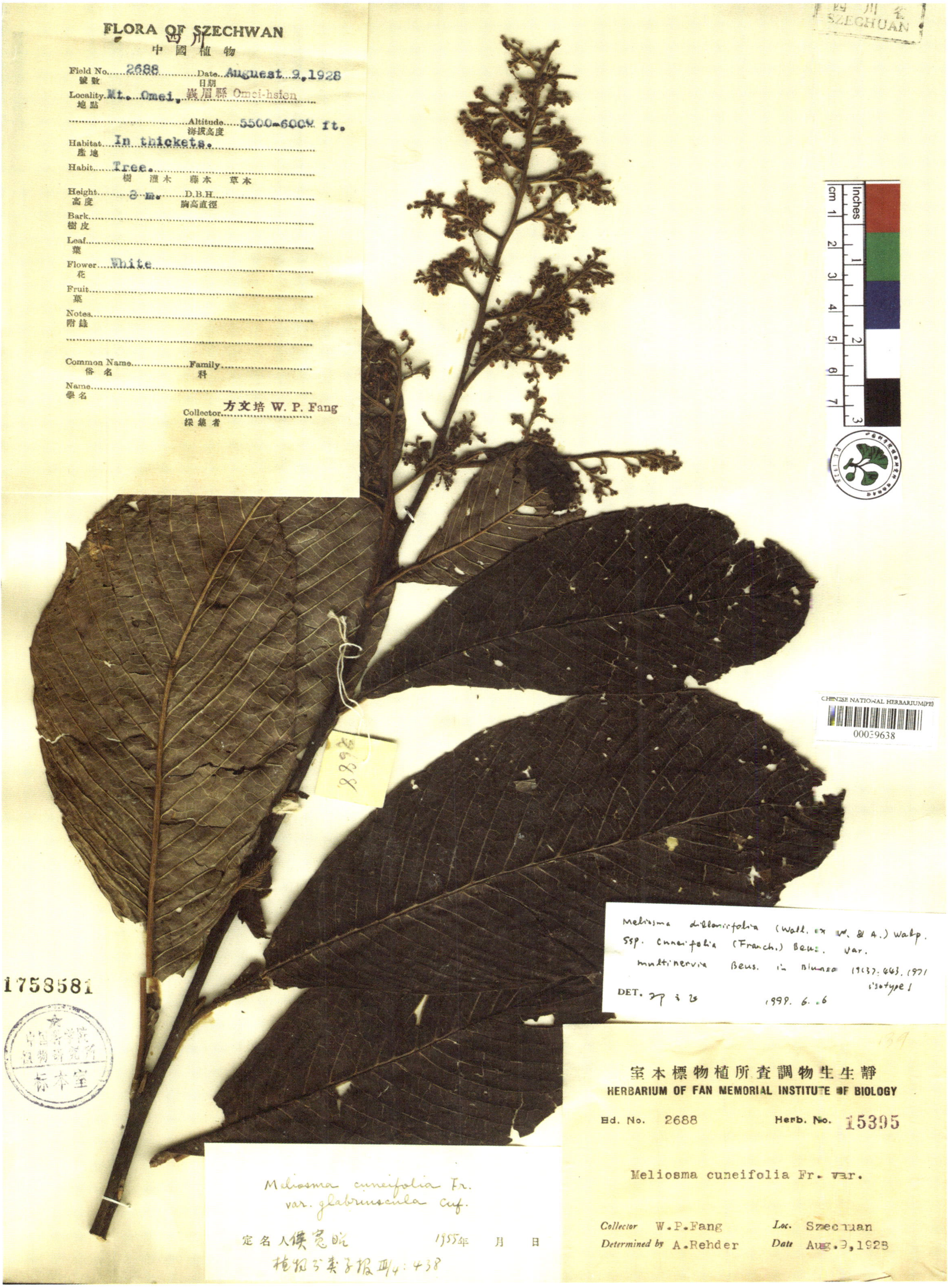

多脉泡花树 ***Meliosma dilleniifolia*** (Wall. ex W. & A.) Walp. subsp. ***cuneifolia*** (Franch.) Beus. var. ***multinervia*** Beus in Blumea 19(3): 443. 1971. **Isotype:** China. Sichuan: Emei, Emeishan, alt. 1 678~1 830 m, 1928-08-09, W. P. Fang 2688.

华南泡花树 ***Meliosma laui*** Merr. in Lingnan Sci. J. 14(1): 32. 1935. **Isotype:** China. Hainan: Sanya, 1932-06-07, S. K. Lau 29.

毛果泡花树 ***Meliosma trichocarpa*** Hand.-Mazz. in Sinensia 5(1-2): 17. 1934. **Isotype:** China. Guizhou: Zhenfeng, 1930-10-25, Y. Tsiang 4435.

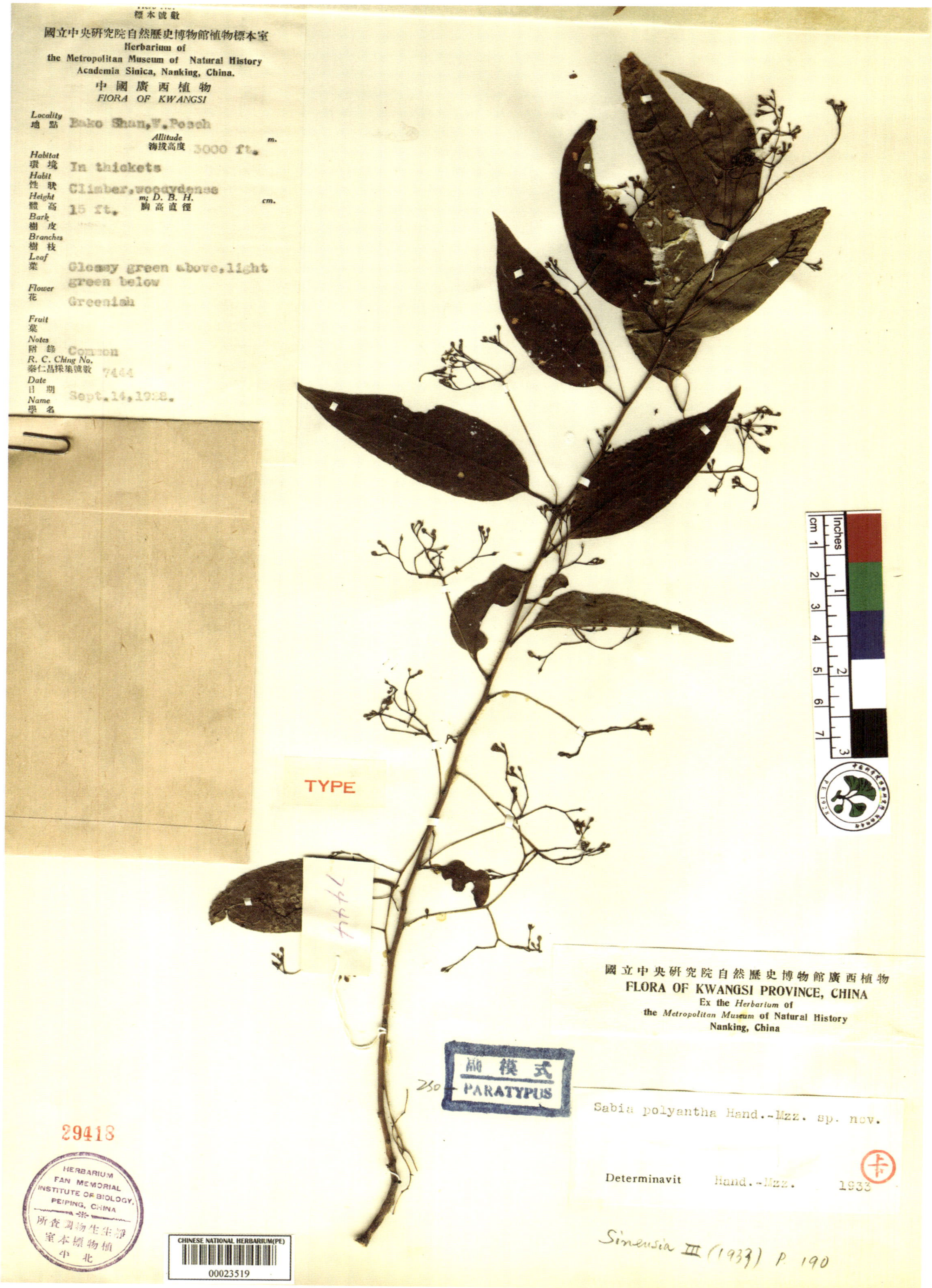

多花清风藤 ***Sabia polyantha*** Hand.-Mazz. in Sinensia 3(8): 190. 1933. **Isoparatype:** China. Guangxi: Baise, alt. 915 m, 1928-09-14, R. C. Ching 7444.

Balsaminaceae

凤仙花科

fengxianhua ke

太子凤仙 ***Impatiens alpicola*** Y. L. Chen & Y. Q. Lu in Acta Bot. Yunnan. 12(1): 25, f. 3. 1990. **Holotype:** China. Sichuan: Emei, Emeishan, alt. 2 700 ～ 2 800 m, 1987-09-16, Y. Q. Lu 871612.

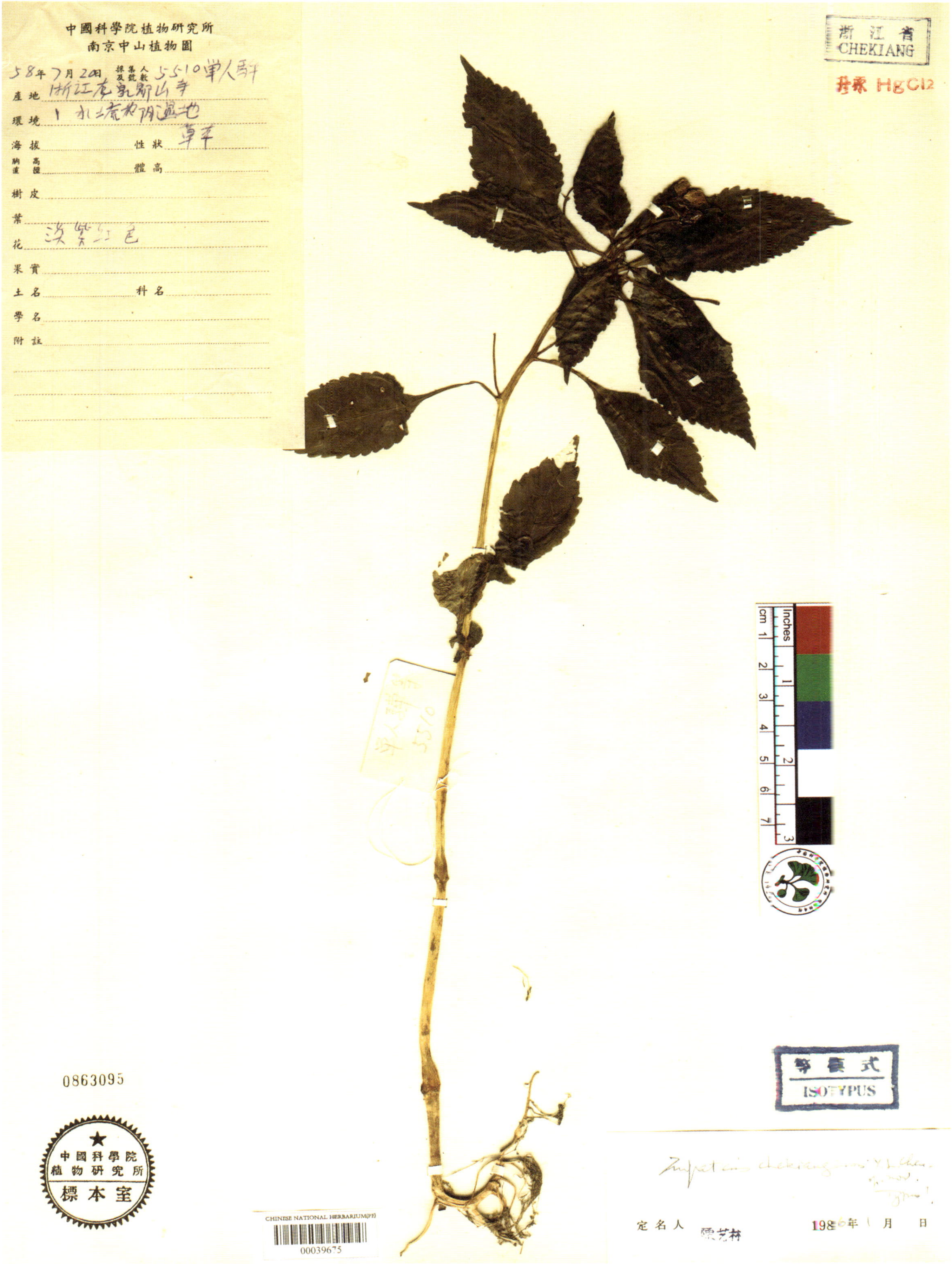

浙江凤仙花 ***Impatiens chekiangensis*** Y. L. Chen in Bull. Bot. Res., Harbin 8(2): 4, f. 1. 1988. **Isotype:** China. Zhejiang: Longquan, 1958-07-20, R. H. Shan 5510.

九龙凤仙花 ***Impatiens chiulungensis*** Y. L. Chen in Acta Phytotaxon. Sin. 16(2): 50. 1978. **Holotype:** China. Sichuan: Jiulong, alt. 2 700 m, 1960-10-10, T. S. Ying 4802.

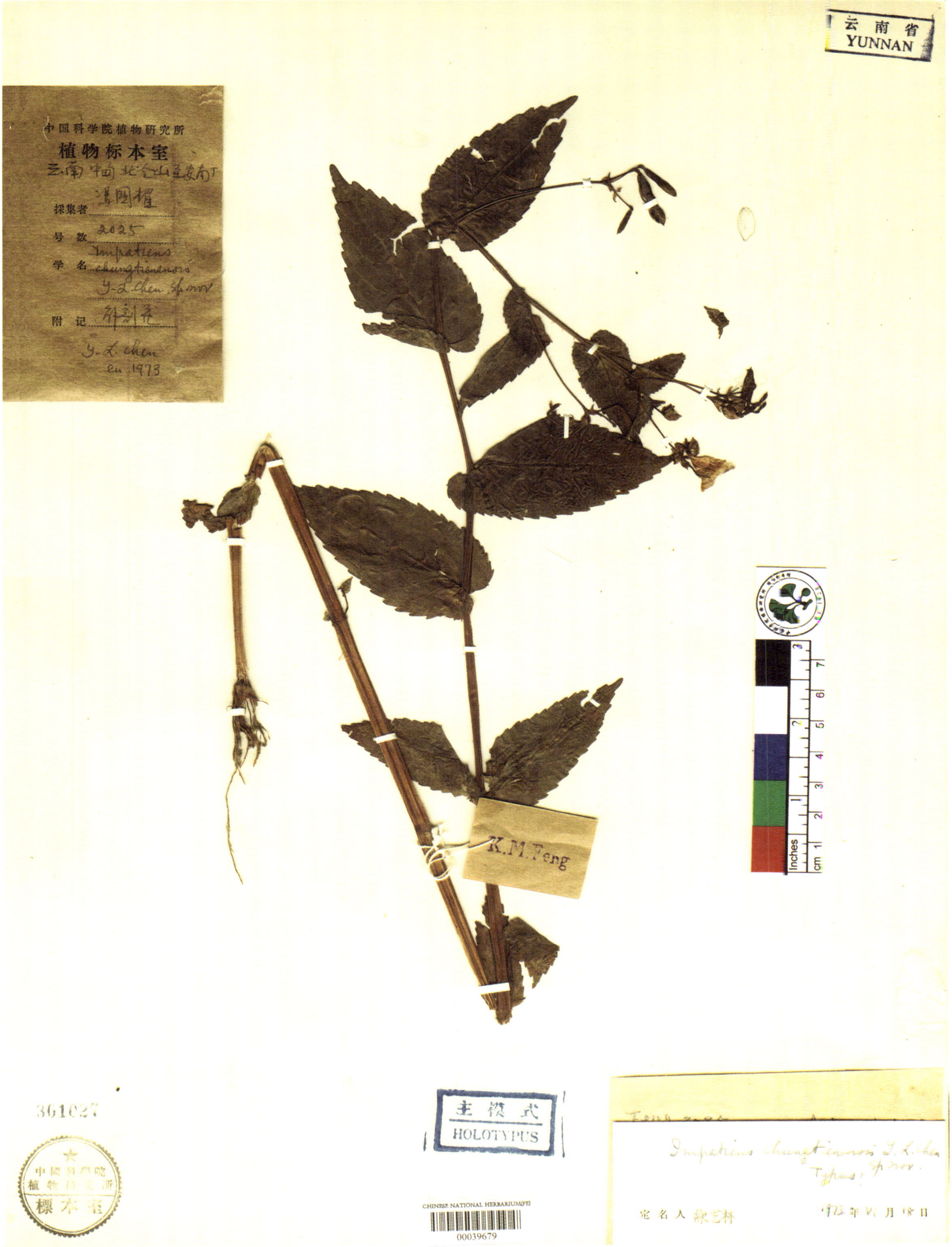

中甸凤仙花 ***Impatiens chungtienensis*** Y. L. Chen in Acta Phytotaxon. Sin. 16(2): 44. 1978. **Holotype:** China. Yunnan: Zhongdian (=Shangri-La), alt. 3 200 ～ 3 300 m, 1939-08-15, K. M. Feng 2025.

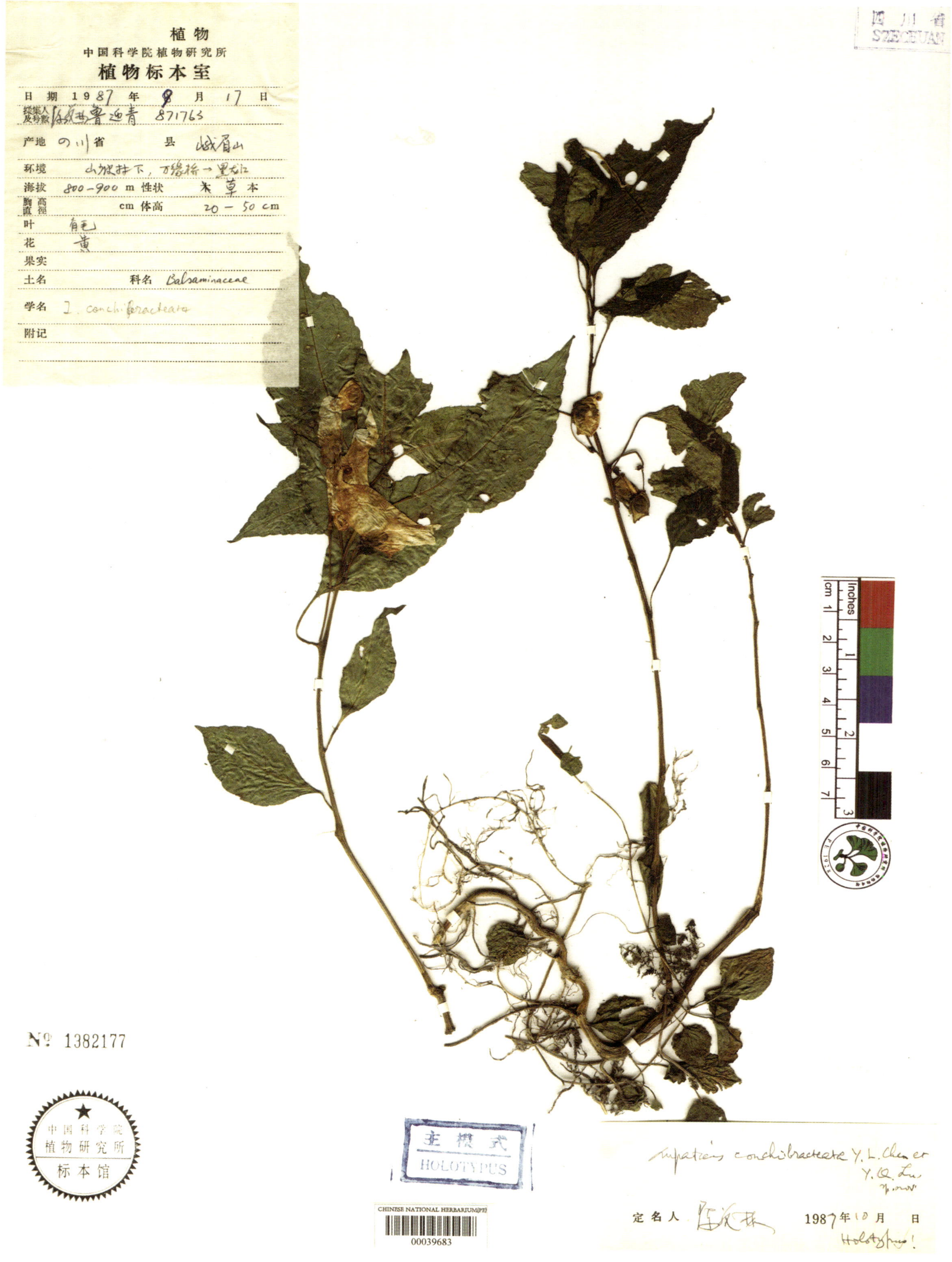

贝苞凤仙 ***Impatiens conchibracteata*** Y. L. Chen & Y. Q. Lu in Acta Bot. Yunnan. 12(1): 26, f. 4. 1990. **Holotype:** China. Sichuan: Emei, Emeishan, alt. 800 ～ 900 m, 1987-09-17, Y. L. Chen & Y. Q. Lu 871763.

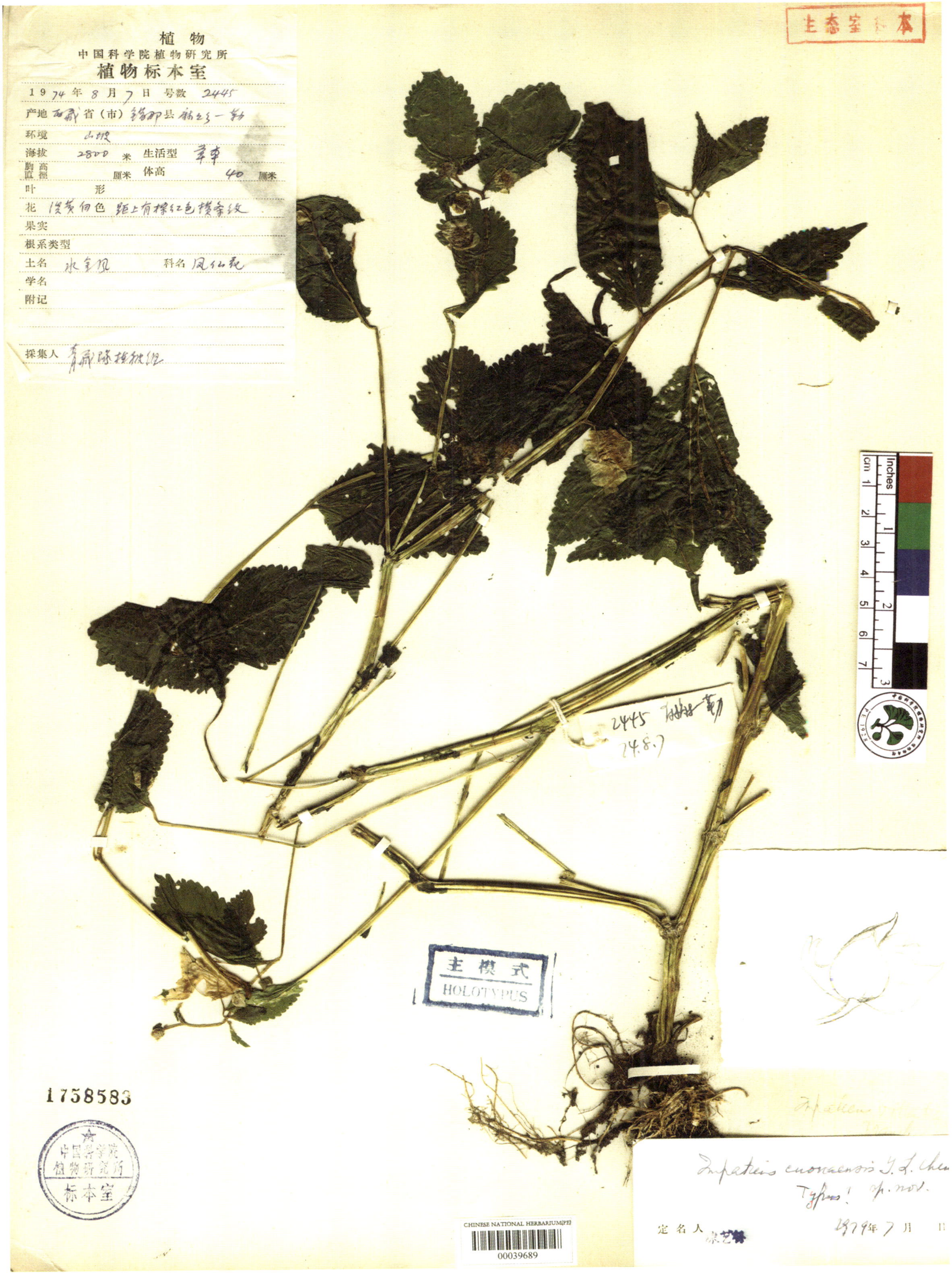

错那凤仙花 ***Impatiens conaensis*** Y. L. Chen in Acta Phytotaxon. Sin. 18(3): 381, f. 3: 1-9. 1980. **Holotype:** China. Xizang: Cona, alt. 2 800 m, 1974-08-07, Qinghai-Xizang Veget. Exped. 2445.

柳叶菜状凤仙花 ***Impatiens epilobioides*** Y. L. Chen in Acta Phytotaxon. Sin. 16(2): 47. 1978. **Holotype:** China. Sichuan: Mabian, alt. 1 000 m, 1934-??-??, T. H. Tu 5520.

梵净山凤仙花 ***Impatiens fanjingshanica*** Y. L. Chen in Acta Phytotaxon. Sin. 37(1): 93, f. 4. 1999. **Holotype:** China. Guizhou: Jiangkou, alt. 500 ～ 700 m, 1986-09-04, Sino-American Guizhou Botanical Exped. 813.

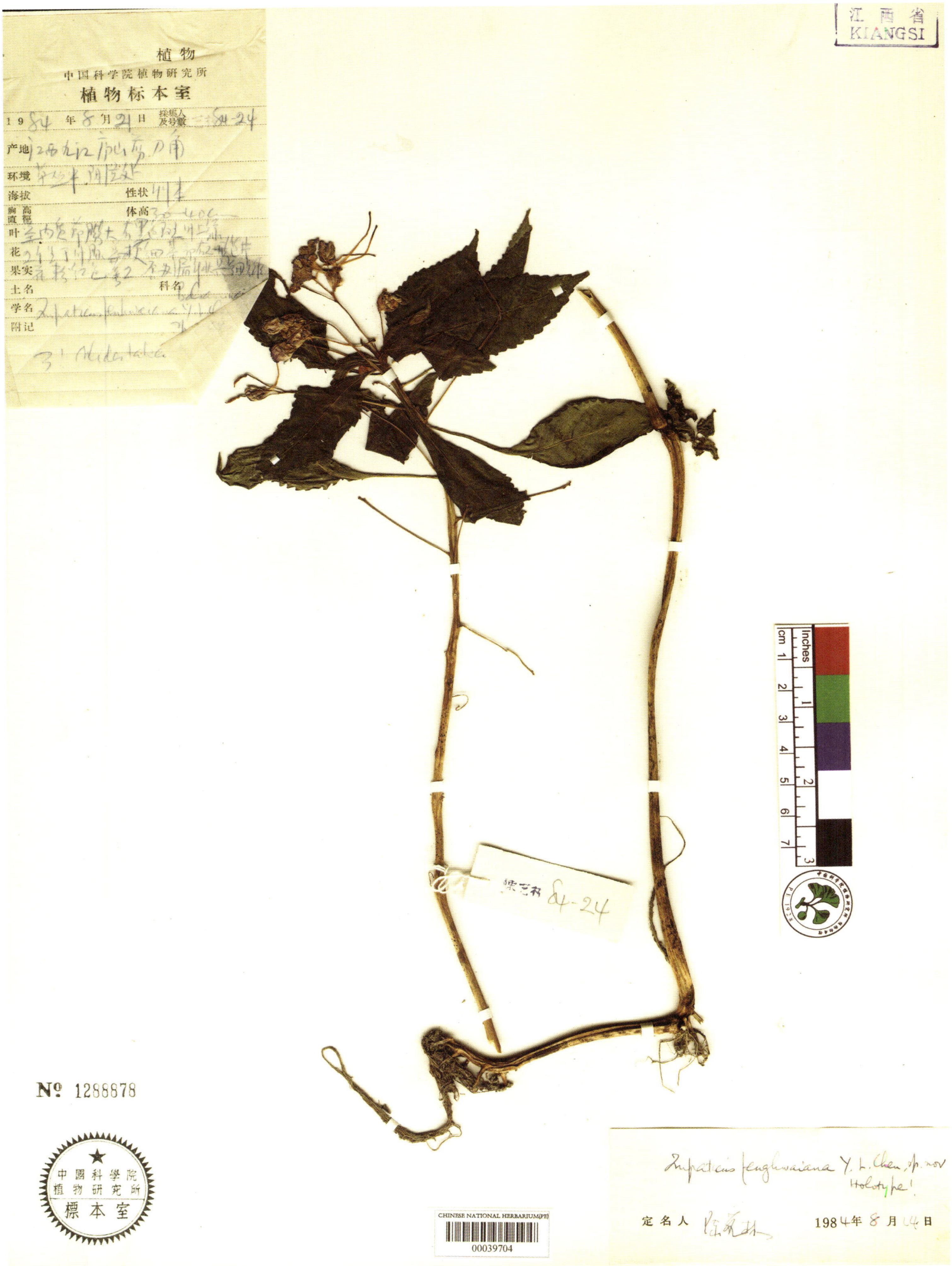

封怀凤仙花 ***Impatiens fenghwaiana*** Y. L. Chen in Acta Phytotaxon. Sin. 27(5): 395, f. 1. 1989. **Holotype:** China. Jiangxi: Jiujiang, Lushan, 1984-08-21, Y. L. Chen 84-24.

裂距凤仙花 ***Impatiens fissicornis*** Maxim. in AActa Horti Petrop. 11: 87. 1889. **Isotype:** China. Gansu: Fyn-shan-lin, 1885-09-09, G. N. Potanin s. n.

贡山凤仙花 ***Impatiens gongshanensis*** Y. L. Chen in Acta Phytotaxon. Sin. 38(6): 560, f. 3. 2000. **Holotype:** China. Yunnan: Gongshan, alt. 1 200 ～ 1 300 m, 1982-08-09, Qinghai-Xizang Exped. 9152.

中州凤仙花 ***Impatiens henanensis*** Y. L. Chen in Acta Phytotaxon. Sin. 37(1): 88, f. 1. 1999. **Holotype:** China. Henan: Yudong, 1959-??-??, Henan Pl. Exped. 03194.

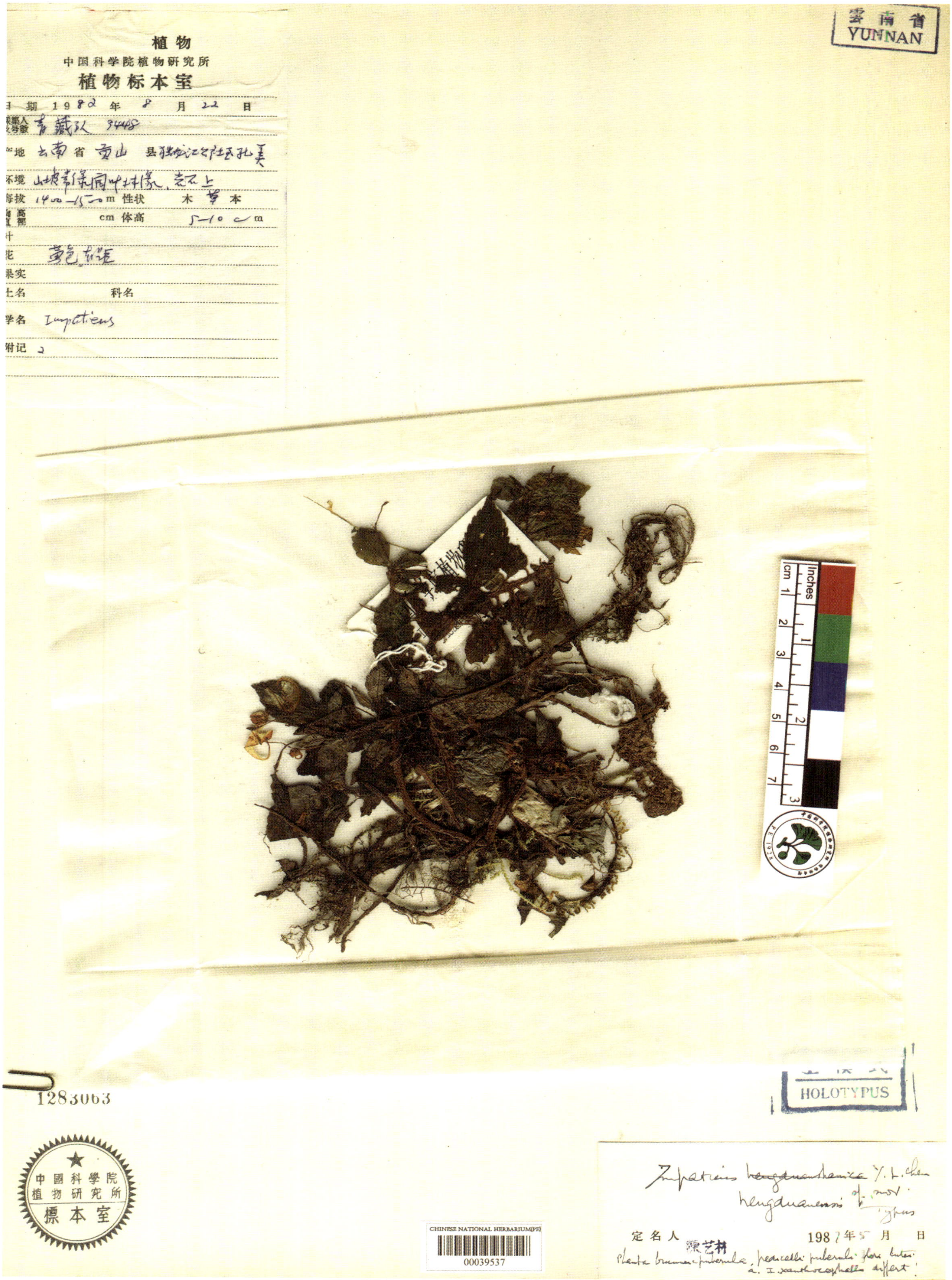

横断山凤仙花 ***Impatiens hengduanensis*** Y. L. Chen in Acta Phytotaxon. Sin. 28(6): 484, f. 2. 1990. **Holotype:** China. Yunnan: Gongshan, alt. 1 400 ～ 1 500 m, 1982-08-22, Qinghai-Xizang Exped. 9448.

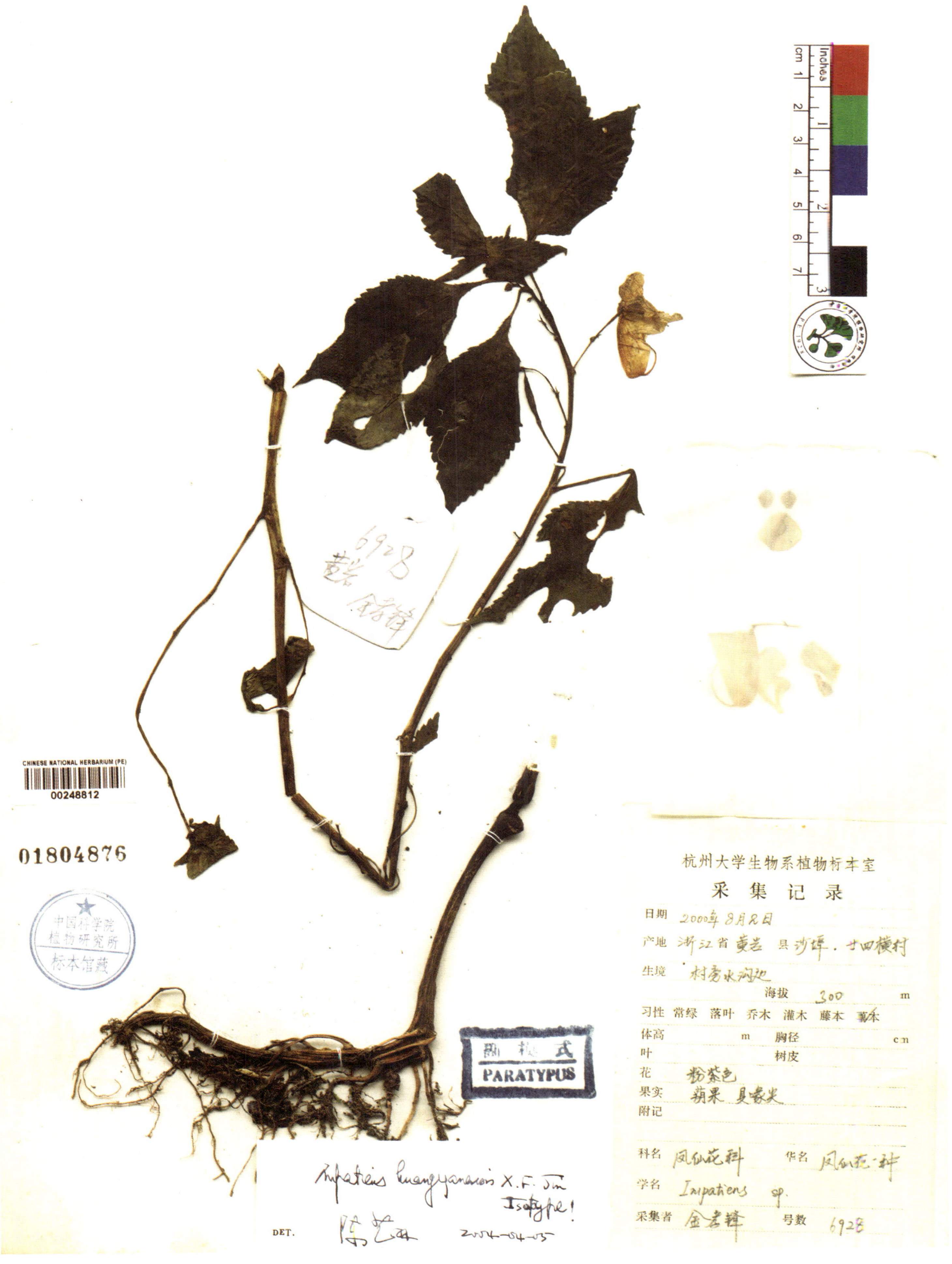

黄岩凤仙花 ***Impatiens huangyanensis*** X. F. Jin & B. Y. Ding in Acta Phytotaxon. Sin. 40(2): 167, f. 1. 2002. **Paratype:** China. Zhejiang: Huangyan, alt. 300 m, 2000-08-02, X. F. Jin 6928.

湖南凤仙花 ***Impatiens hunanensis*** Y. L. Chen in Acta Phytotaxon. Sin. 27(5): 402, f. 4. 1989. **Paratype:** China. Guangdong: Liannan, alt. 700 m, 1958-08-17, P. C. Tam 59101.

井冈凤仙花 ***Impatiens jinggangensis*** Y. L. Chen in Acta Phytotaxon. Sin. 27(5): 399, f. 3. 1989. **Isotype:** China. Jiangxi: Jinggangshan, alt. 820 m, 1965-10-08, S. S. Lai & al. 5253.

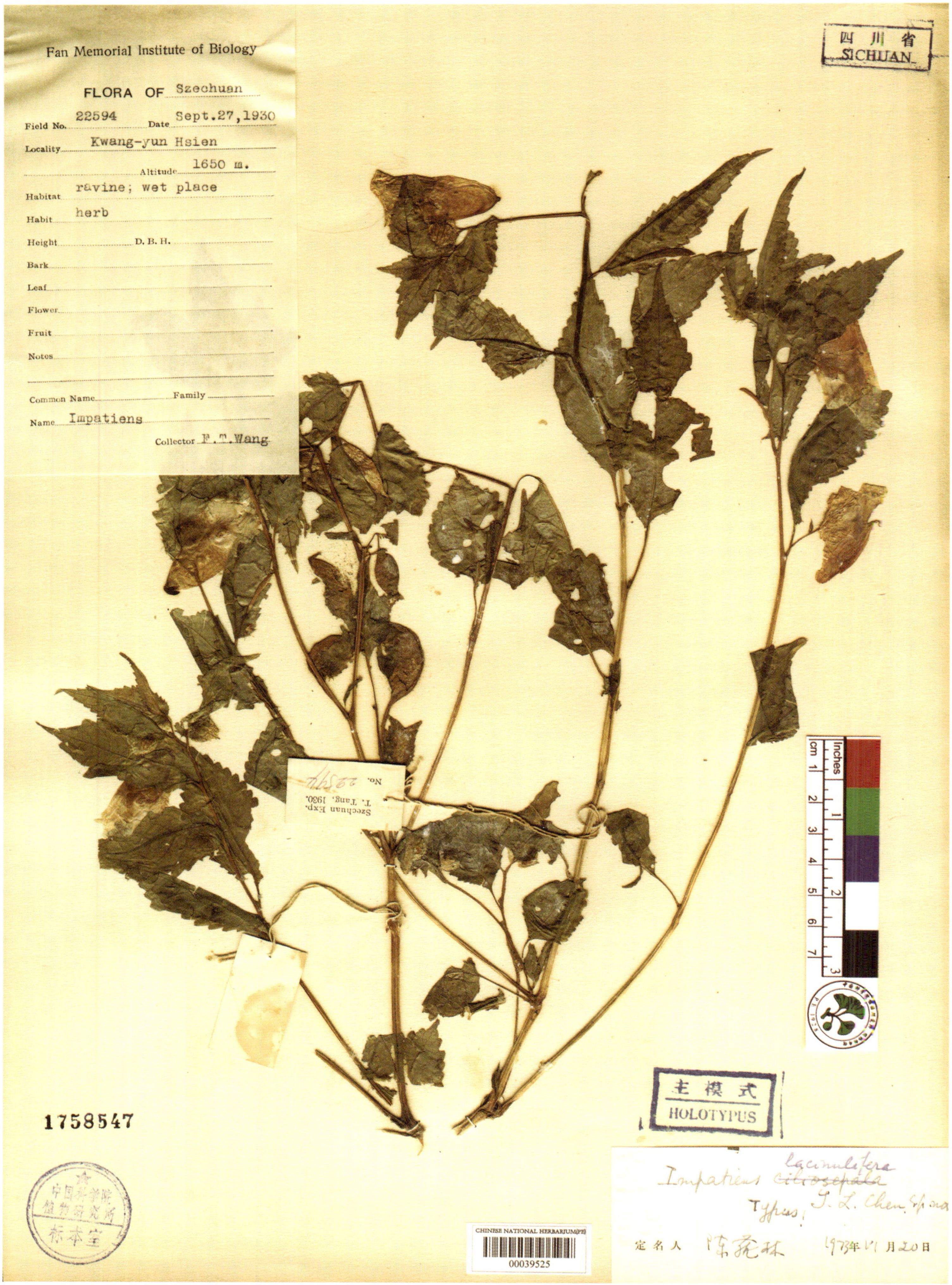

撕裂萼凤仙花 ***Impatiens lacinulifera*** Y. L. Chen in Acta Phytotaxon. Sin. 16(2): 47. 1978. **Holotype:** China. Sichuan: Guangyuan, alt. 1 650 m, 1930-09-27, F. T. Wang 22594.

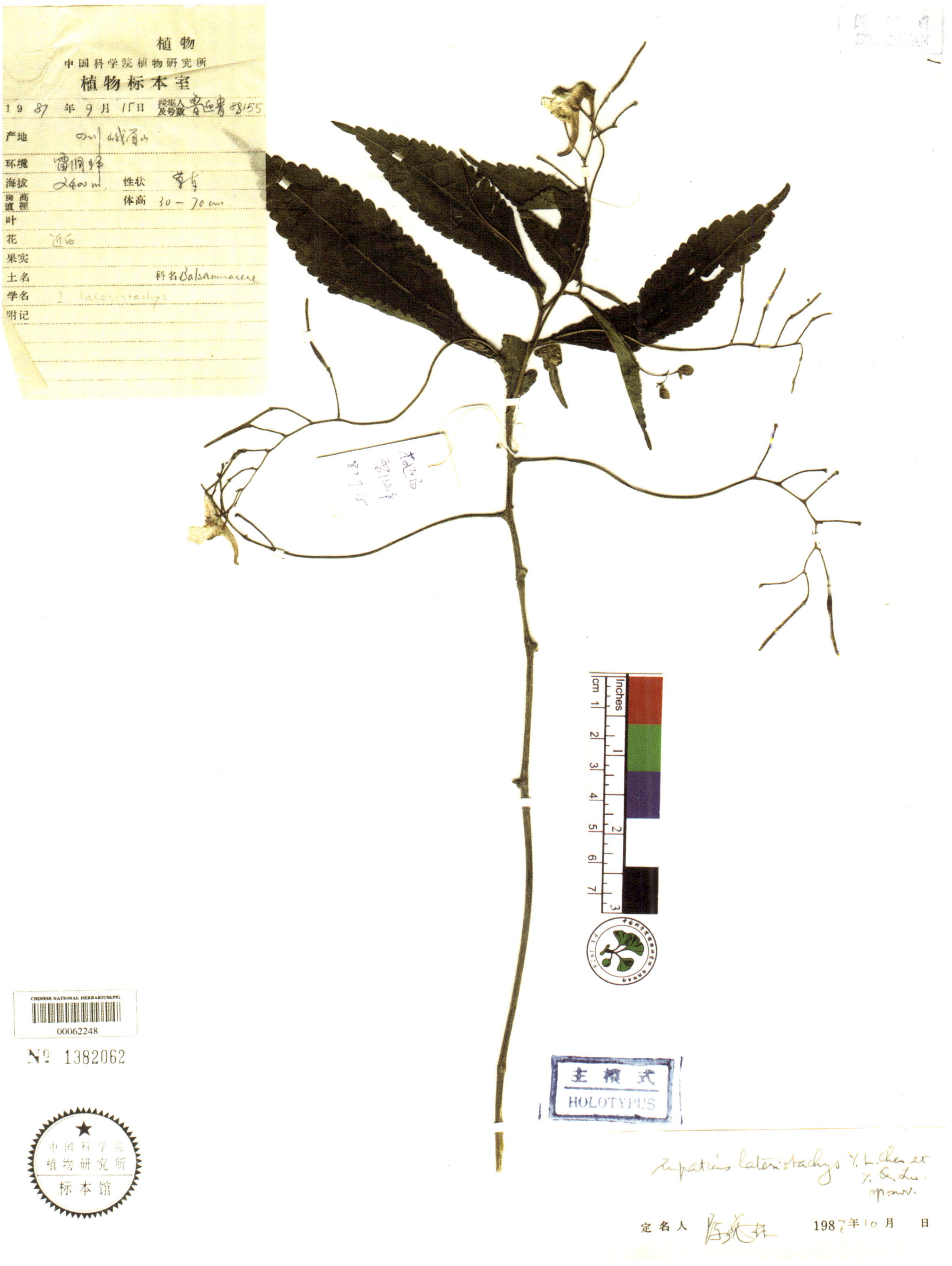

侧穗凤仙 ***Impatiens lateristachys*** Y. L. Chen & Y. Q. Lu in Acta Bot. Yunnan. 12(1): 22, f. 1. 1990. **Holotype:** China. Sichuan: Emei, Emeishan, alt. 2 400 m, 1987-09-15, Y. Q. Lu 88155.

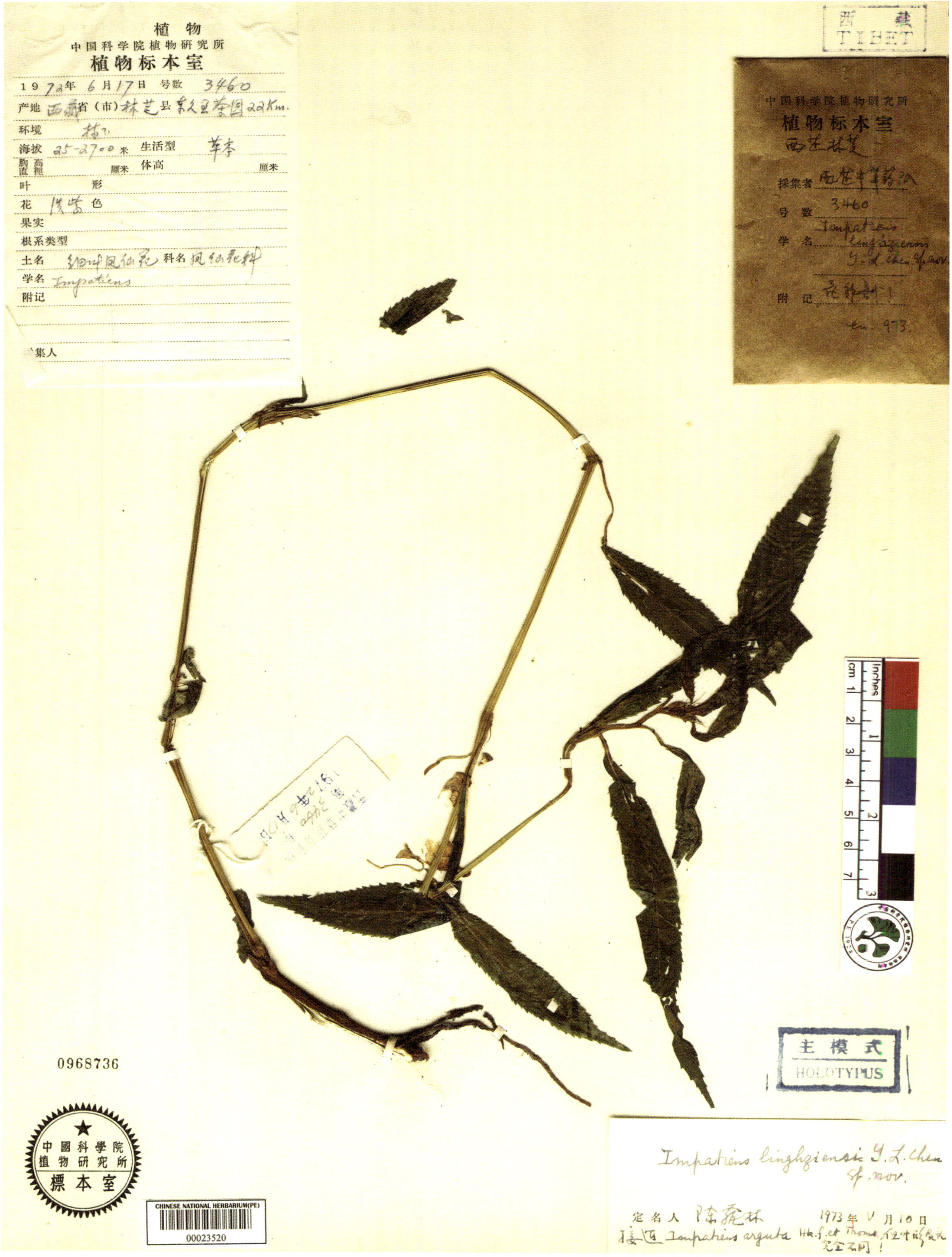

林芝凤仙花 ***Impatiens linghziensis*** Y. L. Chen in Acta Phytotaxon. Sin. 16(2): 46. 1978. **Holotype:** China. Xizang: Nyingchi, alt. 2 500 ～ 2 700 m, 1972-06-17, Xizang Med. Pl. Exped. 3460.

长角凤仙花 ***Impatiens longicornuta*** Y. L. Chen in Acta Phytotaxon. Sin. 37(1): 93, f. 3. 1999. **Holotype:** China. Hunan: Dongan, 1948-10-04, Y. Liu 00892.

矮小无距凤仙花 ***Impatiens margaritifera*** J. D. Hook. var. ***humilis*** Y. L. Chen in Acta Phytotaxon. Sin. 16(2): 45. 10. 1978. **Holotype:** China. Sichuan: Daocheng, alt. 3 600 m, 1937-08-22, T. T. Yu 12841.

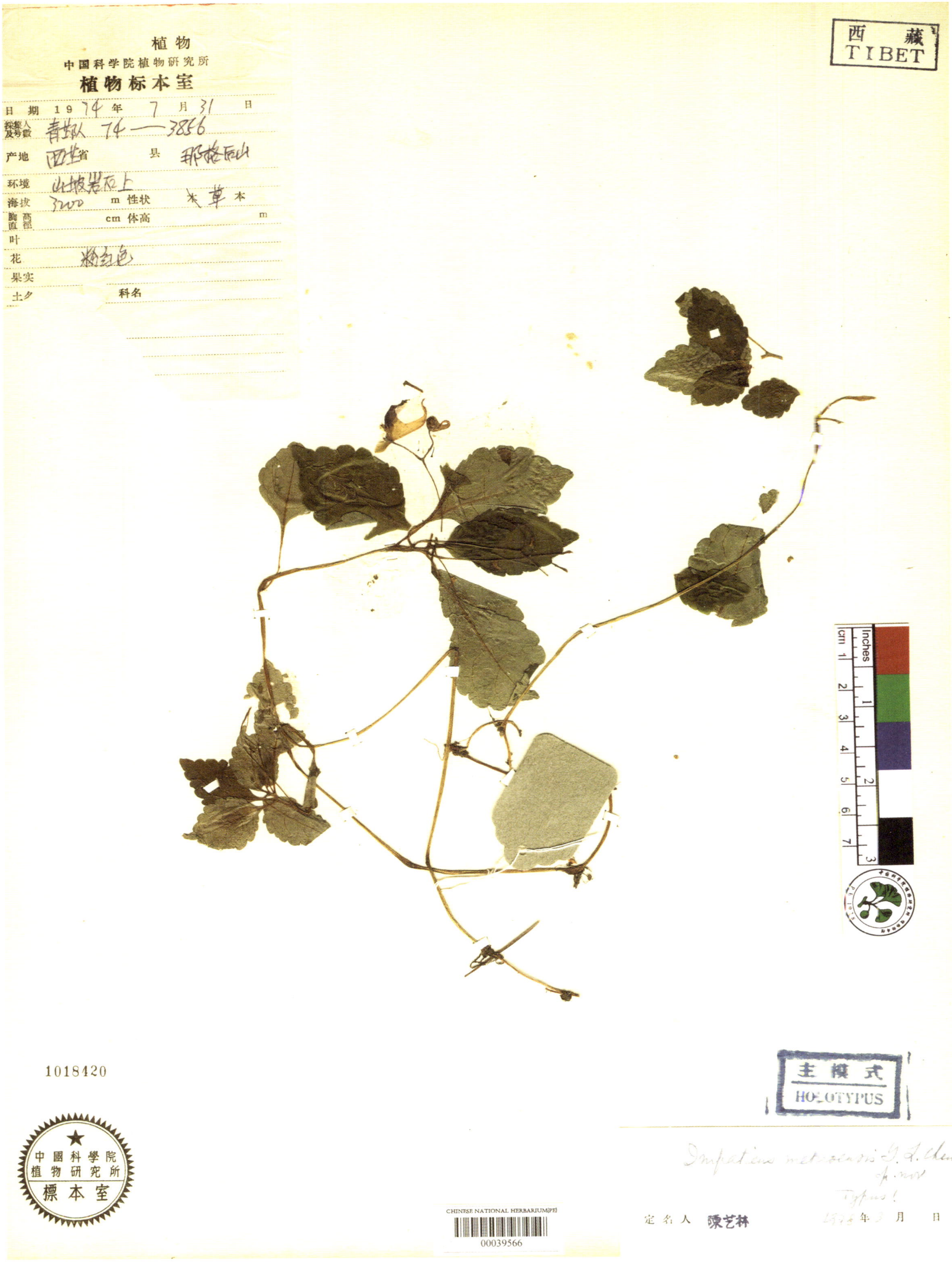

墨脱凤仙花 ***Impatiens medogensis*** Y. L. Chen in Acta Phytotaxon. Sin. 18(3): 381, f. 2. 1980. **Holotype:** China. Xizang: Mêdog, alt. 3 200 m, 1974-07-31, Qinghai-Xizang Exped. 74-3856.

西固凤仙花 ***Impatiens notolopha*** Maxim. in Acta Horti Petrop. 11: 91. 1890. **Lectotype** (designated here): China. Sichuan: Mör-ping (=Baoxing), 1885-07-05, G. N. Potanin s. n.

齿瓣凤仙花 ***Impatiens odontopetala*** Maxim. in Acta Horti Petrop. 11: 90. 1890. **Isotype:** China. Gansu: Lintan, 1885-09-03, G. N. Potanin s. n.

宽距凤仙花 ***Impatiens platyceras*** Maxim. in Acta Horti Petrop. 11: 89. 1890. **Lectotype** (designated here): China. Gansu: Itschu-shan, 1885-07-15, G. N. Potanin s. n.

阔萼凤仙花 ***Impatiens platysepala*** Y. L. Chen in Bull. Bot. Res., Harbin 8(2): 6, f. 2. 1988. **Paratype:** China. Jiangxi: Guangfeng, 1958-10-24, M. X. Nie 5930.

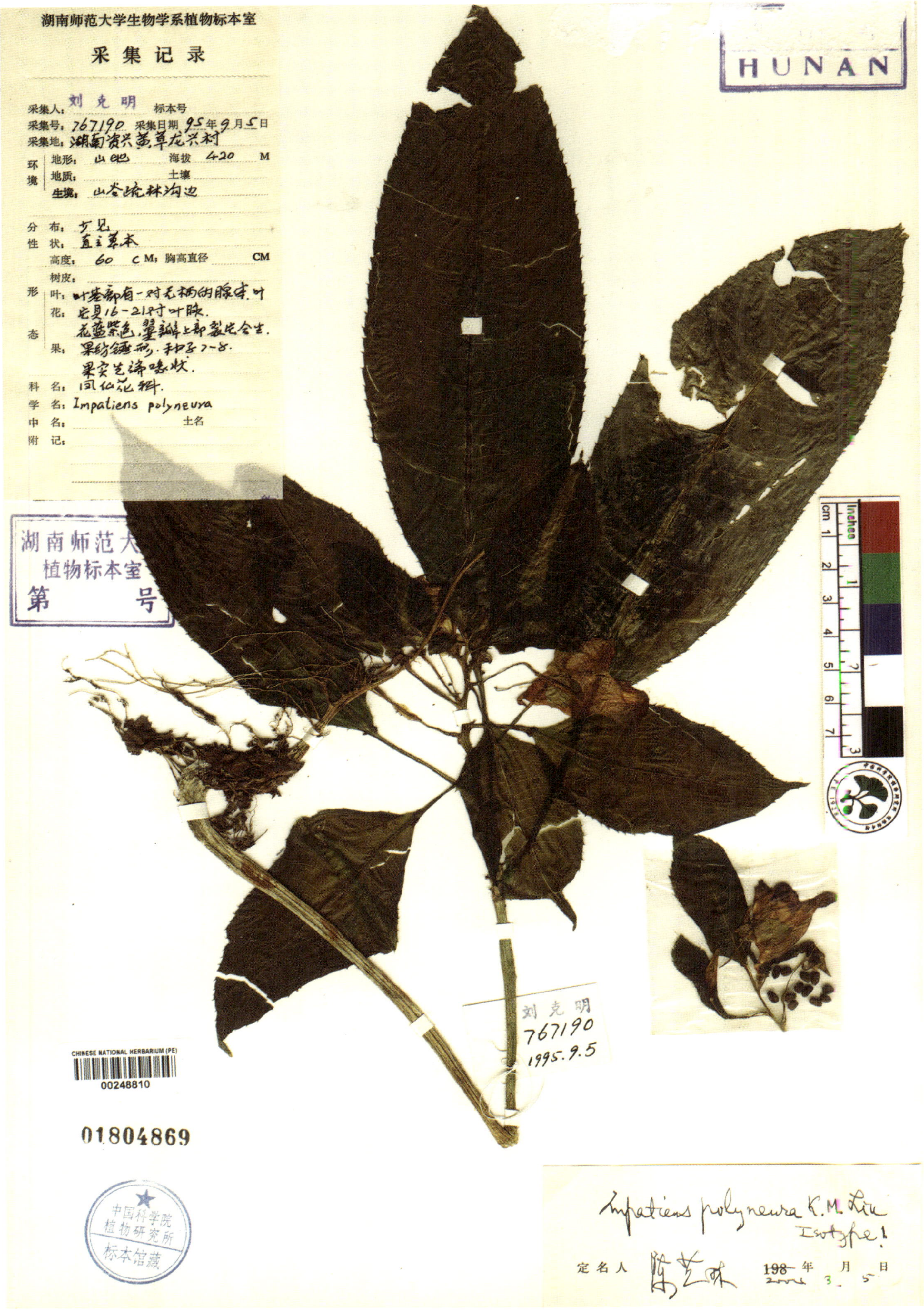

多脉凤仙花 ***Impatiens polyneura*** K. M. Liu in Acta Phytotaxon. Sin. 37(2): 201, f. 1. 1999. **Isotype:** China. Hunan: Zixing, alt. 420 m, 1995-09-05, K. M. Liu 767190.

直喙凤仙 ***Impatiens rectirostrata*** Y. L. Chen & Y. Q. Lu in Acta Bot. Yunnan. 12(1): 28, f. 6. 1990. **Holotype:** China. Sichuan: Dujiangyan, Qingchengshan, alt. 2 000 m, 1987-08-07, Y. L. Chen & Y. Q. Lu 8770.

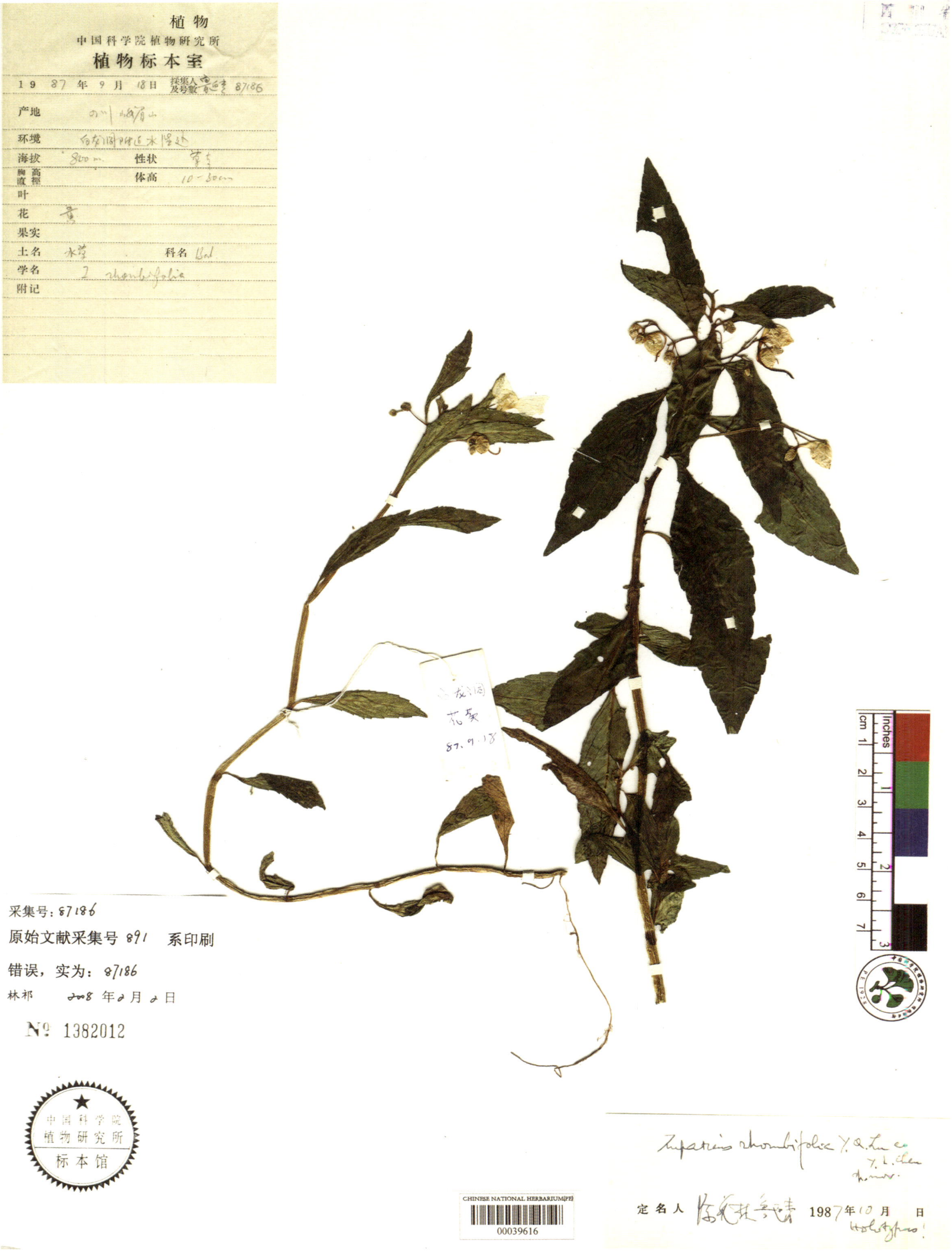

菱叶凤仙 ***Impatiens rhombifolia*** Y. Q. Lu & Y. L. Chen in Acta Bot. Yunnan. 12(1): 27, f. 5. 1990. **Holotype:** China. Sichuan: Emei, Emeishan, alt. 800 m, 1987-09-18, Y. Q. Lu 87186.

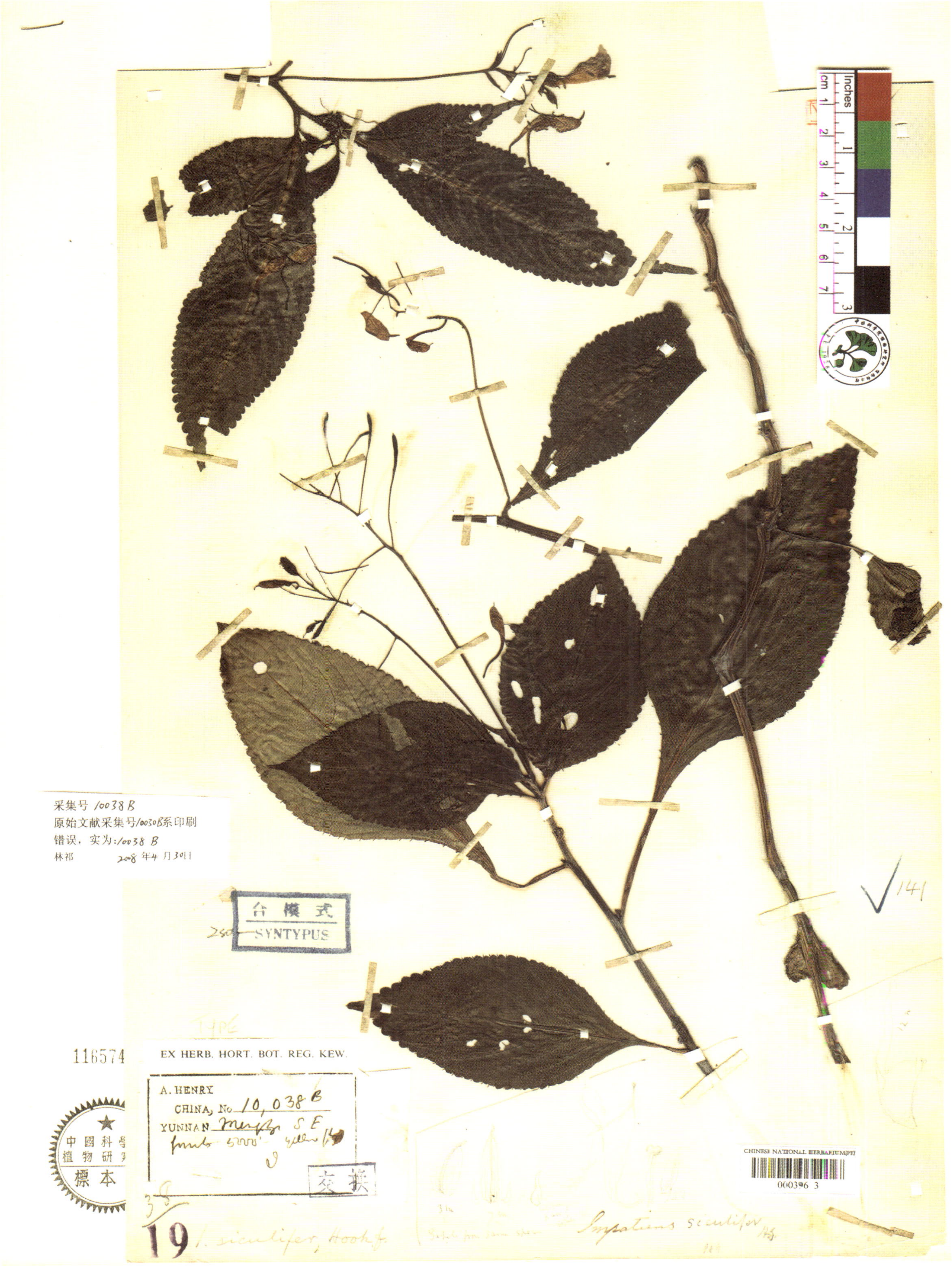

黄金凤 ***Impatiens siculifer*** J. D. Hooker in Nouv. Arch. Mus. Hist. Nat., Sér. 4, 10: 246. 1908. **Lectotype** (designated here): China. Yunnan: Mengzi, alt. 1 525 m, A. Henry 10038B.

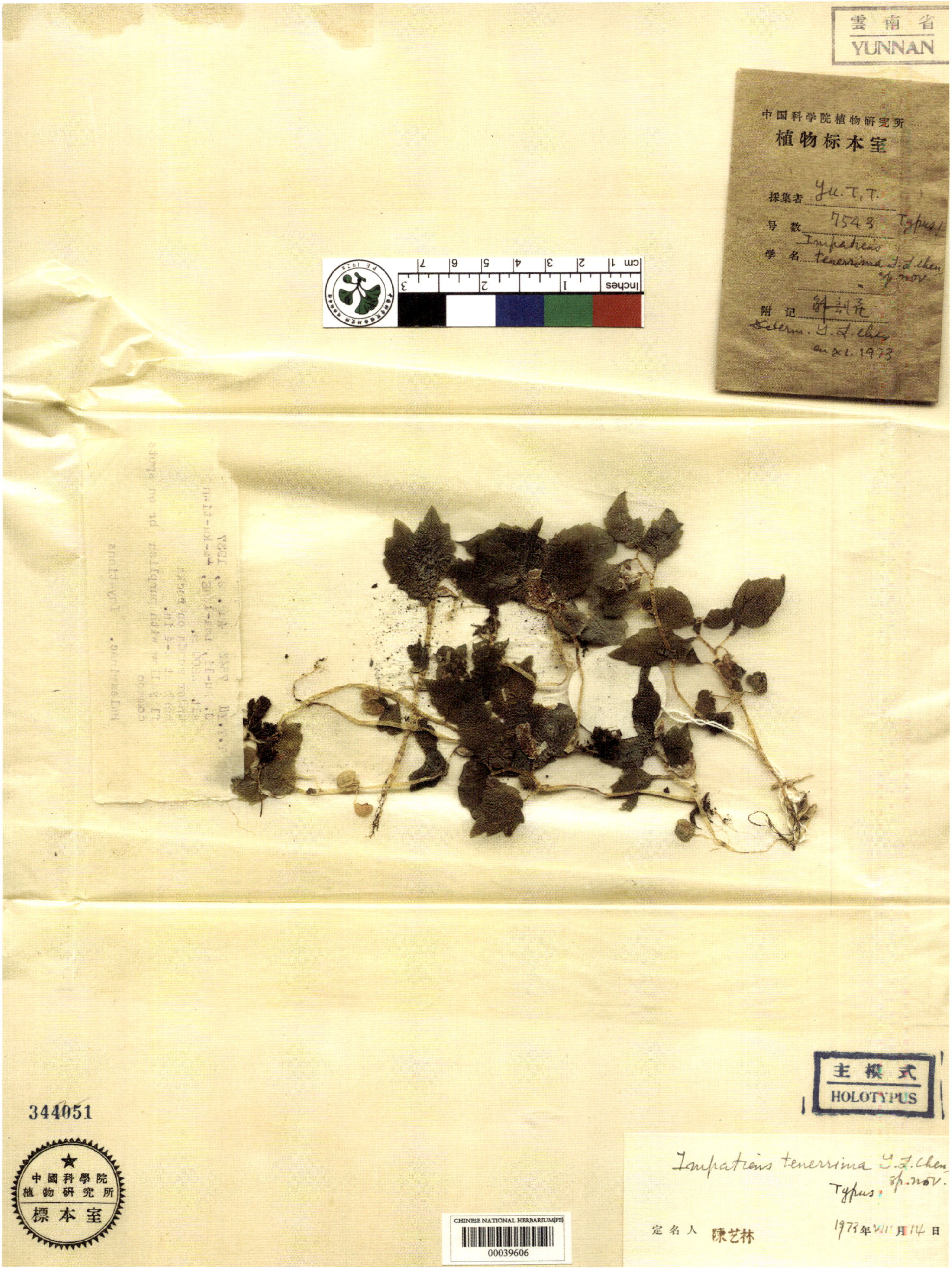

柔茎凤仙花 ***Impatiens tenerrima*** Y. L. Chen in Acta Phytotaxon. Sin. 16(2): 51. 1978. **Holotype:** China. Sichuan: Muli, alt. 2 800 m, T. T. Yu 7543.

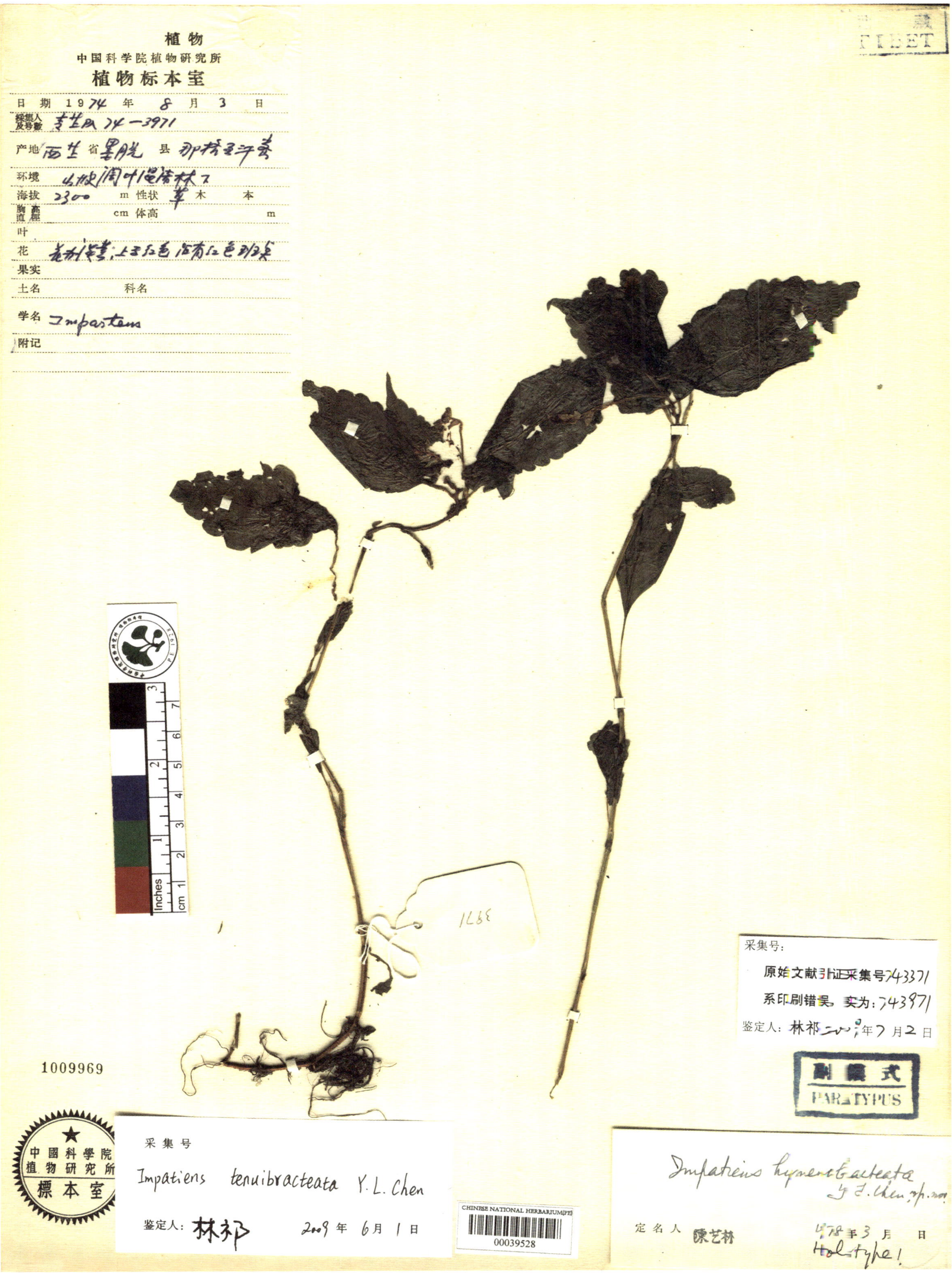

膜苞凤仙花 ***Impatiens tenuibracteata*** Y. L. Chen in Acta Phytotaxon. Sin. 18(3): 380, f. 1. 1980. **Paratype:** China. Xizang: Mêdog, alt. 2 300 m, 1974-08-03, Qinghai-Xizang Exped. 74-3971.

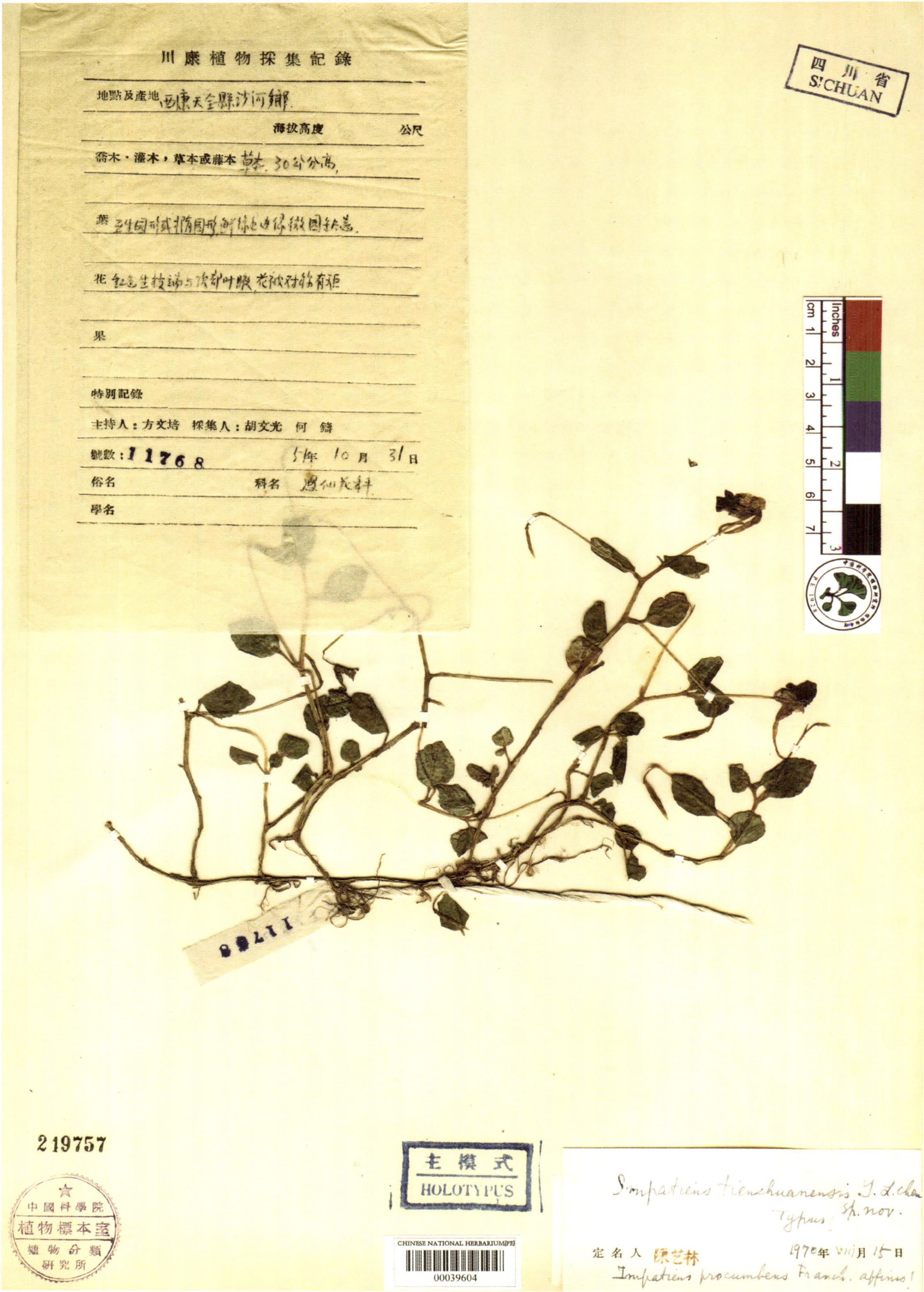

天全凤仙花 ***Impatiens tienchuanensis*** Y. L. Chen in Acta Phytotaxon. Sin. 16(2): 49. 1978. **Holotype:** China. Sichuan: Tianquan, 1951-10-31, W. K. Hu & Z. He 11768.

天目山凤仙花 ***Impatiens tienmushanica*** Y. L. Chen in Bull. Bot. Res., Harbin 8(2): 9, f. 4. 1988. **Paratype:** China. Zhejiang: Linan, Tianmushan, 1957-08-18, X. Y. He 25378.

毛萼凤仙花 ***Impatiens trichosepala*** Y. L. Chen in Acta Phytotaxon. Sin. 37(1): 95, f. 5. 1999. **Holotype:** China. Guizhou: Rongjiang, 1959-08-08, S. Guizhou Exped. 3398.

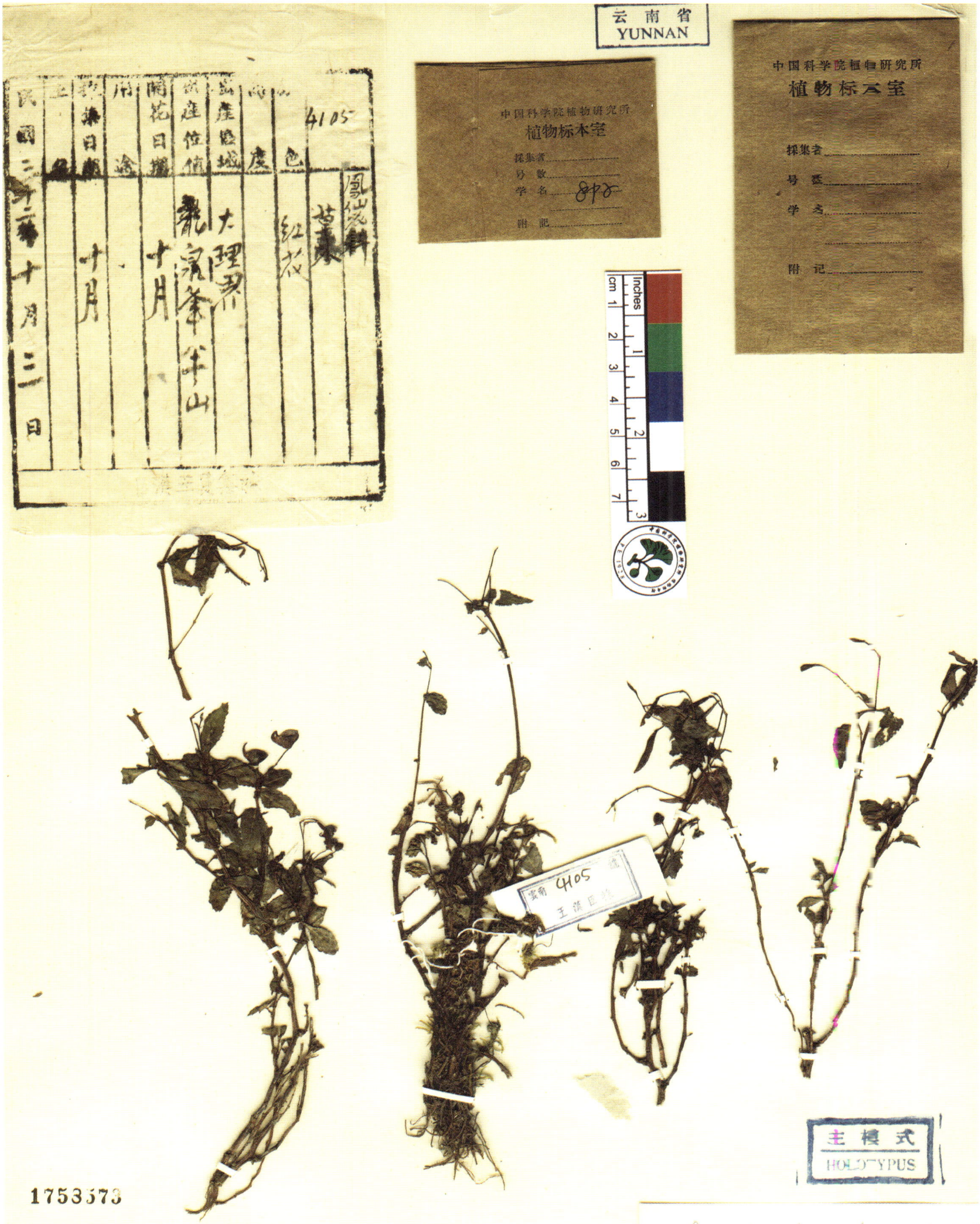

苍山凤仙花 ***Impatiens tsangshanensis*** Y. L. Chen in Acta Phytotaxon. Sin. 16(2): 44. 1978. **Holotype:** China. Yunnan: Dali, 1943-10-03, H. C. Wang 4105.

波缘凤仙 ***Impatiens undulata*** Y. L. Chen & Y. Q. Lu in Acta Bot. Yunnan. 12(1): 23, f. 2. 1990. **Holotype:** China. Sichuan: Emei, Emeishan, alt. 1 700 m, 1987-08-14, Y. Q. Lu & Y. L. Chen 87241.

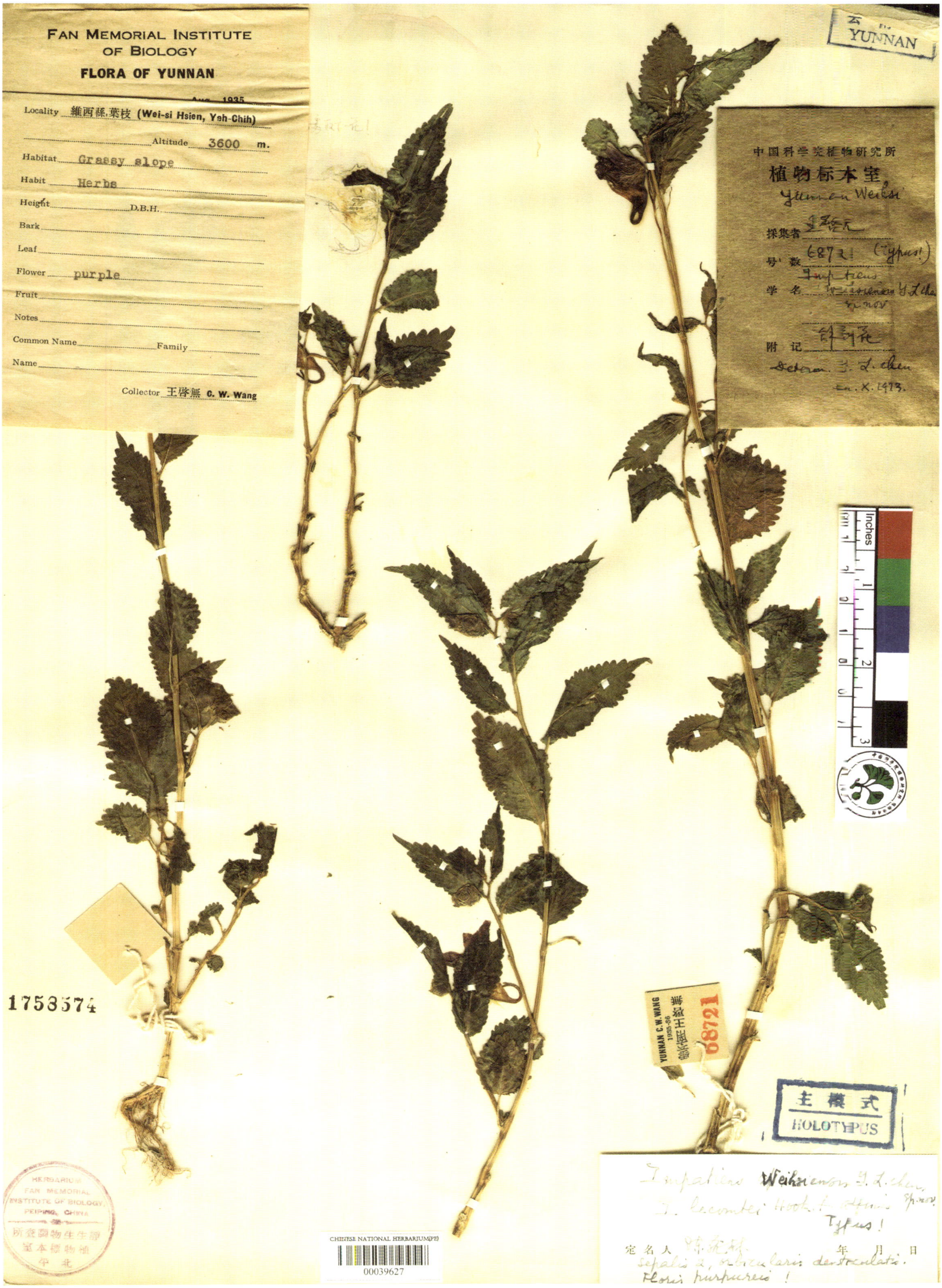

维西凤仙花 ***Impatiens weihsiensis*** Y. L. Chen in Acta Phytotaxon. Sin. 16(2): 52. 1978. **Holotype:** China. Yunnan: Weixi, alt. 3 600 m, 1935-08-??, C. W. Wang 68721.

细小金黄凤仙花 ***Impatiens xanthina*** Comber var. ***pusilla*** Y. L. Chen in Acta Phytotaxon. Sin. 16(2): 49. 1978.
Holotype: China. Yunnan: Gongshan, alt. 1 250 m, T. T. Yu 20189.

Rhamnaceae

鼠李科

shuli ke

腋花勾儿茶 ***Berchemia axilliflora*** W. C. Cheng in Contr. Biol. Lab. Sci. Soc. China, Bot. Ser. 10(1): 77, f. 10. 1935.
Holotype: China. Sichuan: Yajiang, alt. 2 700 m, 1930-06-16, W. C. Cheng 1208.

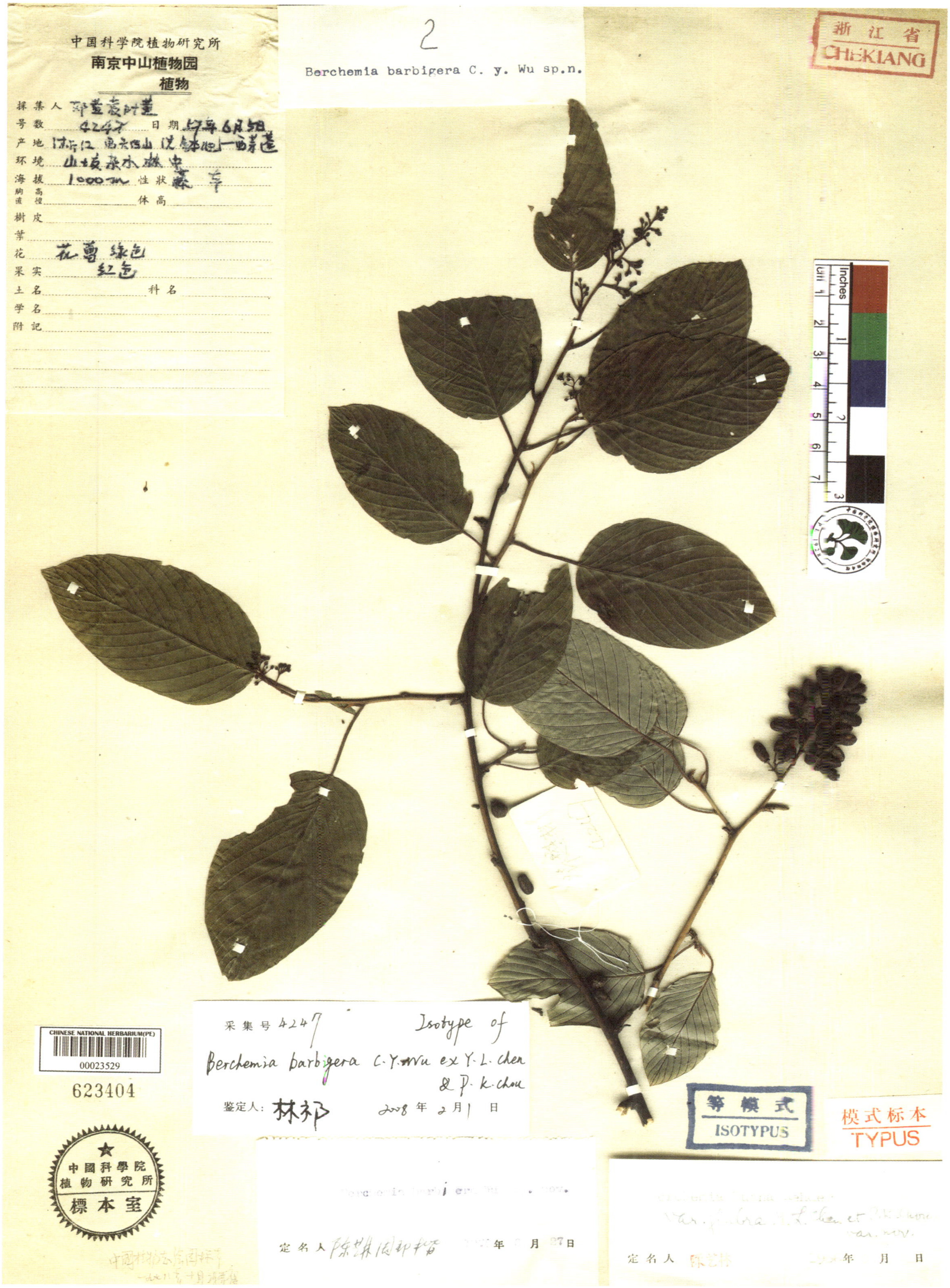

腋毛勾儿茶 ***Berchemia barbigera*** C. Y. Wu ex Y. L. Chen & P. K. Chou in Bull. Bot. Lab. N.-E. Forest. Inst., Harbin 5: 15. 1979. **Isotype:** China. Zhejiang: Linan, Tianmushan, alt. 1 000 m, 1957-06-05, M. B. Teng 4247.

短果勾儿茶 ***Berchemia brachycarpa*** C. Y. Wu ex Y. L. Chen & P. K. Chou in Bull. Bot. Lab. N.-E. Forest. Inst., Harbin 5: 17. 1979. **Isotype:** China. Yunnan: Mianning (=Lincang), alt. 2 800 m, 1938-10-11, T. T. Yu 18004.

矩叶勾儿茶 ***Berchemia floribunda*** (Wall.) Brongn. var. ***oblongifolia*** Y. L. Chen & P. K. Chou in Bull. Bot. Lab. N.-E. Forest. Inst., Harbin 5: 19. 1979. **Holotype:** China. Zhejiang: Taishun, 1959-06-13, S. Y. Chang 5739.

大叶勾儿茶 ***Berchemia huana*** Rehd. in J. Arnold Arbor. 8(3): 166. 1927. **Isotype:** China. Anhui: Jiuhuashan, 1925-06-27, R. C. Ching 2785.

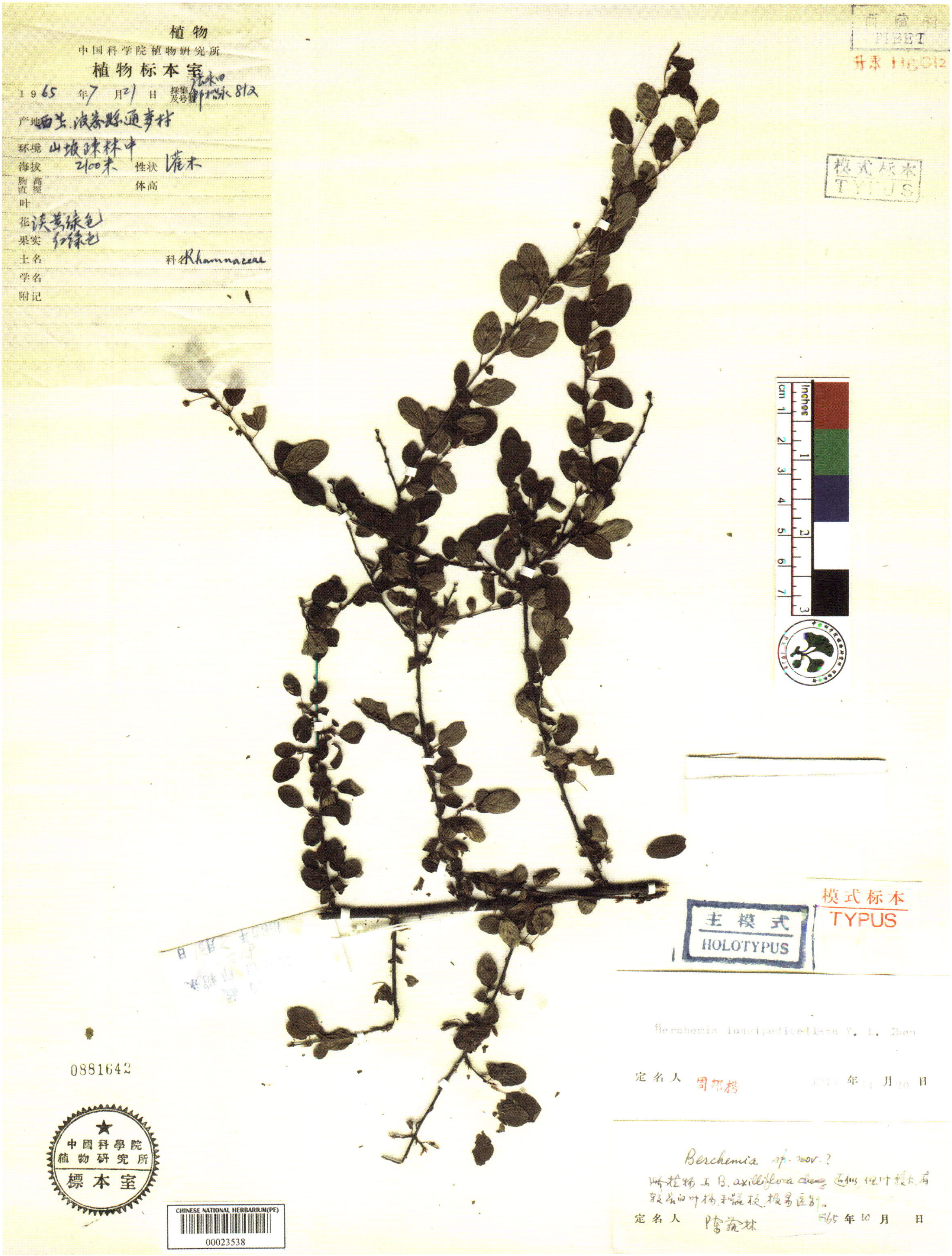

细梗勾儿茶 ***Berchemia longipedicellata*** Y. L. Chen in Acta Phytotaxon. Sin. 18(2): 249, f. 2: 1-2. 1980. **Holotype:** China. Xizang: Bomi, alt. 2 100 m, 1965-07-21, Y. T. Chang & K. Y. Lang 812.

长梗勾儿茶 ***Berchemia longipes*** Y. L. Chen & P. K. Chou in Bull. Bot. Lab. N.-E. Forest. Inst., Harbin 5: 12. 1979.
Isotype: China. Yunnan: Xichou, alt. 1 500 ～ 1 800 m, 1947-09-02, K. M. Feng 11548.

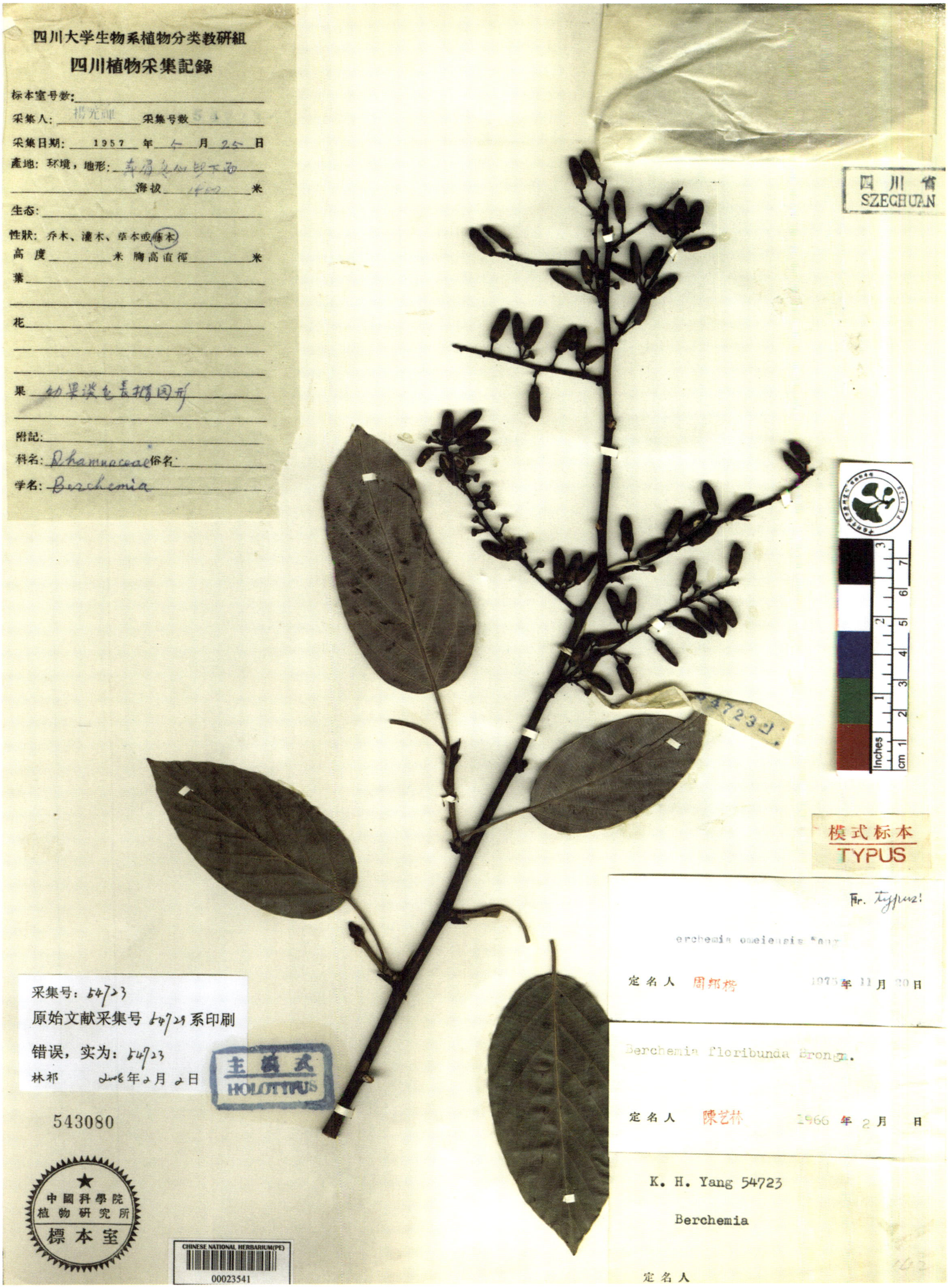

峨眉勾儿茶 ***Berchemia omeiensis*** W. P. Fang ex Y. L. Chen & P. K. Chou in Bull. Bot. Lab. N.-E. Forest. Inst., Harbin 5: 16. 1979; S. Y. Jin, Catal. Type Specim. (Cormophyta) Herb. China 549. 1994. **Holotype:** China. Sichuan: Emei, Emeishan, alt. 1 400 m, 1957-05-25, G. H. Yang 54723.

滇小勾儿茶 ***Berchemiella yunnanensis*** Y. L. Chen & P. K. Chou in Bull. Bot. Lab. N.-E. Forest. Inst., Harbin 5: 20. 1979. **Holotype:** China. Yunnan: Funing, alt. 1 000 m, 1940-05-08, C. W. Wang 87099.

蛇唇木 ***Ceanothus ophiochilus*** Boyd, Ross & Arnseth in Phytologia 70(1): 29, f. 1-4. 1991. **Isoparatype:** U.S.A. California: Riverside County, alt. 610 ～ 640 m, 1989-03-31, Steve Boyd, Tim Ross, Laurel Arnseth 3097.

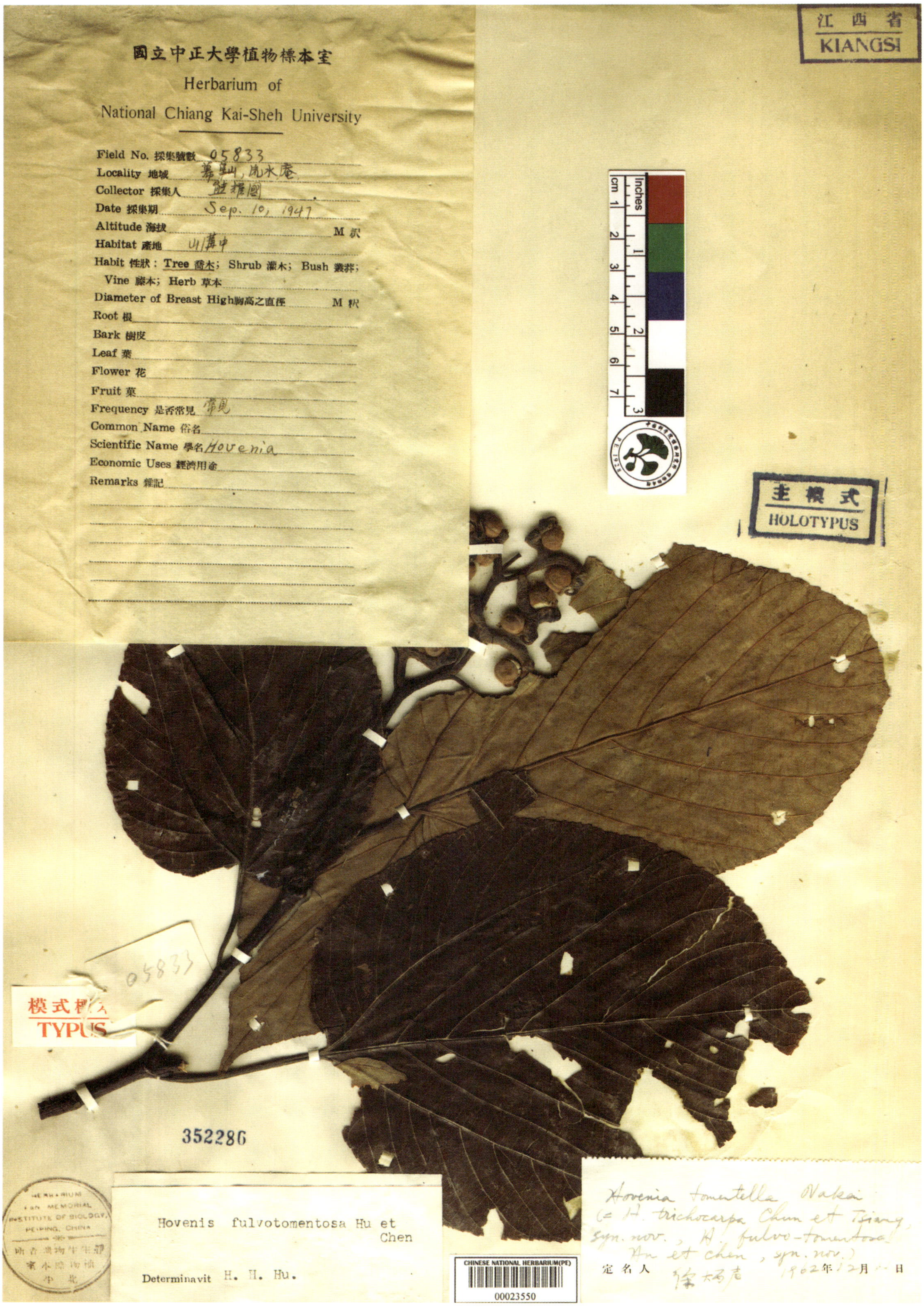

黄毛枳椇 ***Hovenia fulvotomentosa*** Hu & Chen in Acta Phytotaxon. Sin. 1(2): 227. 1951. **Holotype:** China. Jiangxi: Xiushui, 1947-09-10, Y. K. Hsiung 05833.

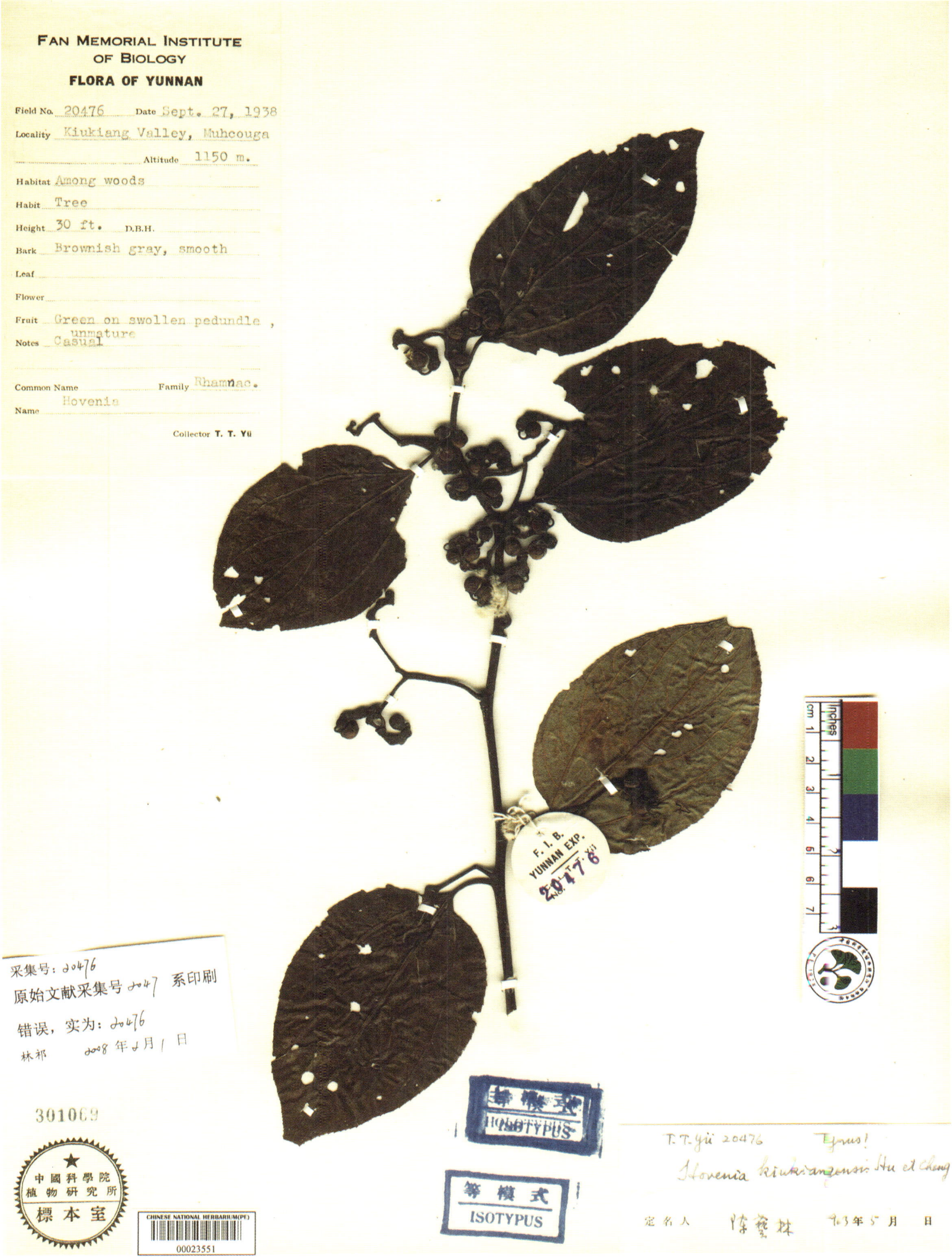

俅江枳椇 ***Hovenia kiukiangensis*** Hu & W. C. Cheng in Bull. Fan Mem. Inst. Biol., New Ser. 1(2): 195. 1948.
Isotype: China. Yunnan: Gongshan, Kiu-Kiang, alt. 1 150 m, 1938-09-27, T. T. Yu 20476.

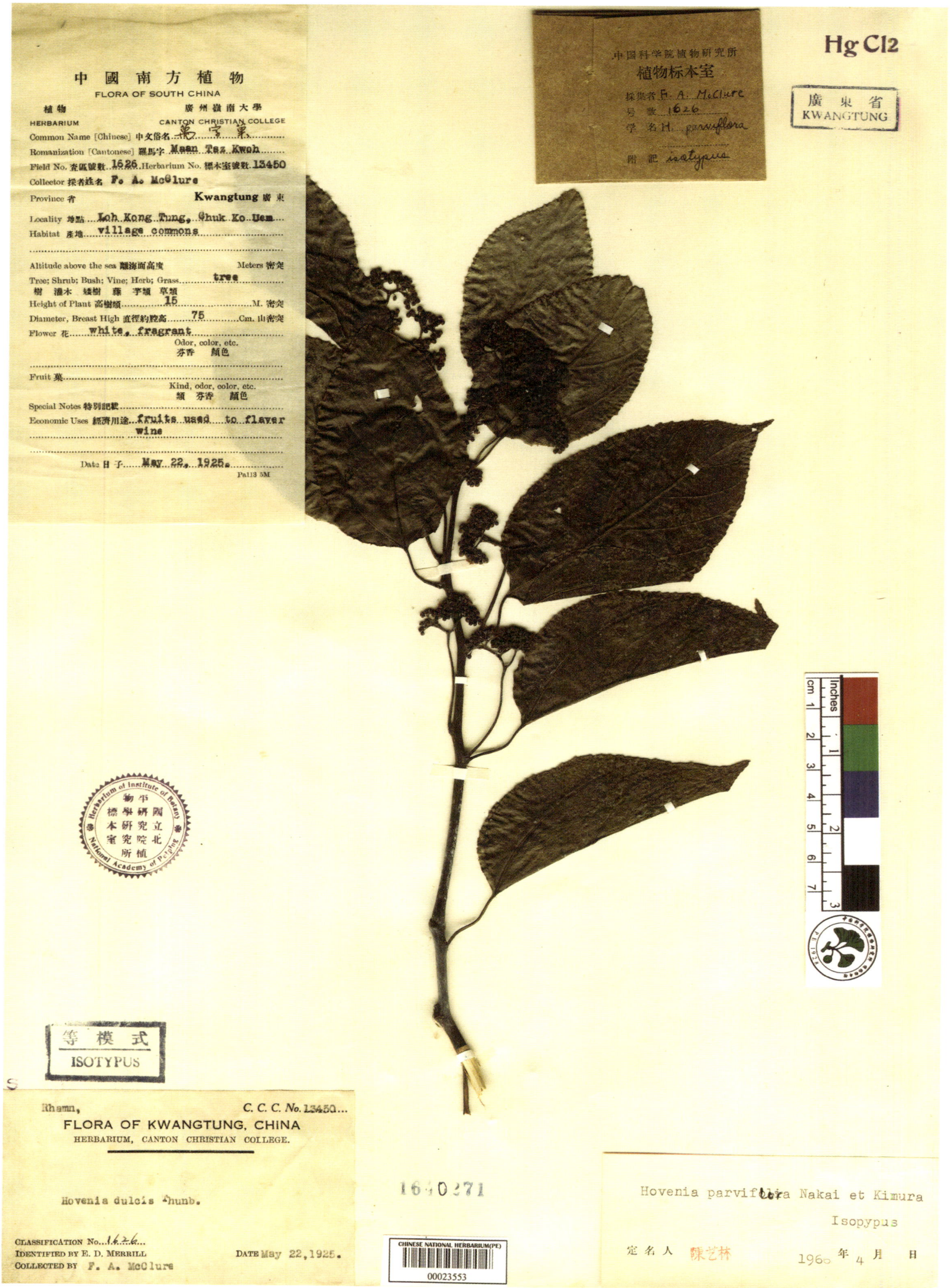

小花枳椇 ***Hovenia parviflora*** Nakai & Kimura in Bot. Mag. (Tokyo) 53: 478. 1939. **Isotype:** China. Guangdong: Loh Kong Tung, 1925-05-22, F. A. McClure 1626.

毛果枳椇 ***Hovenia trichocarpa*** Chun & Tsiang in Sunyatsenia 4: 16. 1939. **Isoparatype:** China. Zhejiang: Linan, Tianmushan, 1933-07-03, M. Chen 748.

华铜钱树 ***Paliurus sinicus*** Schneid. in Pl. Wilson. 2(1): 211. 1914. **Isoparatype:** China. Yunnan: Mengzi: alt. 1 800 m, A. Henry 9427B.

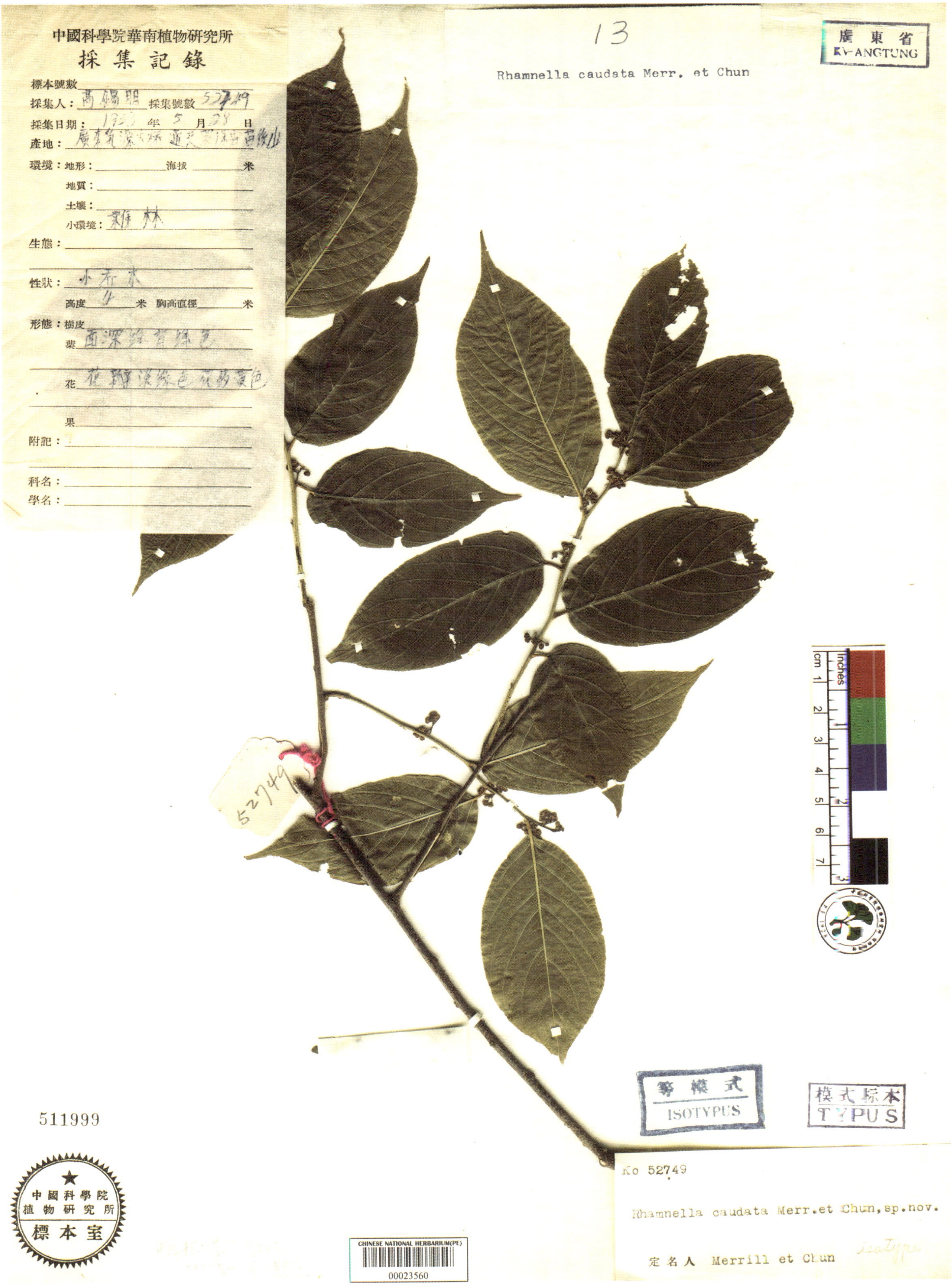

尾叶猫乳 ***Rhamnella caudata*** Merr. & Chun in Sunyatsenia 2(1): 11. 1934. **Isotype:** China. Guangdong: Ruyuan, 1933-05-28, S. P. Ko 52749.

山绿柴 ***Rhamnus brachpoda*** C. Y. Wu ex Y. L. Chen & P. K. Chou in Bull. Bot. Lab. N.-E. Forest. Inst. Harbin 5: 85. 1979. **Holotype:** China. Jiangxi: Xunwu, alt. 650 m, 1962-08-16, J. S. Yue & al. 1958.

浙江鼠李 ***Rhamnus chekiangensis*** W. C. Cheng in Contr. Biol. Lab. Sci. Soc. China, Bot. Ser. 9: 200. 1934. **Lectotype** (designated by Q. Lin & al. in Acta Bot. Boreal.-Occident. Sin. 29: 176. 2009.): China. Zhejiang: Zhuji, 1933-08-14, S. Chen 1787.

革叶鼠李 ***Rhamnus coriophylla*** Hand.-Mazz. in Sinensia 3(8): 192. 1933. **Isotype:** China. Guangxi: Lun-la-tung, alt. 870 m, 1928-07-29, R. C. Ching 6585.

两色冻绿 ***Rhamnus crenata*** Sieb. & Zucc. var. ***discolor*** Rehd. in J. Arnold Arbor. 14(4): 347. 1933. **Isotype:** China. Zhejiang: Longquan, alt. 900 ～ 1 200 m, 1924-08-31, R. C. Ching 2536.

淡黄鼠李 ***Rhamnus flavescens*** Y. L. Chen & P. K. Chou in Acta Phytotaxon. Sin. 18(2): 249, f. 1: 5-7. 1980.

Holotype: China. Xizang: Luolong, alt. 3 200 m, 1976-07-10, Qinghai-Xizang Veg. Exped. 9047.

黄鼠李 ***Rhamnus fulvotincta*** Metcalf in Lingnan Sci. J. 17(4): 615, pl. 28. 1938. **Isotype:** China. Guangdong: Yangshan, 1932-(07~09)-??, T. M. Tsui 443.

大花鼠李 ***Rhamnus grandiflora*** C. Y. Wu ex Y. L. Chen & P. K. Chou in Bull. Bot. Lab. N.-E. Forest. Inst., Harbin 5: 82. 1979. **Holotype:** China. Sichuan: Xingwen, alt. 1 400 m, 1959-05-15, Sichuan Econ. Pl. (Yi 59) Exped. 0447.

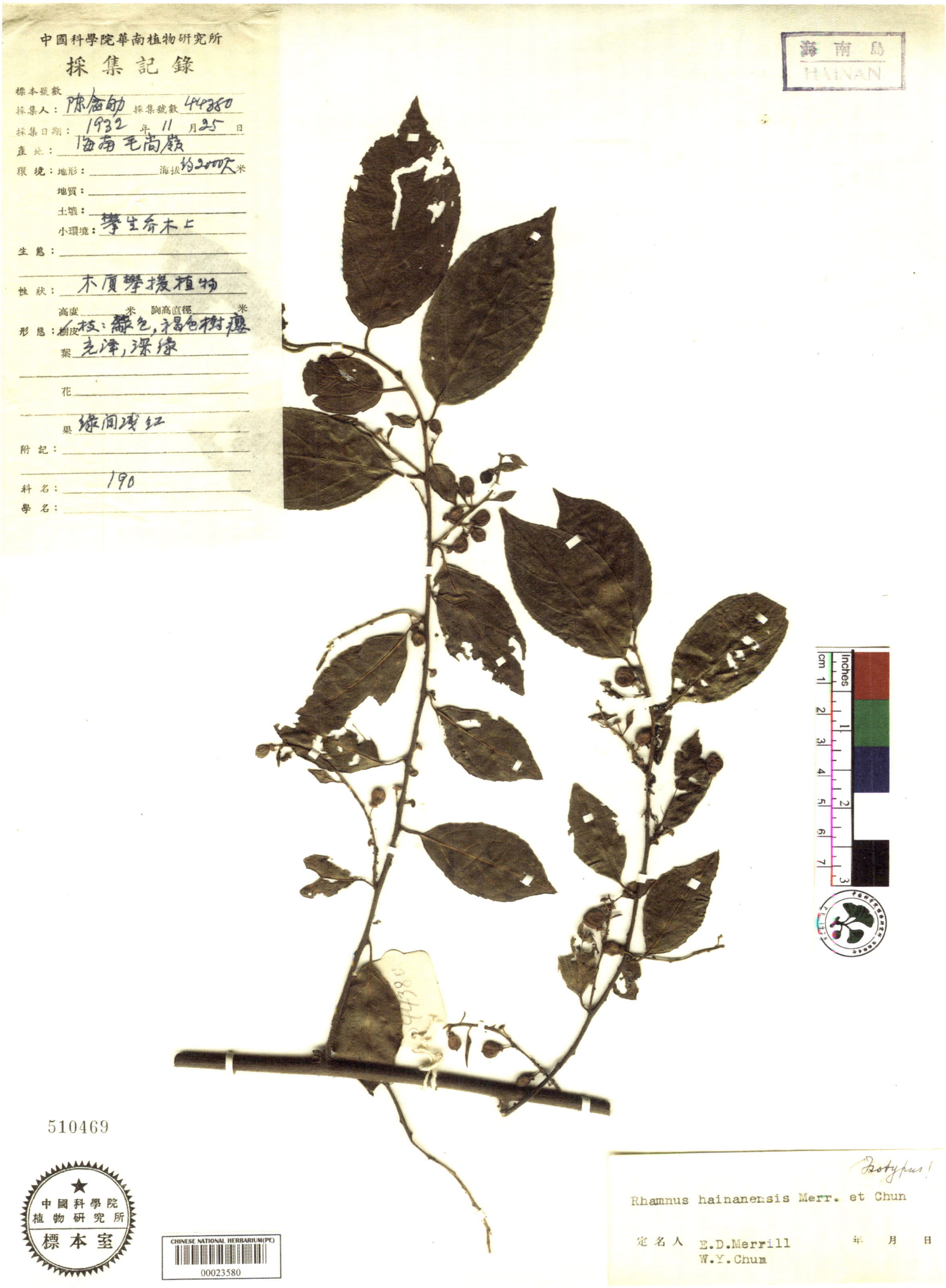

海南鼠李 ***Rhamnus hainanensis*** Merr. & Chun in Sunyatsenia 2(3-4): 273, f. 32. 1935. **Isotype**. China. Hainan: Wuzhishan, alt. 610 m, 1932-11-25, N. K. Chun 44380.

高山亮叶鼠李 ***Rhamnus hemsleyana*** Schnei. var. ***yunnanensis*** C. Y. Wu ex Y. L. Chen & P. K. Chou in Bull. Bot. Lab. N.-E. Forest. Inst., Harbin 5: 77. 1979. **Holotype:** China. Yunnan: Zhongdian (=Shangri-La), alt. 2 700 m, 1938-07-25, T. T. Yu 17014.

隐鼠李 ***Rhamnus inconspicua*** Grub. in Not. Syst. Inst. Bot. Acad. Sci. URSS 12: 129. 1950. **Isotype:** China. Zhejiang: Leqing, Yandangshan, 1927-08-09, C. Y. Chiao 1345.

广西鼠李 ***Rhamnus kwangsiensis*** Y. L. Chen & P. K. Chou in Bull. Bot. Lab. N.-E. Forest. Inst., Harbin 5: 77. 1979; S. Y. Jin, Catal. Type Specim. (Cormophyta) Herb. China 550. 1994. **Paratype:** China. Guangxi: Lingui, 1953-10-??, Guangxi Exped. 4100.

长柄鼠李 ***Rhamnus longipes*** Merr. & Chun in Sunyatsenia 2(3-4): 272, f. 31. 1935. **Isotype:** China. Hainan: Wuzhishan, alt. 1 830 m, 1932-11-07, N. K. Chun 44241.

黑桦树 ***Rhamnus maximovicziana*** J. Vass. in Not. Syst. Inst. Bot. Acad. Sci. URSS 8: 126, f. 3a-c. 1940. **Isotype:** China. Nei Mongol: Alxa Zuoqi, 1871-07-(09~21), N. M. Przewalsky 238.

矮小鼠李 ***Rhamnus minuta*** Grub. in Not. Syst. Inst. Bot. Acad. Sci. URSS 12: 131. 1950. **Isoparatype:** China. Xinjiang: Pamir, alt. 3 965 m, 1901-07-18, Alexeenko. 2905.

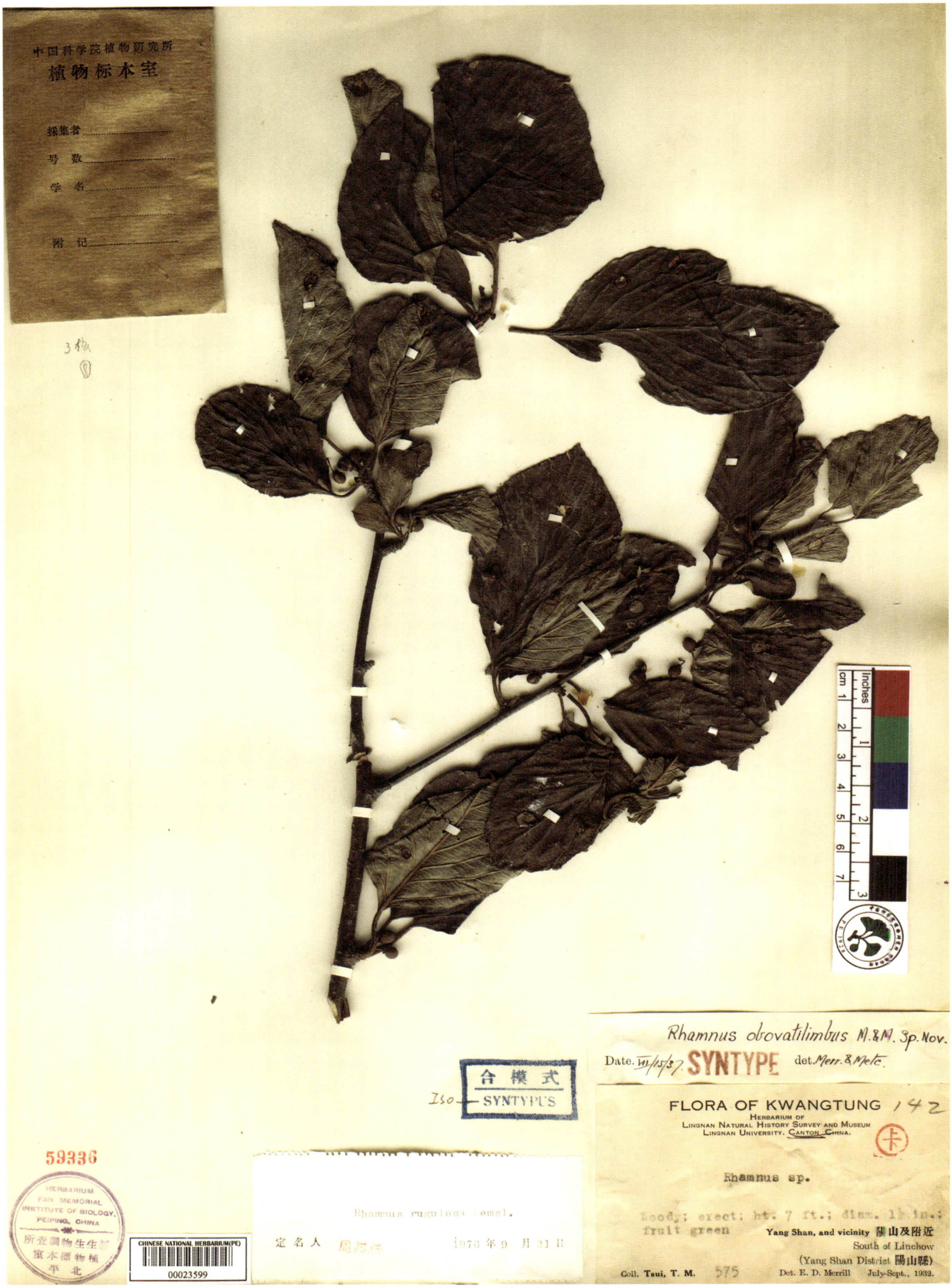

倒卵形叶鼠李 ***Rhamnus obovatilimbus*** Merr. & Metcalf in Lingnan Sci. J. 16(2): 168, f. 8. 1937. **Isosyntype:** China. Guangdong: Yangshan, 1932-(07~09)-??, T. M. Tsui 575.

波氏鼠李 ***Rhamnus potaninii*** J. Vass. in Not. Syst. Inst. Bot. Acad. Sci. URSS 8: 127. 1940. **Isotype:** China. Gansu: Datong He, Tangut, 1893-08-02, G. N. Potanin s. n.

脱毛皱叶鼠李 ***Rhamnus rugulosa*** Hemsl. var. ***glabrata*** Y. L. Chen & P. K. Chou in Bull. Bot. Lab. N.-E. Forest. Inst., Harbin 5: 82. 1979. **Holotype:** China. Chongqing: Chengkou, alt. 1 550 m, 1958-09-15, T. L. Dai 104815.

甘青鼠李 ***Rhamnus tangutica*** J. Vass. in Not. Syst. Inst. Bot. Acad. Sci. URSS 8: 127, f. 15 a-c. 1940. **Isosyntype:** China. Gansu: Datong He, Tangut, 1873-05-(12~24), N. M. Przewalski 34.

鄂西鼠李 ***Rhamnus tzekweiensis*** Y. L. Chen & P. K. Chou in Bull. Bot. Lab. N.-E. Forest. Inst., Harbin 5: 81. 1979.
Holotype: China. Hubei: Zigui, 1957-07-01, G. X. Fu & Z. S. Zhang 00704.

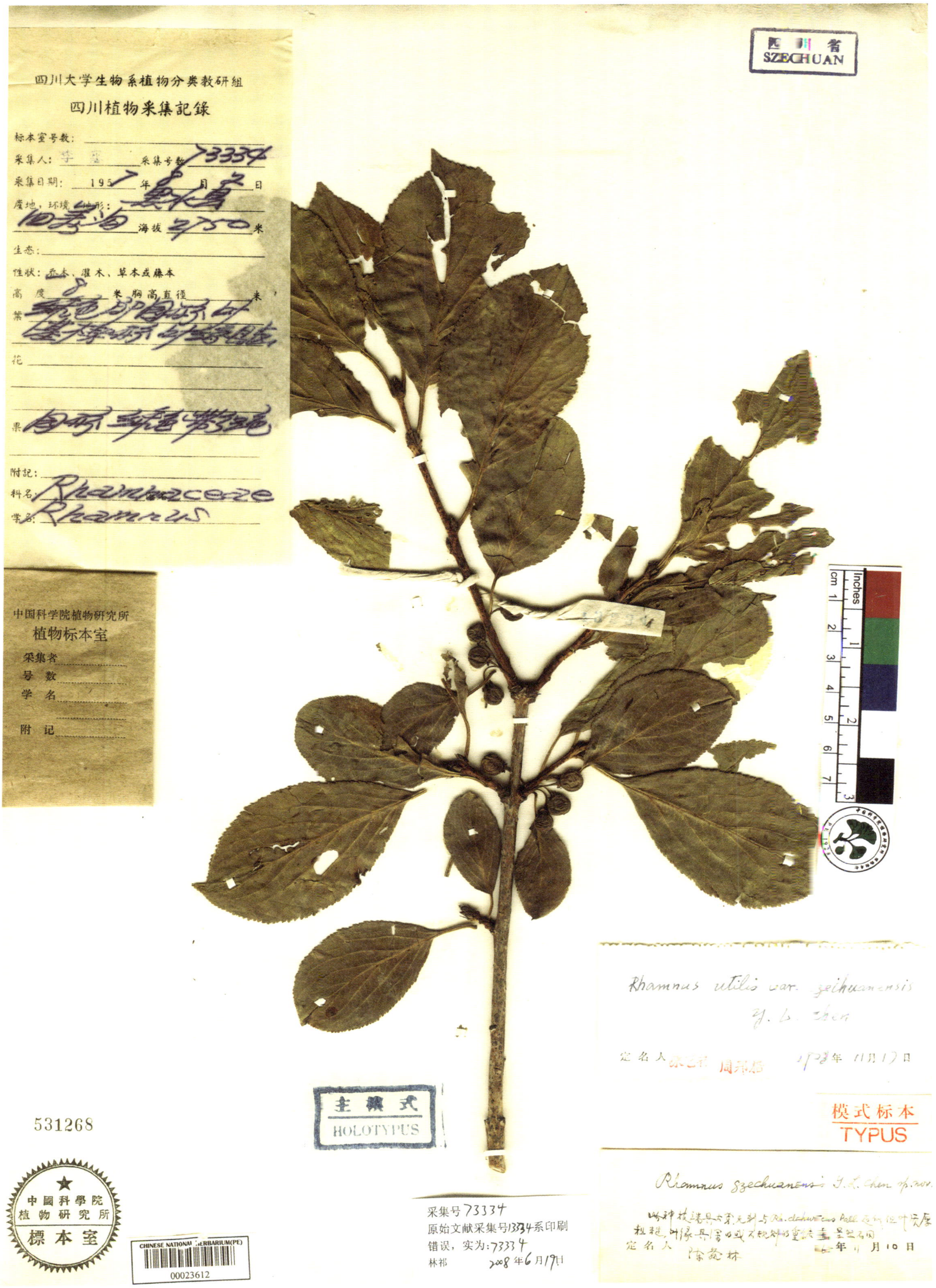

高山冻绿 ***Rhamnus utilis*** Decne var. ***szechuanensis*** Y. L. Chen & P. K. Chou in Bull. Bot. Lab. N.-E. Forest. Inst., Harbin 5: 80. 1979. **Holotype:** China. Sichuan: Heishui, alt. 2 750 m, 1957-08-02, X. Li 73334.

武鸣鼠李 ***Rhamnus wumingensis*** Y. Z. Chen & P. K. Chou in Bull. Bot. Lab. N.-E. Forest. Inst., Harbin 5: 84. 1979.
Isotype: China. Guangxi: Wuming, alt. 350 m, 1958-08-08, S. Q. Zhong A.62079.

纤细雀梅藤 ***Sageretia gracilis*** Drumm. & Sprague in Bull. Misc. Inform. Kew 1908(1): 15. 1908. **Lectotype** (designated here): China. Yunnan: Mengzi, alt. 1 400 m, A. Henry 10144.

毛枝雀梅藤 ***Sageretia hamosa*** (Wall.) Brong. var. ***trichoclada*** C. Y. Wu ex Y. Z. Chen & P. K. Chou in Bull. Bot. Lab. N.-E. Forest. Inst., Harbin 5: 75. 1979. **Isotype:** China. Yunnan: Jenn-yeh (=Mengla), 1936-10-??, C. W. Wang 78913.

疏花雀梅藤 ***Sageretia laxiflora*** Hand.-Mazz. in Sinensia 3(8): 191. 1933. **Isotype:** China. Guangxi: Baise, alt. 640 m, 1928-09-27, R. C. Ching 7706.

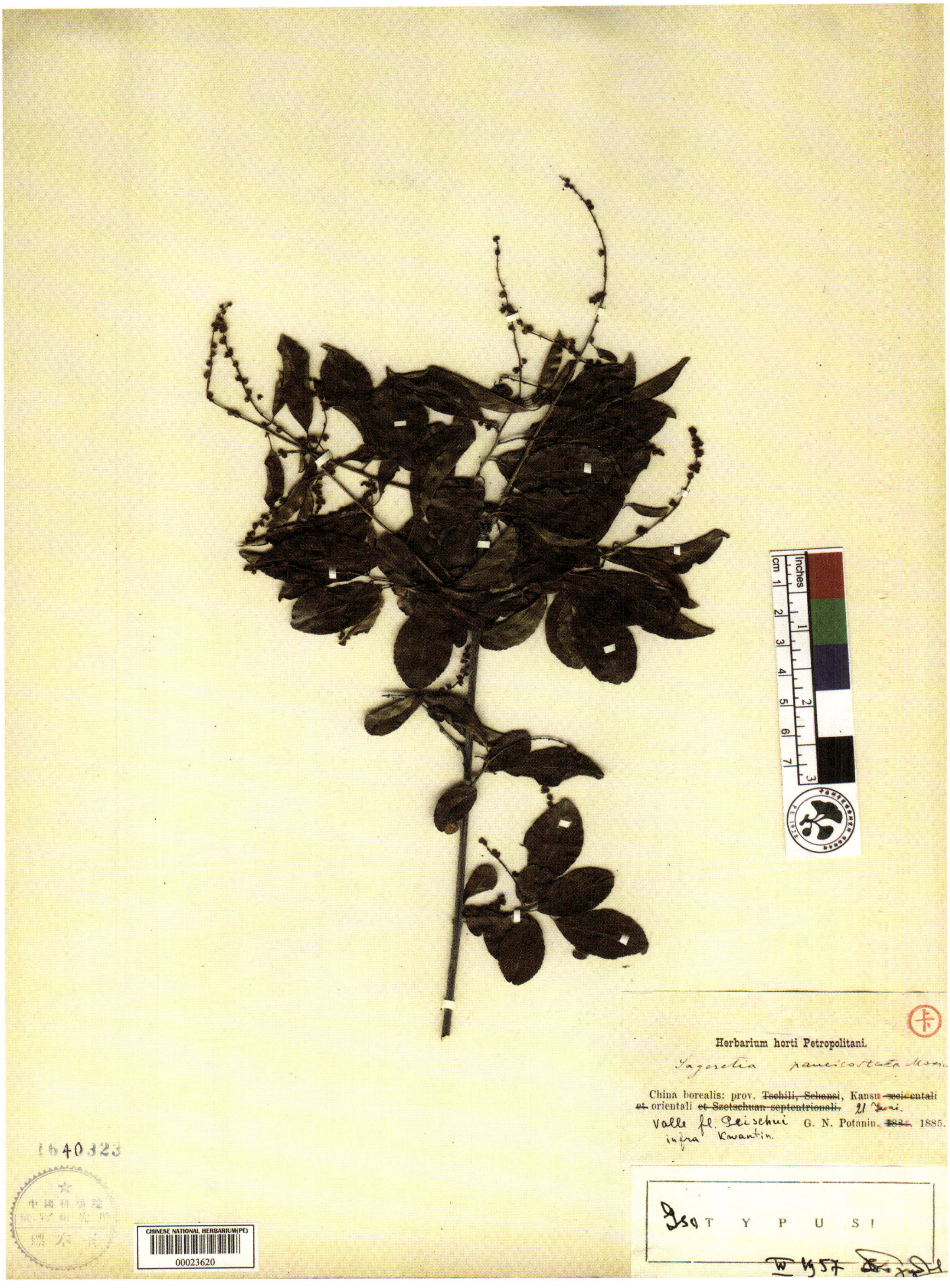

少脉雀梅藤 ***Sageretia paucicostata*** Maxim. in Acta Horti Petrop. 11(1): 101. 1890. **Isotype:** China. Gansu: Kuangtin, 1885-06-21, G. N. Potanin. s. n.

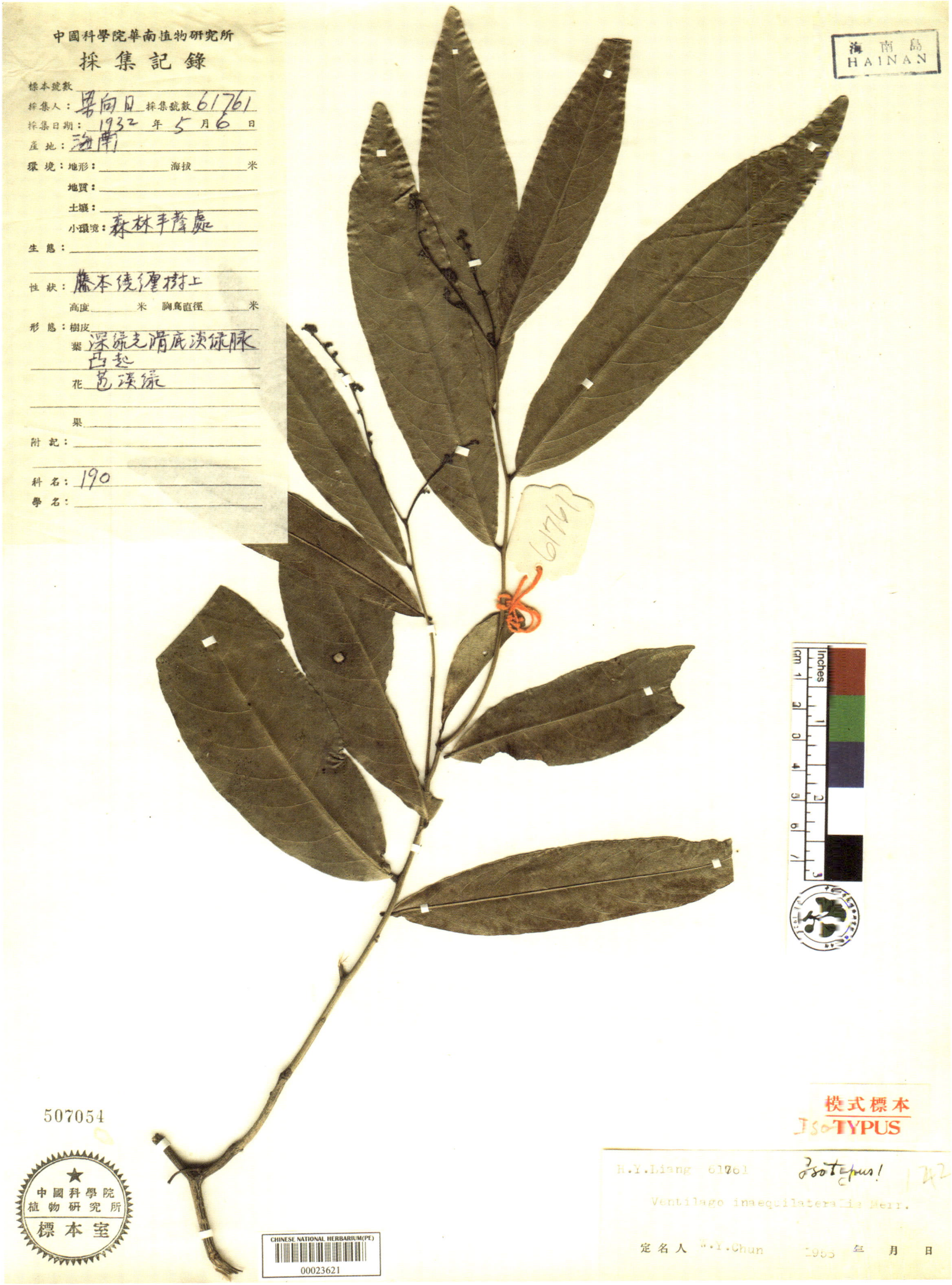

海南翼核果 ***Ventilago inaequilateralis*** Merr. in Sunyatsenia 2(1): 38. 1934. **Isotype:** China. Hainan: Wuzhishan, 1932-05-06, H. Y. Liang 61761.

褐果枣 ***Zizyphus fungii*** Merr. in Lingnan Sci. J. 13(1): 61. 1934. **Isotype:** China. Hainan: Lingshui, 1932-05-(03~20), H. Fung 20116.

球枣 ***Zizyphus laui*** Merr. in Lingnan Sci. J. 14(1): 32. 1935. **Isotype:** China. Hainan: Sanya, 1932-07-22, S. K. Lau 307.

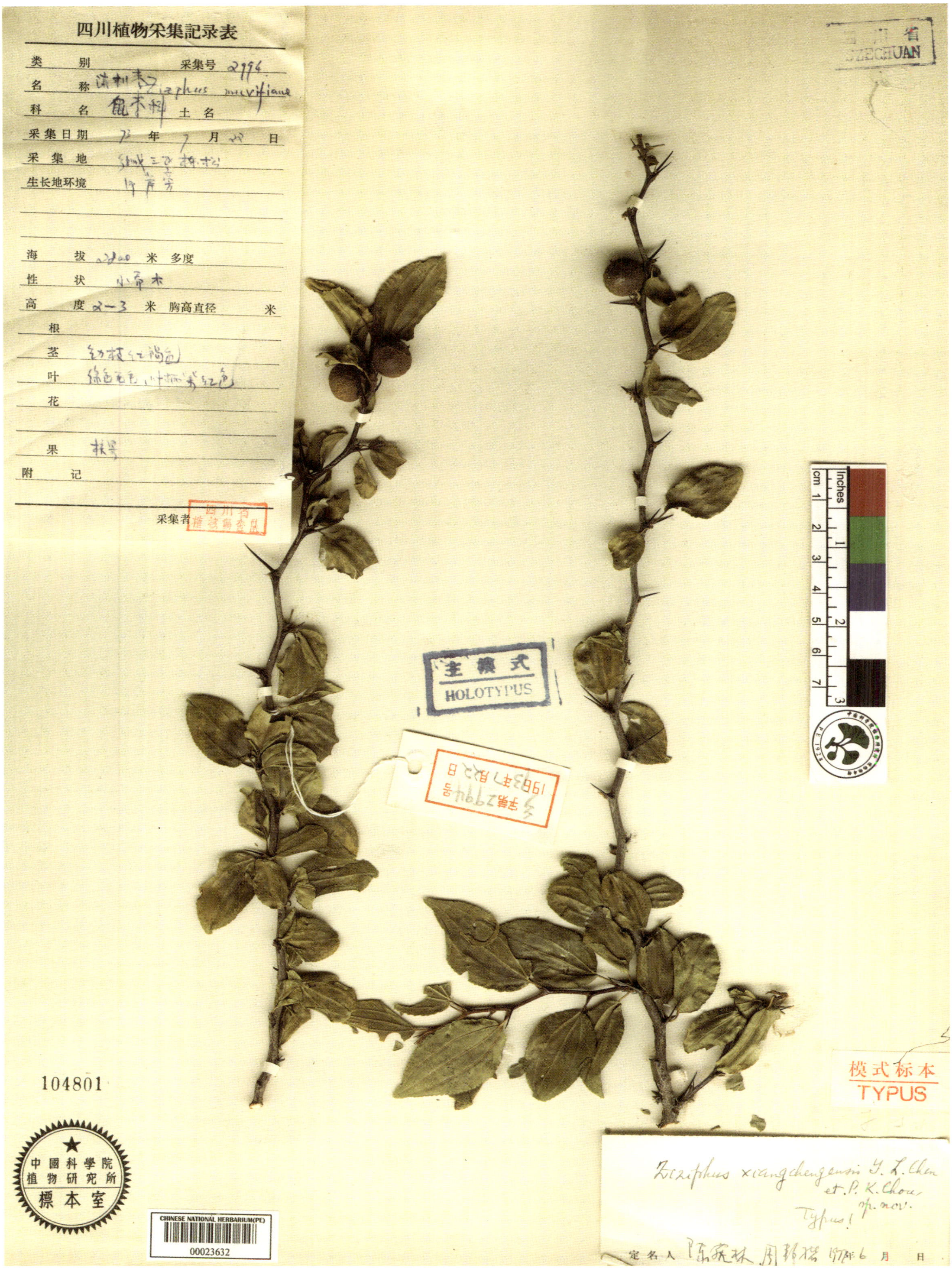

蜀枣 ***Zizyphus xiangchengensis*** Y. L. Chen & Chou in in Bull. Bot. Lab. N.-E. Forest. Inst., Harbin 5: 88. 1979. **Holotype:** China. Sichuan: Xiangcheng, 1973-07-22, alt. 2 800 m, Sichuan Veg. Exped. 2994.

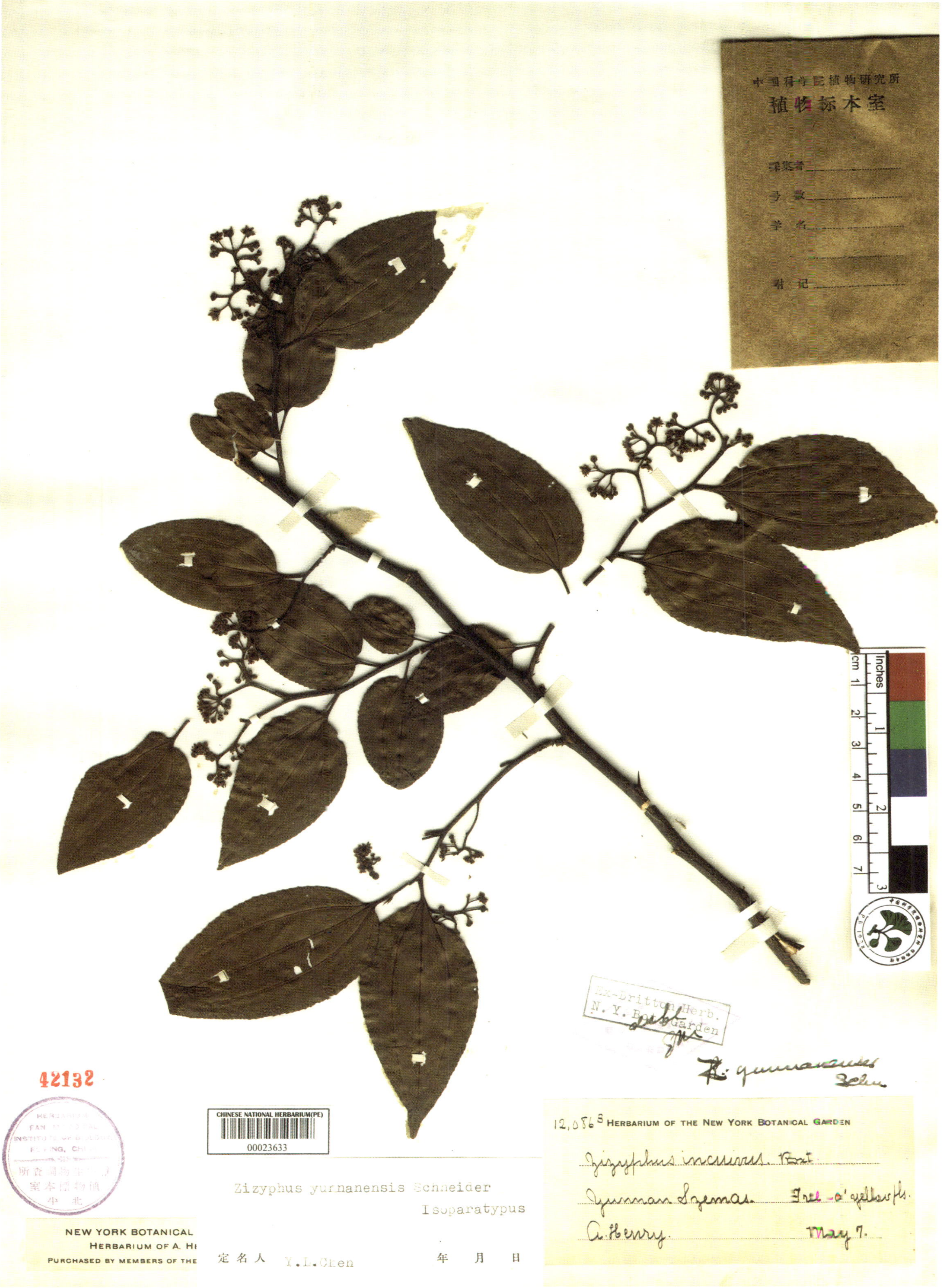

滇枣 ***Zizyphus yunnanensis*** Schneider in Pl. Wilson. 2(1): 212. 1914. **Isoparatype:** China. Yunnan: Simao, alt. 1 600 m, 19??-05-07, A. Henry 12086B.

Vitaceae

葡萄科

putao ke

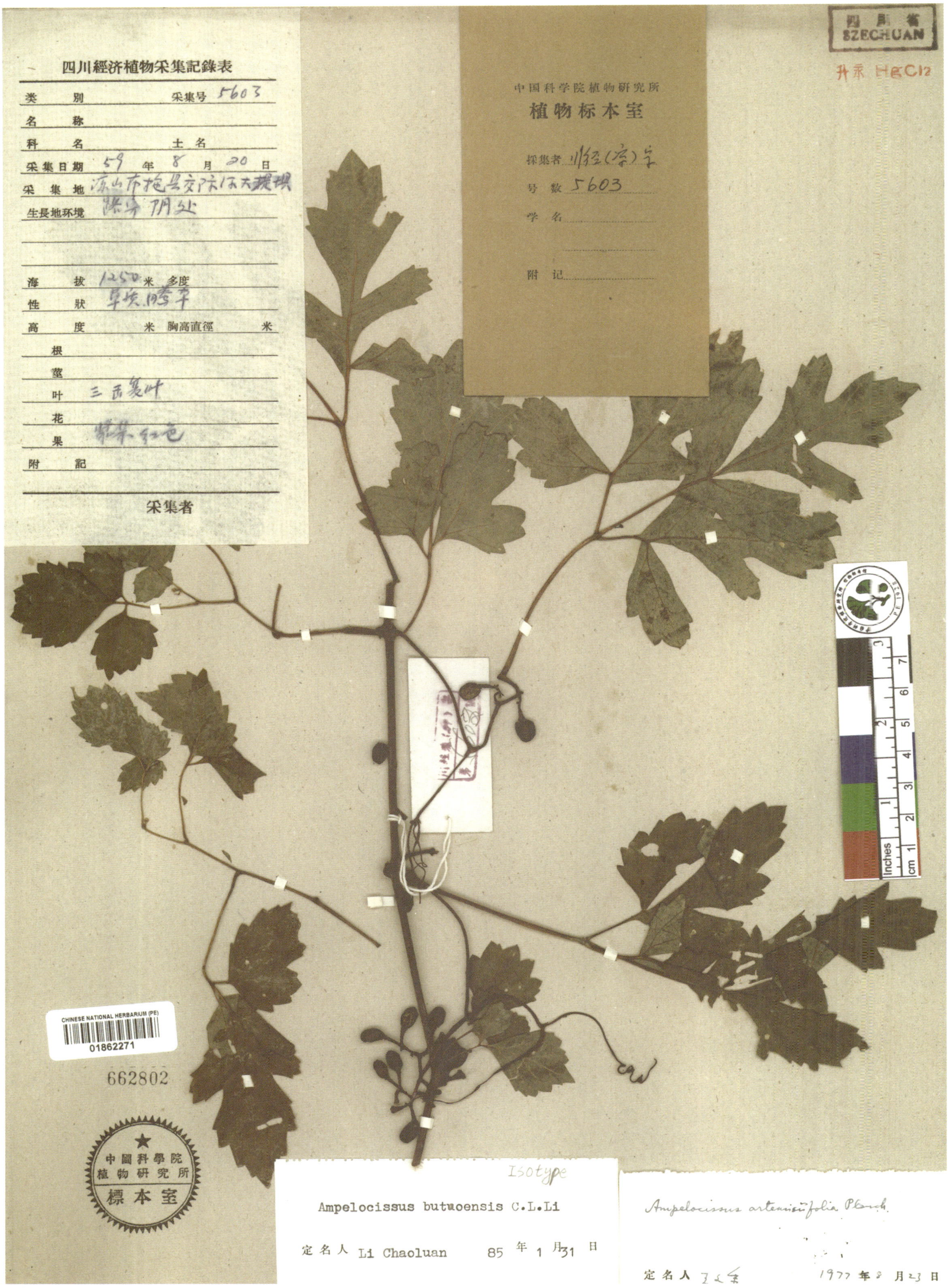

四川酸蔹藤 ***Ampelocissus butoensis*** C. L. Li in Chin. J. Appl. Environ. Biol. 2(1): 52. 1996. **Isotype:** China. Sichuan: Butuo, alt. 1 250 m, 1959-08-20, Sichuan Econ. Pl. Exped. 5603.

槭叶蛇葡萄 ***Ampelopsis acerifolia*** W. T. Wang in Acta Phytotaxon. Sin. 17(3): 78, f. 5: 4. 1979 **Holotype**: China. Sichuan: Zhaohua, alt. 500 m, 1930-05-24, K. S. Hao 262.

尖齿蛇葡萄 ***Ampelopsis acutidentata*** W. T. Wang in Acta Phytotaxon. Sin. 17(3): 78, f. 5: 3. 1979. **Holotype:** China. Yunnan: Dêqên, alt. 2 280 m, 1976-06-08, Qinghai-Xizang Exped. 11767.

毛枝蛇葡萄 ***Ampelopsis megalophylla*** Diels & Gilg var. ***puberula*** W. T. Wang in Acta Phytotaxon. Sin. 17(3): 79. 1979. **Holotype:** China. Hunan: Dao Xian, 1959-06-29, P. C. Tam 61437.

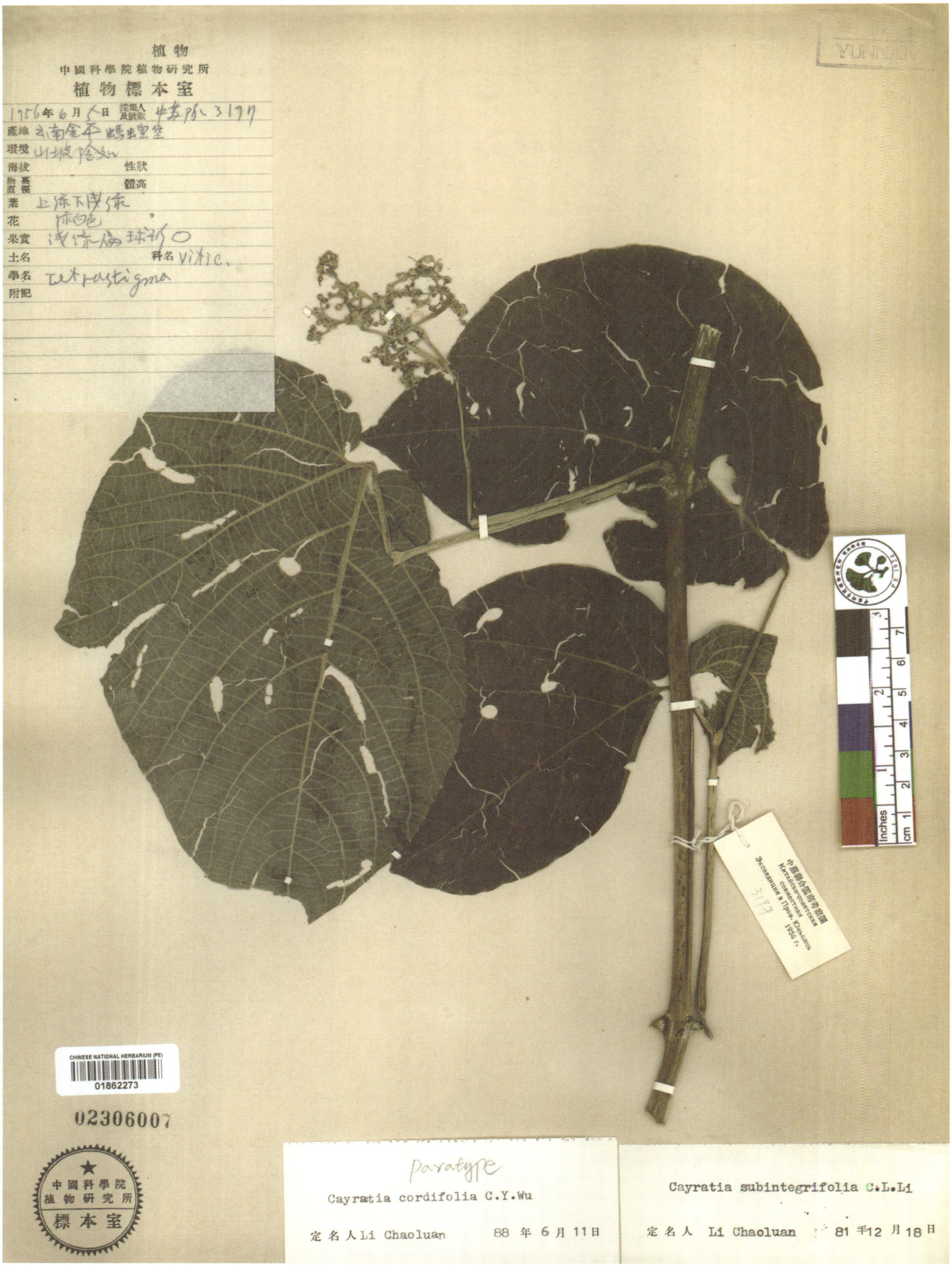

心叶乌蔹莓 ***Cayratia cordifolia*** C. Y. Wu ex C. L. Li in Chin. J. Appl. Environ. Biol. 2(1): 49. 1996. **Paratype:** China. Yunnan: Jinping, 1956-06-05, Sino-Russia Yunnan Exped. 3197.

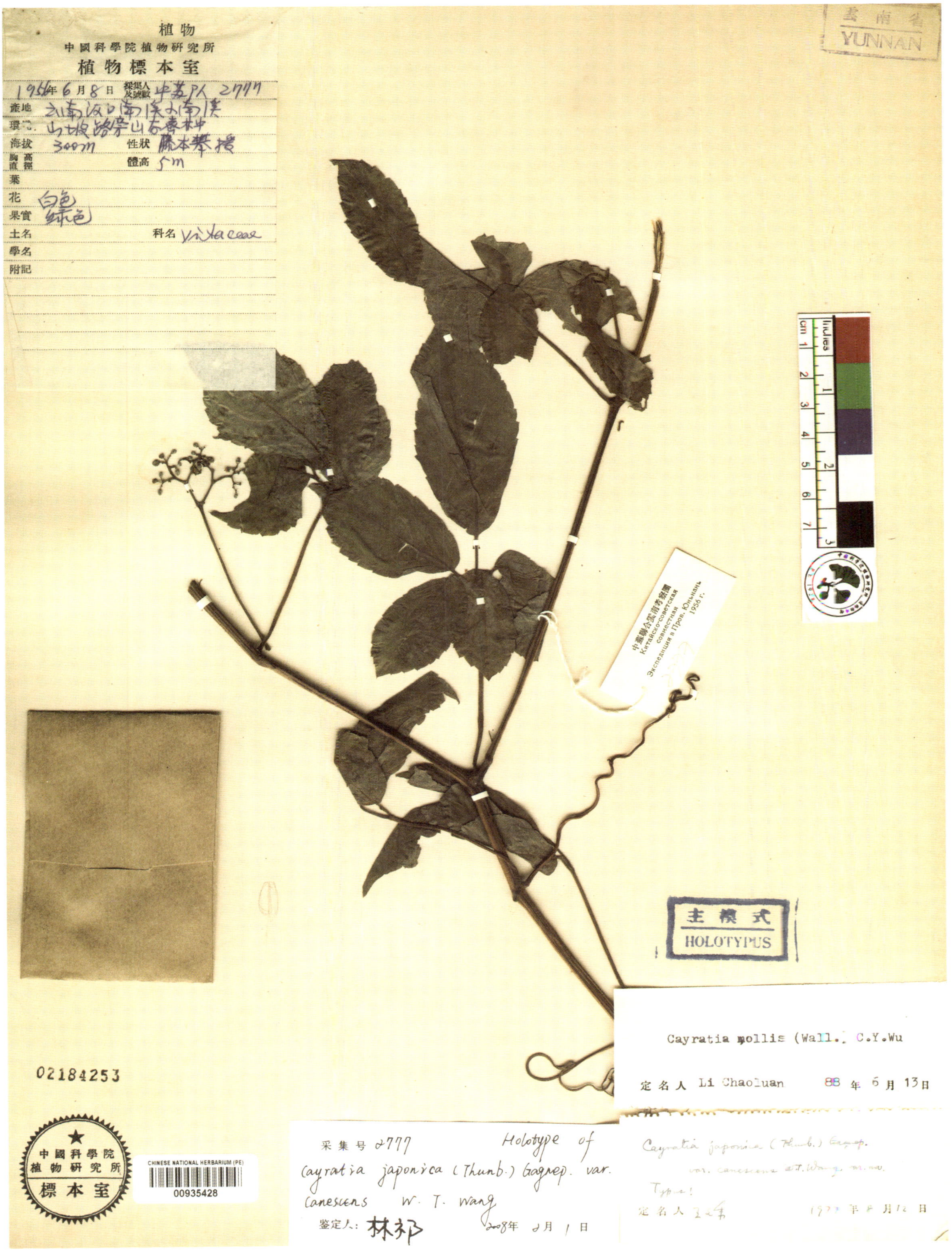

灰毛乌蔹莓 ***Cayratia japonica*** (Thunb.) Gagnep. var. ***canescens*** W. T. Wang in Acta Phytotaxon. Sin. 17(3): 80. 1979.
Holotype: China. Yunnan: Hekou, alt. 300 m, 1956-06-08, Sino-Russia Yunnan Exped. 2777.

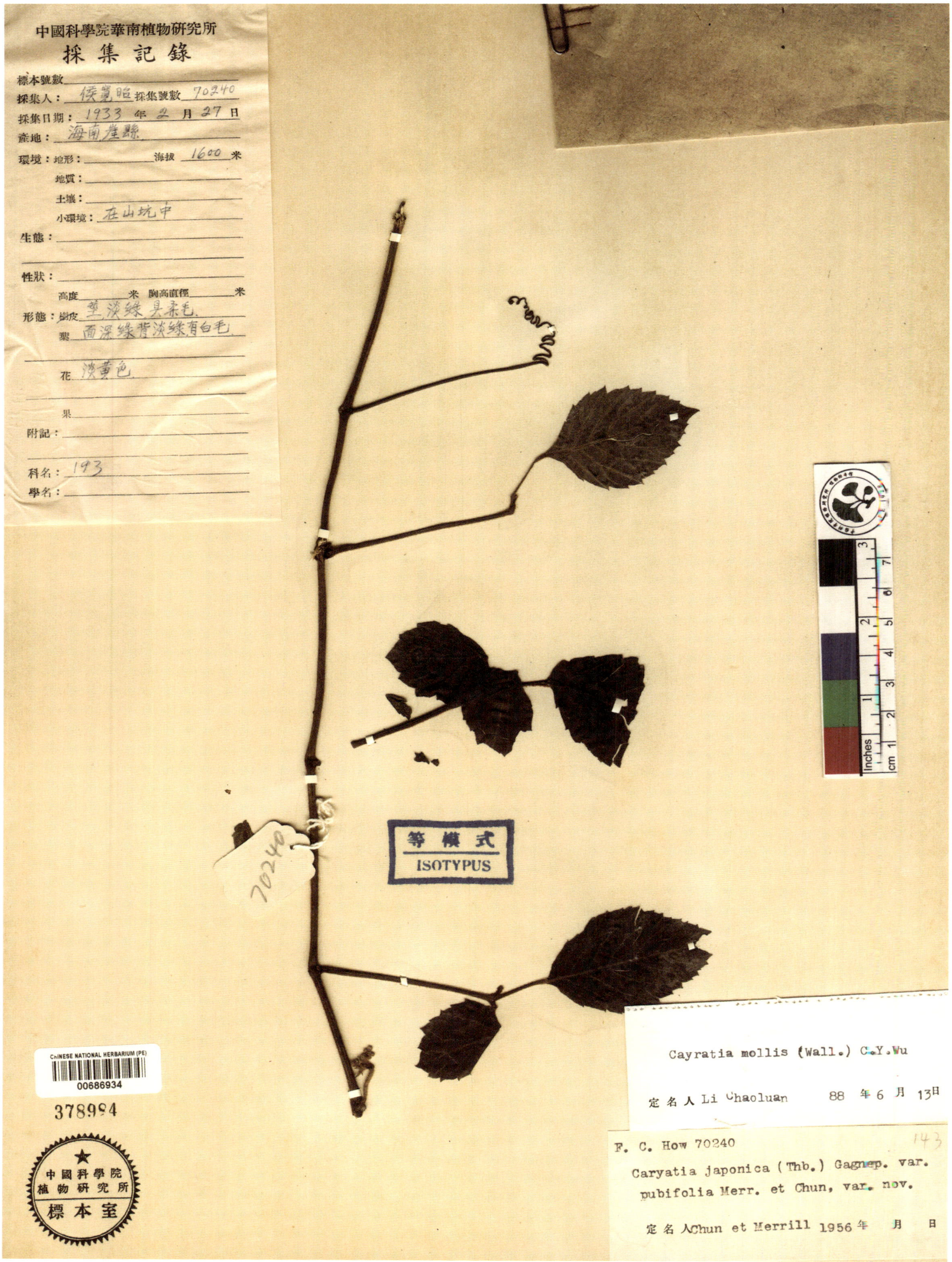

车索藤 ***Cayratia japonica*** (Thunb.) Gagnep. var. ***pubifolia*** Merr. & Chun in Sunyatsenia 5(1-3): 118, f. 10. 1940. **Isotype:** China. Hainan: Sanya, alt. 1 600 m, 1933-02-27, F. C. How 70240.

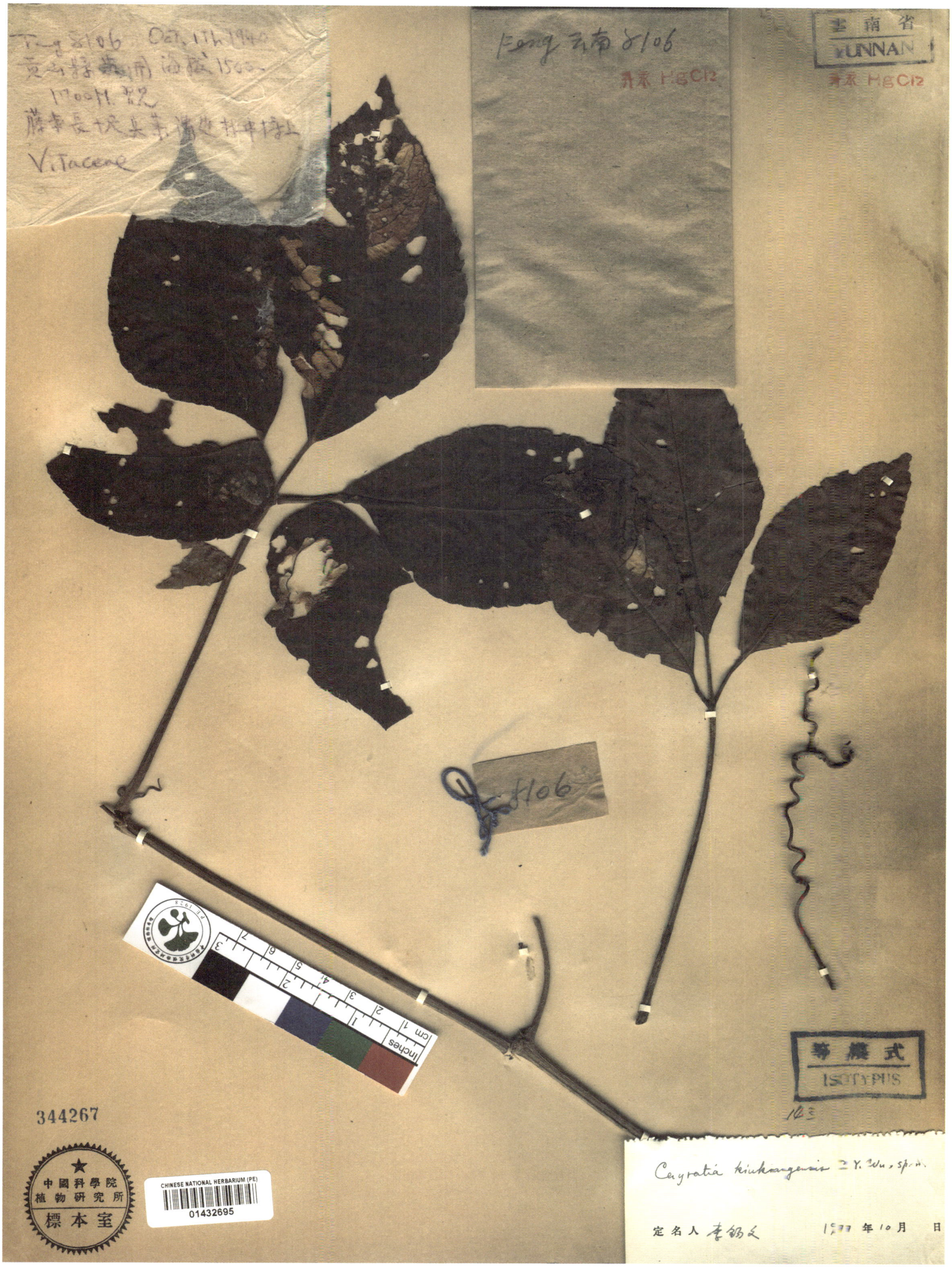

俅江乌蔹莓 ***Cayratia kiujiangensis*** C. Y. Wu, Fl. Xizang. 3: 228, t. 96: 5. 1986. **Isotype:** China. Yunnan: Gongshan, alt. 1 500~1 700 m, 1940-10-01, K. M. Feng 8106.

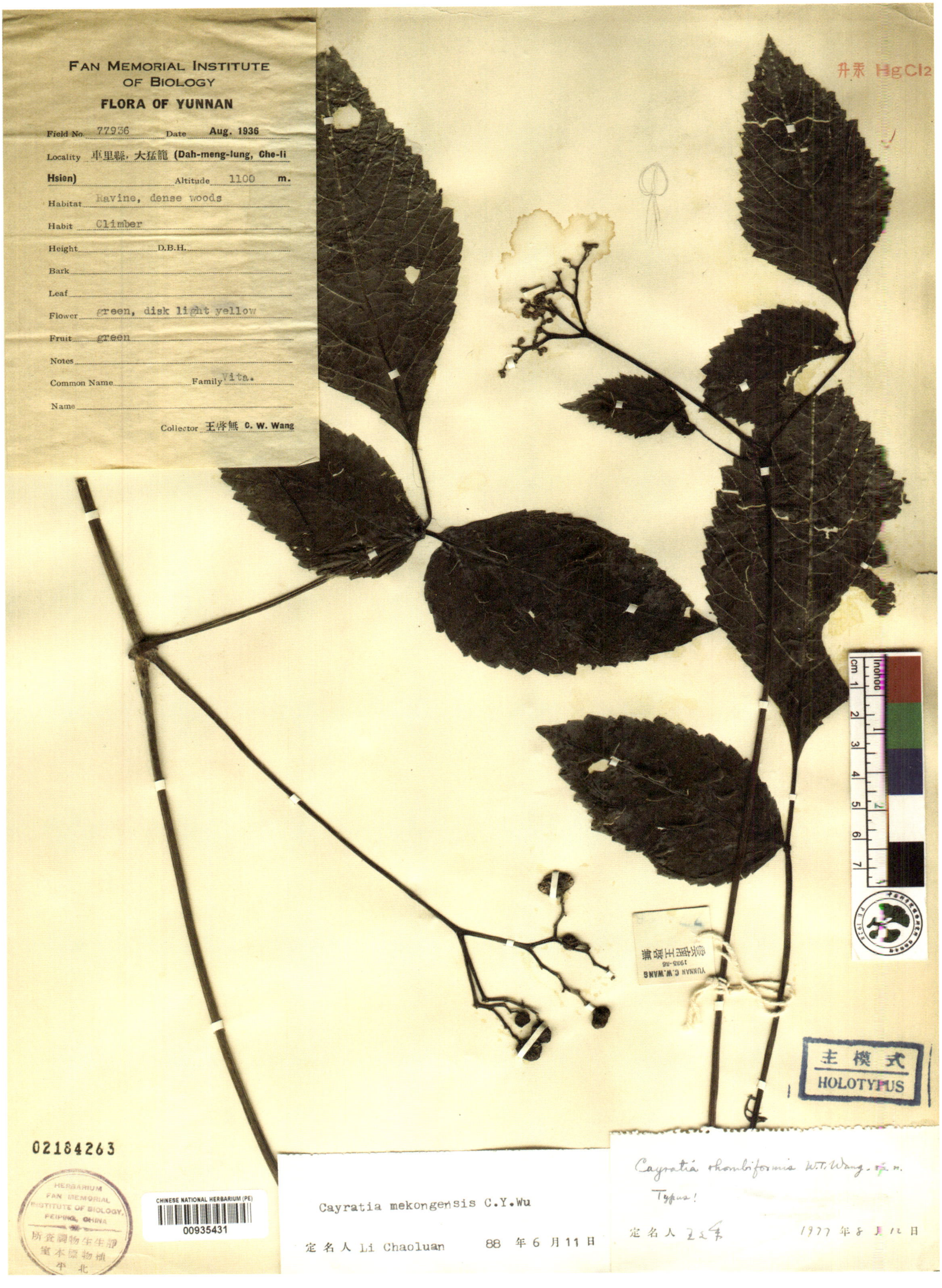

澜沧乌蔹莓 ***Cayratia mekongensis*** C. Y. Wu ex W. T. Wang in Acta Phytotaxon. Sin. 17(3): 79, f. 1: 5. 1979. **Holotype:** China. Yunnan: Jinghong, alt. 1 100 m, 1936-08-??, C. W. Wang 77936.

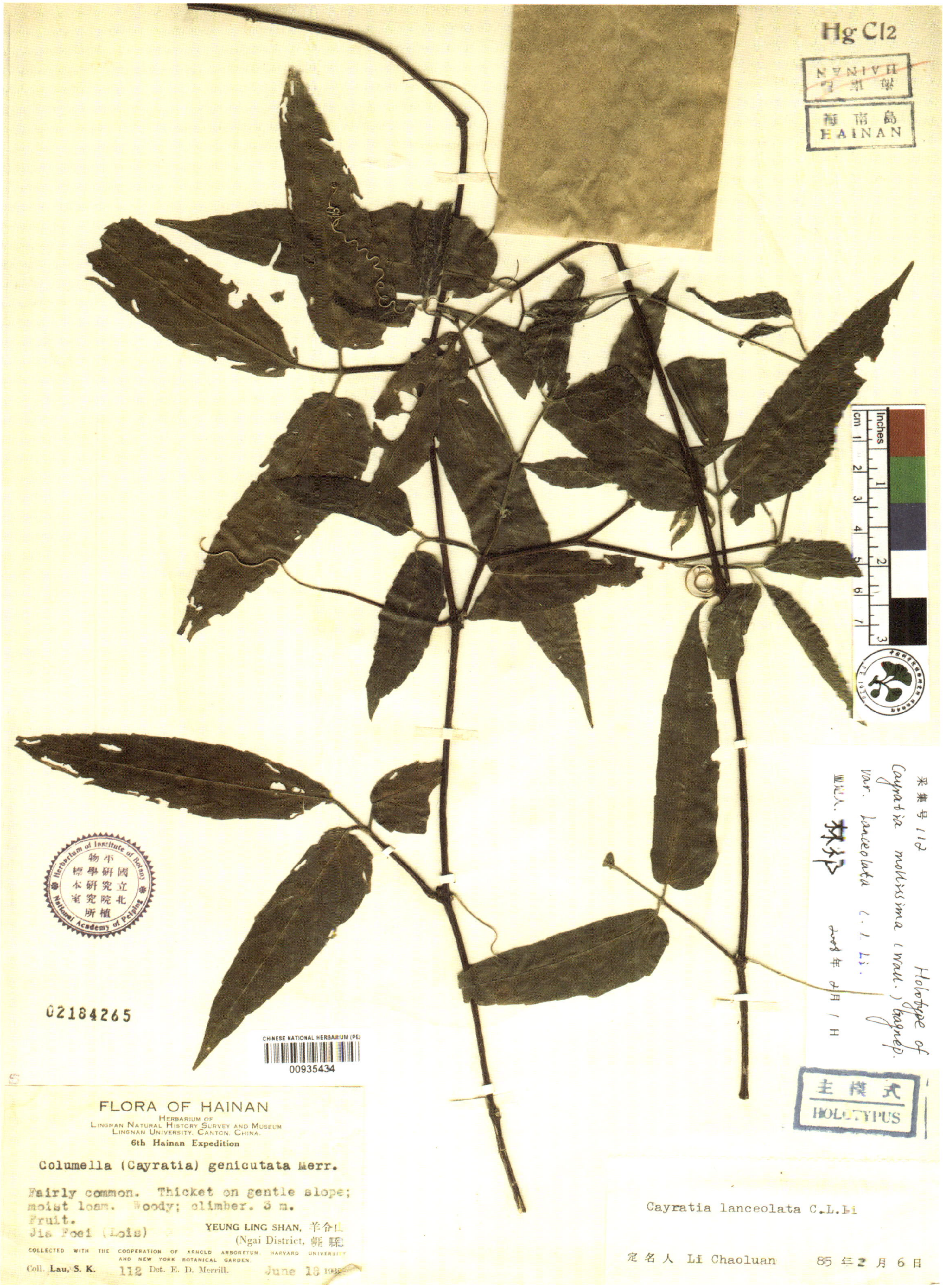

狭叶乌蔹莓 ***Cayratia mollissima*** (Wall.) Gagnep. var. ***lanceolata*** C. L. Li in Chin. J. Appl. Environ. Biol. 2(1): 50. 1996. **Holotype:** China. Hainan: Sanya, 1932-06-18, S. K. Lau 112.

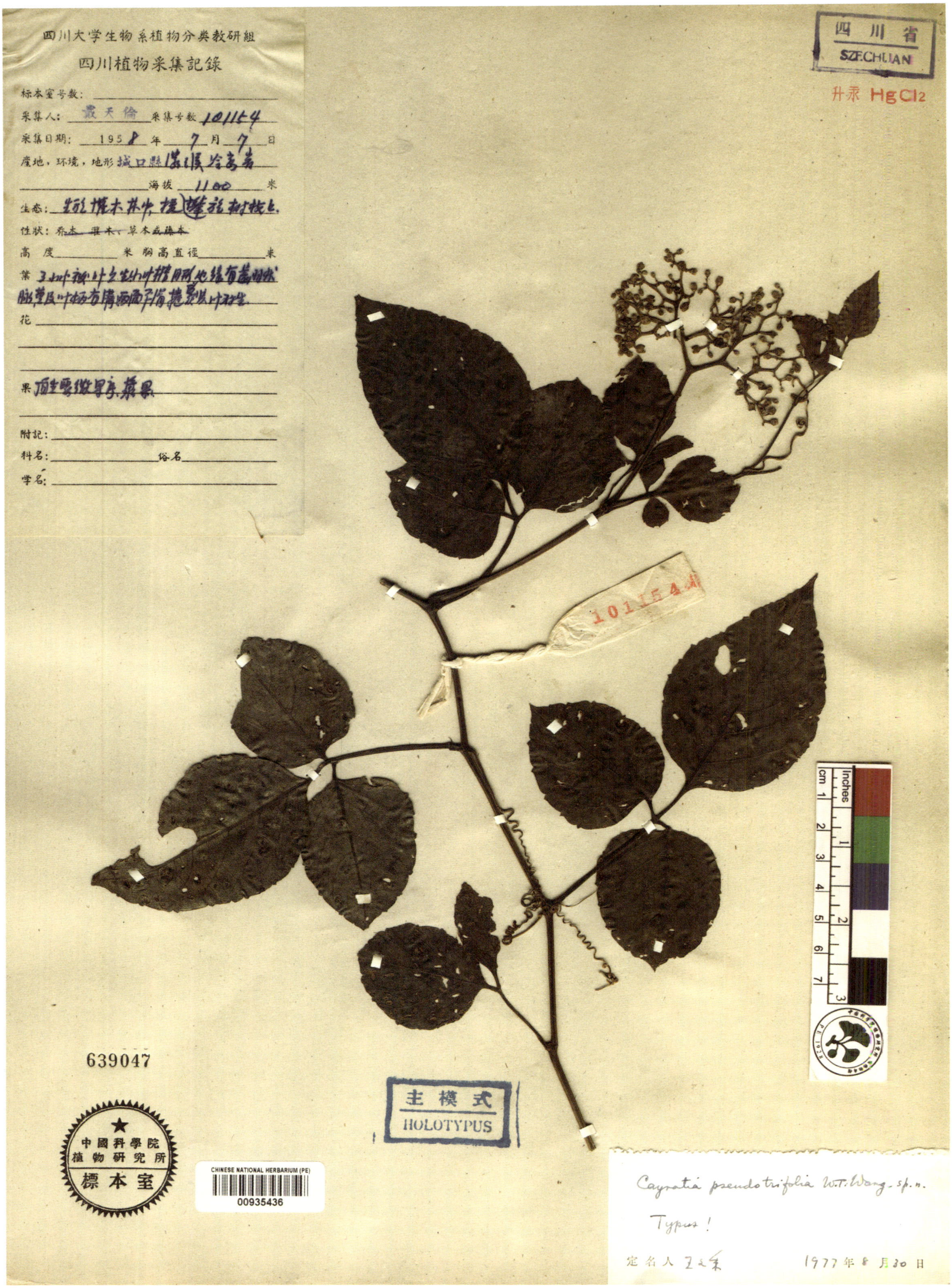

尖叶乌蔹莓 ***Cayratia pseudotrifolia*** W. T. Wang in Acta Phytotaxon. Sin. 17(3): 79, f. 6: 1. 1979. **Holotype:** China. Chongqing: Chengkou, alt. 1 100 m, 1958-07-07, T. L. Dai 101154.

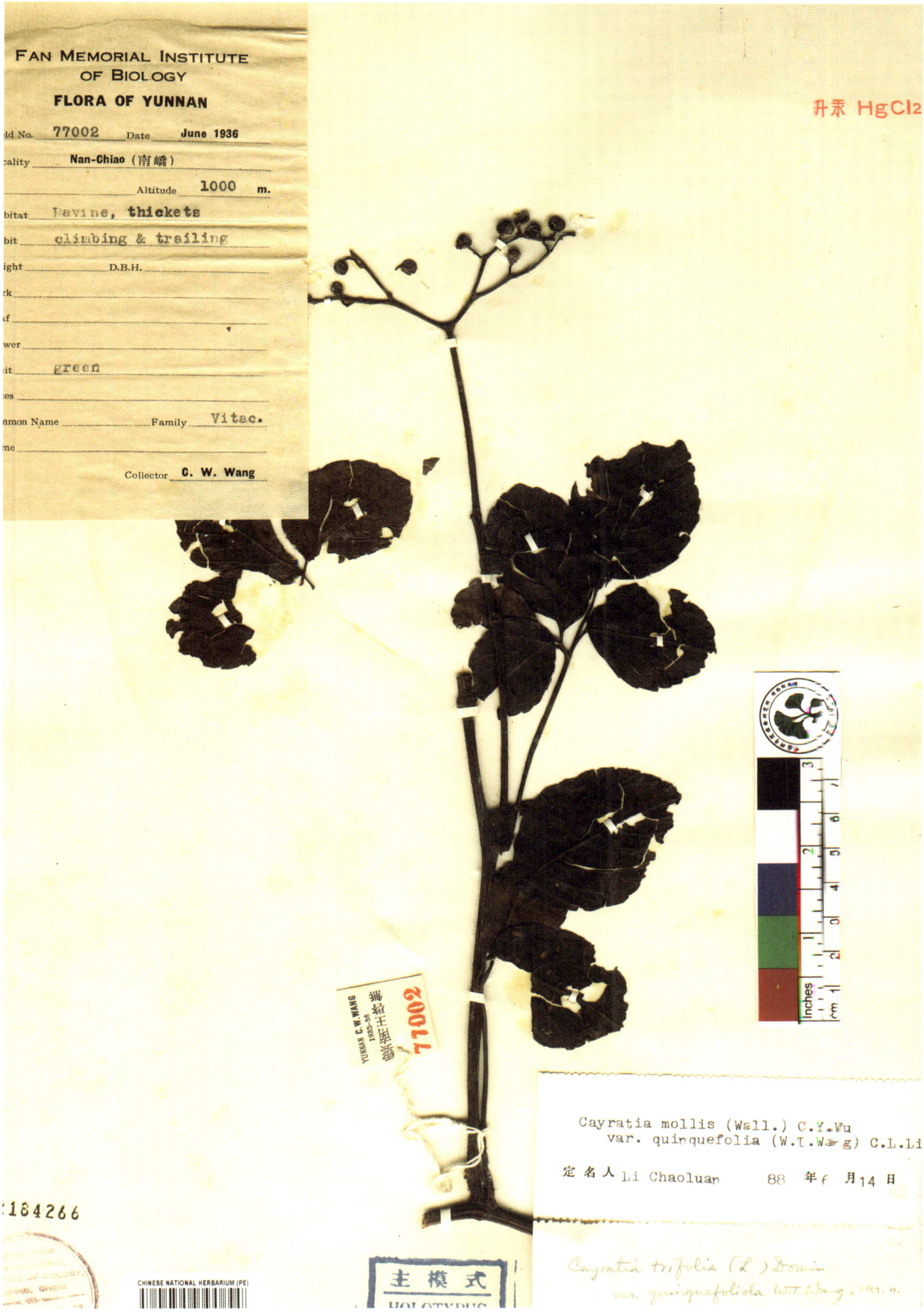

圆叶乌蔹莓 ***Cayratia trifolia*** (L.) Domin var. ***quinquefoliola*** W. T. Wang in Acta Phytotaxon. Sin. 17(3): 80. 1979. **Holotype:** China. Yunnan: Nan-Chiao (=Menghai), alt. 1000 m, 1936-06-??, C. W. Wang 77002.

光叶火筒树 ***Leea glabra*** C. L. Li in Chin. J. Appl. Environ. Biol. 2(1): 43. 1996. **Paratype:** China. Yunnan: Jinping, 1956-04-16, Sino-Russia Yunnan Exped. 689.

窄叶火筒树 ***Leea longifolia*** Merr. in Lingnan Sci. J. 14(1): 33, f. 11. 1935. **Isotype:** China. Hainan: Sanya. 1932-10-12, S. K. Lau 556.

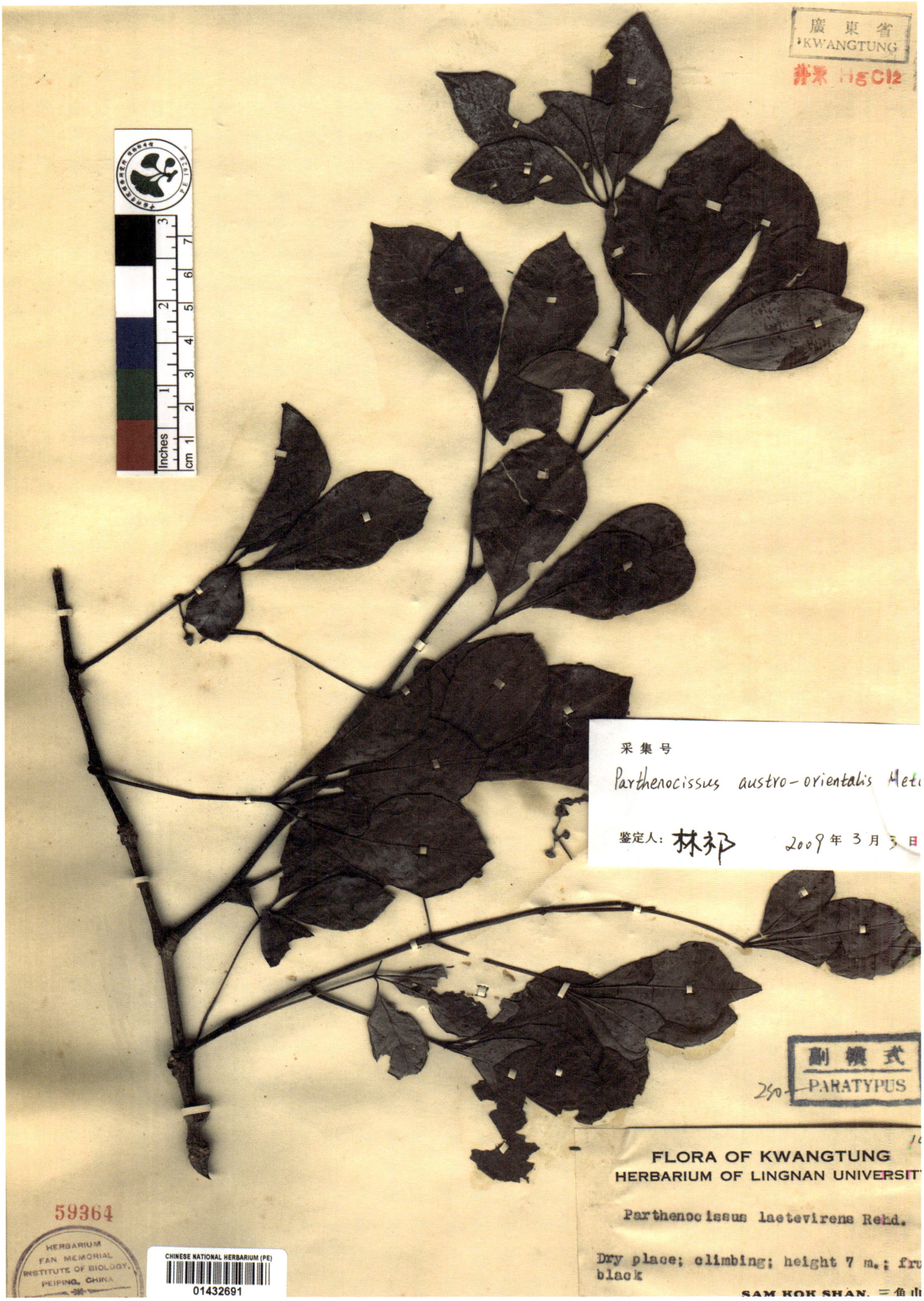

大果俞藤 ***Parthenocissus austro-orientalis*** Metcalf in Bull. Fan Mem. Inst. Biol., New Ser. 1(2): 132, f. 1. 1948. **Isoparatype:** China. Guangdong: Conghua, 1932-05-25, W. T. Tsang 20560.

海南大叶白粉藤 ***Parthenocissus subferruginea*** Merr. & Chun in Sunyatsenia 5(1-3): 120. 1940. **Isotype:** China. Hainan: Lingshui, 1932-05-(04~20), F. A. McClure 20086.

翼柄崖爬藤 ***Tetrastigma alatum*** H. L. Li, Woody Fl. Taiwan 528. 1963. **Isotype:** China. Taiwan: Taibei, 1933-05-03, T. Tanaka & Y. Shimada 13569.

柔毛草崖藤 ***Tetrastigma apiculatum*** Gagnep. var. ***pubescens*** C. L. Li in Chin. J. Appl. Environ. Biol. 1(4): 314. 1995.
Isotype: China. Yunnan: Jinping, alt. 500 m, 1956-04-22, Sino-Russia Yunnan Exped. 772.

茎花崖爬藤 ***Tetrastigma cauliflorum*** Merr. in Lingnan Sci. J. 11(1): 48. 1932. **Isoparatype:** China. Hainan: Hongmaoshan. 1929-08-08, W. T. Tsang & Fung 657.

福贡崖爬藤 ***Tetrastigma delavayi*** Gagnep. f. ***majus*** W. T. Wang in Acta Phytotaxon. Sin. 17(3): 83. 1979. **Holotype:** China. Yunnan: Fugong, alt. 2 200 m, 1933-10-14, H. T. Tsai 54432.

富宁崖爬藤 ***Tetrastigma funingense*** C. L. Li in Chin. J. Appl. Environ. Biol. 1(4): 316. 1995. **Holotype:** China. Yunnan: Funing, alt. 1 000 m, 1940-04-30, C. W. Wang 89029.

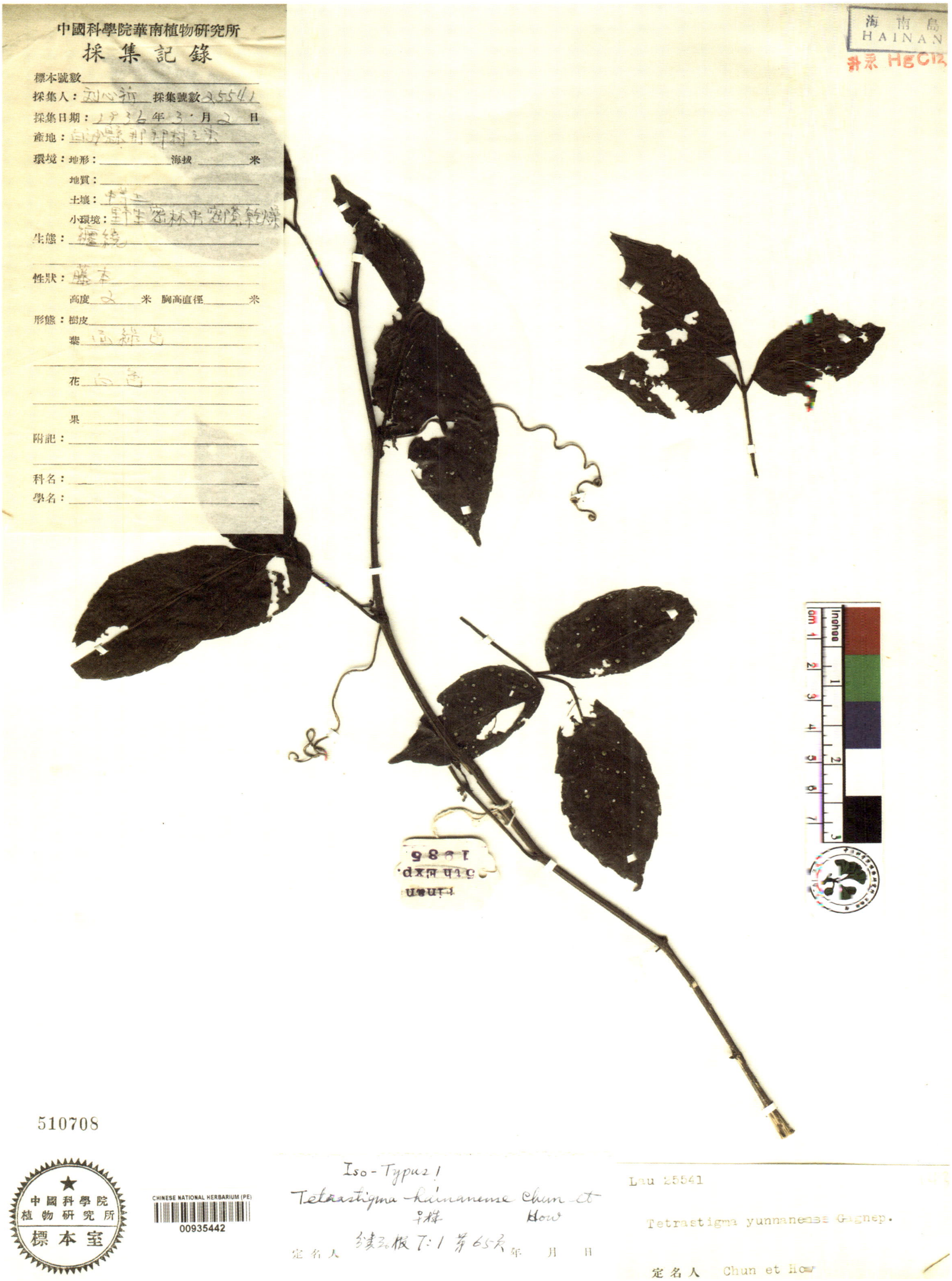

海南崖爬藤 ***Tetrastigma hainanense*** Chun & How in Acta Phytotaxon. Sin. 7(1): 65, pl. 19: 2. 1958. **Isotype:** China. Hainan: Baisha, 1936-03-02, S. K. Lau 25541.

柔毛崖爬藤 ***Tetrastigma henryi*** Gagnep. var. ***mollifolium*** W. T. Wang in Acta Phytotaxon. Sin. 17(3): 81. 1979. **Holotype:** China. Yunnan: Jianshui, 1941-03-17, T. N. Liou 018344.

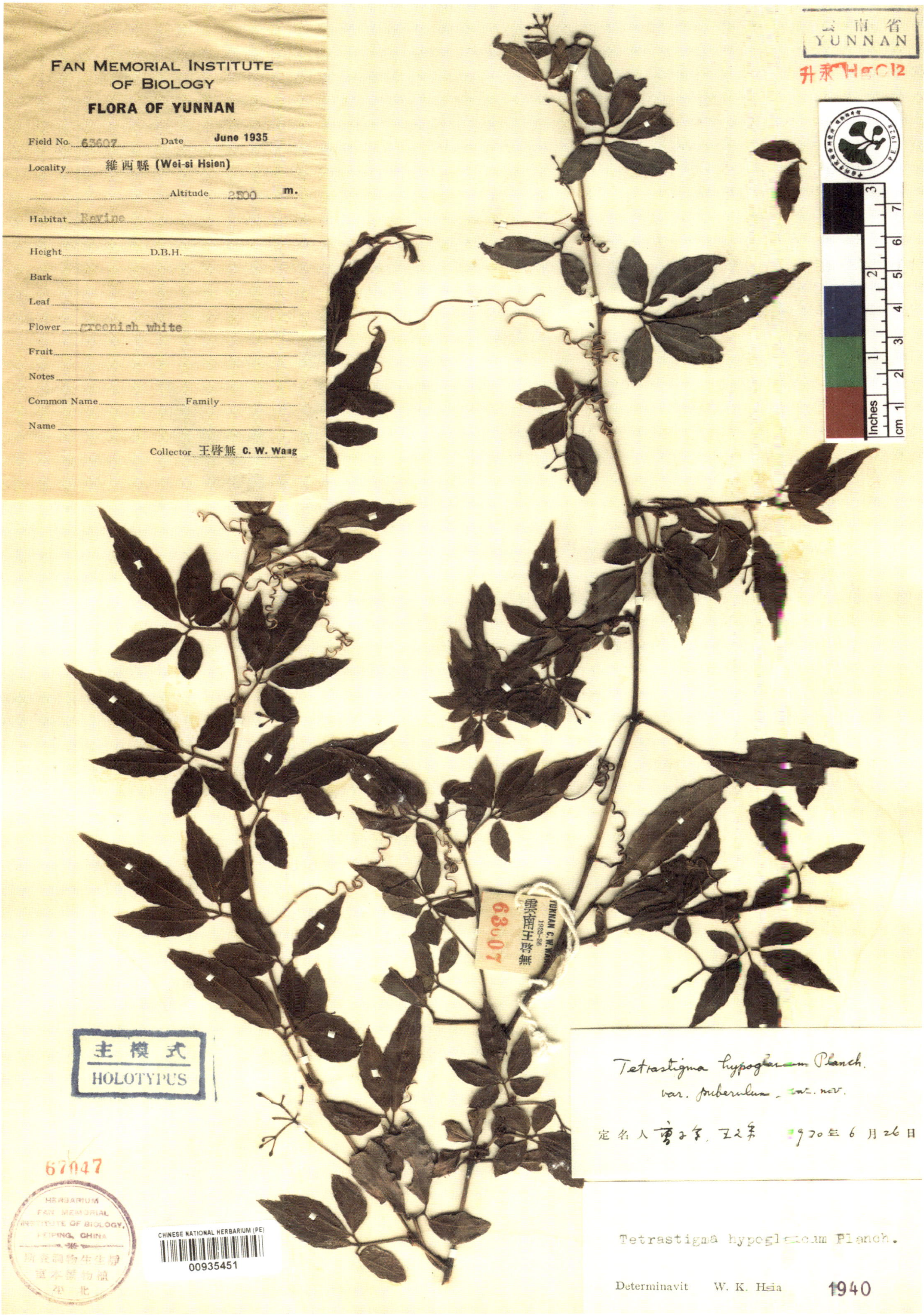

毛狭叶崖爬藤 ***Tetrastigma hypoglaucum*** Planch.. var. ***puberulum*** W. T. Wang & Z. Y. Cao in Acta Phytotaxon. Sin. 17(3): 83. 1979. **Holotype:** China. Yunnan: Weixi, alt. 2 300 m, 1935-06-??, C. W. Wang 63607.

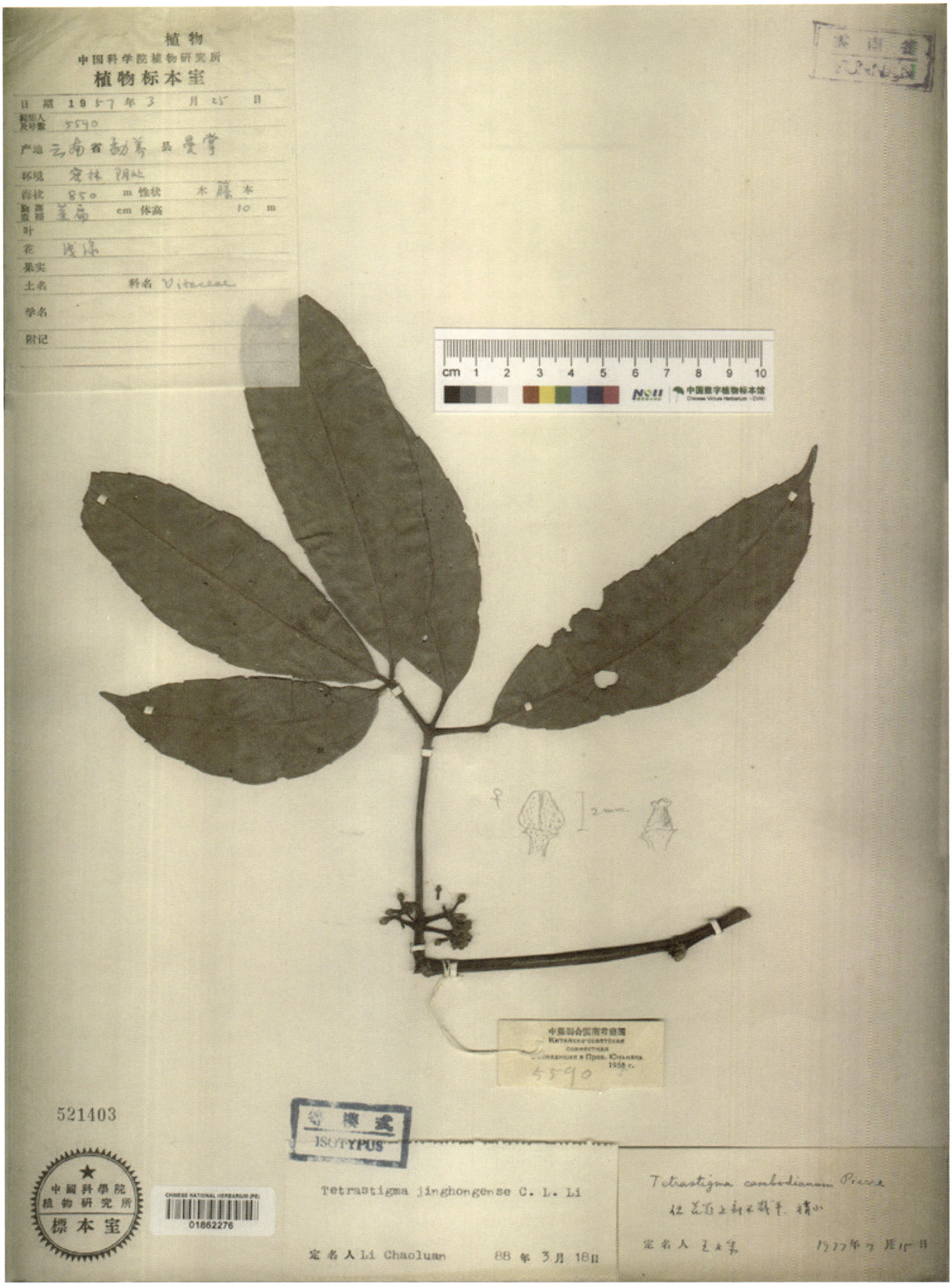

景洪崖爬藤 ***Tetrastigma jinghongense*** C. L. Li in Chin. J. Appl. Environ. Biol. 1(4): 324. 1995. **Isotype:** China. Yunnan: Jinghong, alt. 850 m, 1957-03-25, Sino-Russia Yunnan Exped. 5590.

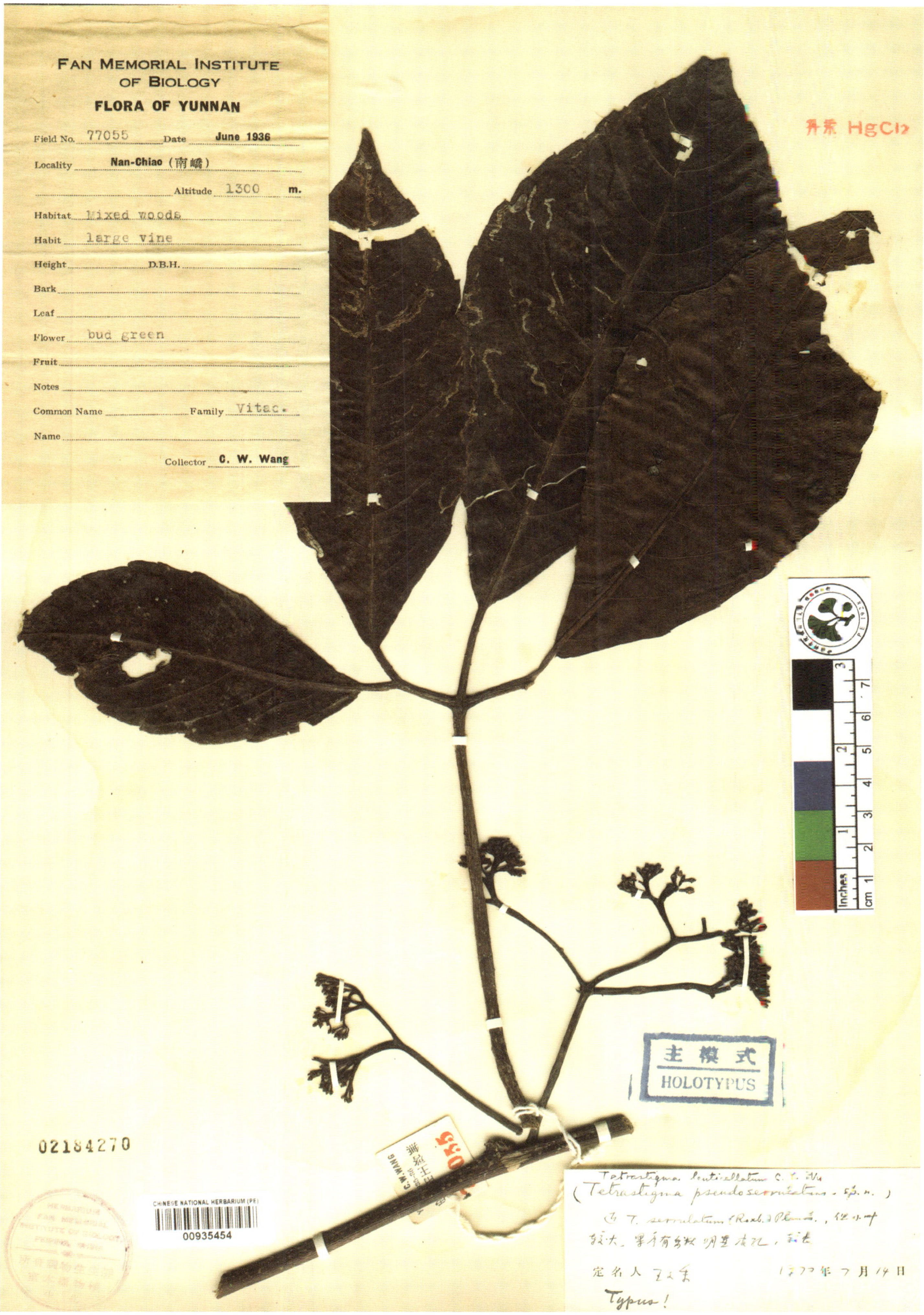

显孔崖爬藤 ***Tetrastigma lenticellatum*** C. Y. Wu in Acta Phytotaxon. Sin. 17(3): 82, pl. 6: 4. 1979. **Holotype:** China. Yunnan: Nan-Chiao (=Menghai), alt. 1 300 m, 1936-06-??, C. W. Wang 77055.

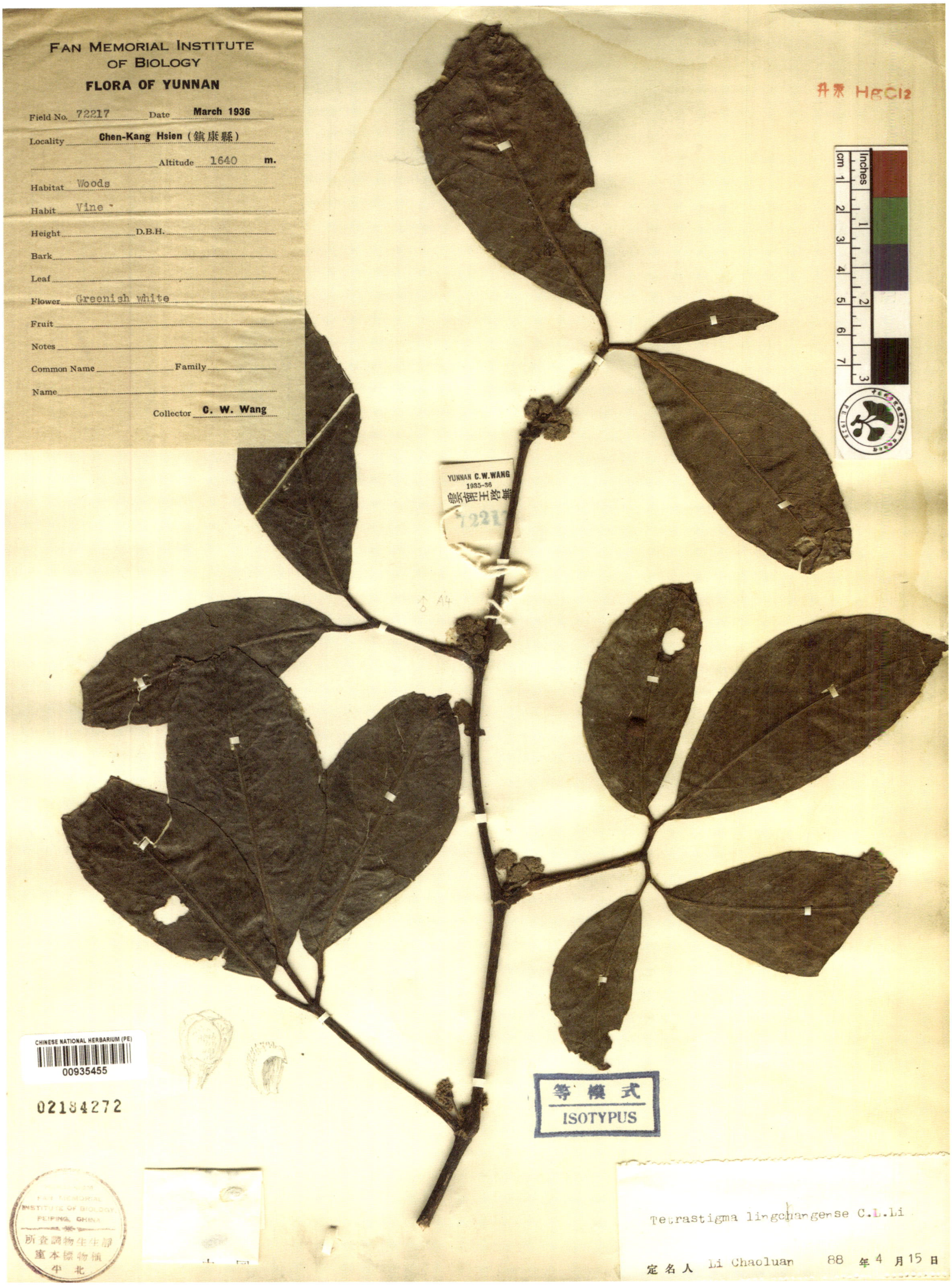

临沧崖爬藤 ***Tetrastigma lincangense*** C. L. Li in Chin. J. Appl. Environ. Biol. 1(4): 324, f. 10. 1995. **Isotype:** China. Yunnan: Zhenkang, alt. 1 640 m, 1936-03-??, C. W. Wang 72217.

龙陵崖爬藤 ***Tetrastigma lunglingense*** C. Y. Wu & W. T. Wang in Acta Phytotaxon. Sin. 17: 81, pl. 6: 3. 1979. **Holotype:** China. Yunnan: Longling, alt. 1 800 m, 1934-04-11, H. T. Tsai 55750.

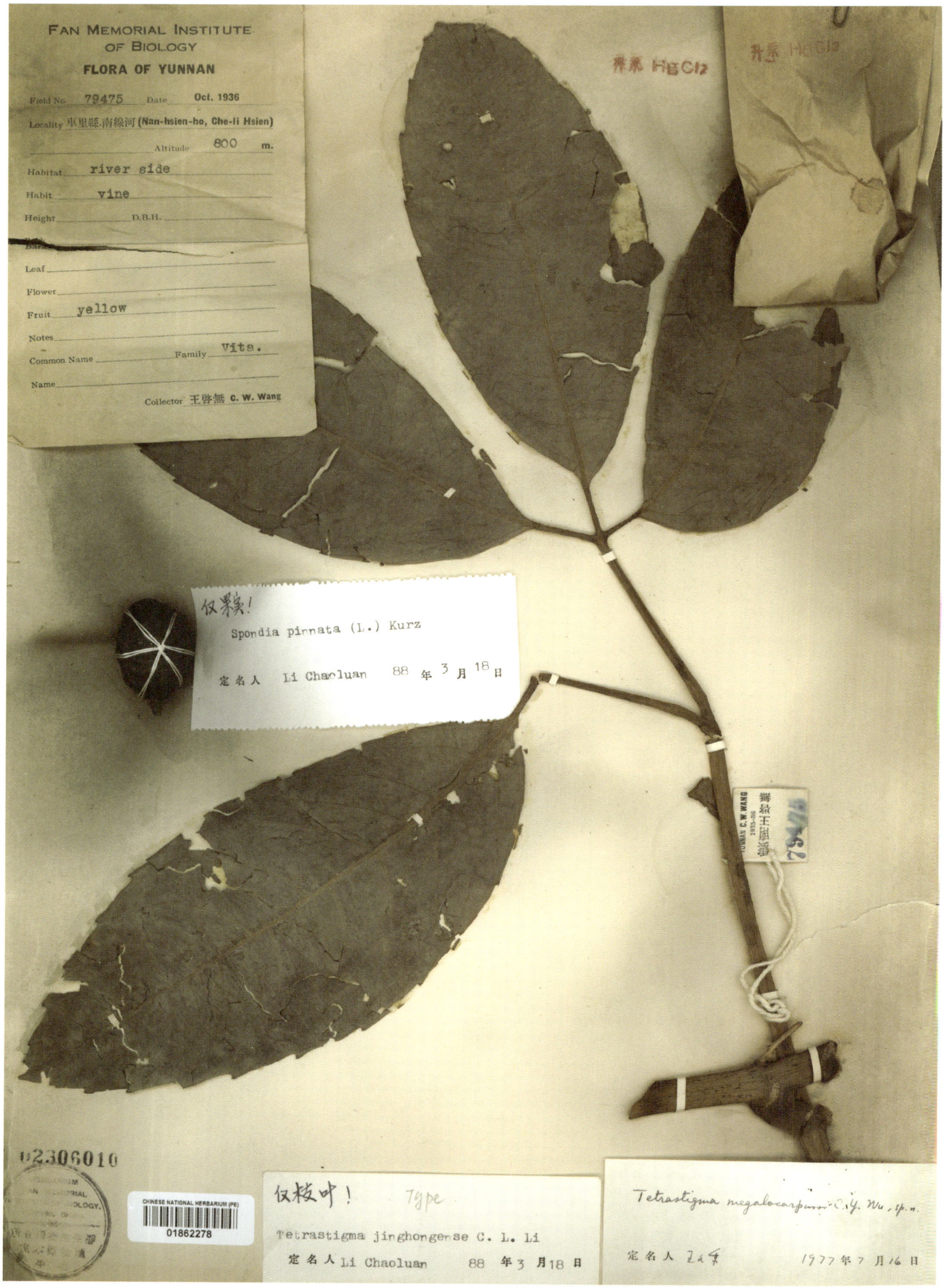

大果崖爬藤 ***Tetrastigma megalocarpum*** W. T. Wang in Acta Phytotaxon. Sin. 17(3): 82. 1979. **Holotype**: China. Yunnan: Che-li (=Jinghong), alt. 800 m, 1936-10-??, C. W. Wang 79475.

景洪崖爬藤 ***Tetrastigma jinghongense*** C. L. Li in Chin. J. Appl. Environ. Biol. 1(4): 324. 1995. **Paratype**: China. Yunnan: Che-li (=Jinghong), alt. 800 m, 1936-10-??, C. W. Wang 79475, excl. fruit.

膜叶崖爬藤 ***Tetrastigma membranaceum*** C. Y. Wu in Acta Phytotaxon. Sin. 17(3): 82, pl. 6: 2. 1979. **Holotype:** China. Yunnan: Che-li (=Jinghong), alt. 1 100 m, 1936-10-??, C. W. Wang 79358.

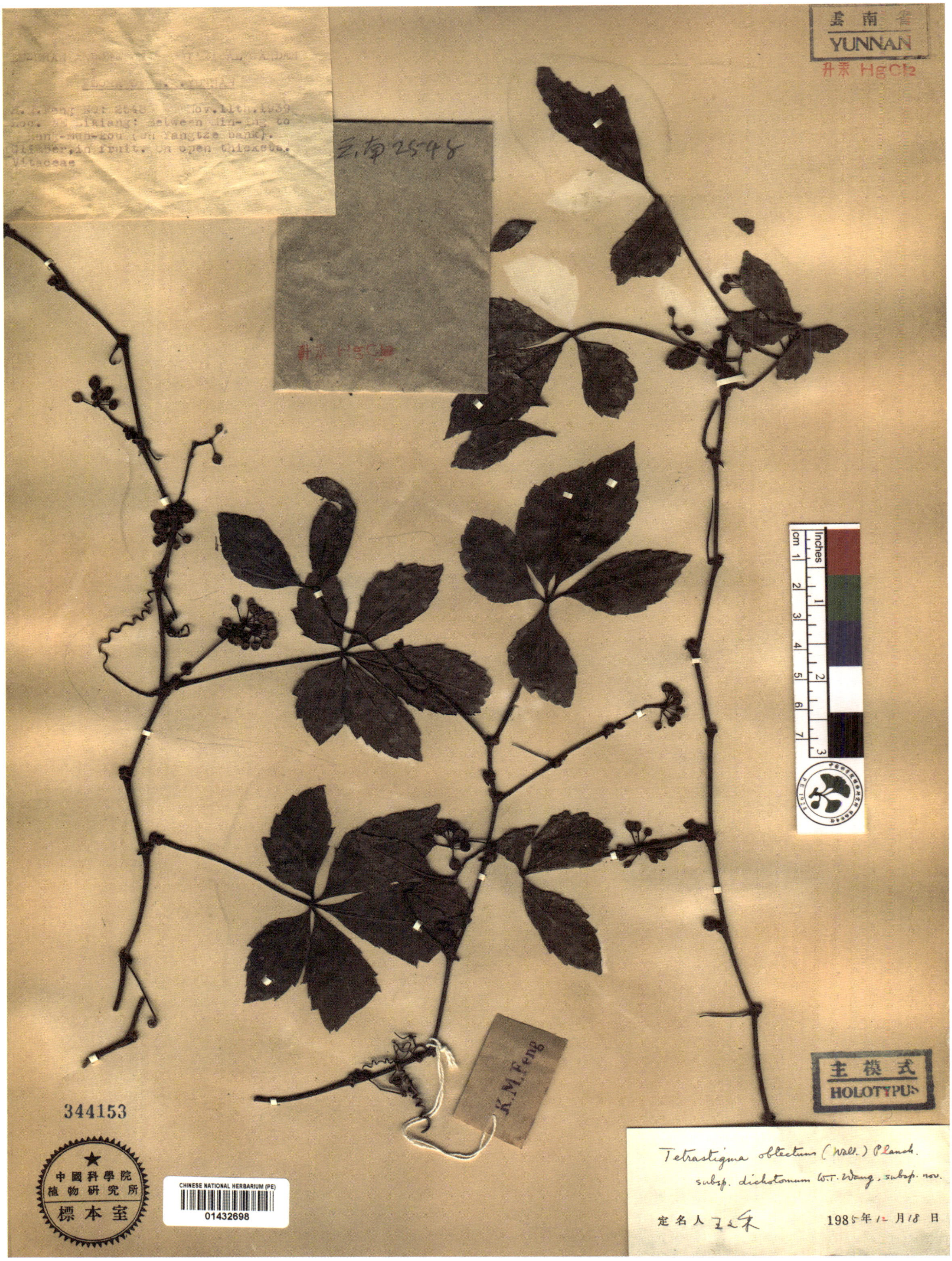

叉须崖爬藤 ***Tetrastigma obtectum*** (Wall.) Planch. subsp. ***dichotomum*** W. T. Wang in Bull. Bot. Res., Harbin 6(4): 22, pl. 1: 1. 1986. **Holotype:** China. Yunnan: Lijiang, 1939-11-11, K. M. Feng 2548.

过山崖爬藤 ***Tetrastigma pseudocruciatum*** C. L. Li in Chin. J. Appl. Environ. Biol. 1(4): 318. 1995. **Paratype:** China. Hainan: Baoting, Diaoluoshan, alt. 122 m, 1954-11-19, Diaoluoshan Exped. 2479.

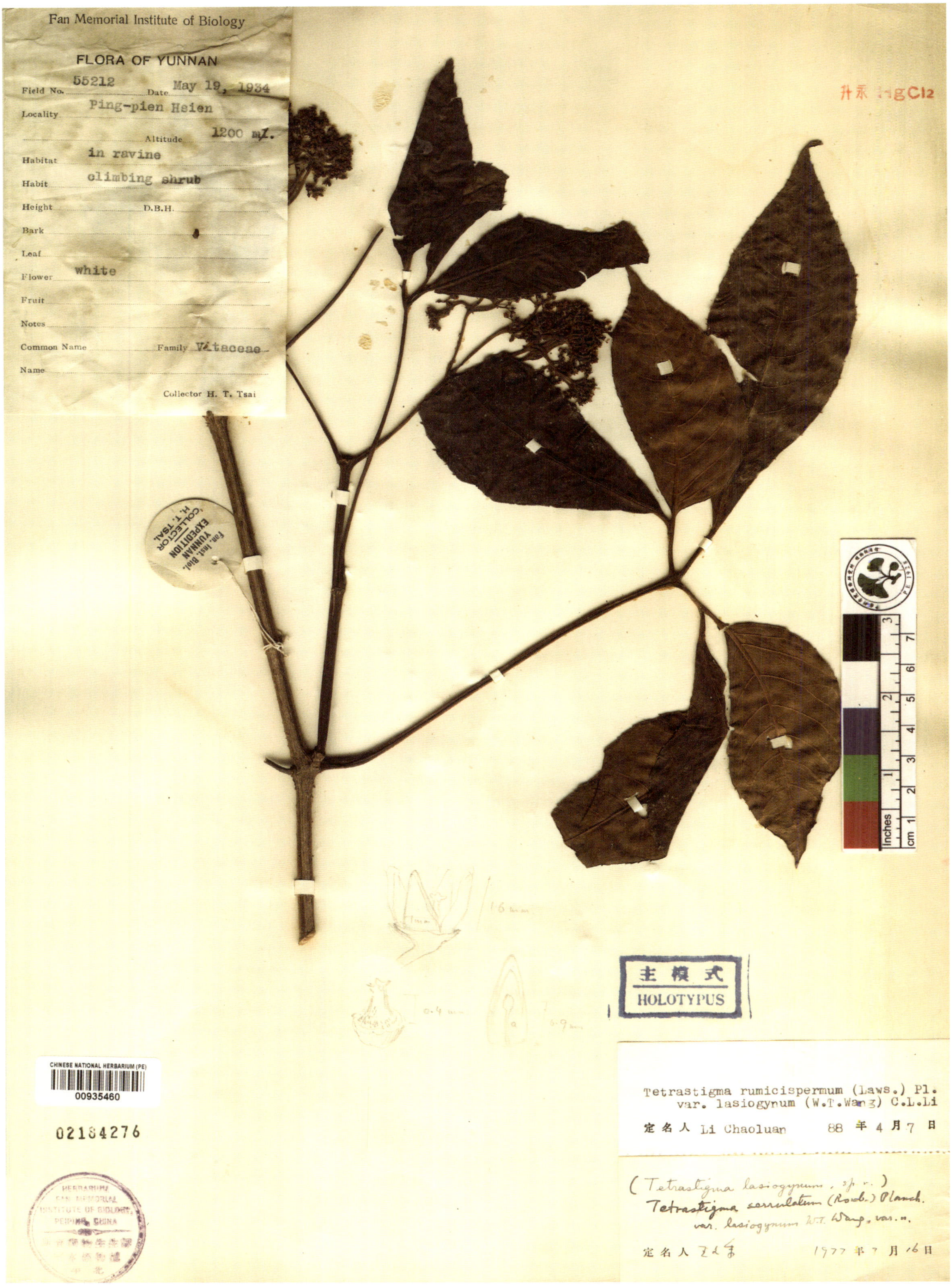

毛蕊细齿崖爬藤 ***Tetrastigma serrulatum*** (Roxb.) Planch. var. ***lasiogynum*** W. T. Wang in Acta Phytotaxon. Sin. 17(3): 83. 1979. **Holotype:** China. Yunnan: Pingbian, alt. 1 200 m, 1934-05-19, H. T. Tsai 55212.

西畴崖爬藤 ***Tetrastigma sichouense*** C. L. Li in Chin. J. Appl. Environ. Biol. 1(4): 322, f. 9. 1995. **Paratype:** China. Yunnan: Funing, alt. 800 m, 1940-05-28, C. W. Wang 89652.

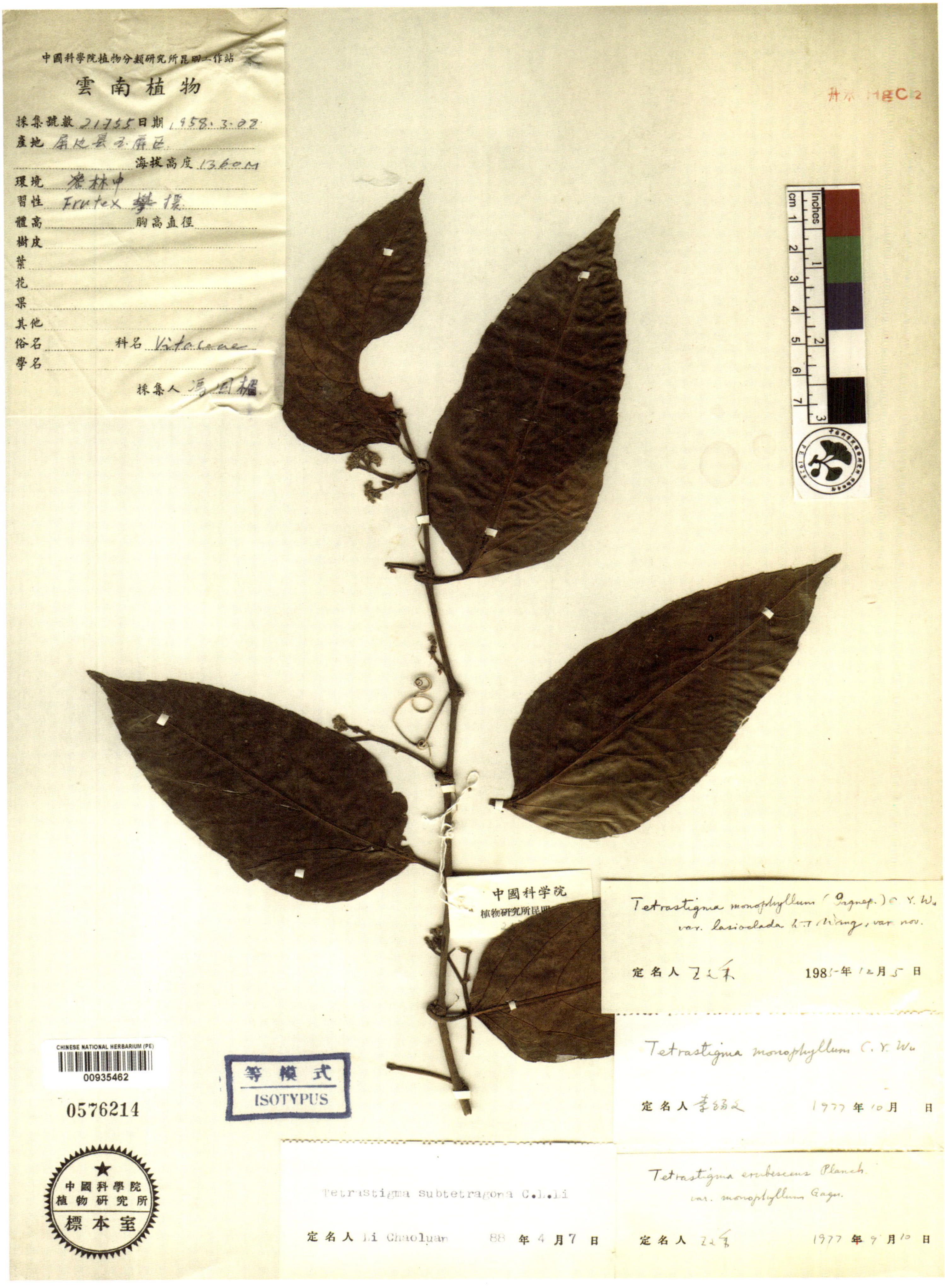

红花崖爬藤 ***Tetrastigma subtetragonum*** C. L. Li in Chin. J. Appl. Environ. Biol. 1(4): 321. 1995. **Isotype:** China. Yunnan: Pingbian, alt. 1 360 m, 1958-03-28, K. M. Feng 21755.

蔡氏崖爬藤 ***Tetrastigma tsaianum*** C. Y. Wu in Chin. J. Appl. Environ. Biol. 1(4): 329. 1995. **Isotype:** China. Yunnan: Luxi, alt. 1 750 m, 1934-03-08, H. T. Tsai 56462.

燕山葡萄 ***Vitis amurensis*** Rupr. var. ***yanshanensis*** D. Z. Lu & H. P. Liang in J. Beijing Forest. Univ. 15(2): 134. 1993.
Isotype: China. Beijing: Mentougou, Baihuashan, alt. 1 050 m, 1990-06-08, D. Z. Lu 90340.

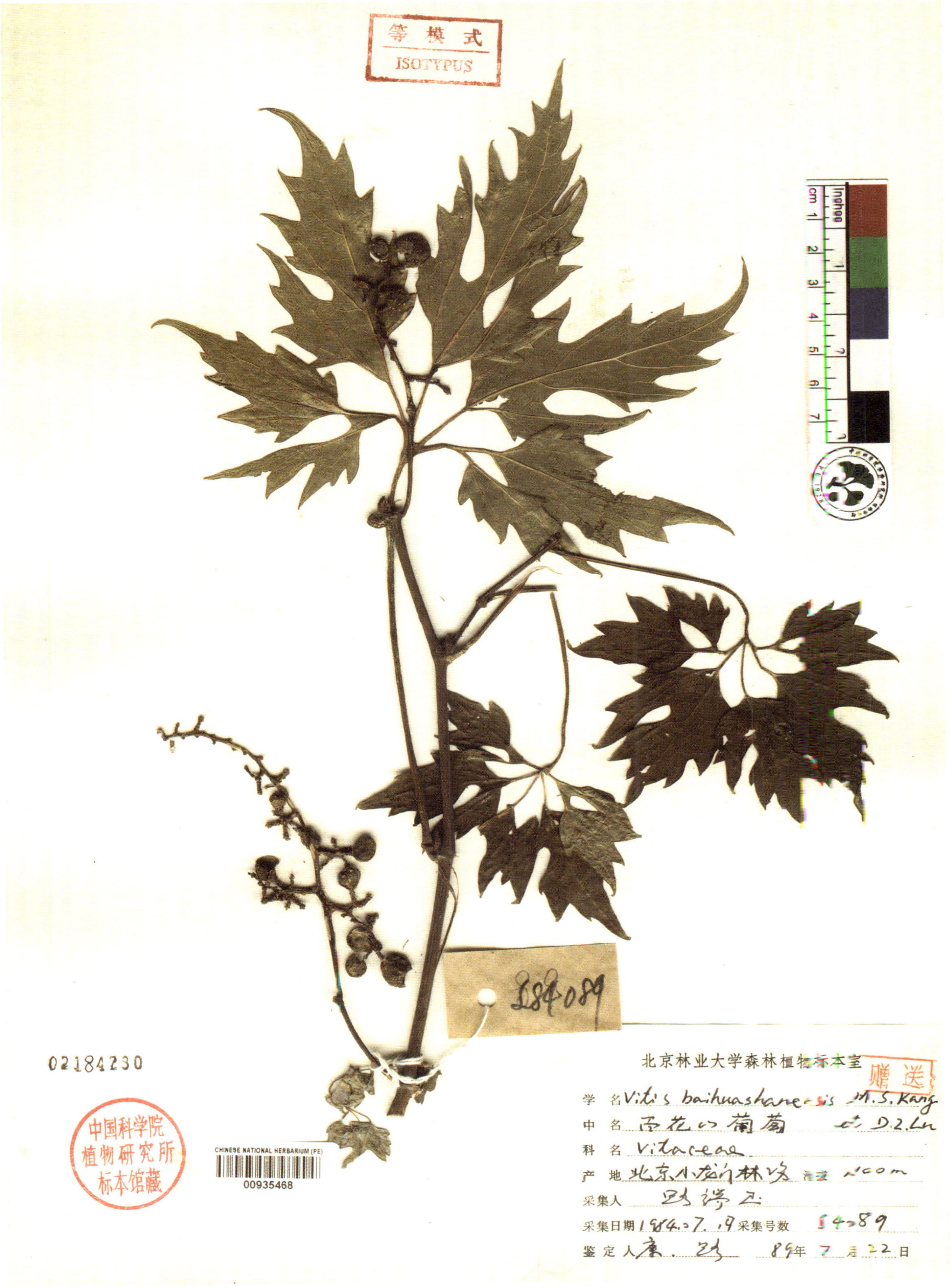

百花山葡萄 ***Vitis baihuashanensis*** M. S. Kang & D. Z. Lu in Acta Phytotaxon. Sin. 31(1): 70, f. 1. 1993. **Isotype:** China. Beijing: Mentougou, Xiaolongmen, alt. 1 100 m, 1984-07-19, D. Z. Lu 84089.

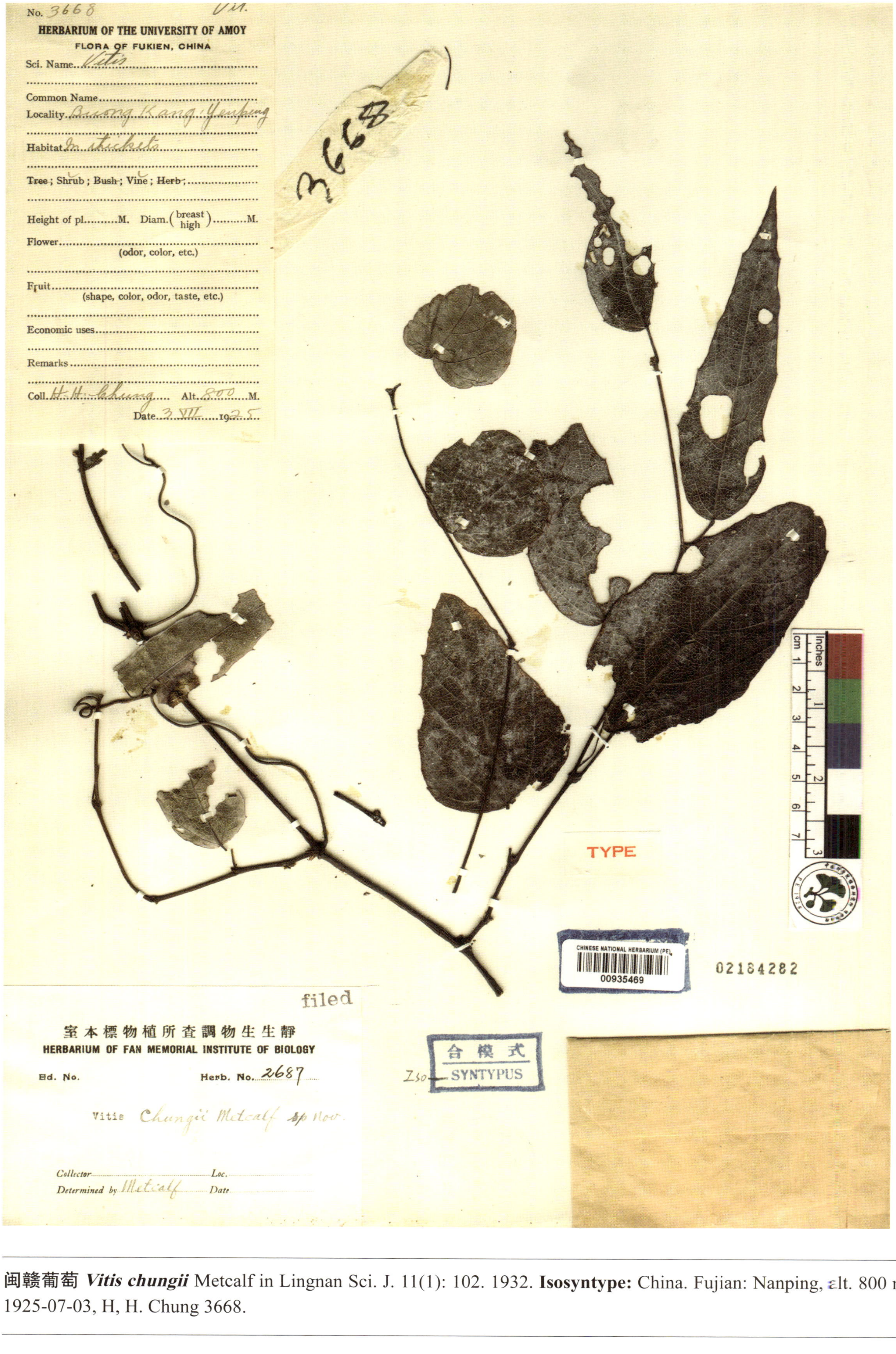

闽赣葡萄 ***Vitis chungii*** Metcalf in Lingnan Sci. J. 11(1): 102. 1932. **Isosyntype:** China. Fujian: Nanping, alt. 800 m, 1925-07-03, H, H. Chung 3668.

红叶葡萄 ***Vitis erythrophylla*** W. T. Wang in Bull. Bot. Res., Harbin 1(1-2): 168, photo. 2. 1981. **Isotype:** China. Jiangxi: Fuliang, 1959-05-08, Q. H. Li & C. Chen 731.

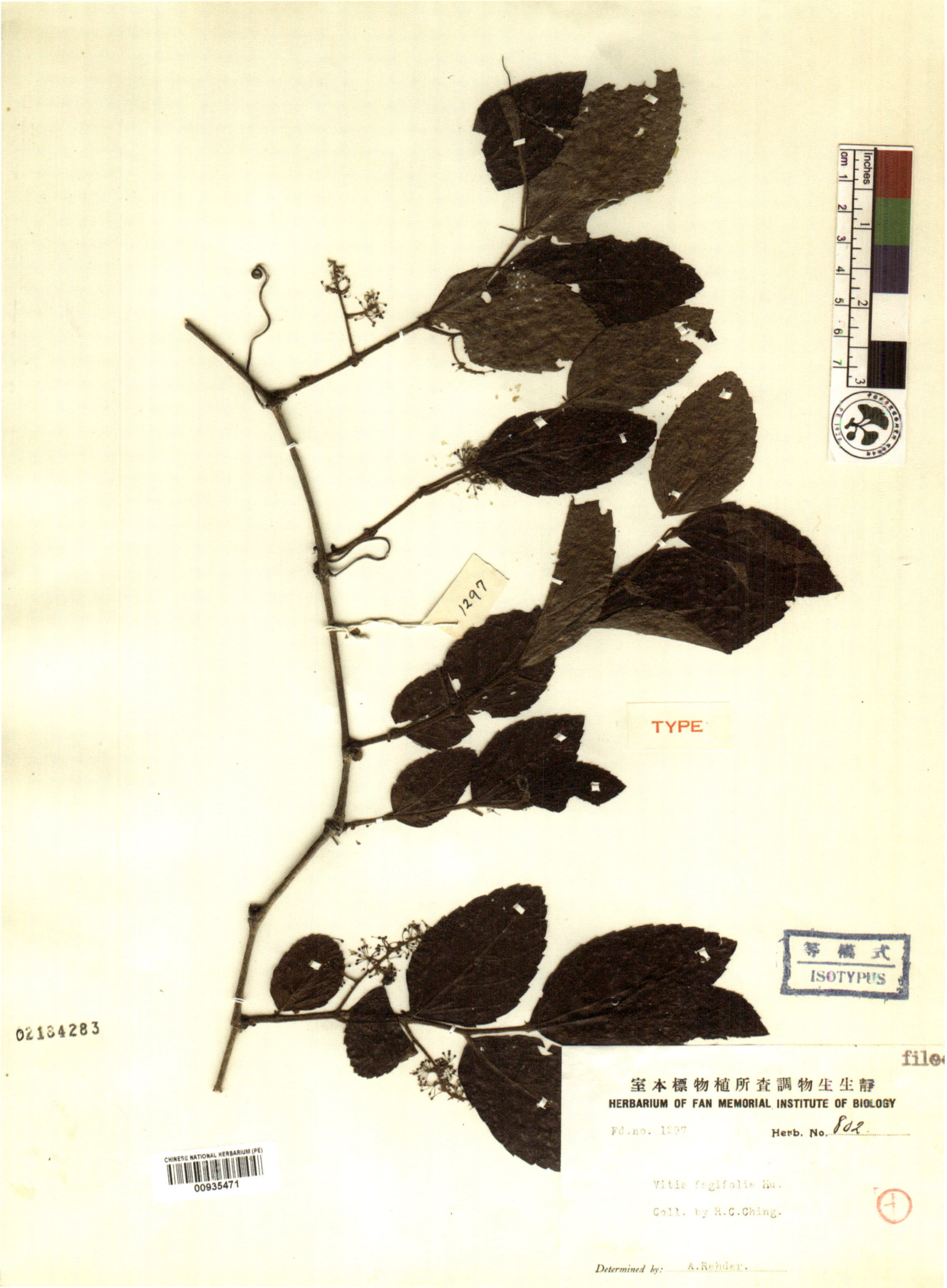

山毛榉叶葡萄 ***Vitis fagifolia*** Hu in J. Arnold Arbor. 6(3): 142. 1925. **Isotype:** China. Zhejiang: Taizhou, 1924-04-30, R. C. Ching 1297.

庐山葡萄 ***Vitis hui*** W. C. Cheng in Contr. Biol. Lab. Sci. Soc. China, Bot Ser. 10(1): 77, f. 11. 1935. **Holotype:** China. Jiangxi: Lushan, 1934-08-18, H. H. Hu 2543.

井冈葡萄 ***Vitis jinggangensis*** W. T. Wang in Bull. Bot. Res., Harbin 1(1-2): 167, photo. 1. 1981. **Isotype:** China. Jiangxi: Jinggangshan, alt. 1 000 m, 1965-11-19, S. S. Lai 5628.

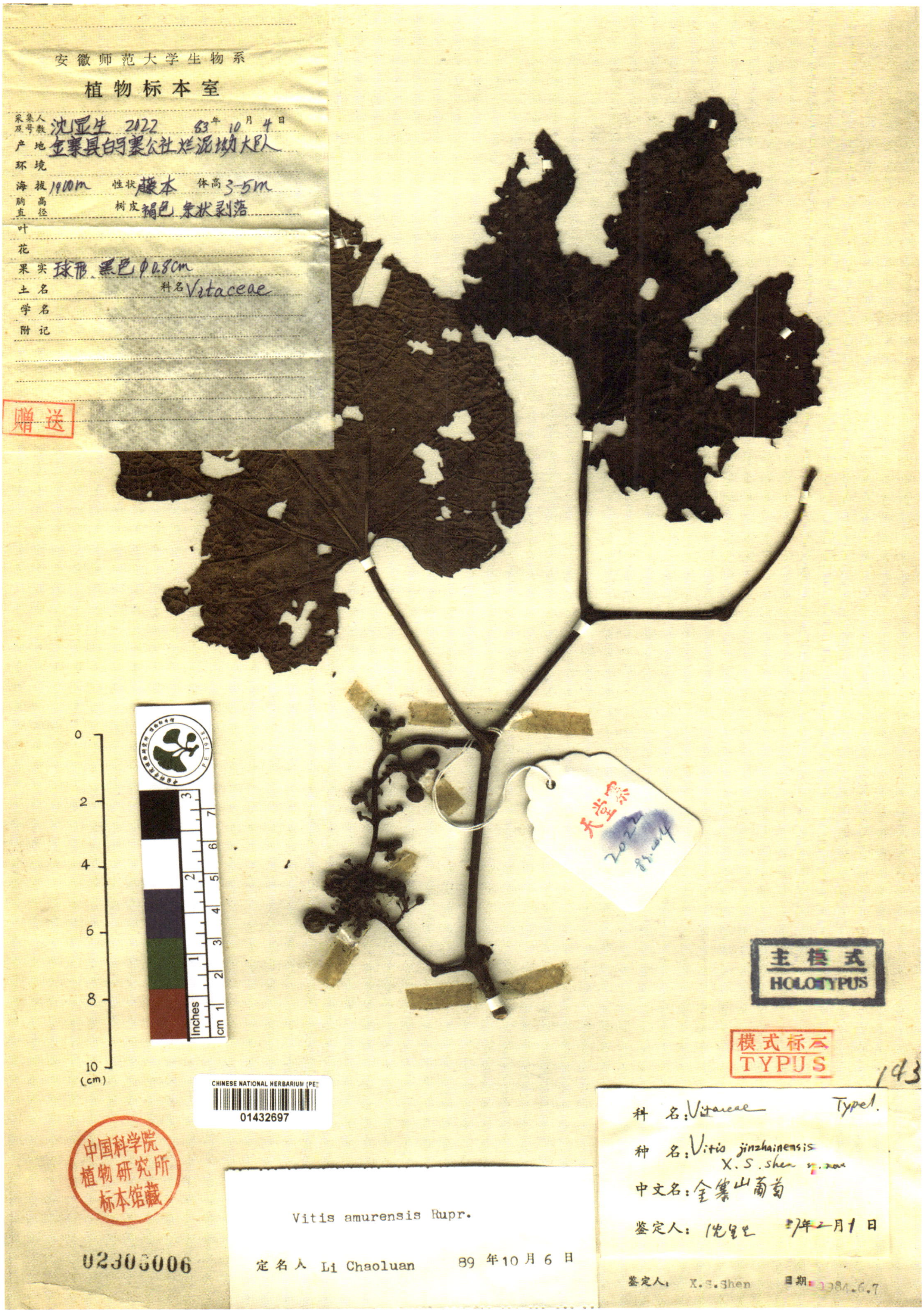

金寨山葡萄 ***Vitis jinzhainensis*** X. S. Shen in Acta Phytotaxon. Sin. 27(4): 304, f. 1. 1989. **Holotype:** China. Anhui: Jinzhai, alt. 1 400 m, 1983-10-04, X. S. Shen 2022.

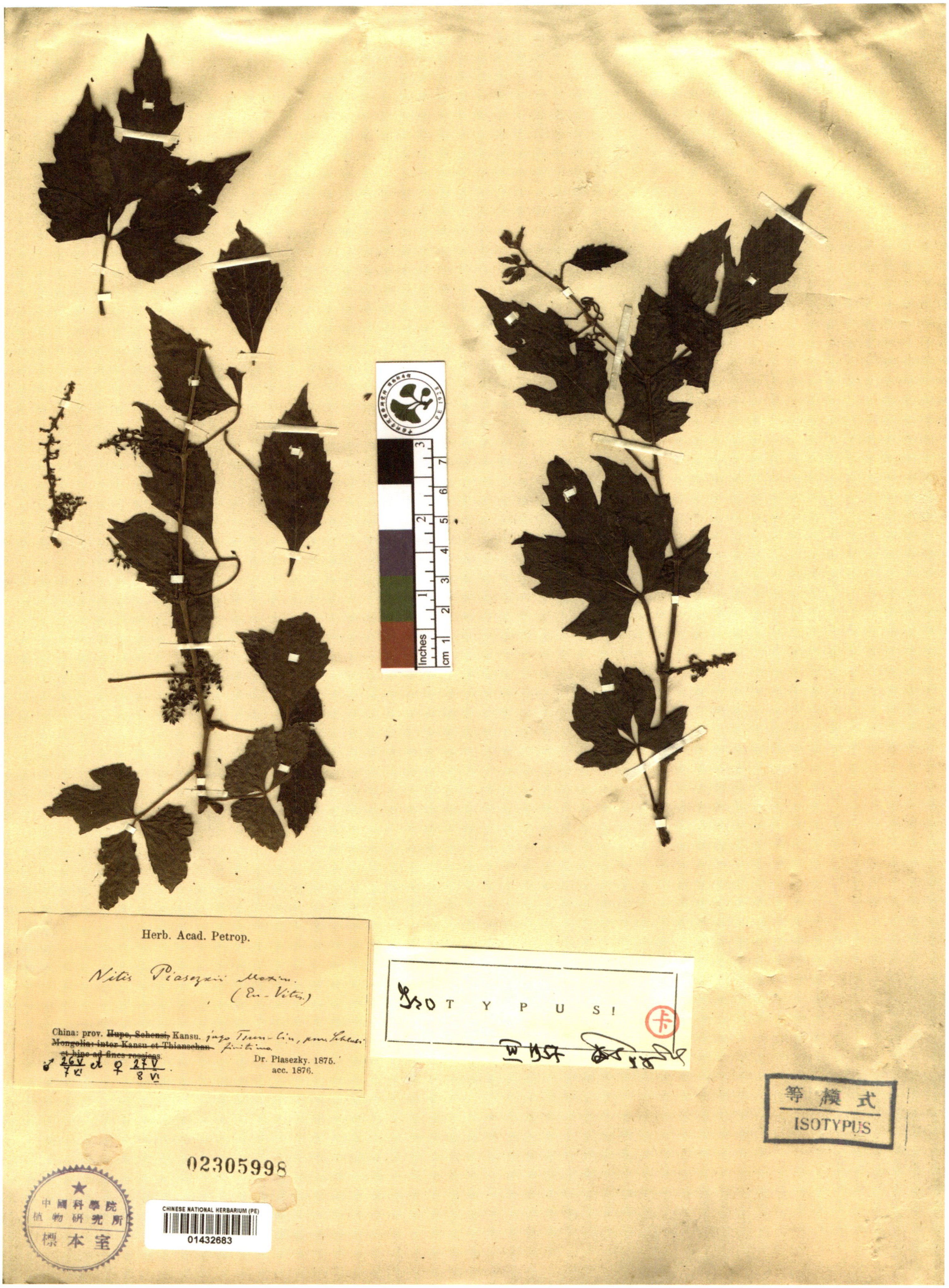

变叶葡萄 ***Vitis piasezkii*** Maxim. in Bull. Acad. Imp. Sci. St.-Petersb. 27: 461. 1881. **Lectotype** (designated here) : China. Shaanxi: Qinling, 1875-05-27, Piasezky s. n.

华东葡萄 ***Vitis pseudoreticulata*** W. T. Wang in Acta Phytotaxon. Sin. 17(3): 73, pl. 5: 1. 1979. **Holotype:** China. Zhejiang: Hangzhou, Feilaifeng, 1968-06-14, Hangzhou Botanic Garden 0394.

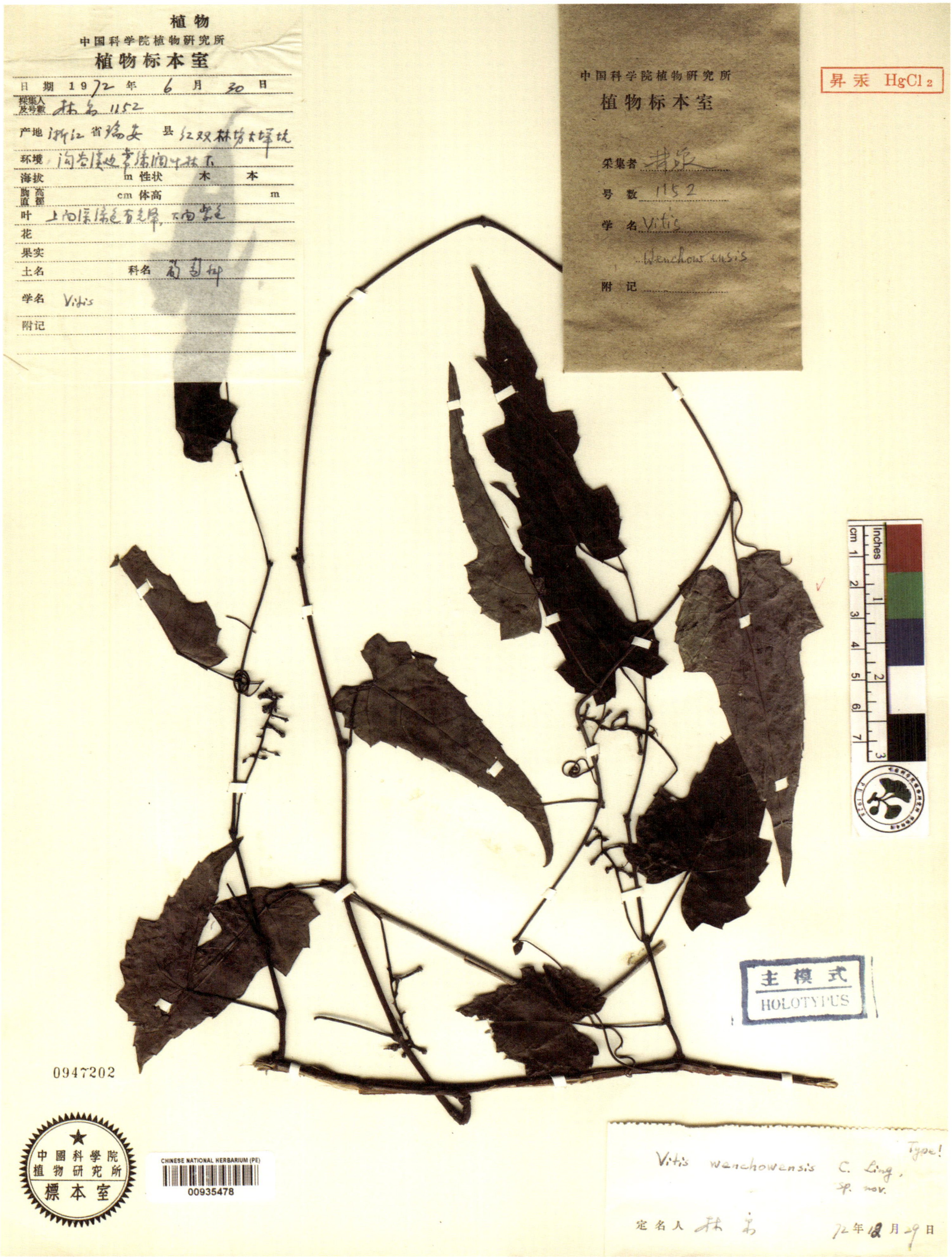

温州葡萄 ***Vitis wenchowensis*** C. Ling ex W. T. Wang in Acta Phytotaxon. Sin. 17(3): 74, f. 1: 4. 1979. **Holotype:** China. Zhejiang: Ruian, 1972-06-30, C. Ling 1152.

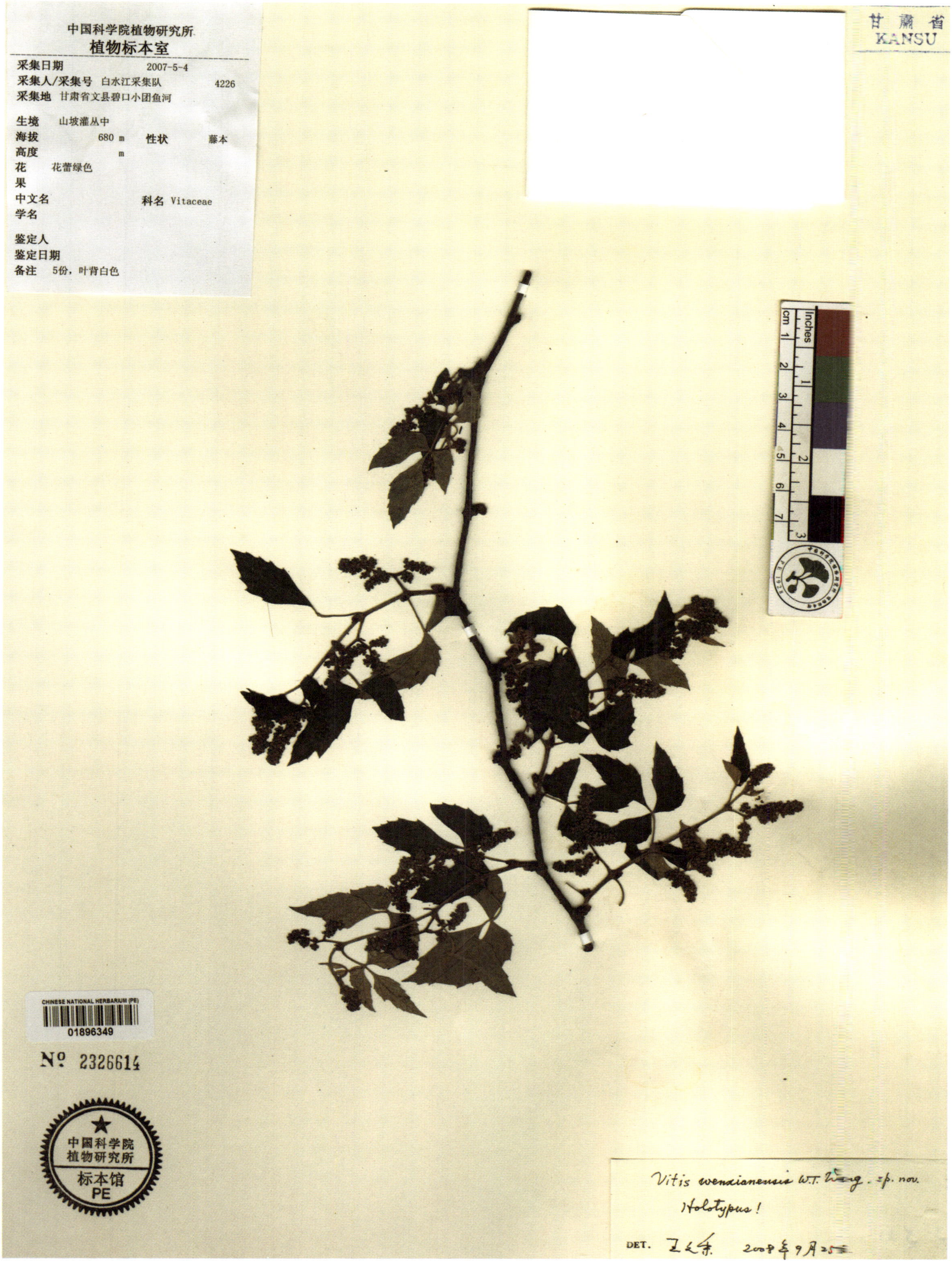

文县蘡薁 ***Vitis wenxianensis*** W. T. Wang in Guihaia 30(3): 288, f. 1. 2010. **Holotype:** China. Gansu: Wenxian, alt. 680 m, 2007-05-04, Baishuijiang Exped. 4226.

Elaeocarpaceae

杜英科

duying ke

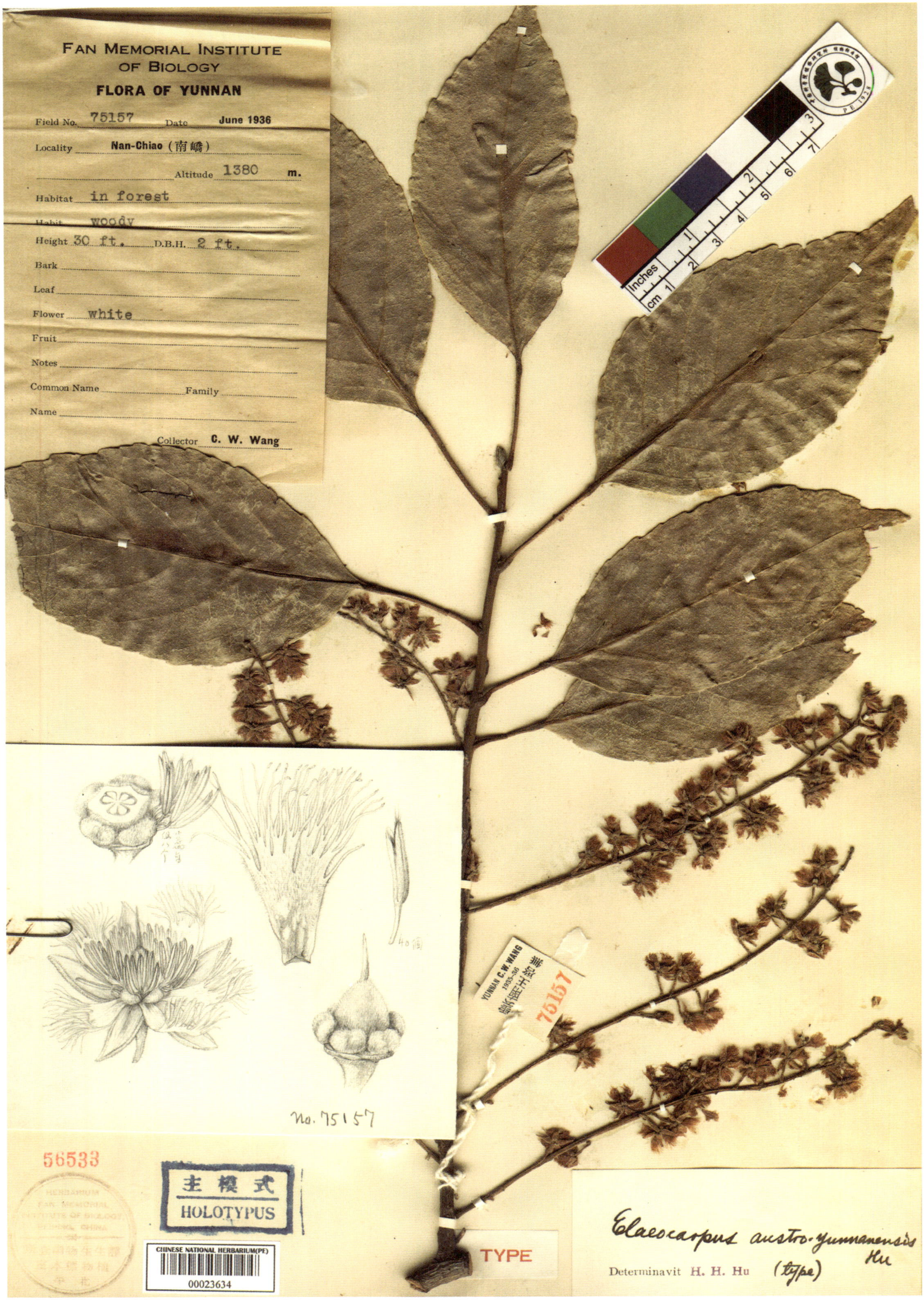

滇南杜英 *Elaeocarpus austro-yunnanensis* Hu in Bull. Fan Mem. Inst. Biol., Bot. Ser. 10: 135. 1940. **Holotype:** China. Yunnan: Nan-Chiao (=Menghai), alt. 1 380 m, 1936-06-??, C. W. Wang 75157.

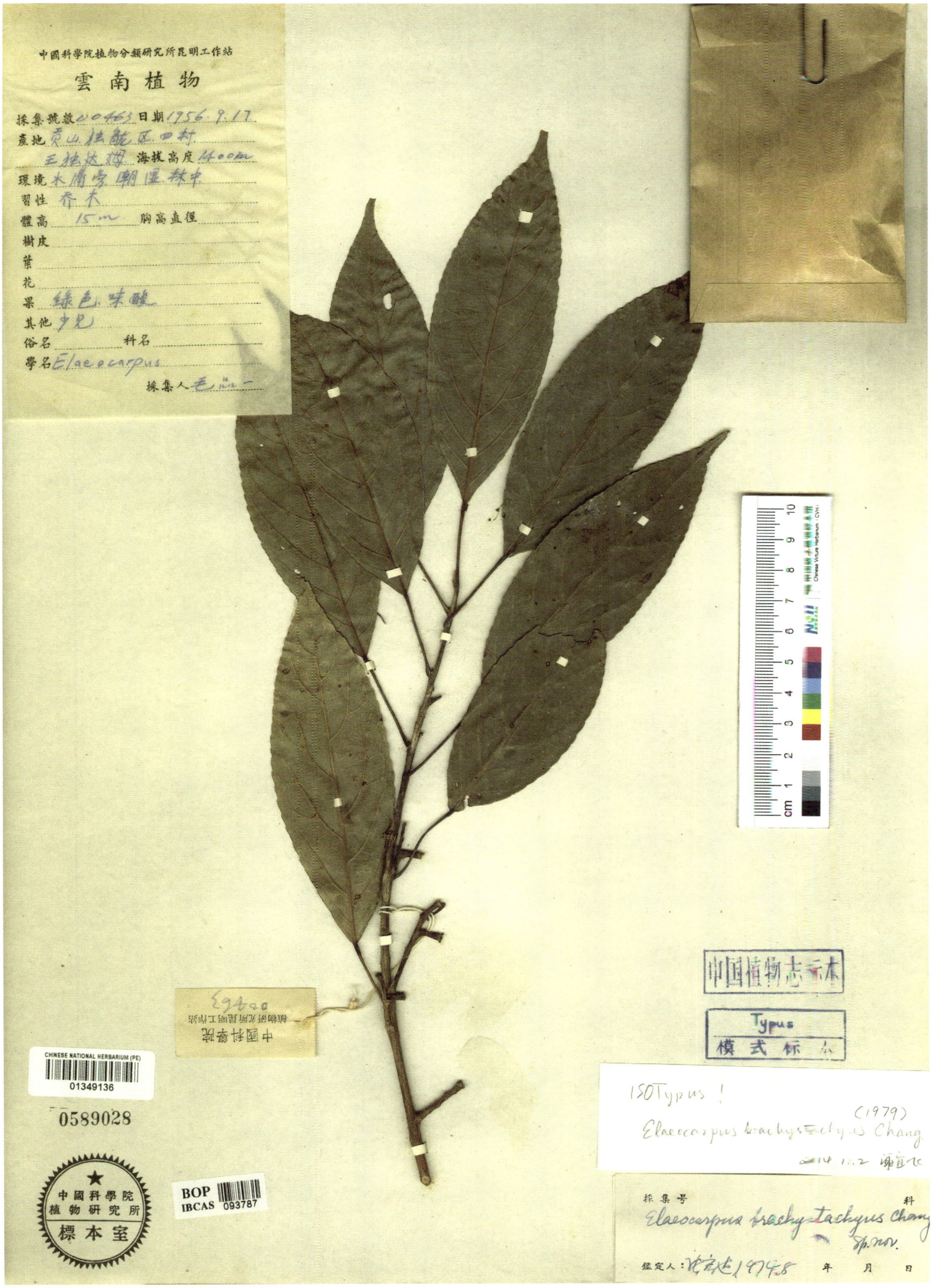

短穗杜英 ***Elaeocarpus brachystachyus*** H. T. Chang in Acta Phytotax. Sin. 17(1): 54, pl. 5: 2. 1979. **Isotype:** China. Yunnan: Gongshan, alt. 1 400 m, 1956-09-17, P. I Mao 00463.

滇北杜英 ***Elaeocarpus boreali-yunnanensis*** H. T. Chang in Acta Phytotaxon. Sin. 17(1): 57, pl. 6: 1. 1979. **Isotype:** China. Yunnan: Gongshan, T. T. Yu 19487.

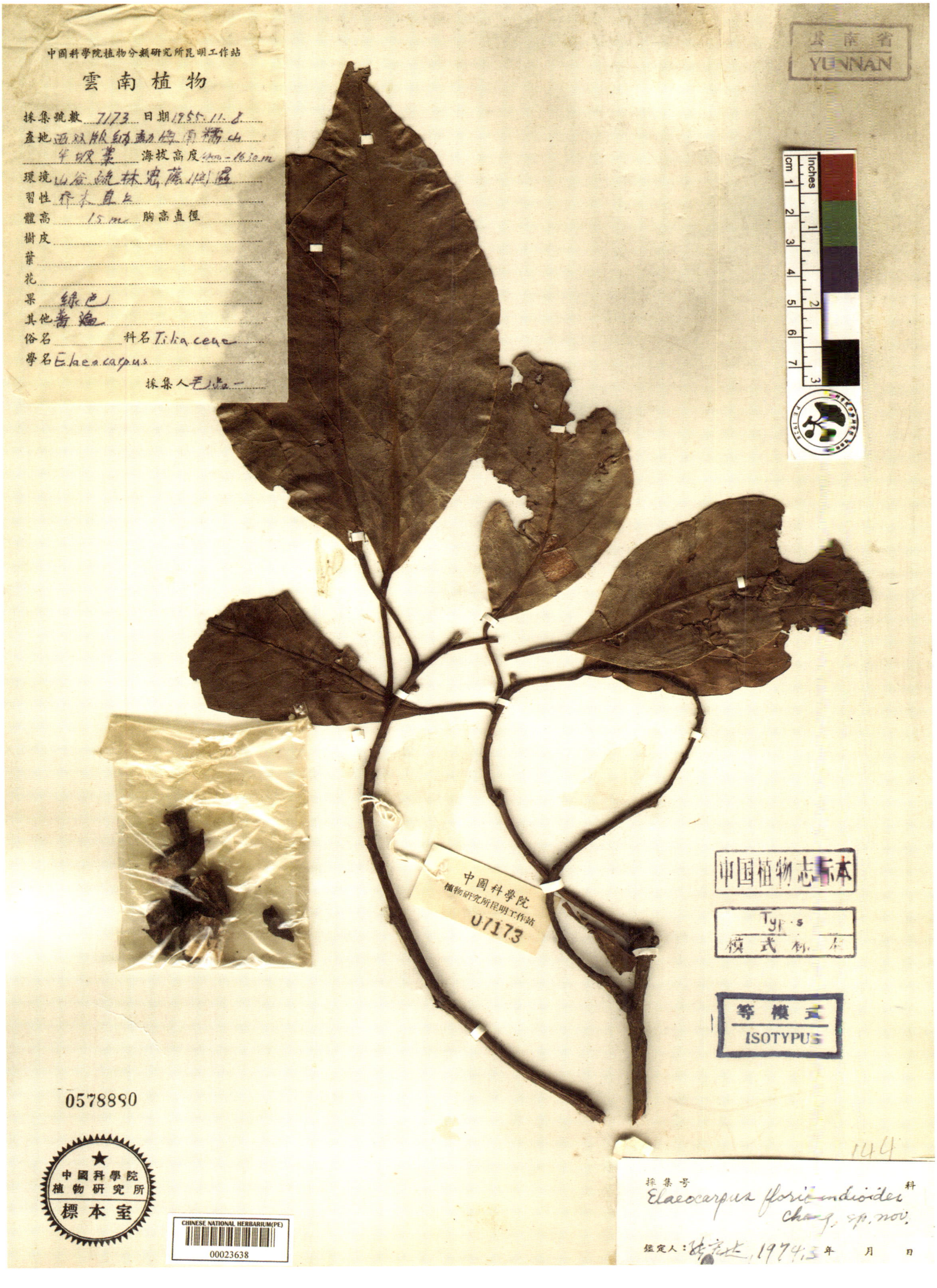

假多花杜英 ***Elaeocarpus floribundoides*** H. T. Chang in Acta Phytotaxon. Sin. 17(1): 56, pl. 5: 3. 1979 **Isotype:** China. Yunnan: Menghai, alt. 1 400~1 630 m, 1955-11-08, P. I Mao 7173.

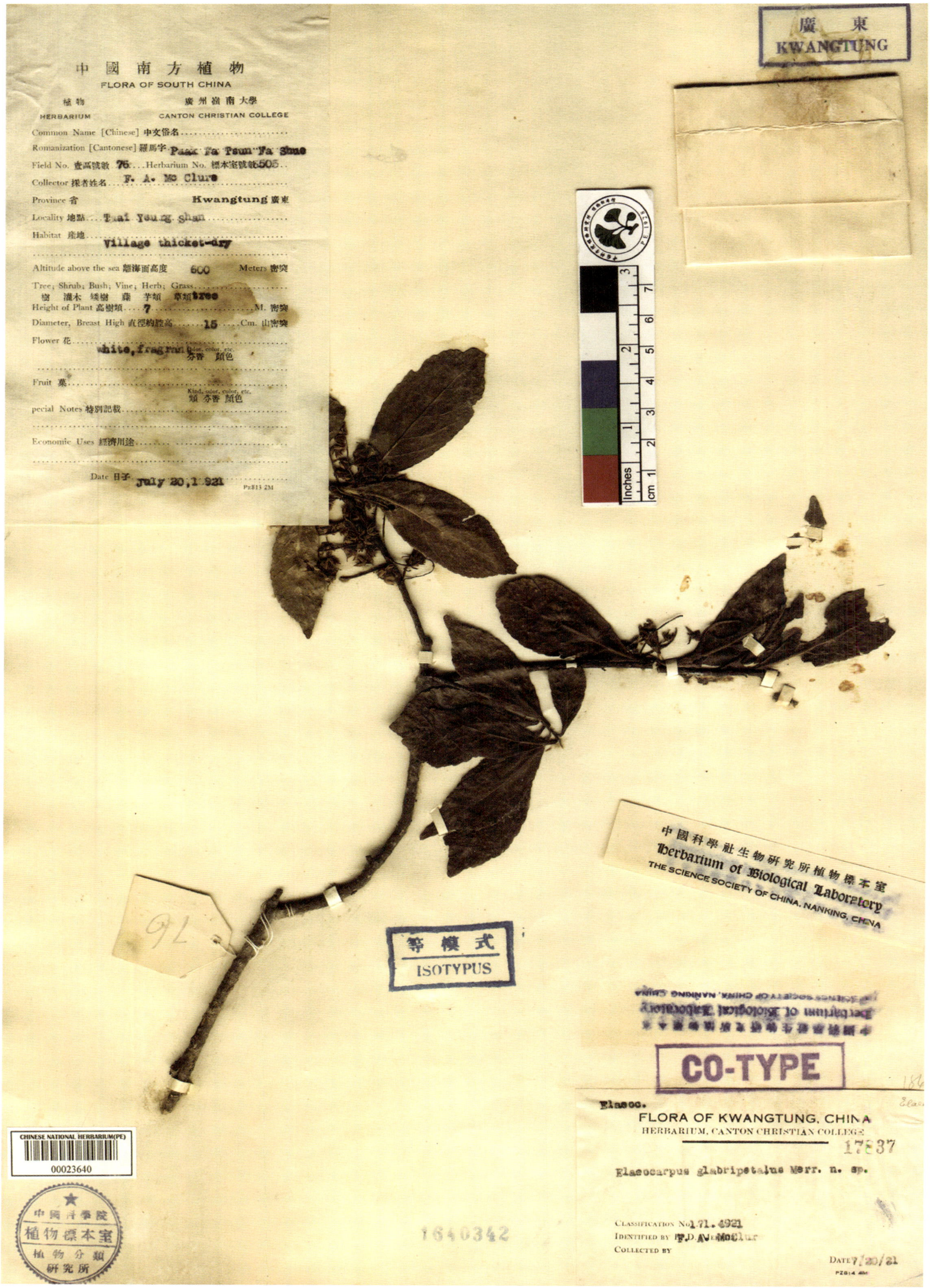

秃瓣杜英 ***Elaeocarpus glabripetalus*** Merr. in Philipp. J. Sci. 21(5): 501. 1922. **Isotype:** China. Guangdong: Shantou, alt. 600 m, 1921-07-20, F. A. McClure 6505.

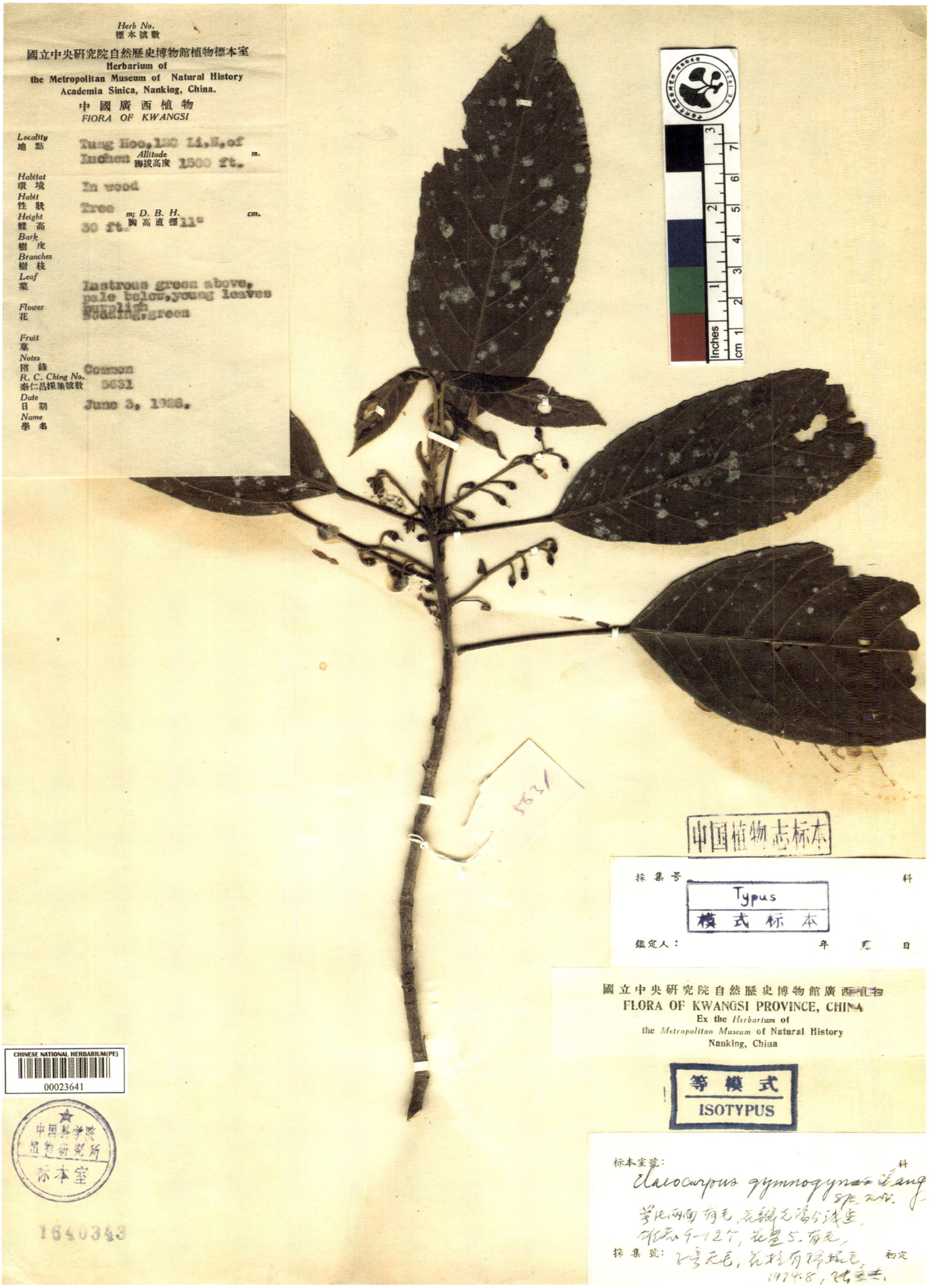

秃蜡杜英 ***Elaeocarpus gymnogynus*** H. T. Chang in Acta Phytotaxon. Sin. 17(1): 52, pl. 5: 1. 1979. **Isotype:** China. Guangxi: Luocheng, alt. 458 m, 1928-06-03, R. C. Ching 5631.

短叶水石榕 ***Elaeocarpus hainanensis*** Oliv. var. ***brachyphyllus*** Merr. in Lingnan Sci. J. 5(1-2): 123. 1927. **Isotype:** China. Hainan: Yik Tsok Mau, 1922-05-??, F. A. McClure 9757.

锈毛杜英 ***Elaeocarpus howii*** Merr. & Chun in Sunyatsenia 5(1-3): 124, pl. 18. 1940. **Isotype:** China. Hainan Baoting, alt. 854 m, 1935-06-21, F. C. How 72965.

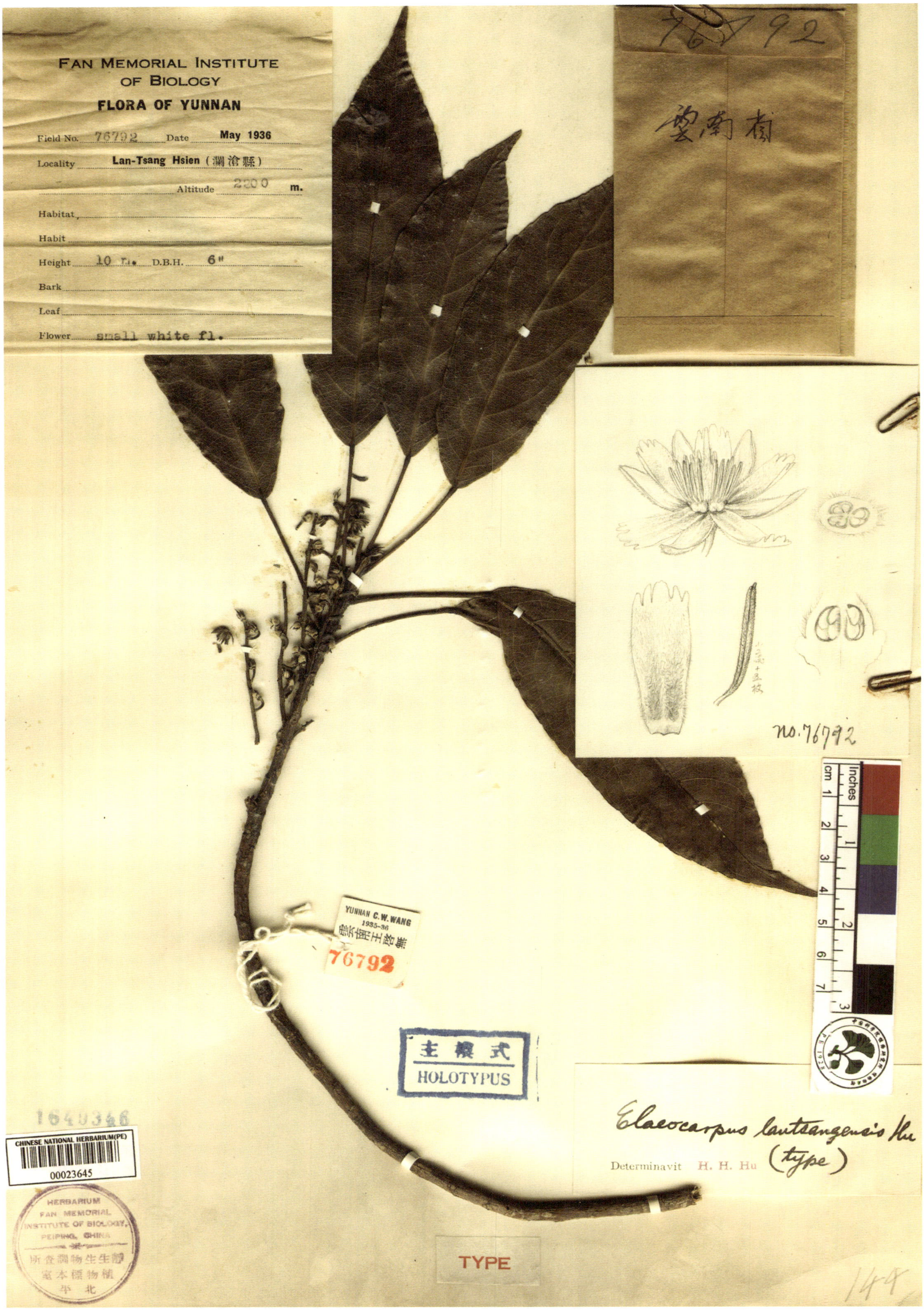

澜沧杜英 ***Elaeocarpus lantsangensis*** Hu in Bull. Fan Mem. Inst. Biol., Bot. Ser. 10: 137. 1940. **Holotype:** China. Yunnan: Lancang, alt. 2 200 m, 1936-05-??, C. W. Wang 76792.

灰毛杜英 ***Elaeocarpus limitaneus*** Hand.-Mazz. in Sinensia 3(8): 193. 1933. **Isotype:** China. Guangxi: Nanning, Shiwandashan, alt. 900 m, 1928-10-29, R. C. Ching 8305.

迈克杜英 ***Elaeocarpus maclurei*** Merr. in Lingnan Sci. J. 13(1): 63. 1934. **Isotype:** China. Hainan: Wanning, 1932-06-02, F. A. McClure 20156.

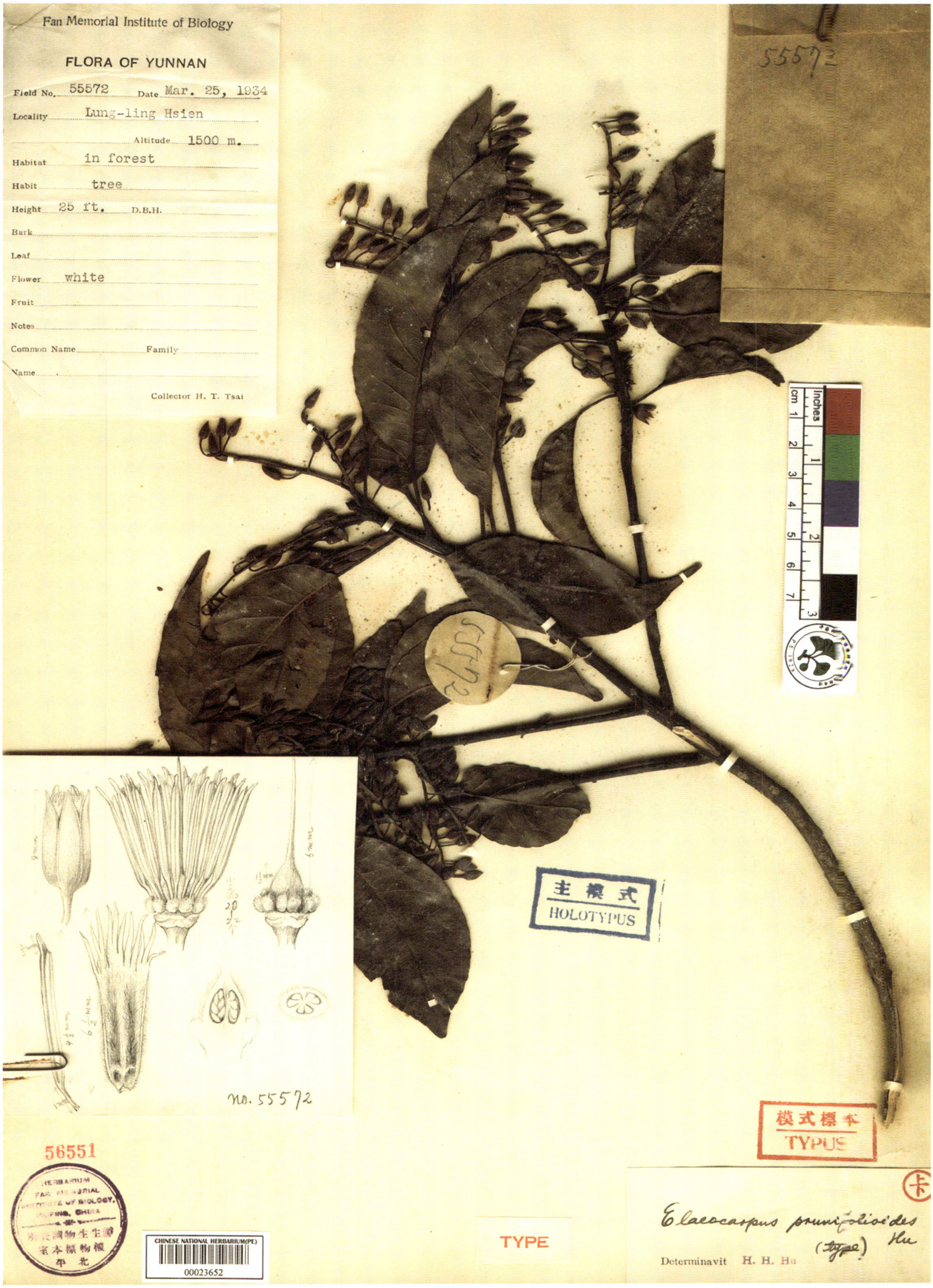

樱叶杜英 ***Elaeocarpus prunifolioides*** Hu in Bull. Fan Mem. Inst. Biol., Bot. Ser. 10: 138. 1940. **Holotype:** China. Yunnan: Longling, alt. 1 500 m, 1934-03-25, H. T. Tsai 55572.

直脉杜英 ***Elaeocarpus prunifolioides*** Hu var. ***rectinervis*** Chang in Acta Phytotaxon. Sin. 17(1): 57. 1979. **Isotype:** China. Yunnan: Che-li (=Jinghong), alt. 1 300 m, 1936-09-??, C. W. Wang 78576.

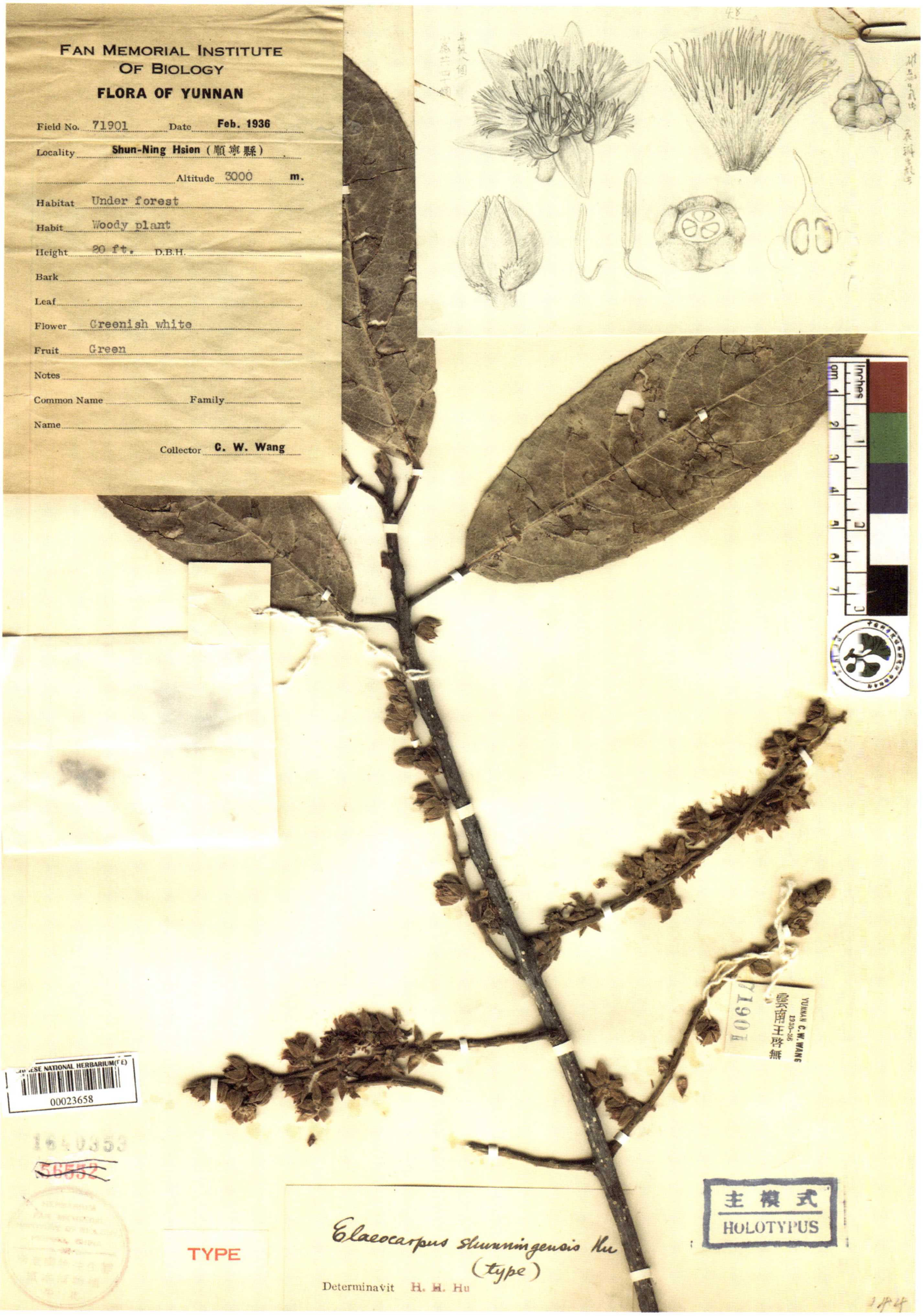

顺宁杜英 ***Elaeocarpus shunningensis*** Hu in Bull. Fan Mem. Inst. Biol., Bot. Ser. 10: 140. 1940. **Holotype:** China. Yunnan: Shunning (=Fengqing), alt. 3 000 m, 1936-02-??, C. W. Wang 71901.

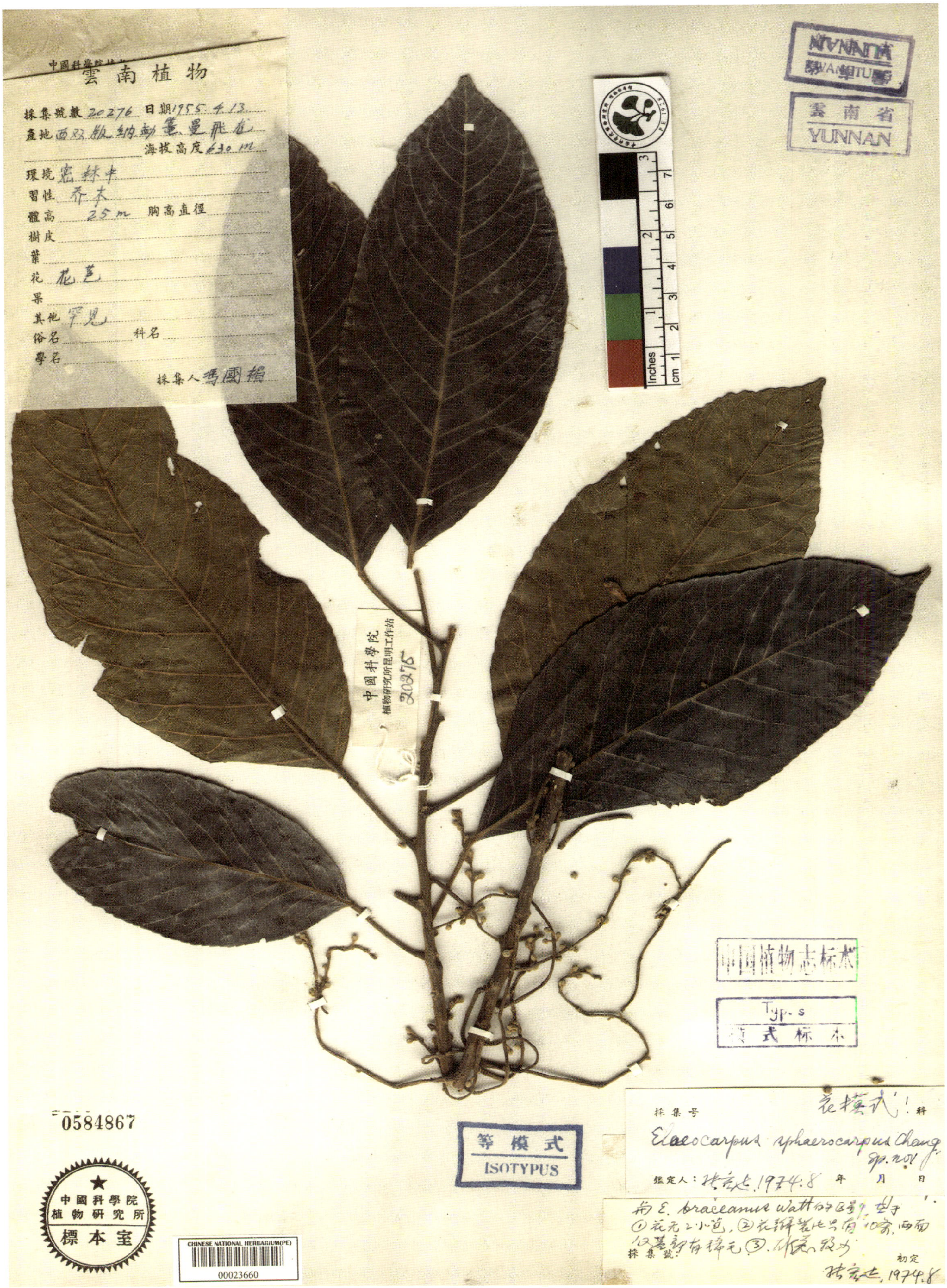

阔叶圆果杜英 ***Elaeocarpus sphaerocarpus*** H. T. Chang in Acta Phytotaxon. Sin. 17(1): 56, pl. 5: 4. 1979. **Isotype:** China. Yunnan: Jinghong, 1955-04-13, K. M. Feng 20276.

贞丰猴欢喜 ***Sloanea chengfengensis*** Hu in Sinensia 3: 85. 1932. **Holotype:** China. Guizhou: Cheng-feng (=Zhenfeng), 1930-10-17, Y. Tsiang 4641.

百色猴欢喜 ***Sloanea chingiana*** Hu in J. Arnold Arbor. 11(1): 49. 1930. **Isotype:** China. Guangxi: Baise, alt. 1 159 m, 1928-09-17, R. C. Ching 7486.

秀丽猴欢喜 ***Sloanea elegans*** Chun in Hook. Icon. Pl. 11(3): t. 3159. 1932. **Isoparatype:** China. Guangdong: Kook Kiang, Lung-Tou Shan, 1930-09-01, S. P. Ko 50796.

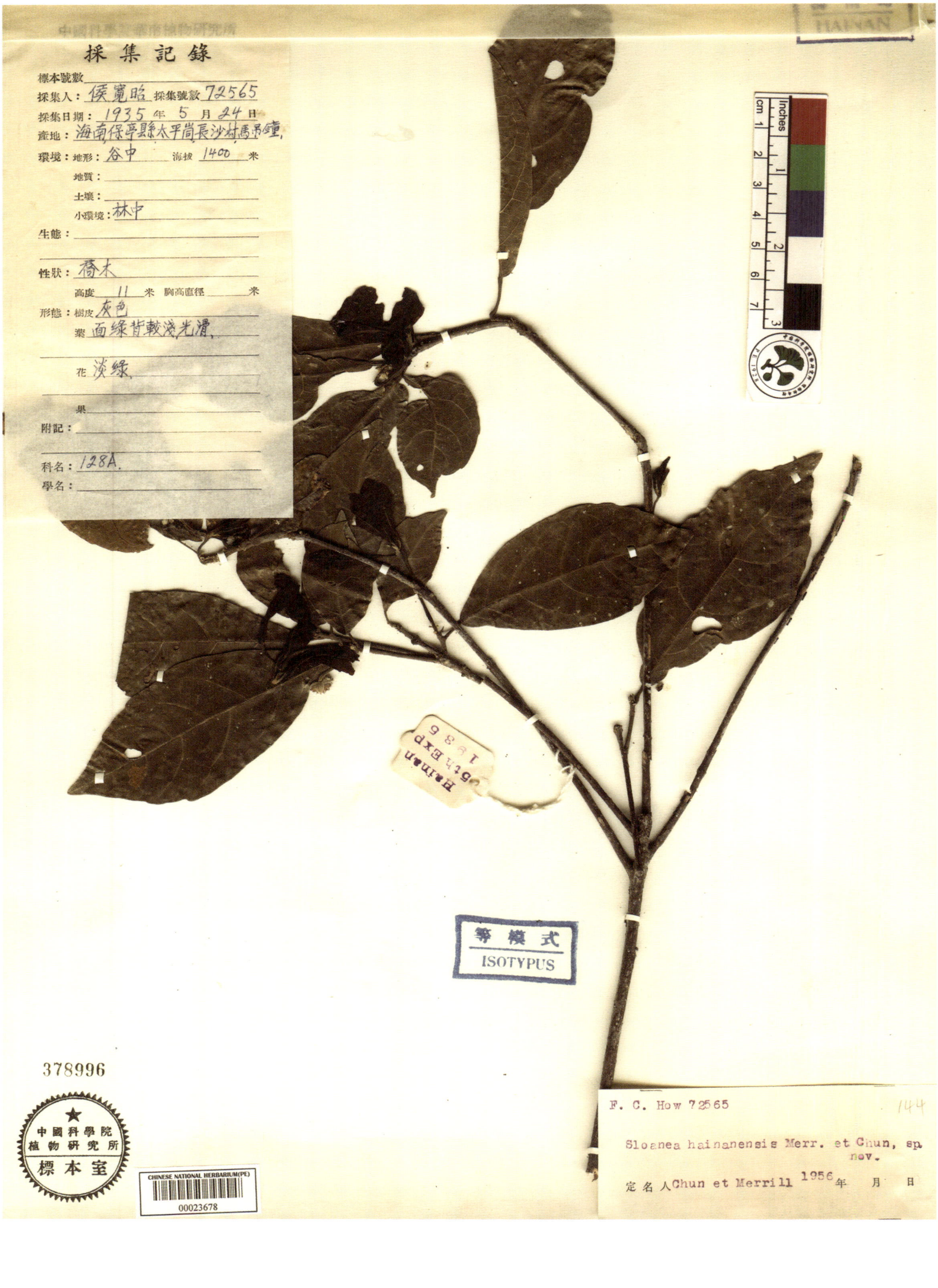

海南猴欢喜 ***Sloanea hainanensis*** Merr. & Chun in Sunyatsenia 5(1-3): 123, pl. 17. 1940. **Isotype:** China. Hainan: Baoting, alt. 1 400 m, 1935-05-24, F. C. How 72565.

贵州猴欢喜 ***Sloanea kweichowensis*** Hu in Sinensia 3: 84. 1932. **Holotype:** China. Guizhou: Sanhoa (=Sandu), alt. 700 m, 1930-08-05, Y. Tsiang 6279.

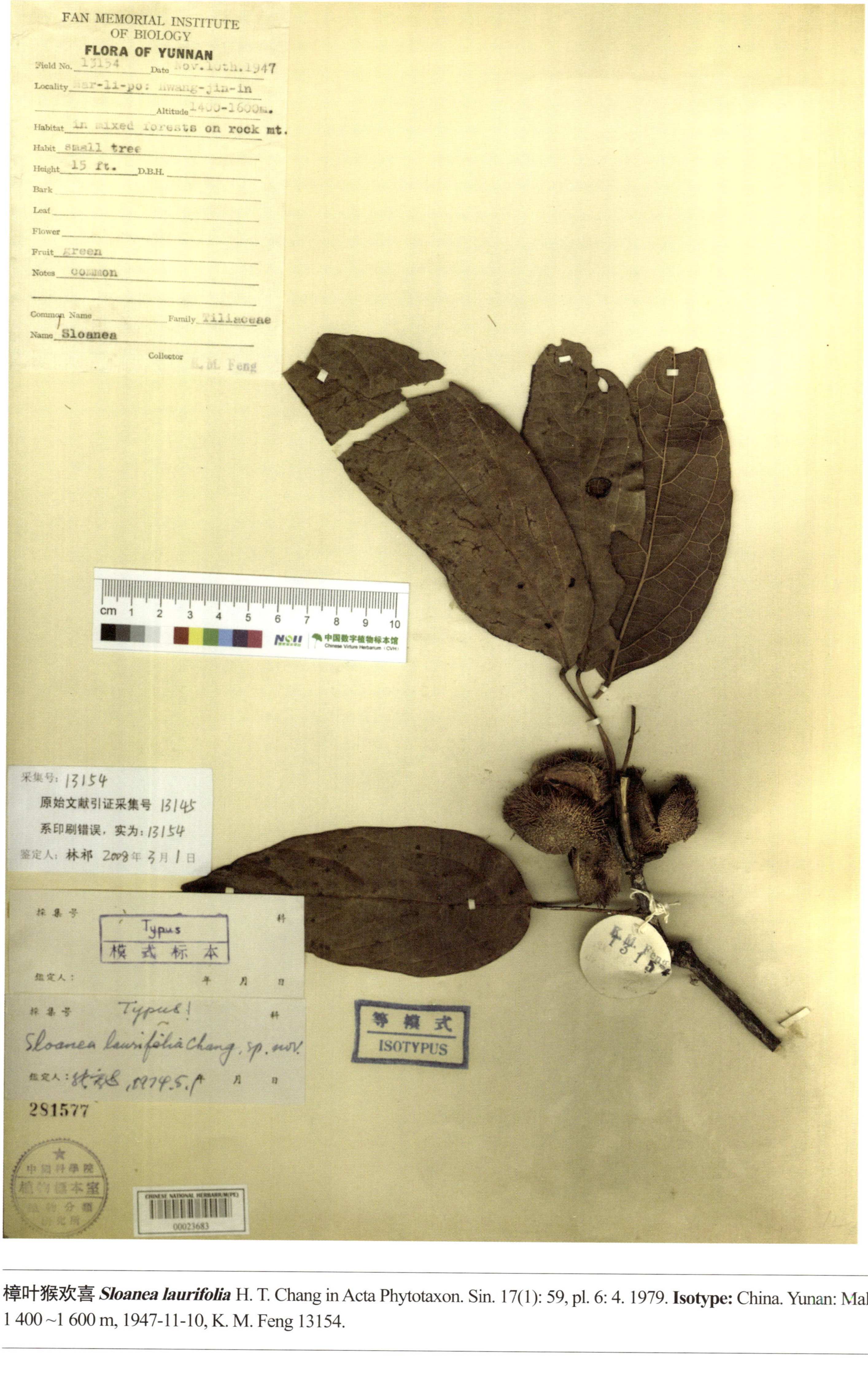

樟叶猴欢喜 ***Sloanea laurifolia*** H. T. Chang in Acta Phytotaxon. Sin. 17(1): 59, pl. 6: 4. 1979. **Isotype:** China. Yunan: Malipo, alt. 1 400 ~1 600 m, 1947-11-10, K. M. Feng 13154.

细叶猴欢喜 ***Sloanea parvifolia*** Chun & How in Acta Phytotaxon. Sin. 7(1): 14, pl. 5: 1. 1958. **Isotype:** China. Hainan: Baisha, Wuzhishan, 1954-11-11, Hainan Exped. 657.

蒋英猴欢喜 ***Sloanea tsiangiana*** Hu in Bull. Fan Mem. Inst. Biol., Bot. 5: 310. 1934. **Holotype:** China. Guizhou: Zhenfeng, 1930-10-16, Y. Tsiang 4538.

缙云猴欢喜 ***Sloanea tsinyunensis*** Chien in Contr. Biol. Lab. Sci. Soc. China, Bot. Ser. 12(2): 89. 1939. **Lectotype** (designated by Q. Lin & Z. R. Yang in Bull. Bot. Res., Harbin 30: 129. 2010.): China. Chongqing: Beibei, Jinyunshan, 1938-02-26, K. L. Chu 6616.

Tiliaceae

椴树科

duanshu ke

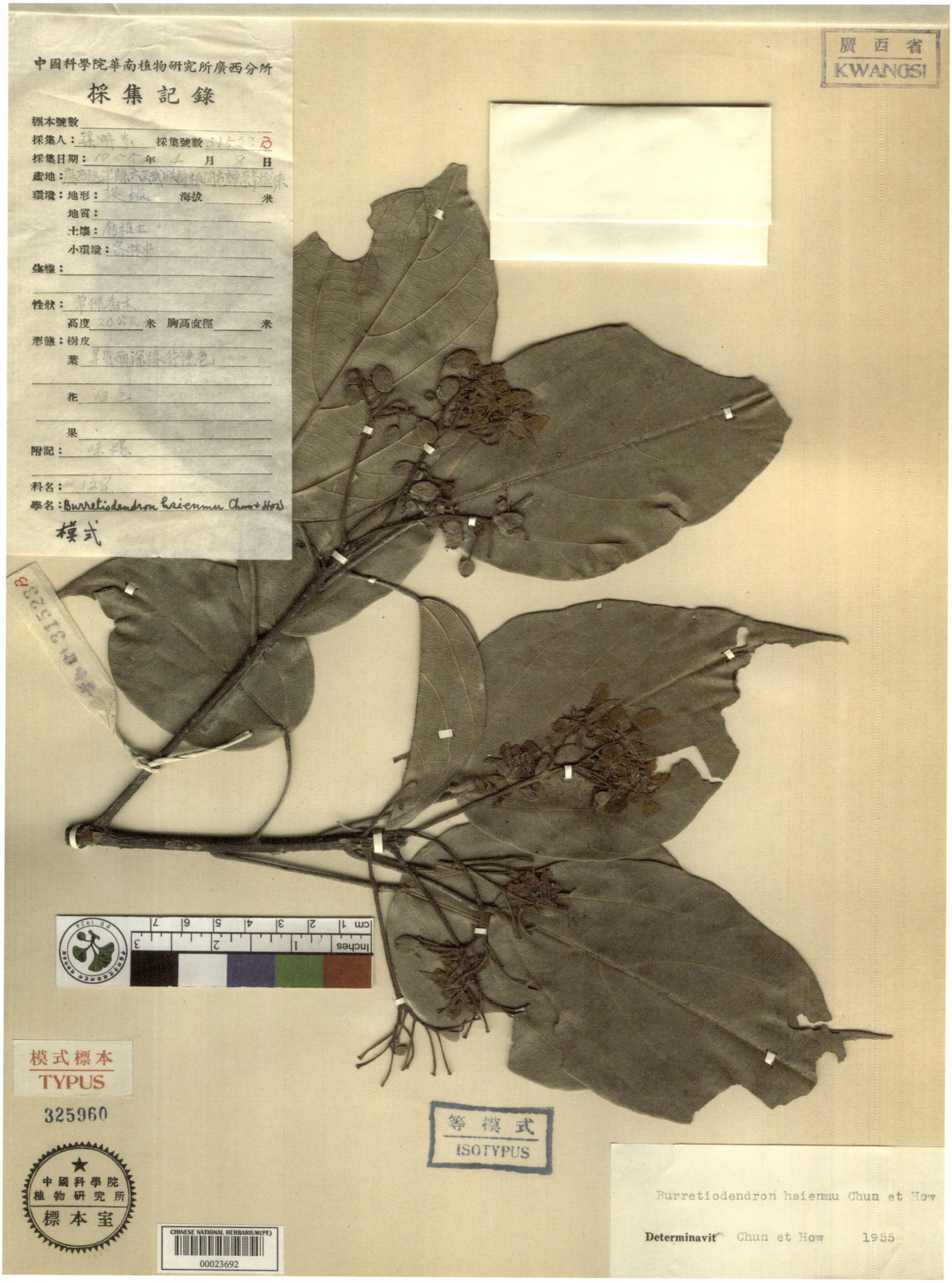

蚬木 ***Burretiodendron hsienmu*** Chun & How in Acta Phytotaxon. Sin. 5(1): 9, pl. 3. 1956. **Isotype:** China. Guangxi: Longzhou, 1955-04-08, C. F. Liang 31523B.

长蒴蚬木 ***Burretiodendron obconicum*** Chun & How in Acta Phytotaxon. Sin. 5(1): 11, pl. 4. 1956. **Isotype:** China. Guangxi: Longzhou, 1955-07-01, C. F. Liang 31537.

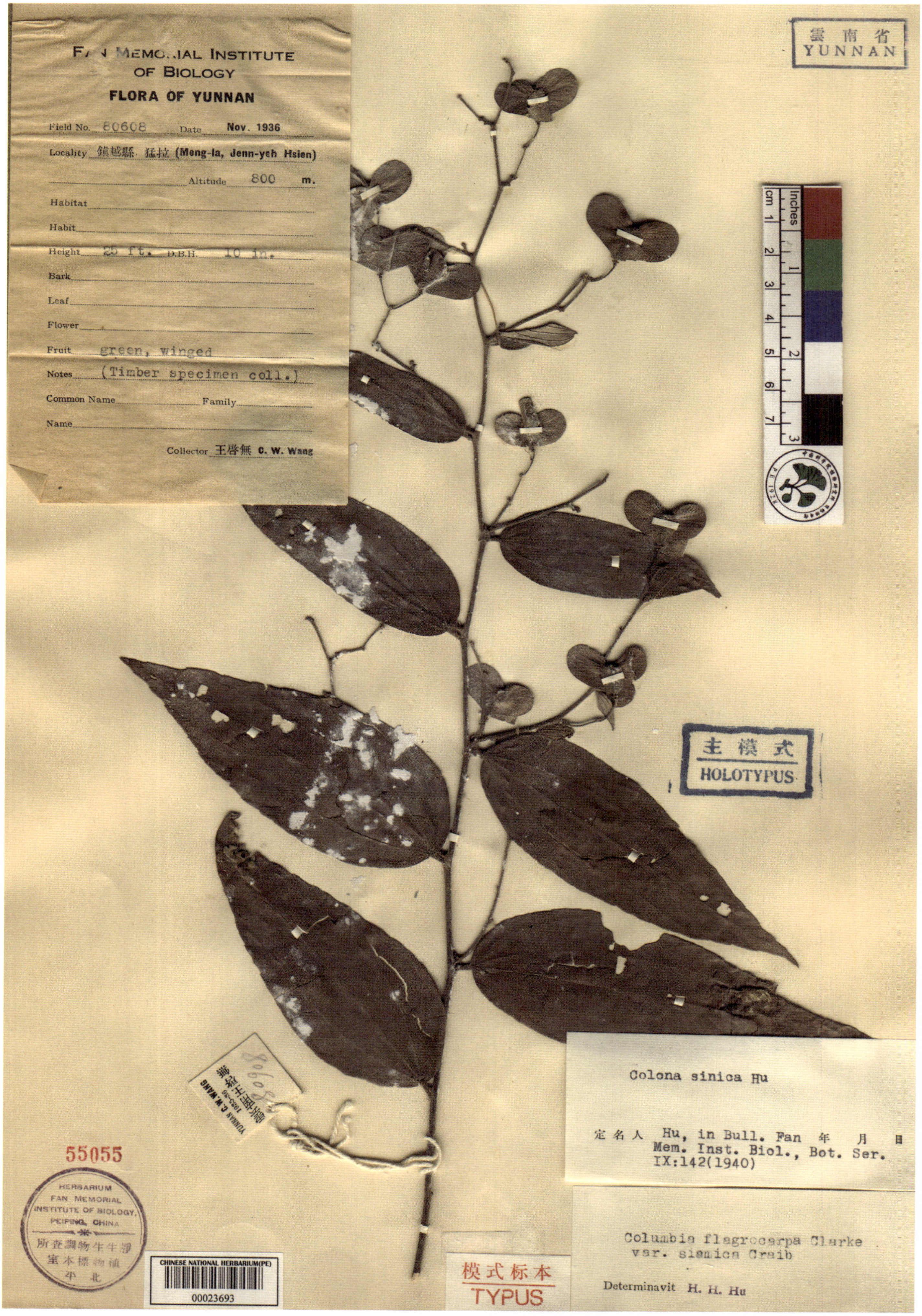

华一担柴 ***Colona sinica*** Hu in Bull. Fan Mem. Inst. Biol., Bot. Ser. 10: 142. 1940. **Holotype:** China. Yunnan: Jenn-yeh (=Mengla), alt. 800 m, 1936-11-??, C. W. Wang 80608.

菱叶蚬木 ***Excentrodendron rhombifolium*** H. T. Chang & R. H. Miau in Acta Sci. Nat. Univ. Sunyatseni 1978(3): 23. 1978. **Isotype:** China. Guangxi: Longzhou, alt. 3 000 m, 1957-06-13, S. H. Chun 11852.

狭萼扁担杆 ***Grewia angustisepala*** H. T. Chang in Acta Phytotaxon. Sin. 20(2): 175. 1982. **Paratype:** China. Yunnan: Zhenkang, alt. 1 100 m, 1938-08-21, T. T. Yu 17433.

同色扁担杆 ***Grewia concolor*** Merr. in Lingnan Sci. J. 14(1): 35. 1935. **Isotype:** China. Hainan: Ngai (=Sanya), 1932-08-(21-22), S. K. Lau 428.

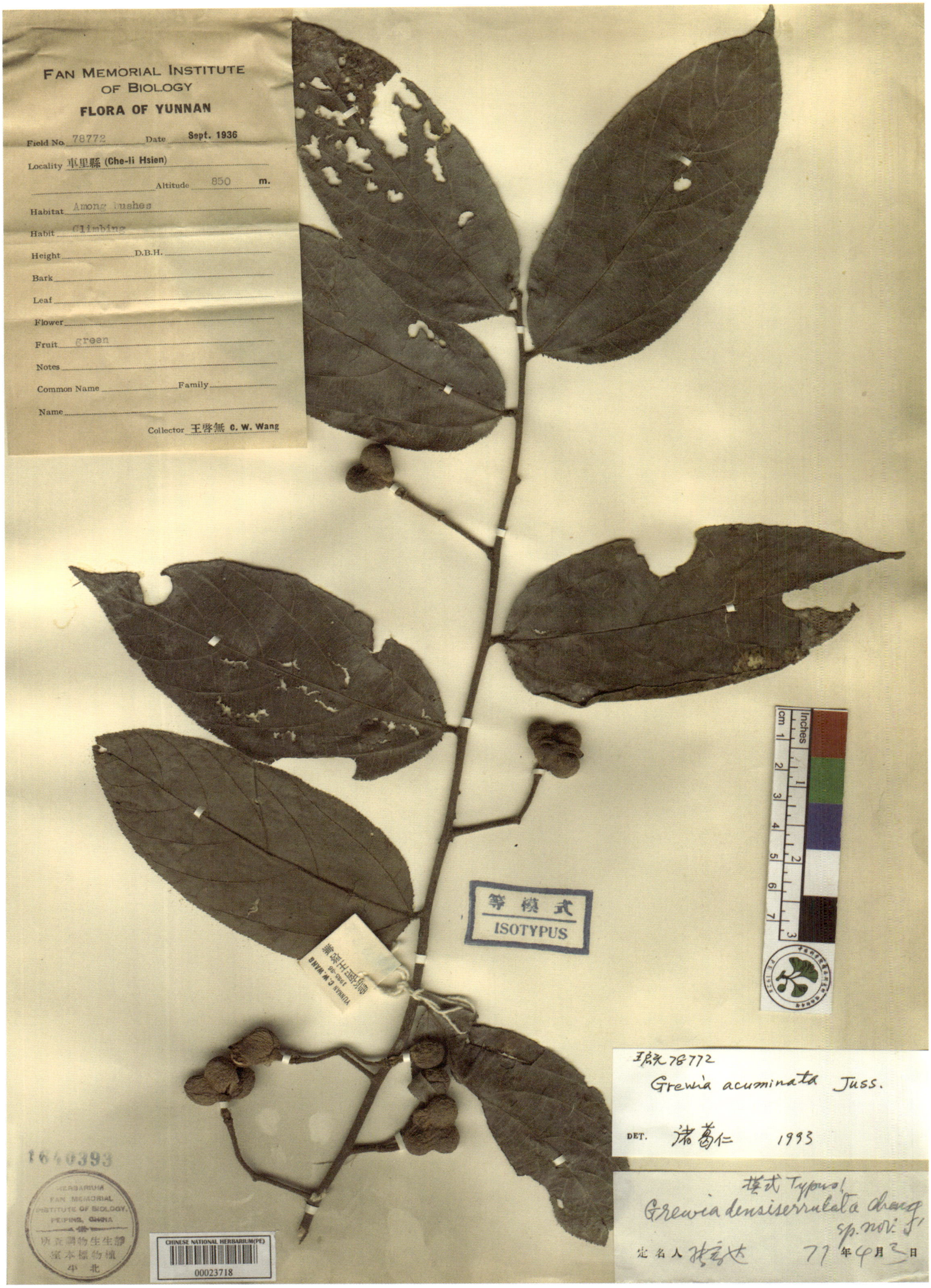

密齿扁担杆 ***Grewia densiserrulata*** H. T. Chang in Acta Phytotaxon. Sin. 20(2): 178. 1982. **Isotype:** China. Yunnan: Che-li (=Jinghong), alt. 850 m, 1936-09-??, C. W. Wang 78772.

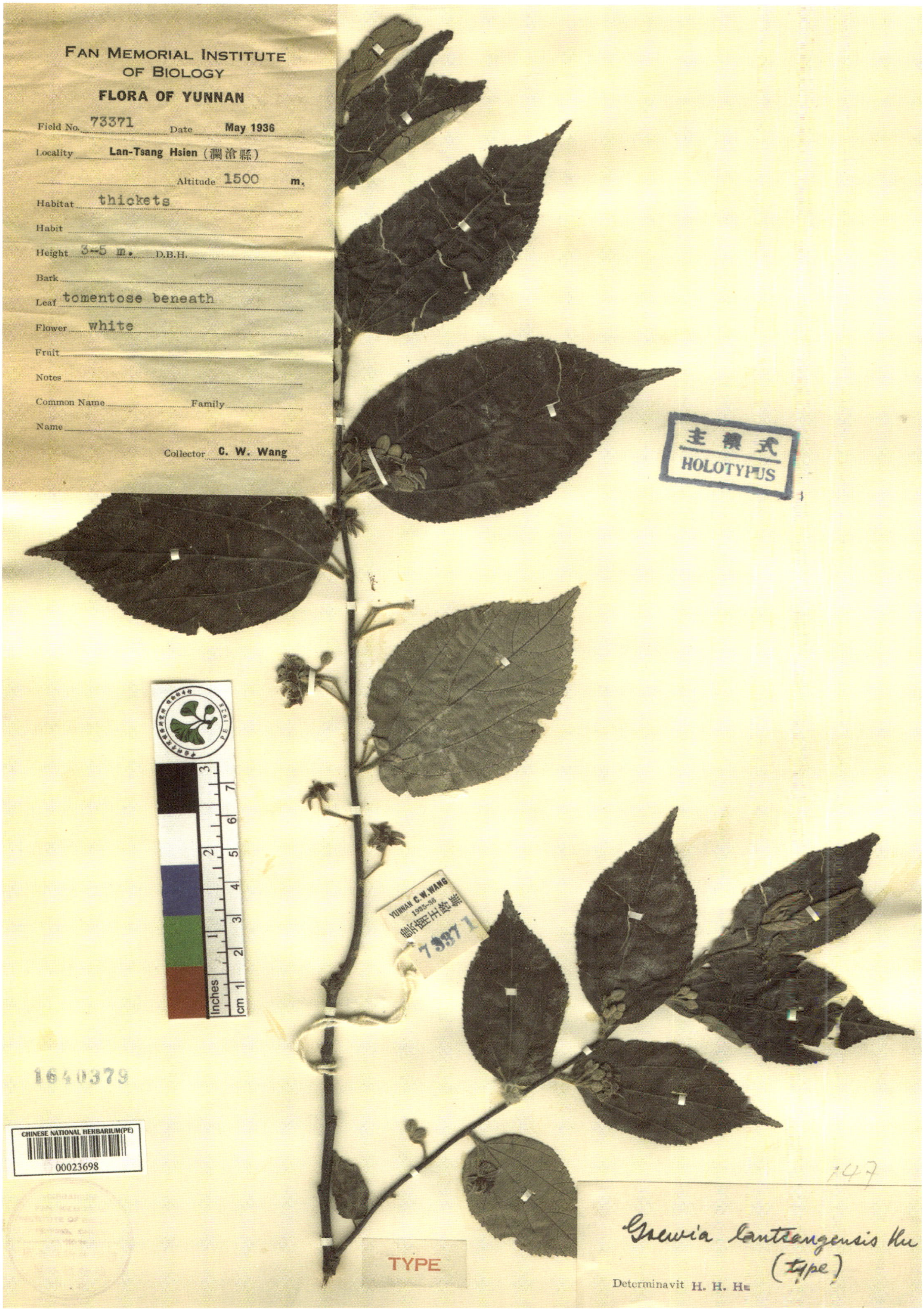

澜沧扁担杆 ***Grewia lantsangensis*** Hu in Bull. Fan Mem. Inst. Biol., Bot. Ser. 10: 134. 1940. **Holotype:** China. Yunnan: Lancang, alt. 1 500 m, 1936-05-??, C. W. Wang 73371.

长瓣扁担杆 ***Grewia macropetala*** Burret in Feede, Rep. Sp. Nov. Regni Veg. 33: 74. 1933. **Isotype:** China. Guangxi: Ni-bai, alt. 702 m, 1928-06-29, R. C. Ching 6288.

硬毛扁担杆 ***Grewia rugulosa*** C.Y. Wu ex H.T. Chang in Acta Phytotaxon. Sin. 20(2): 177. 1982. **Isotype:** China. Yunnan: Puwen (=Simao), alt. 930 m, 1955-10-11, P. I Mao 6610.

海南椴 ***Hainania trichosperma*** Merr. in Lingnan Sci. J. 14(1): 36, f. 12. 1935. **Isotype:** China. Hainan: Ngai (=Sanya), 1932-09-05, S. K. Lau 476.

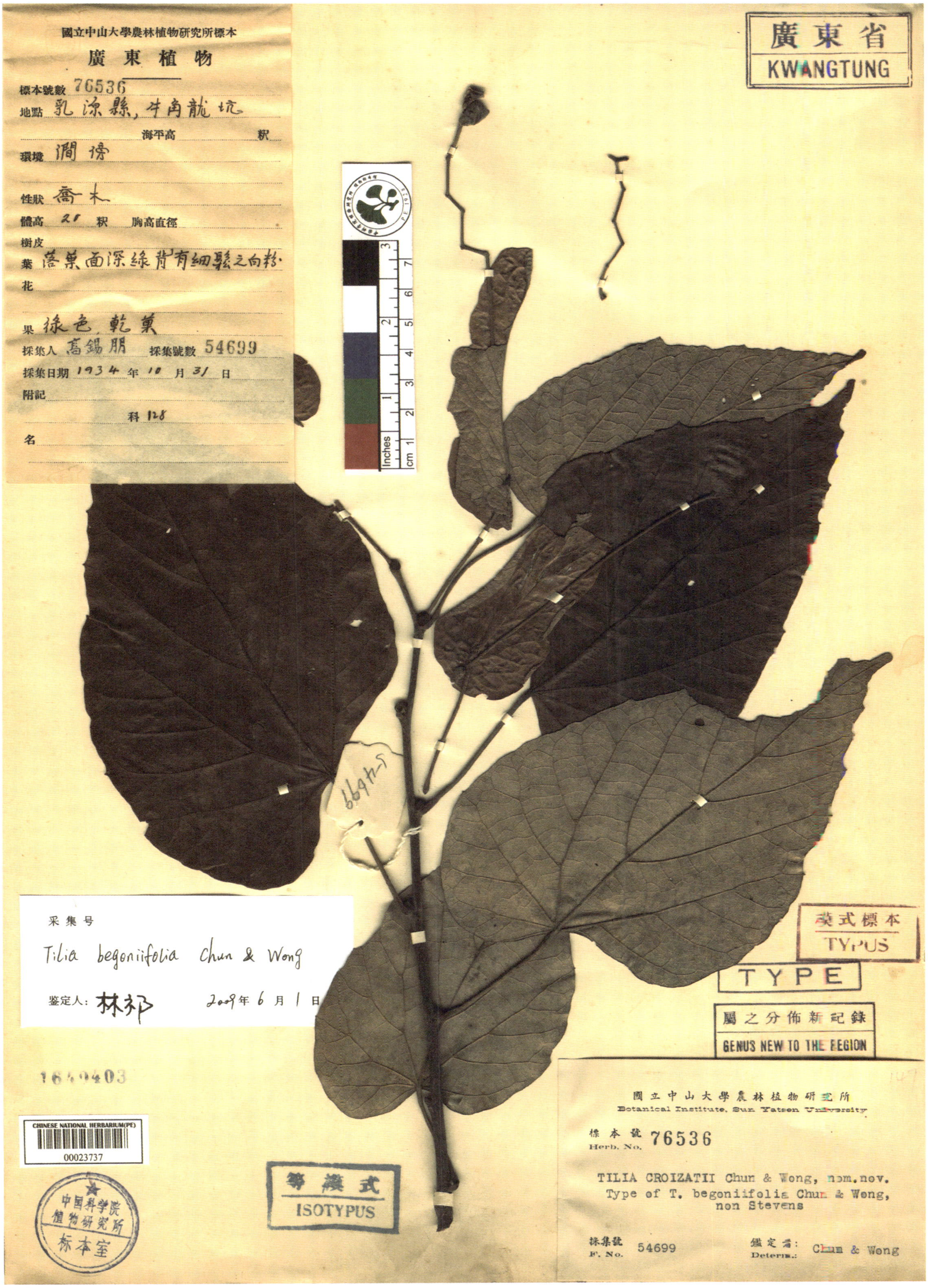

秋海棠叶椴 ***Tilia begoniifolia*** Chun & H. D. Wong in Sunyatsenia 3(1): 38, pl. 4. 1935. **Isotype:** China. Guangdong: Ruyuan, 1934-10-31, S. P. Ko 54699.

美齿椴 ***Tilia callidonta*** H. T. Chang in Acta Phytotaxon. Sin. 20(2): 171. 1982. **Isotype:** China. Yunnan: Zhcngdian (=Shangri-La), alt. 2 800 m, 1943-11-11, K. M. Feng 9356.

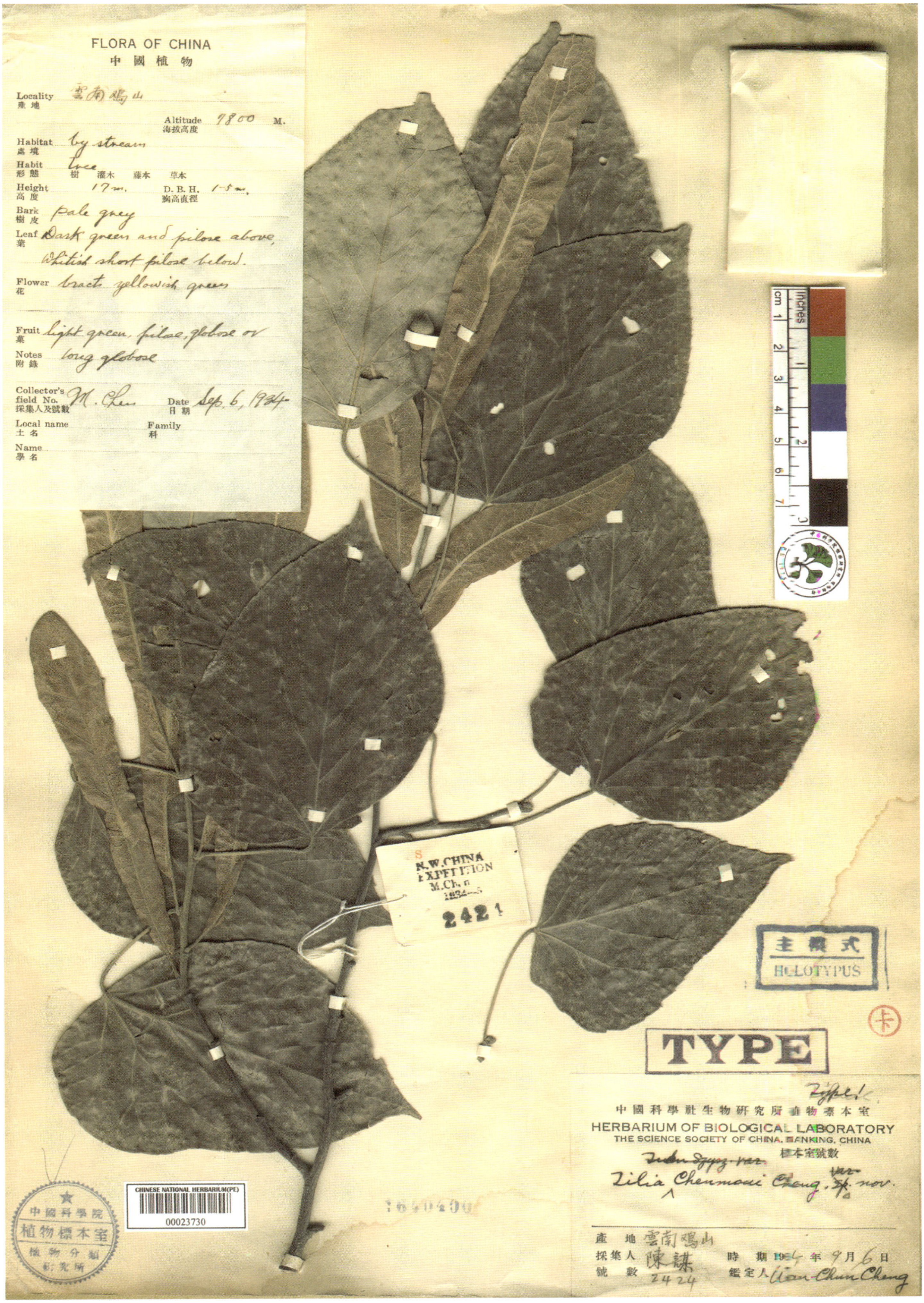

长苞椴 ***Tilia chenmoui*** W. C. Cheng in Contr. Biol. Lab. Sci. Soc. China, Bot. Ser. 10(2): 170. 1936. **Holotype:** China. Yunnan: Dali, alt. 2 379 m, 1934-09-06, M. Chen 2424.

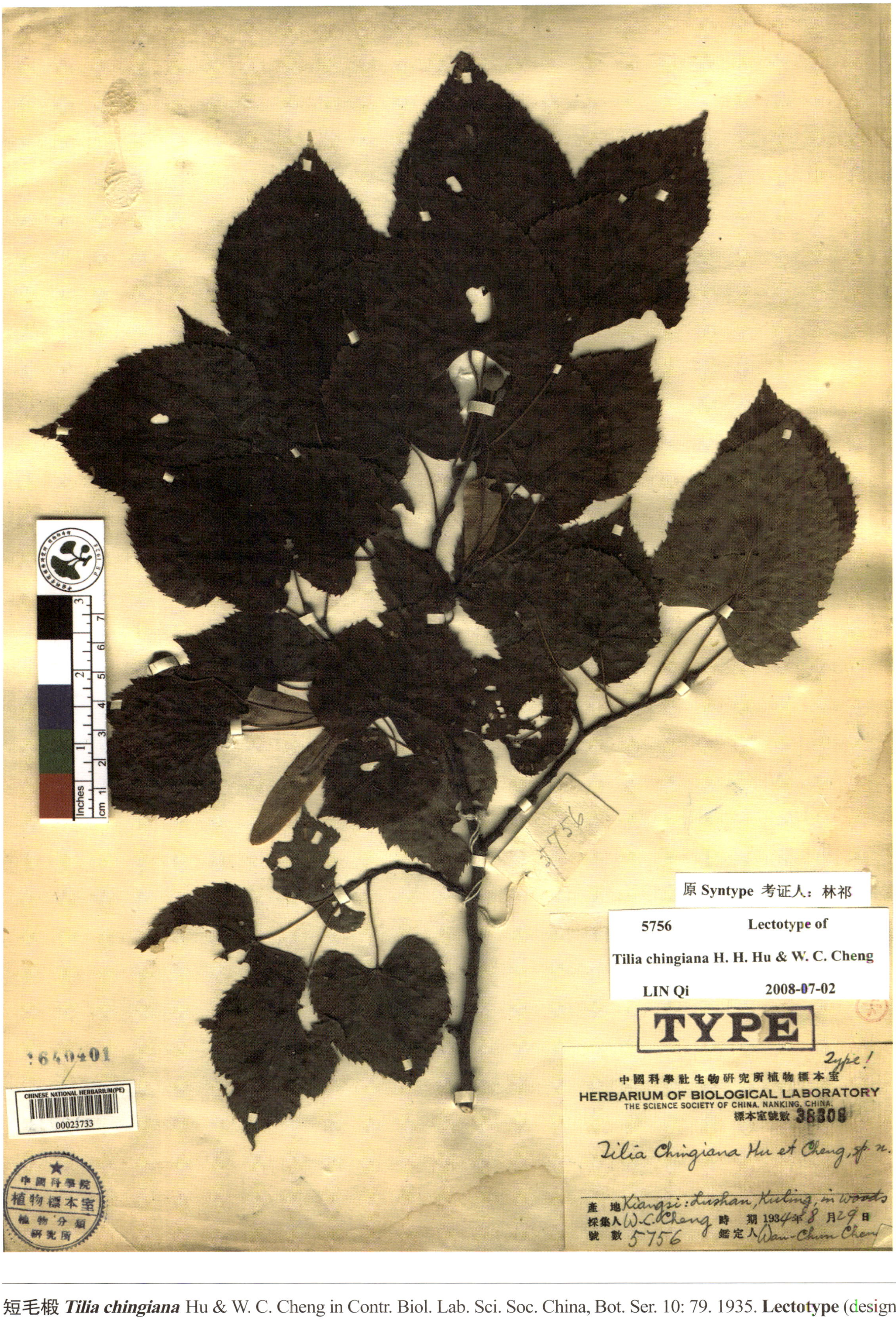

短毛椴 ***Tilia chingiana*** Hu & W. C. Cheng in Contr. Biol. Lab. Sci. Soc. China, Bot. Ser. 10: 79. 1935. **Lectotype** (designated by Q. Lin & al. in Acta Bot. Boreal.-Occident. Sin. 29: 176. 2009.): China. Jiangxi: Lushan, 1934-08-29, W. C. Cheng 5756.

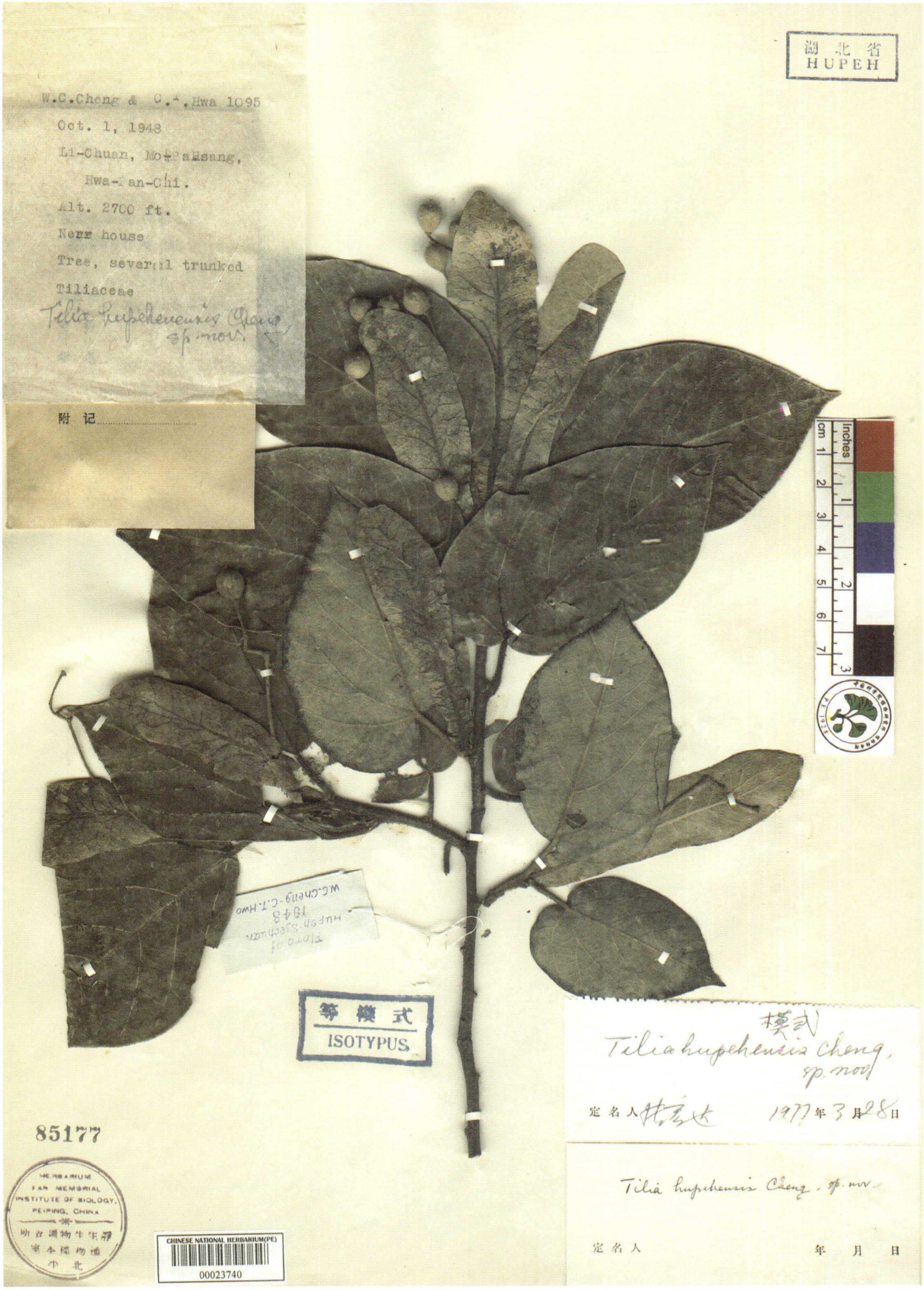

湖北椴 ***Tilia hupehensis*** W. C. Cheng ex H. T. Chang in Acta Phytotaxon. Sin. 20(2): 173. 1982. **Isotype:** China. Hubei: Lichuan, alt. 824 m, 1948-10-01, W. C. Cheng & C. T. Hwa 1095.

贵州椴 ***Tilia kueichouensis*** Hu in Acta Phytotaxon. Sin. 8(3): 198. 1963. **Holotype:** China. Guizhou: Zunyi, alt. 1 000 m, 1956-08-17, Sichuan-Guizhou Exped. 1000.

广东椴 ***Tilia kwangtungensis*** Chun & H. D. Wong in Sunyatsenia 3(1): 41, f. 8. 1935. **Isotype:** China. Guangdong: Ruyuan, 1933-08-07, S. P. Ko 53143.

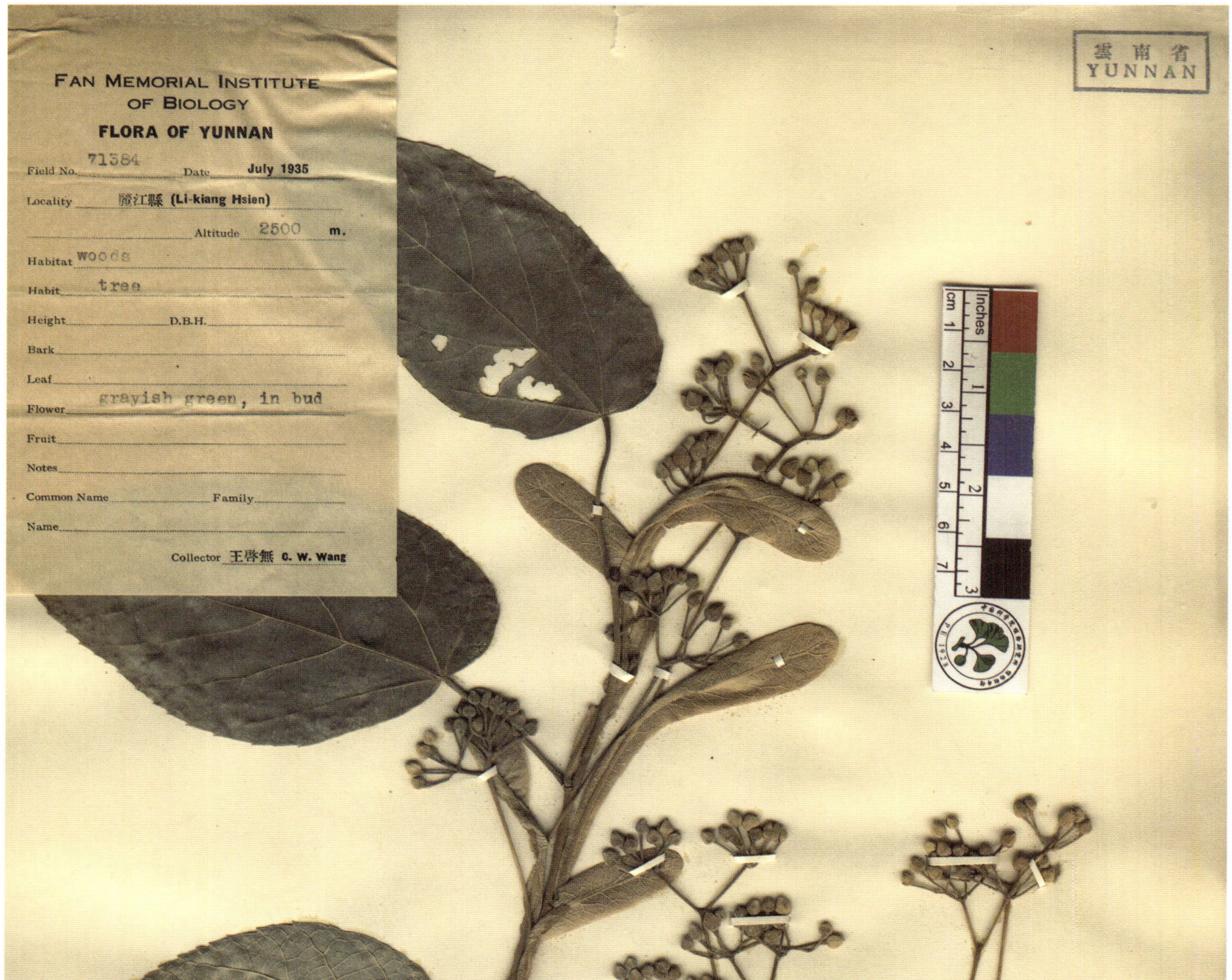

丽江椴 ***Tilia likiangensis*** H. T. Chang in Acta Phytotaxon. Sin. 20(2): 171. 1982. **Isotype:** China. Yunnan: Lijiang, alt. 2 500 m, 1935-07-??, C. W. Wang 71384.

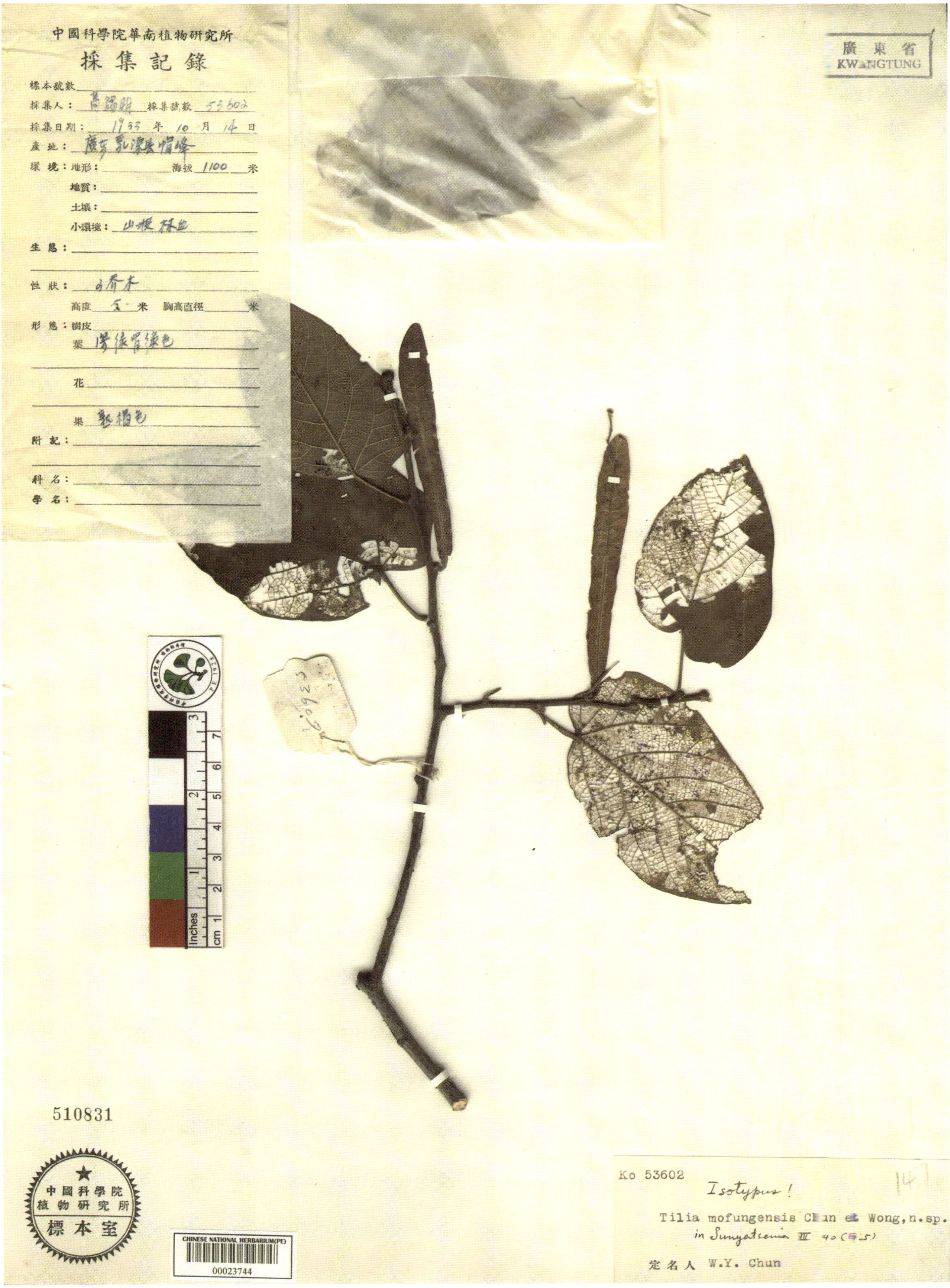

帽峰椴 ***Tilia mofungensis*** Chun & H. D. Wong in Sunyatsenia 3(1): 40, pl. 5. 1935. **Isotype:** China. Guangdong, Ruyuan, alt. 1 100 m, 1933-10-14, S. P. Ko 53602.

蒙椴 ***Tilia mongolica*** Maxim. in Bull. Acad. Imp. Sci. St.-Petersb. 26(3): 433. 1880. **Isosyntype:** Mongolia Muni-ula, 1871-07-(09-21), N. M. Przewalski 237.

南川椴 ***Tilia nanchuanensis*** H. T. Chang in Acta Phytotaxon. Sin. 20(2): 174. 1982. **Isotype:** China. Chongqing: Nanchuan, Jinfoshan, alt. 1 700 m, 1957-08-16, J. H. Xiong & Z. L. Zhou 92778.

矩圆叶椴 ***Tilia oblongifolia*** Rehd. in J. Arnold Arbor. 8(3): 170. 1927. **Isotype:** China. Anhui: Huangshan, alt. 425 m, 1925-07-21, R. C. Ching 3078.

宽叶椴 ***Tilia platyphyllos*** Scopoli in Taxon 46: 351. 1997. **Isotype:** Cultivated in England. Cambridge, University Botanic Garden, 1995-08-02, Donald Pigott 95-97.

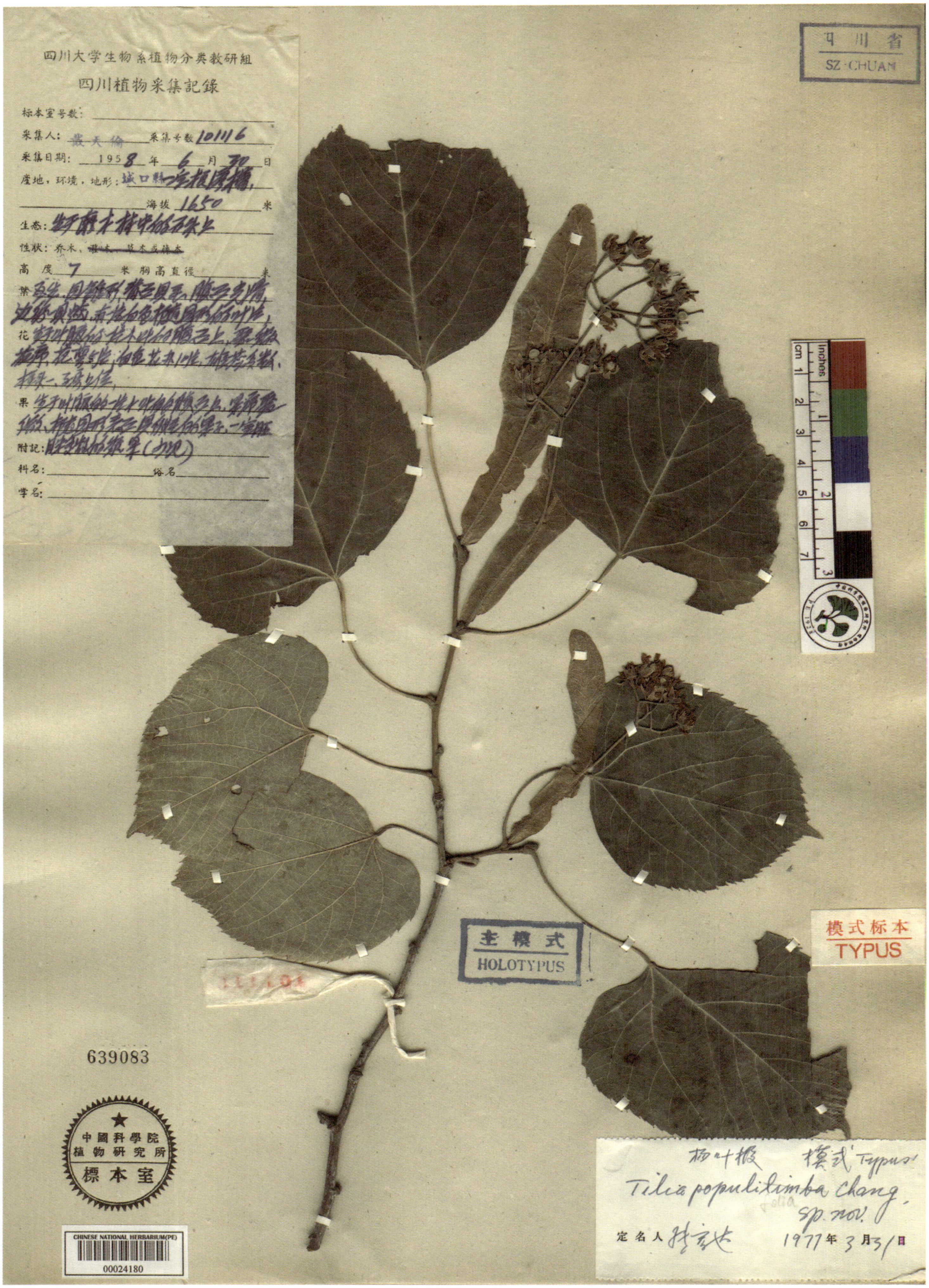

杨叶椴 ***Tilia populifolia*** H. T. Chang in Acta Phytotaxon. Sin. 20(2): 174. 1982. **Holotype:** China. Chongqing: Chengkou, alt. 1 650 m, 1958-06-30, T. L. Dai 101116.

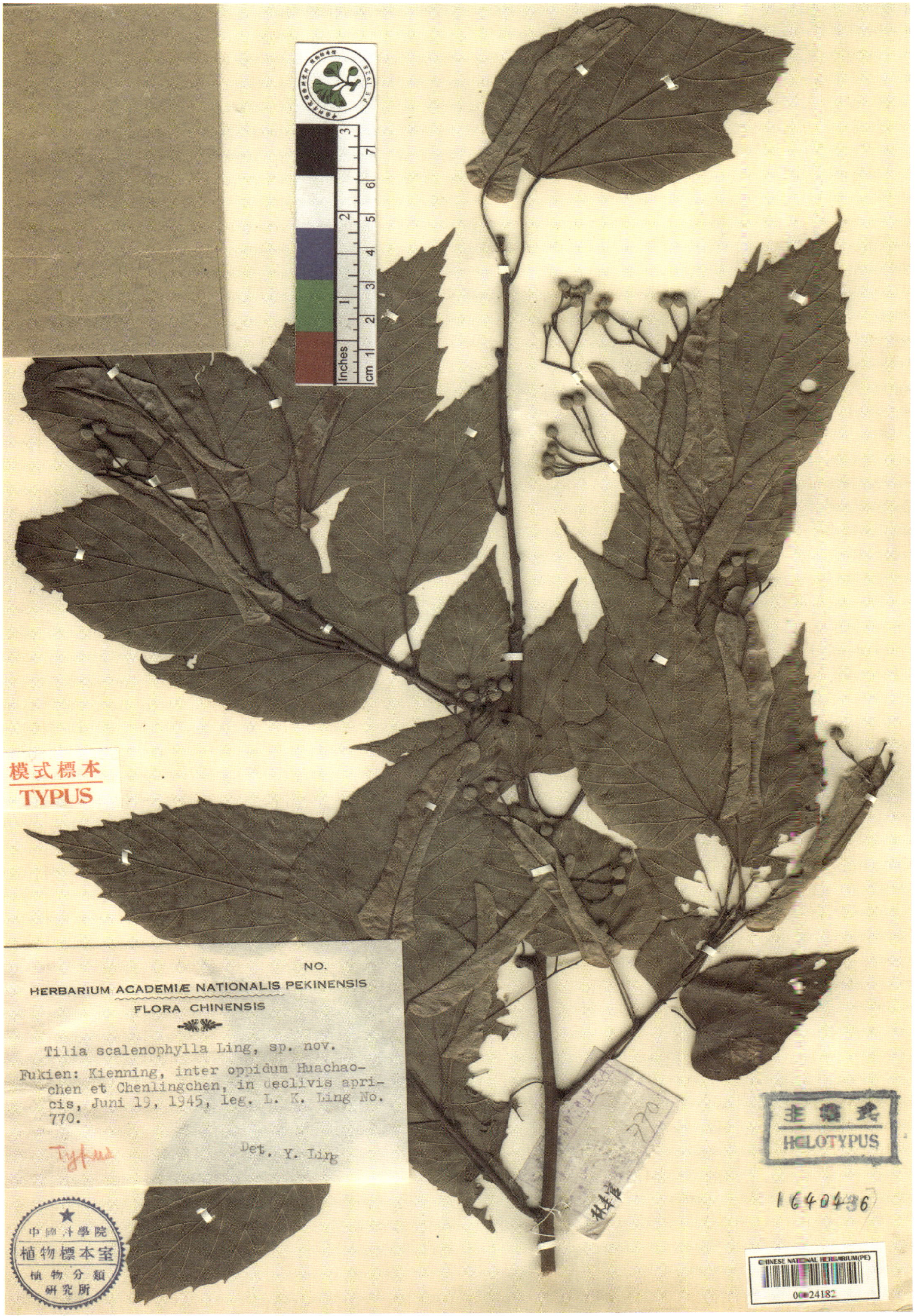

歪叶基椴 ***Tilia scalenophylla*** Ling in Acta Phytotaxon. Sin. 1(2): 203, f. 2. 1951. **Holotype:** China. Fujian: Jianning, 1945-06-19, L. K. Ling 770.

短毛椴 ***Tilia tuan*** Szyszyl. var. ***breviradiata*** Rehd. in J. Arnold Arbor. 8(3): 170. 1927. **Isotype:** China. Anhui: Huangshan, alt. 600 m, 1925-08-15, R. C. Ching 3209.

葡萄叶椴树 ***Tilia vitifolia*** Hu & Chen in Acta Phytotaxon. Sin. 1(2): 228. 1951. **Holotype:** China. Jiangxi: Xiushui, 1939-??-??, Y. K. Hsiung 1491.

云南椴 ***Tilia yunnanensis*** Hu in Bull. Fan Mem. Inst. Biol., Bot. Ser. 8: 40. 1938. **Holotype:** China. Yunnan: Lijiang, alt. 3 000 m, 1935-07-??, C. W. Wang 70837.

Malvaceae

锦葵科

jinkui ke

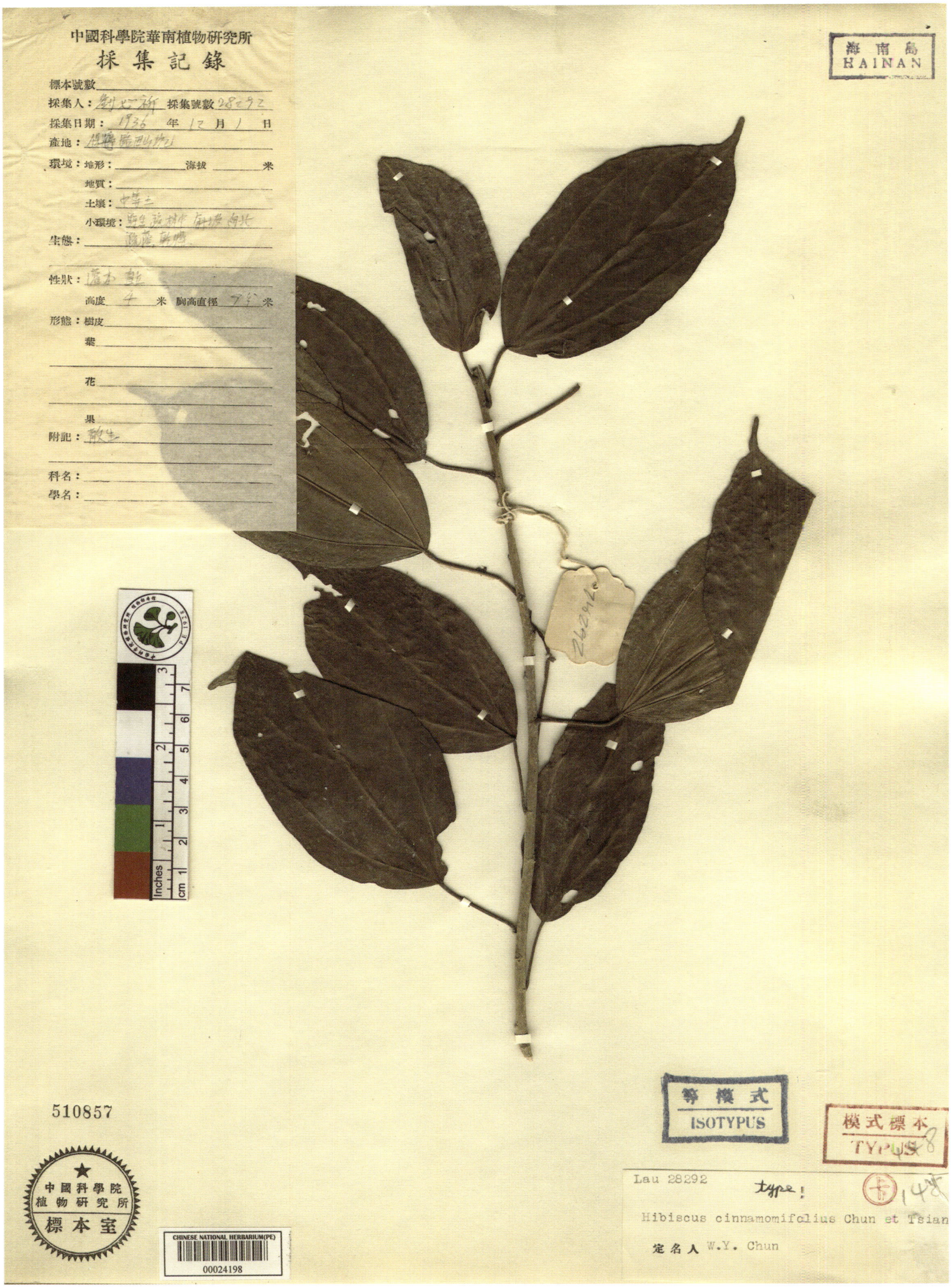

樟叶槿 ***Hibiscus cinnamomifolius*** Chun & Tsiang in Sunyatsenia 4(1-2): 18, pl. 7. 1939. **Isotype:** China. Hainan: Baoting, 1936-12-01, S. K. Lau 28292.

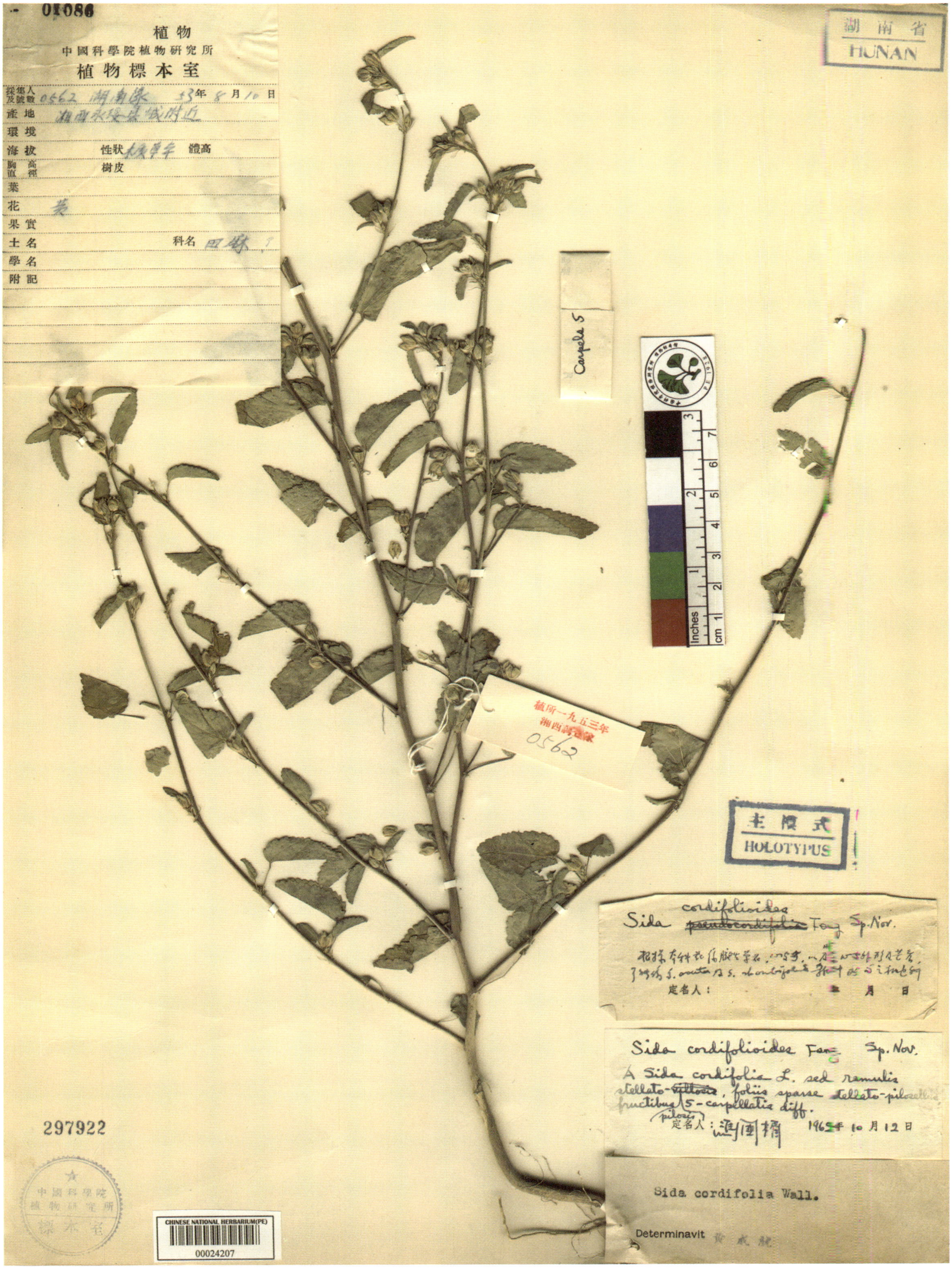

湖南黄花稔 ***Sida cordifolioides*** K. M. Fang in Acta Bot. Yunnan. 4(1): 27. 1982. **Holotype:** China. Hunan: Yongsui (=Huayuan), 1953-08-10, Hunan Exped. 0562.

Sterculiaceae

梧桐科

wutong ke

角状果火绳 ***Eriolaena ceratocarpa*** Hu in Bull. Fan Mem. Inst. Biol., Bot. Ser. 10: 143. 1940. **Holotype:** China. Yunnan: Lancang, alt. 1 500 m, 1936-05-??, C. W. Wang 73378.

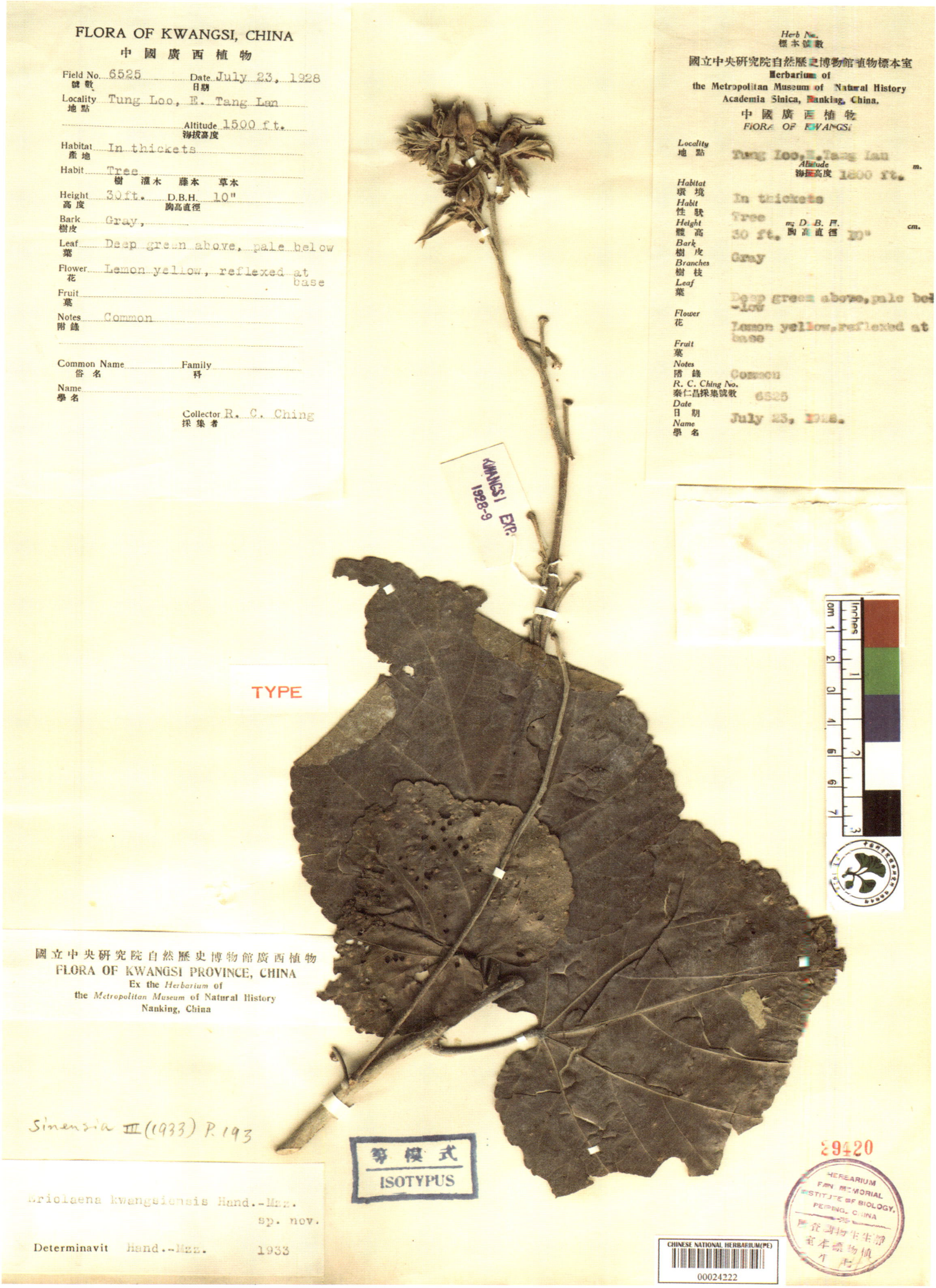

桂火绳 ***Eriolaena kwangsiensis*** Hand.-Mazz. in Sinensia 3(8): 193. 1933. **Isotype:** China. Guangxi: Donglan, alt. 458 m, 1928-07-23, R. C. Ching 6525.

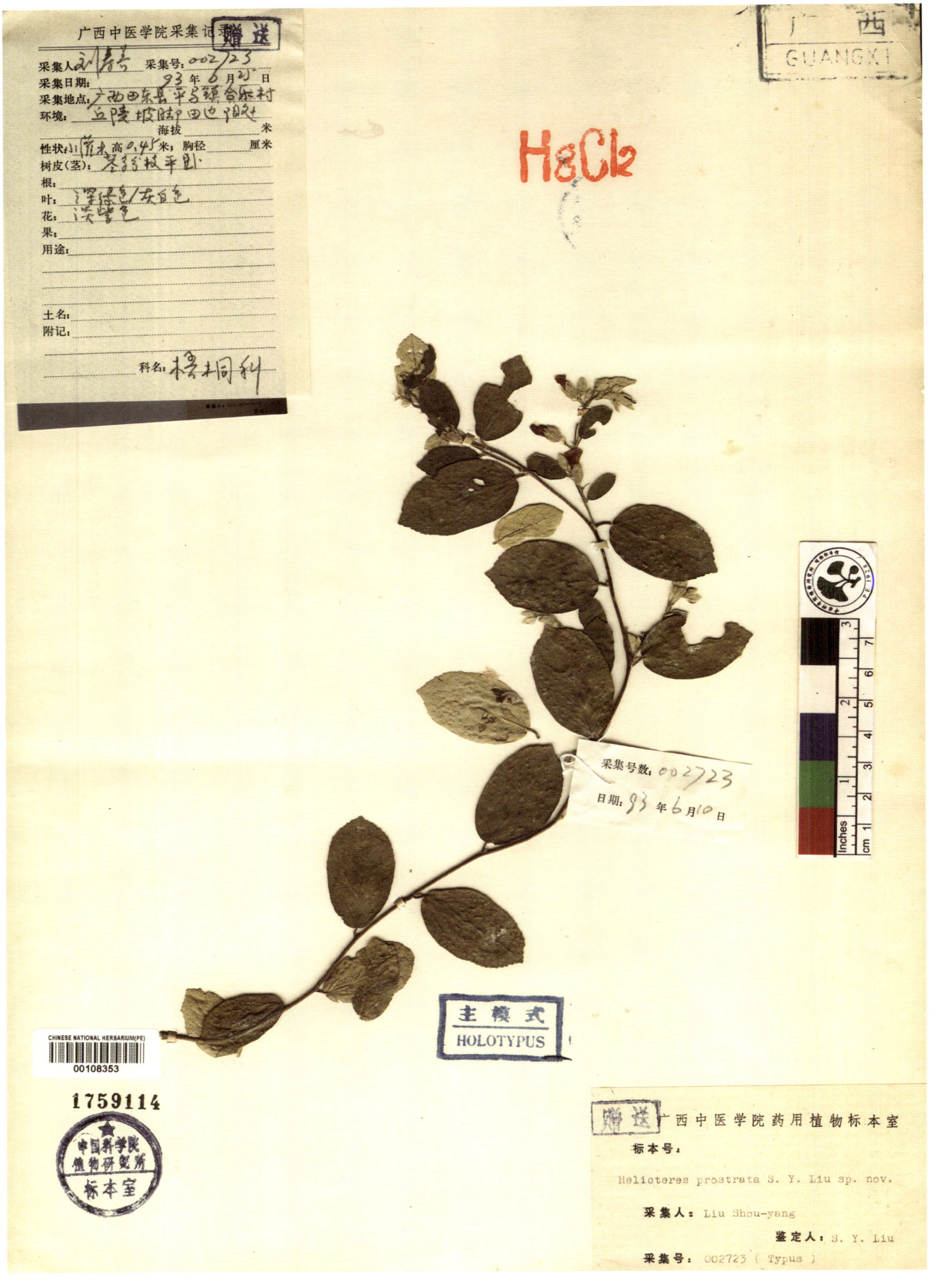

平卧山芝麻 ***Helicteres prostrata*** S. Y. Liu in Acta Phytotaxon. Sin. 37(6): 601, f. 1. 1999. **Holotype:** China. Guangxi: Tiandong, 1993-06-25, S. Y. Liu 002723.

泸水平当树 ***Paradombeya rehderiana*** Hu in Bull. Fan Mem. Inst. Biol., Bot. Ser. 10: 145. 1940. **Holotype:** China. Yunnan: Lushui, alt. 1 500 m, 1933-09-20, H. T. Tsai 54547.

四川平当树 ***Paradombeya szechuenica*** Hu in Bull. Fan Mem. Inst. Biol., Bot. Ser. 7: 215. 1936. **Holotype:** China. Sichuan: Pingshan, alt. 280 m, 1934-10-22, T. T. Yu 4152.

保亭梭罗 ***Reevesia botingensis*** H. H. Hsue in Acta Phytotaxon. Sin. 8(3): 272. 1963. **Isotype:** China. Hainan: Baoting, 1954-12-01, Diaoluoshan Exped. 2864.

剑叶梭罗 ***Reevesia lancifolia*** Li in J. Arnold Arbor. 25(2): 208. 1944. **Isotype:** China. Hainan: Ganen (=Dongfang), 1934-02-19, H. Y. Liang 64955.

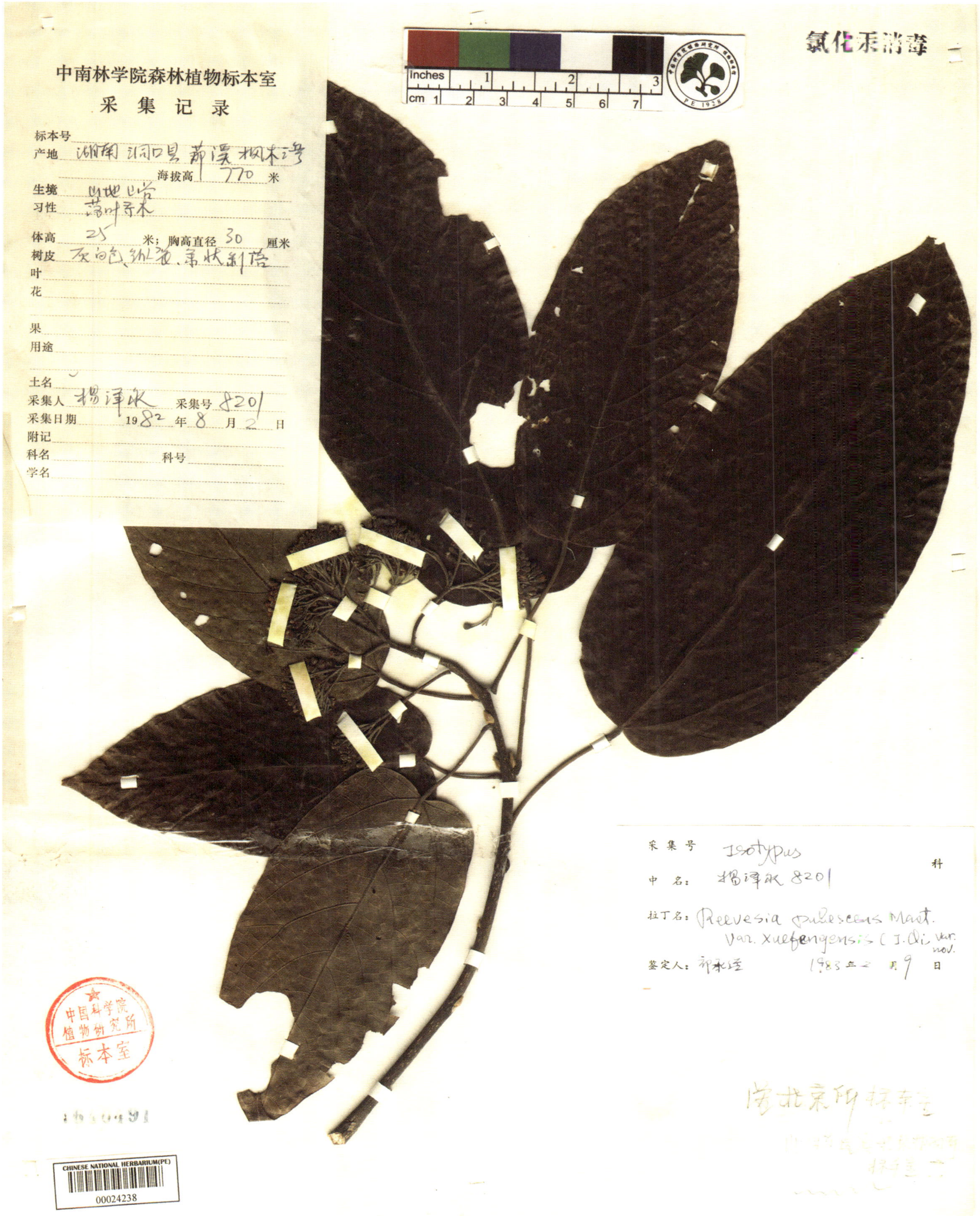

雪峰山梭罗 ***Reevesia pubescens*** Mast. var. ***xuefengensis*** C. J. Qi in Acta Phytotaxon. Sin. 22(6): 493, f. 1. 1984. **Isotype:** China. Hunan: Dongkou, alt. 770 m, 1982-08-02, Z. Y. Yang 8201.

密花梭罗 ***Reevesia pycnantha*** Ling in Acta Phytotaxon. Sin. 1(2): 205, f. 3. 1951. **Holotype:** China. Fujian: Jiangle, alt. 280 m, 1944-07-10, L. K. Ling 594.

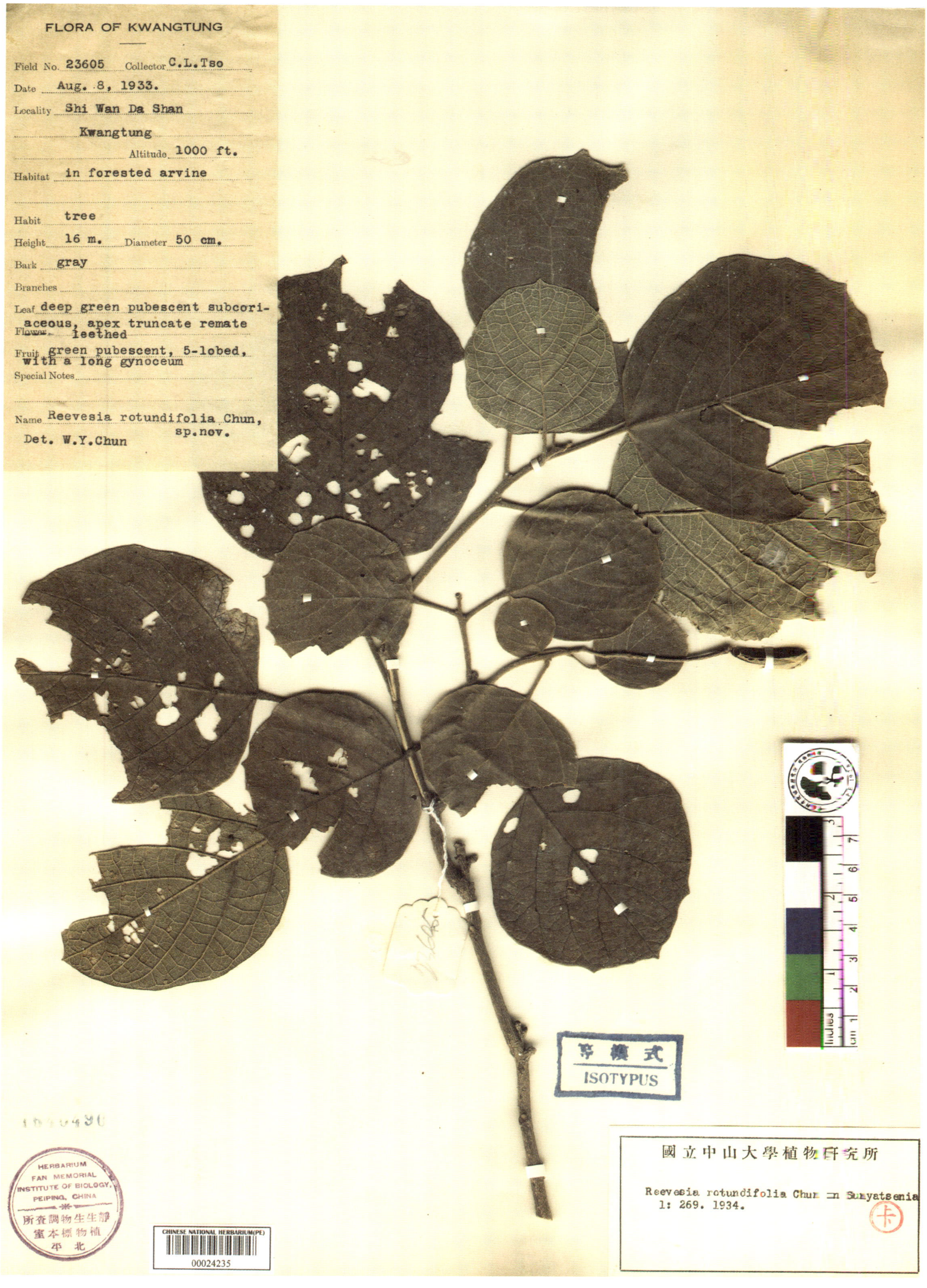

粗齿梭罗 ***Reevesia rotundifolia*** Chun in Sunyatsenia 1(4): 269. 1934. **Isotype:** China. Guangxi: Shiwandashan, alt. 305 m, 1933-08-08, C. L. Tso 23605.

短柄苹婆 ***Sterculia brevipetiolata*** Tsai & P. I Mao in Acta Phytotaxon. Sin. 9(2): 201, pl. 25: 5. 1964. **Holotype:** China. Yunnan: Che-li (=Jinghong), alt. 1 100 m, 1936-08-??, C. W. Wang 77904.

澜沧苹婆 ***Sterculia lantsangensis*** Hu in Bull. Fan Mem. Inst. Biol., Bot. 8(1): 42. 1937. **Holotype:** China. Yunnan: Lancang, alt. 1 300 m, 1936-05-??, C. W. Wang 76750.

思茅苹婆 ***Sterculia simaoensis*** Y. Y. Qian in Acta Phytotaxon. Sin. 35(1): 79, f. 1. 1997. **Isotype:** China. Yunnan: Simao, alt. 1 400 m, 1989-02-16, Y. Y. Qian 1953.

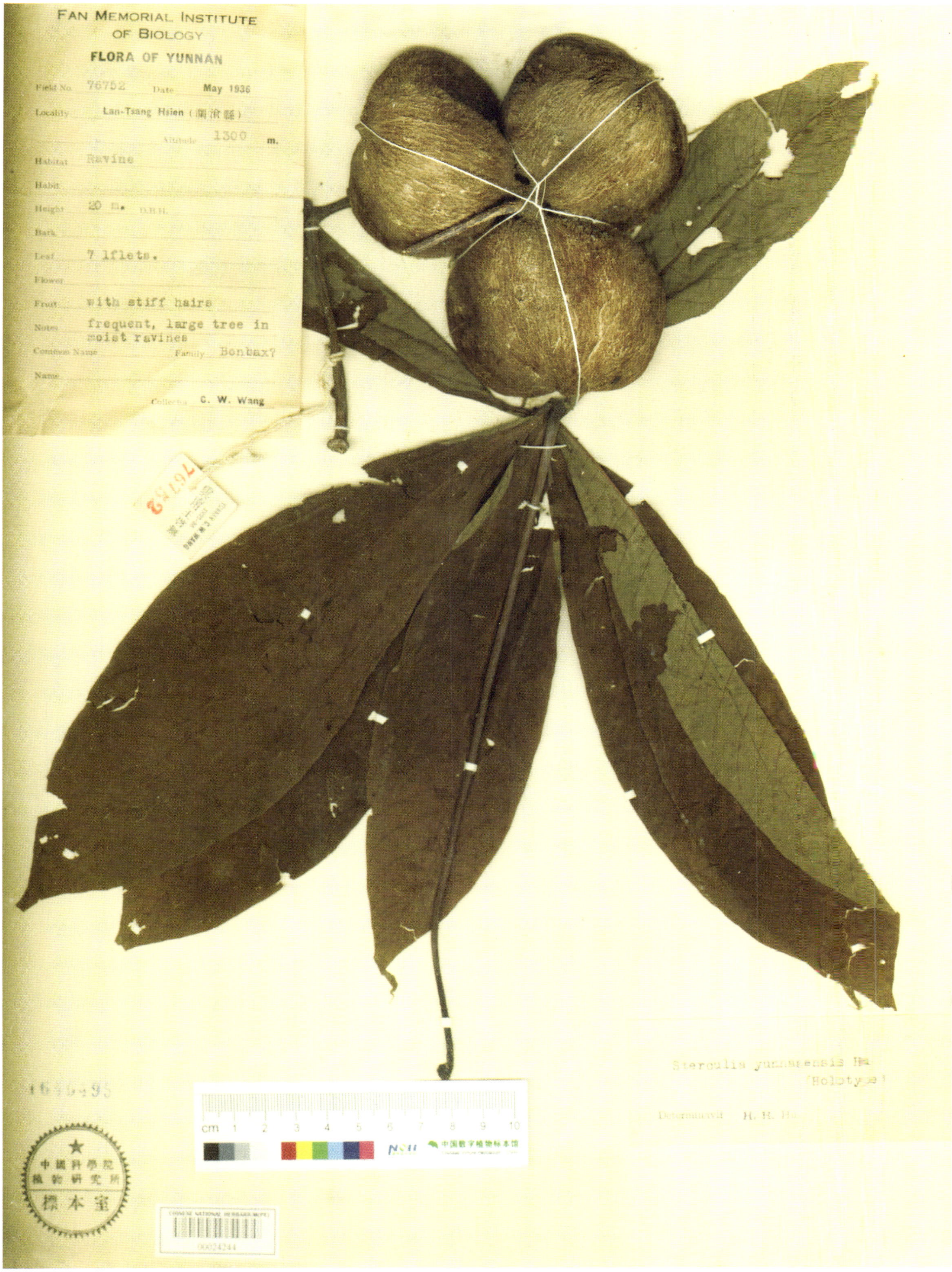

云南苹婆 ***Sterculia yunnanensis*** Hu in Bull. Fan Mem. Inst. Biol., Bot. 8(1): 43. 1937. **Holotype:** China. Yunnan: Lancang, alt. 1 300 m, 1936-05-??, C. W. Wang 76752.

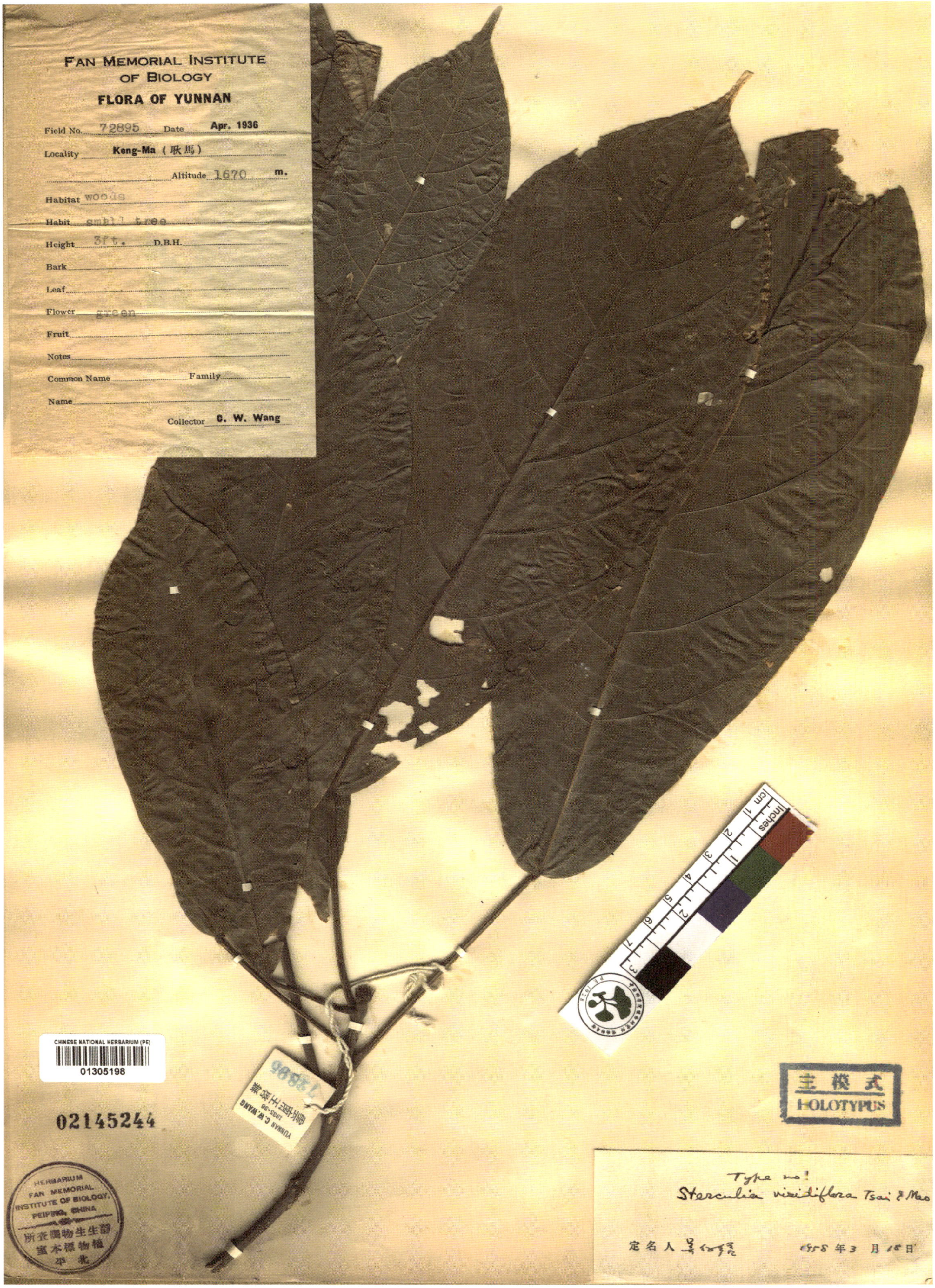

绿花苹婆 ***Sterculia viridiflora*** Tsai & P. I Mao in Acta Phytotaxon. Sin. 9(2): 201, pl. 24: 4. 1964. **Holotype:** China. Yunnan: Gengma, alt. 1 670 m, 1936-04-??, C. W. Wang 72895.

Dilleniaceae

五桠果科

wuyaguo ke

海南五桠果 ***Dillenia hainanensis*** Merr. in Lingnan Sci. J. 13(1): 64. 1934. **Isosyntype:** China. Hainan: Lingshui, 1932-05-(04~20), F. A. McClure 20085.

Actinidiaceae

猕猴桃科

mihoutao ke

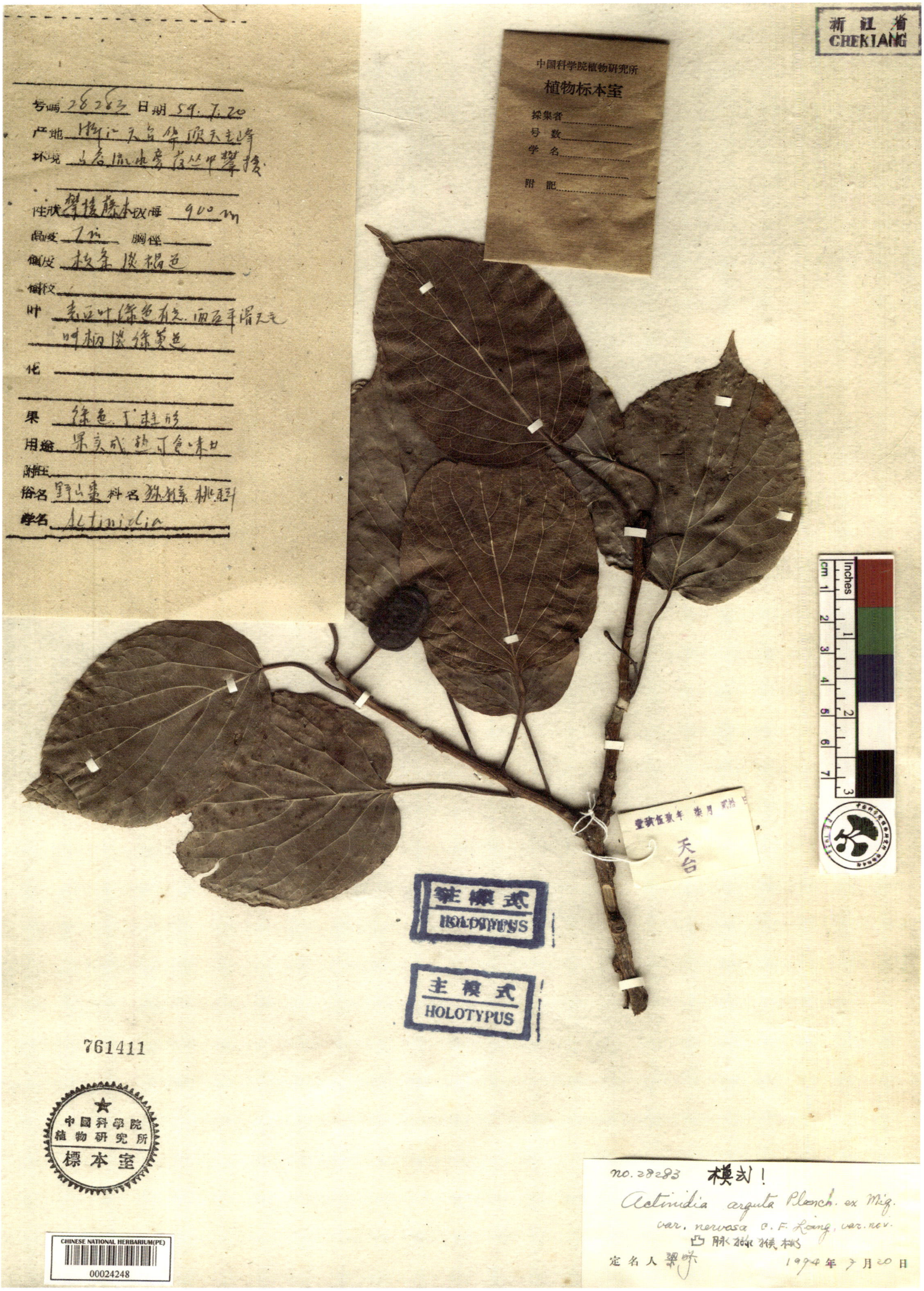

凸脉猕猴桃 ***Actinidia arguta*** (Sieb. & Zucc.) Planch. ex Miq. var. ***nervosa*** C. F. Liang, Fl. Reip. Pop. Sin. 49(2): 309, pl. 57: 11. 1984. **Holotype:** China. Zhejiang: Tiantai, alt. 900 m, 1959-07-20, Zhejiang Pl. Exped. 28283.

驼齿猕猴桃 ***Actinidia callosa*** Lindl. var. ***ephippioidea*** C. F. Liang, Fl. Reip. Pop. Sin. 49(2): 315, p. 64: 8-9. 1984.
Holotype: China. Yunnan: Shunning (=Fengqing), alt. 2 400 m, 1938-07-09, T. T. Yu 16621.

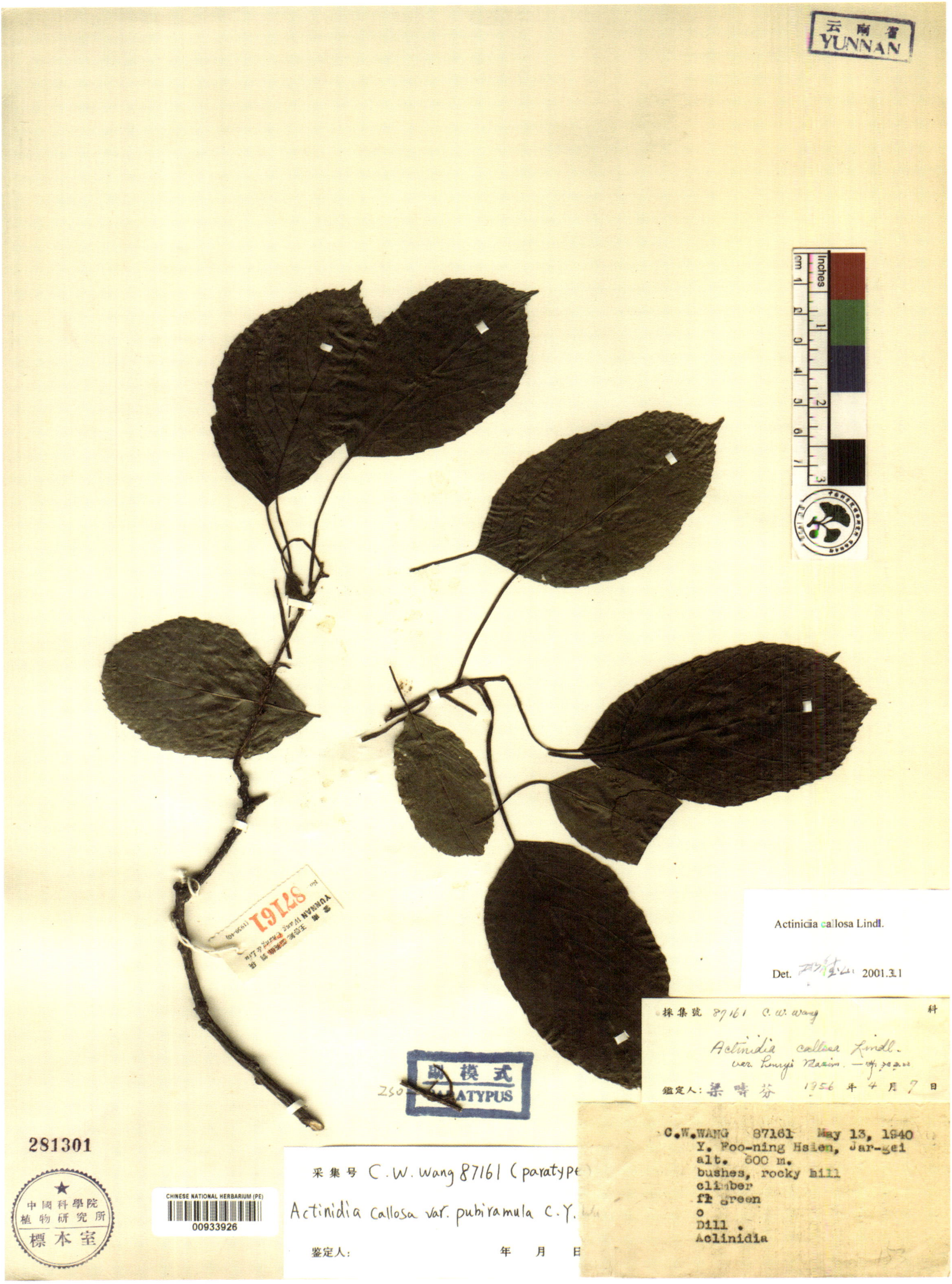

毛枝秤花藤 ***Actinidia callosa*** Lindl. var. ***pubiramula*** C. Y. Wu, Fl. Yunnan. 1: 67. 1977. **Isoparatype:** China. Yunnan: Funing, alt. 600 m, 1940-05-13, C. W. Wang 87161.

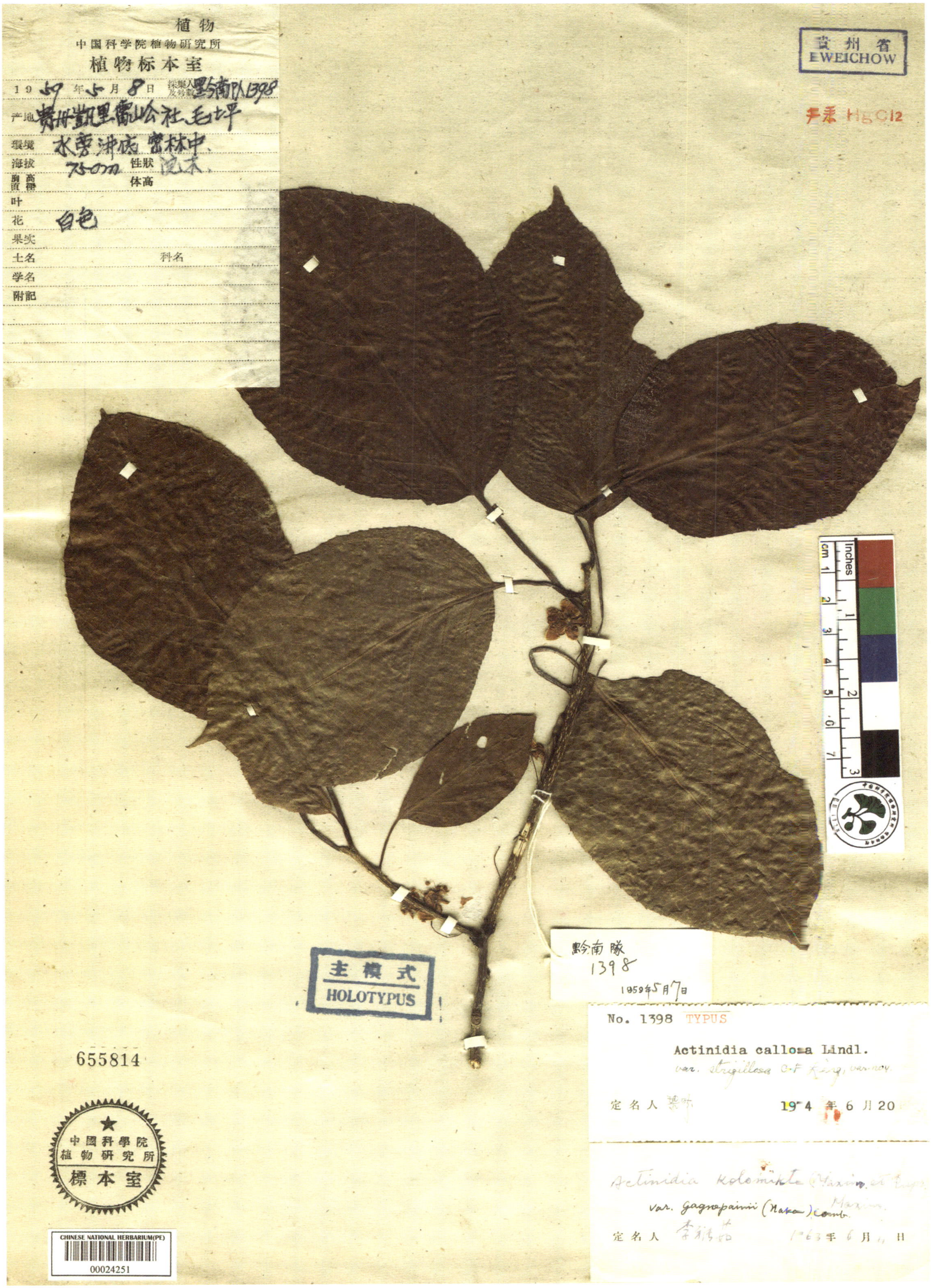

毛叶硬齿猕猴桃 ***Actinidia callosa*** Lindl. var. ***strigillosa*** C. F. Liang, Fl. Reip. Pop. Sin. 49(2): 315, pl. 64:14-16. 1984.
Holotype: China. Guizhou: Kaili, alt. 750 m, 1959-05-08, S Guizhou Exped. 1398.

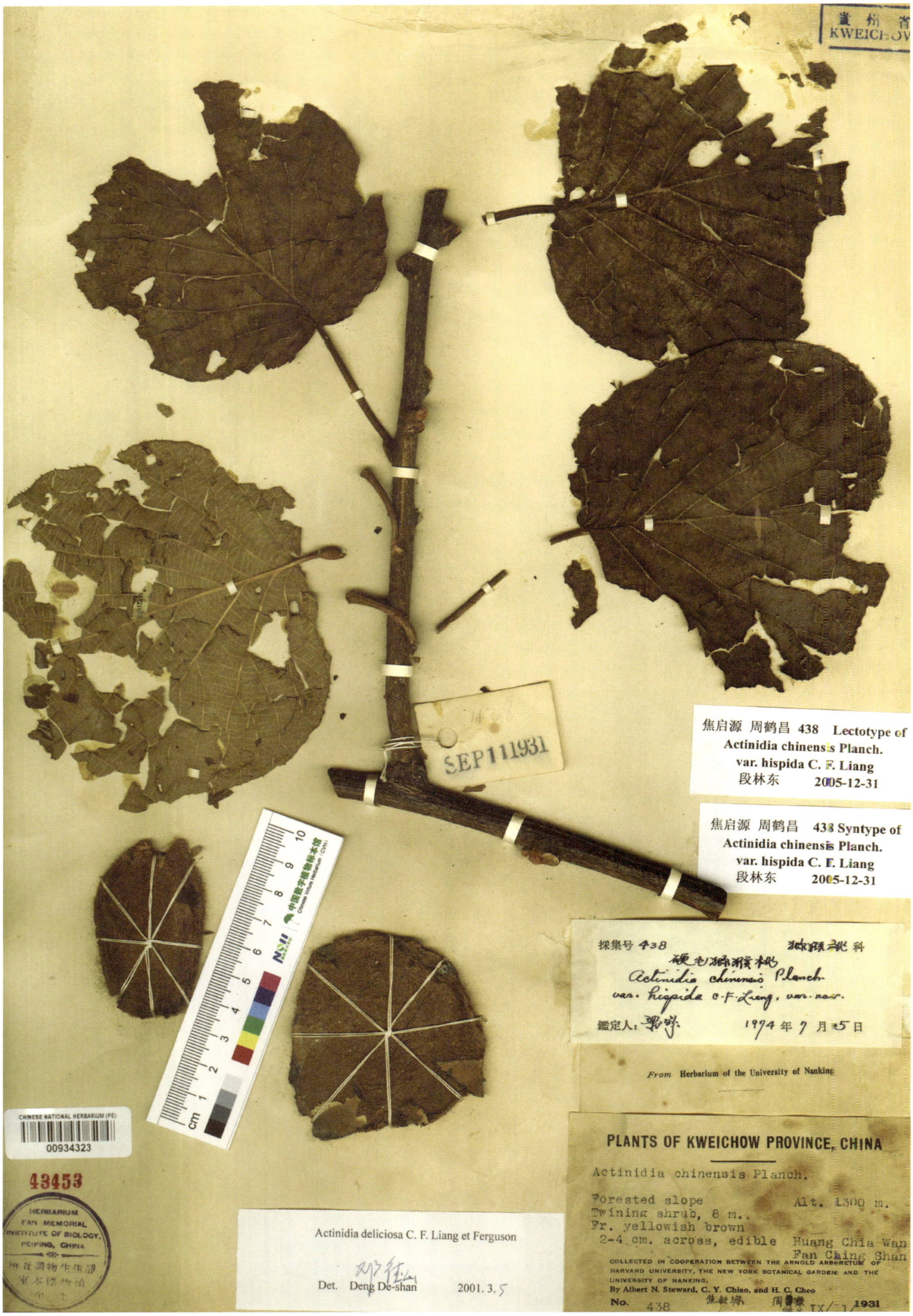

硬毛猕猴桃 ***Actinidia chinensis*** Planch. var. ***hispida*** C. F. Liang in Acta Phytotaxon. Sin. 13(4): 33, pl. 12, f. 4. 1975; L. D. Duan in Bull. Bot. Res., Harbin 26(5): 609. 2006. **Holotype:** China. Guizhou: Yinjiang, Fanjingshan, alt. 1 300 m, 1931-09-11, Albert N. Steward, C. Y. Chiao, H. C. Zhou 438.

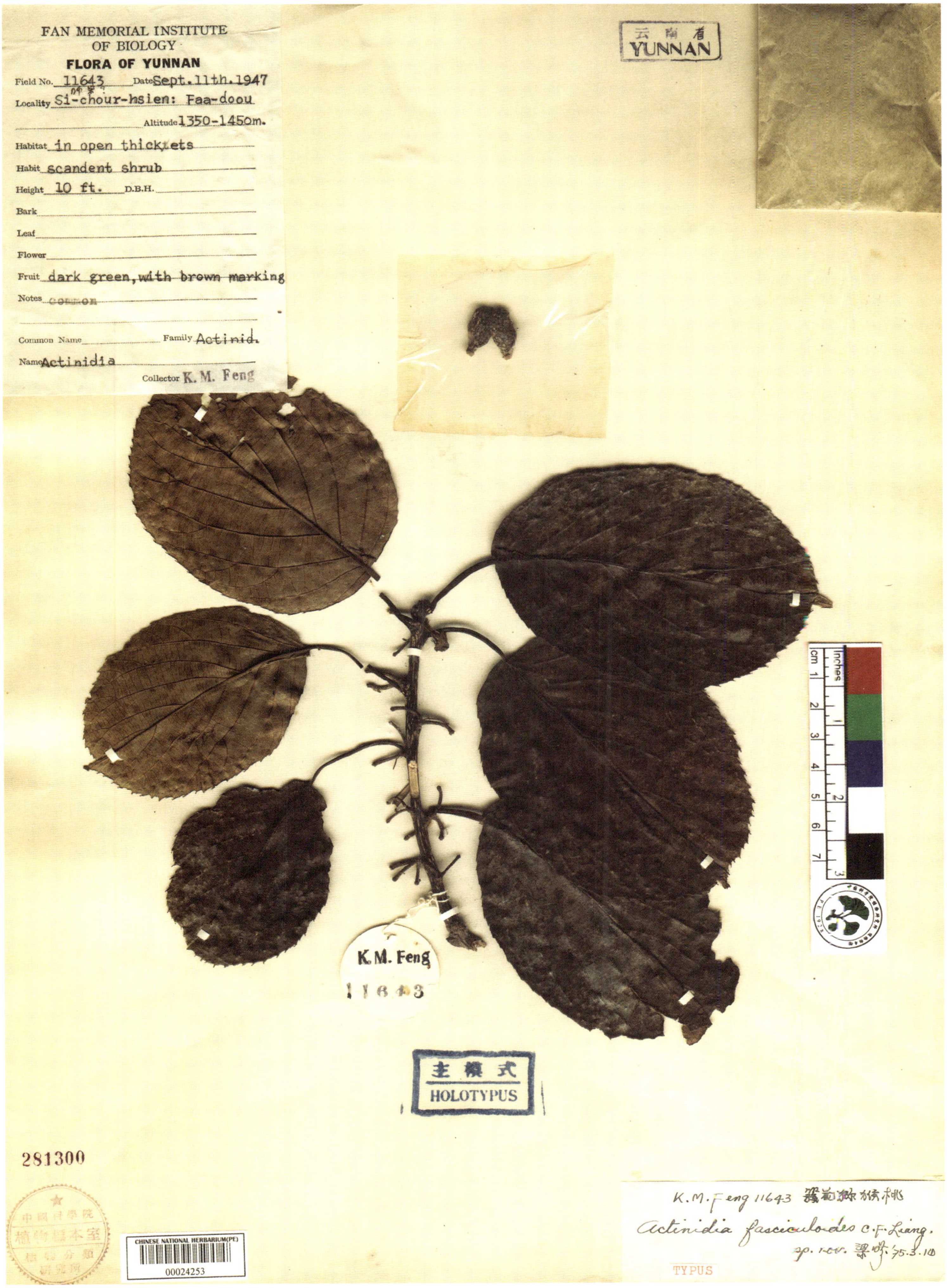

簇花猕猴桃 ***Actinidia fasciculoides*** C. F. Liang, Fl. Reip. Pop. Sin. 49(2): 312, pl. 62: 1. 1984. **Holotype:** China. Yunnan: Xichou, alt. 1 350~1 450 m, 1947-09-11, K. M. Feng 11643.

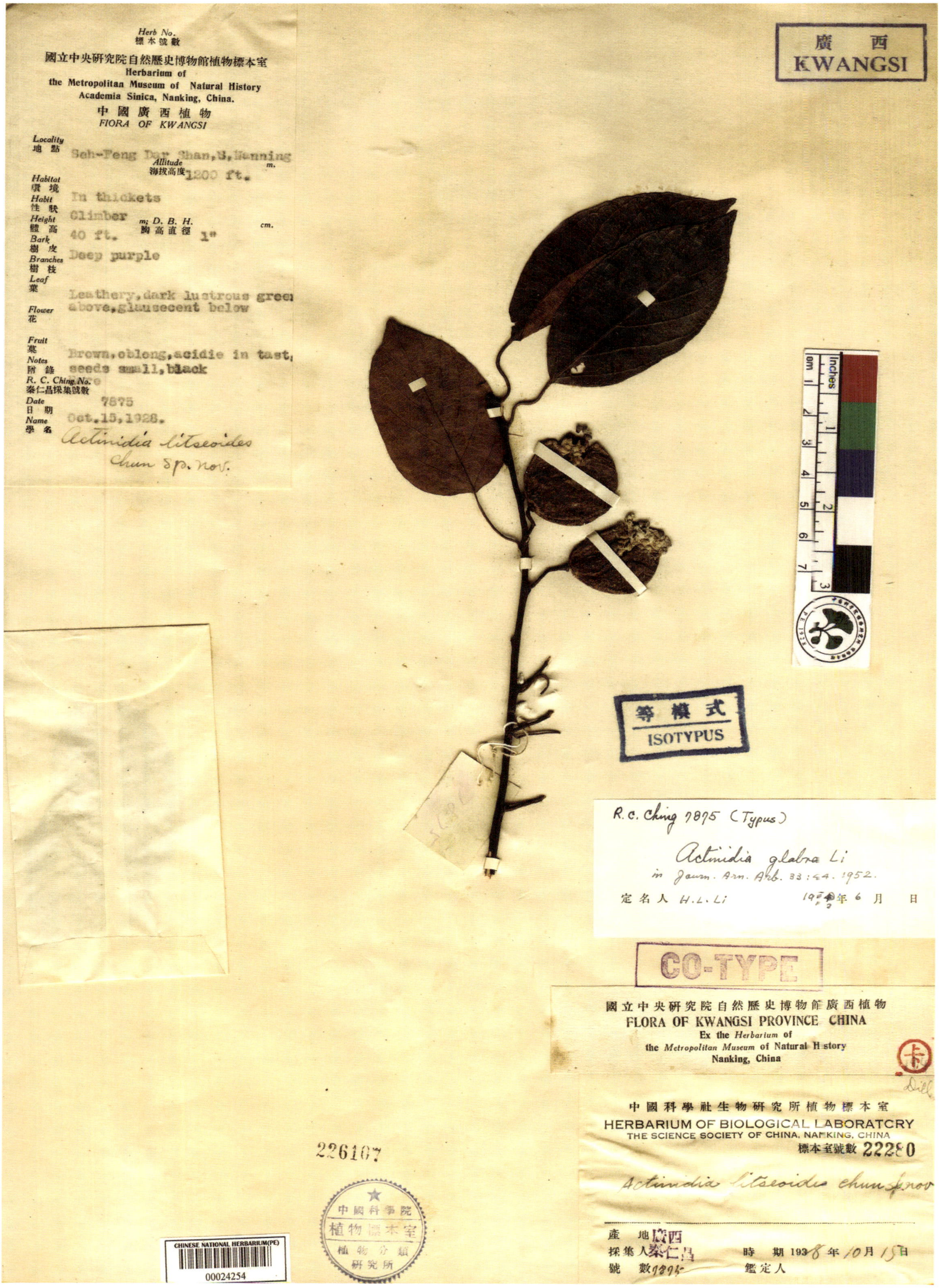

秃净猕猴桃 ***Actinidia glabra*** H. L. Li in J. Arnold Arbor. 33(1): 44. 1952. **Isotype:** China. Guangxi: Shiwandashan, alt. 366 m, 1928-10-15, R. C. Ching 7875.

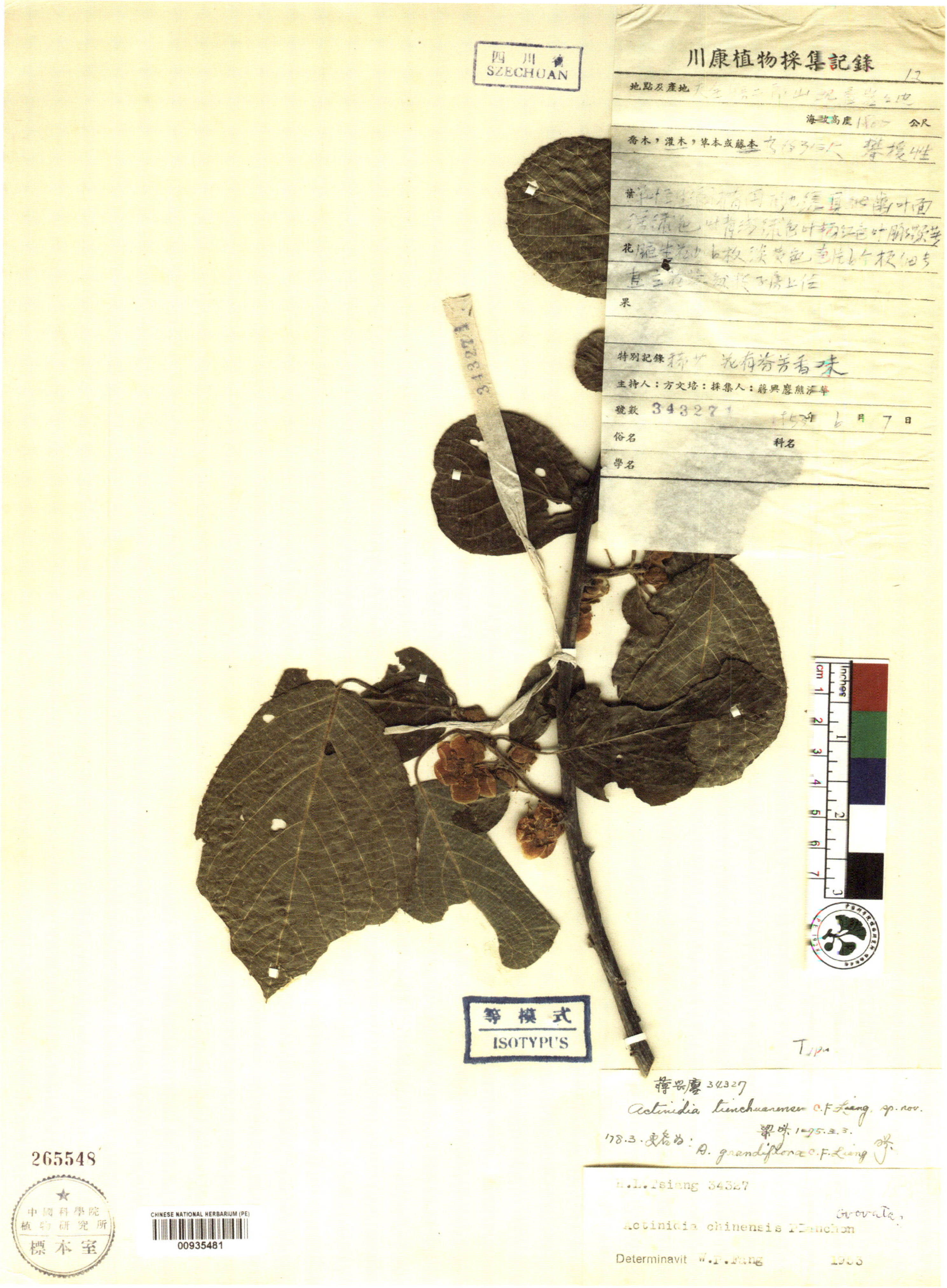

大花猕猴桃 ***Actinidia grandiflora*** C. F. Liang, Fl. Reip. Pop. Sin. 49(2): 323, pl. 75:7-9. 1984. **Isotype:** China. Sichuan: Tianquan, alt. 1 800 m, 1953-06-07, H. L. Tsiang & C. H. Hsiung 34327.

粗齿猕猴桃 ***Actinidia kengiana*** Metc. in Lingnan Sci. J. 11: 16. 1932. **Isotype:** China. Zhejiang: Jingning, 1926-08-16, Y. L. Keng 394.

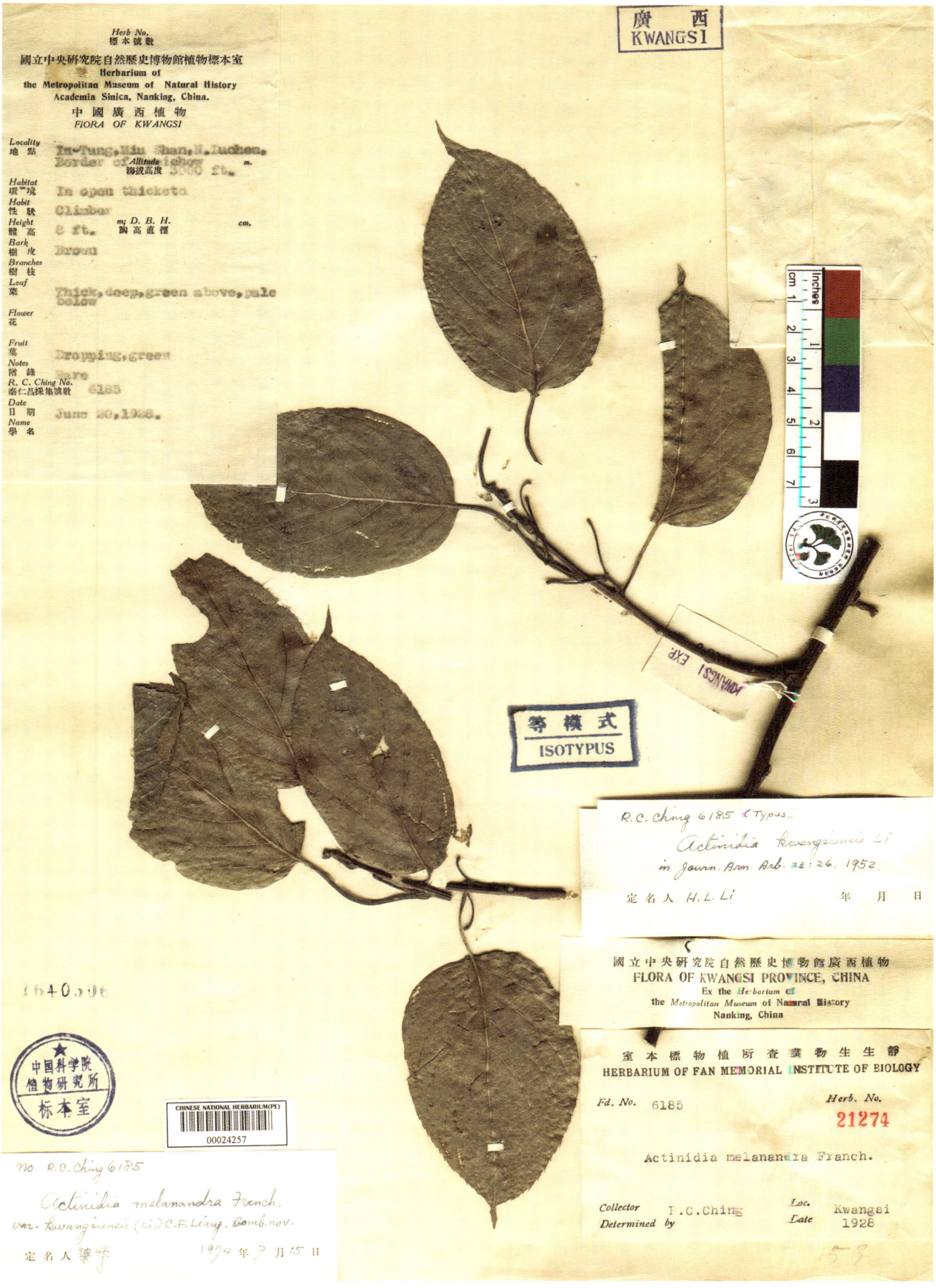

广西猕猴桃 ***Actinidia kwangsiensis*** H. L. Li in J. Arnold Arbor. 33(1): 26. 1952. **Isotype:** China. Guangxi: Luocheng, alt. 915 m, 1928-06-20, R. C. Ching 6185.

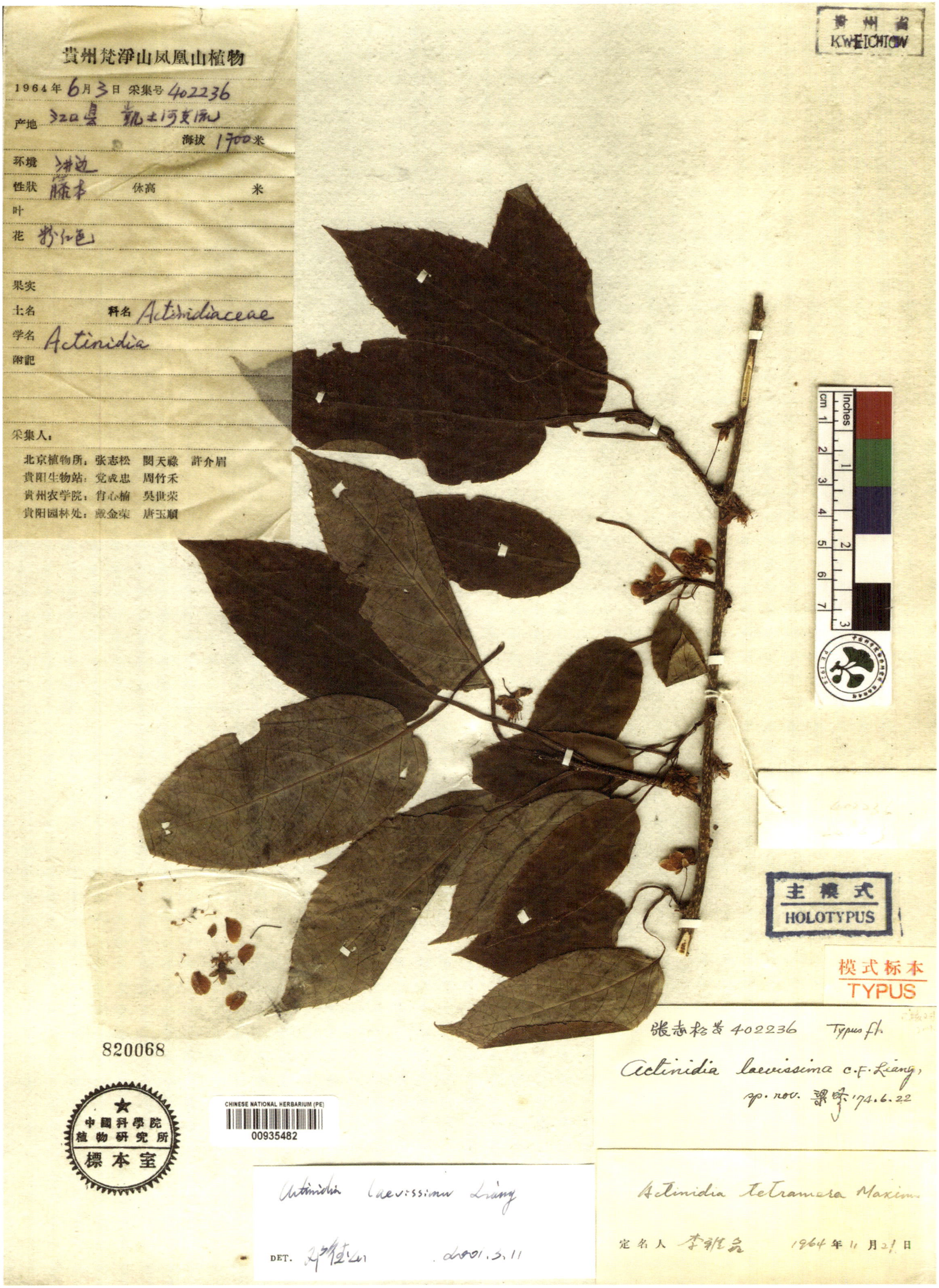

滑叶猕猴桃 ***Actinidia laevissima*** C. F. Liang, Fl. Reip. Pop. Sin. 49(2): 317, pl. 67. 1984. **Holotype:** China. Guizhou: Jiangkou, alt. 1 700 m, 1964-06-03, Z. S. Zhang & al. 402236.

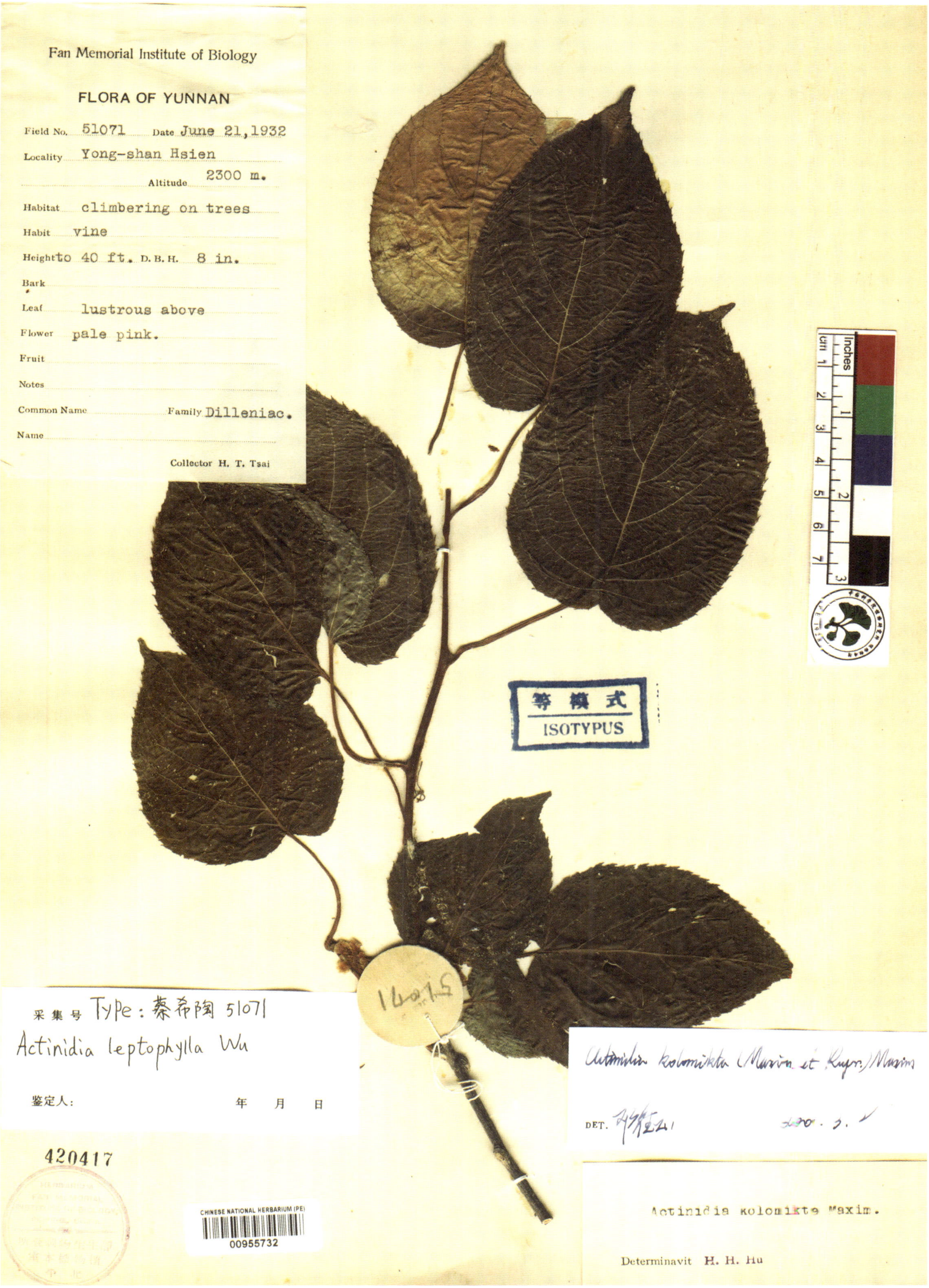

薄叶猕猴桃 ***Actinidia leptophylla*** C. Y. Wu, Fl. Yunnan. 1: 63, pl. 17: 4-6. 1977. **Isotype:** China. Yunnan: Yongshan, alt. 2 300 m, 1932-06-21, H. T. Tsai 51071.

大籽猕猴桃 ***Actinidia macrosperma*** C. F. Liang, Fl. Reip. Pop. Sin. 49(2): 311, pl. 60: 4-6. 1984. **Holotype:** China. Zhejiang: Linan, Tianmushan, 1958-10-18, Hangzhou Bot. Gard. Exped. 31236.

梅叶猕猴桃 ***Actinidia macrosperma*** C. F. Liang var. ***mumoides*** C. F. Liang, Fl. Reip. Pop. Sin. 49(2): 312, pl. 60: 7-9. 1984. **Holotype:** China. Zhejiang: Hangzhou, 1958-??-??, S. Y. Chang 2159.

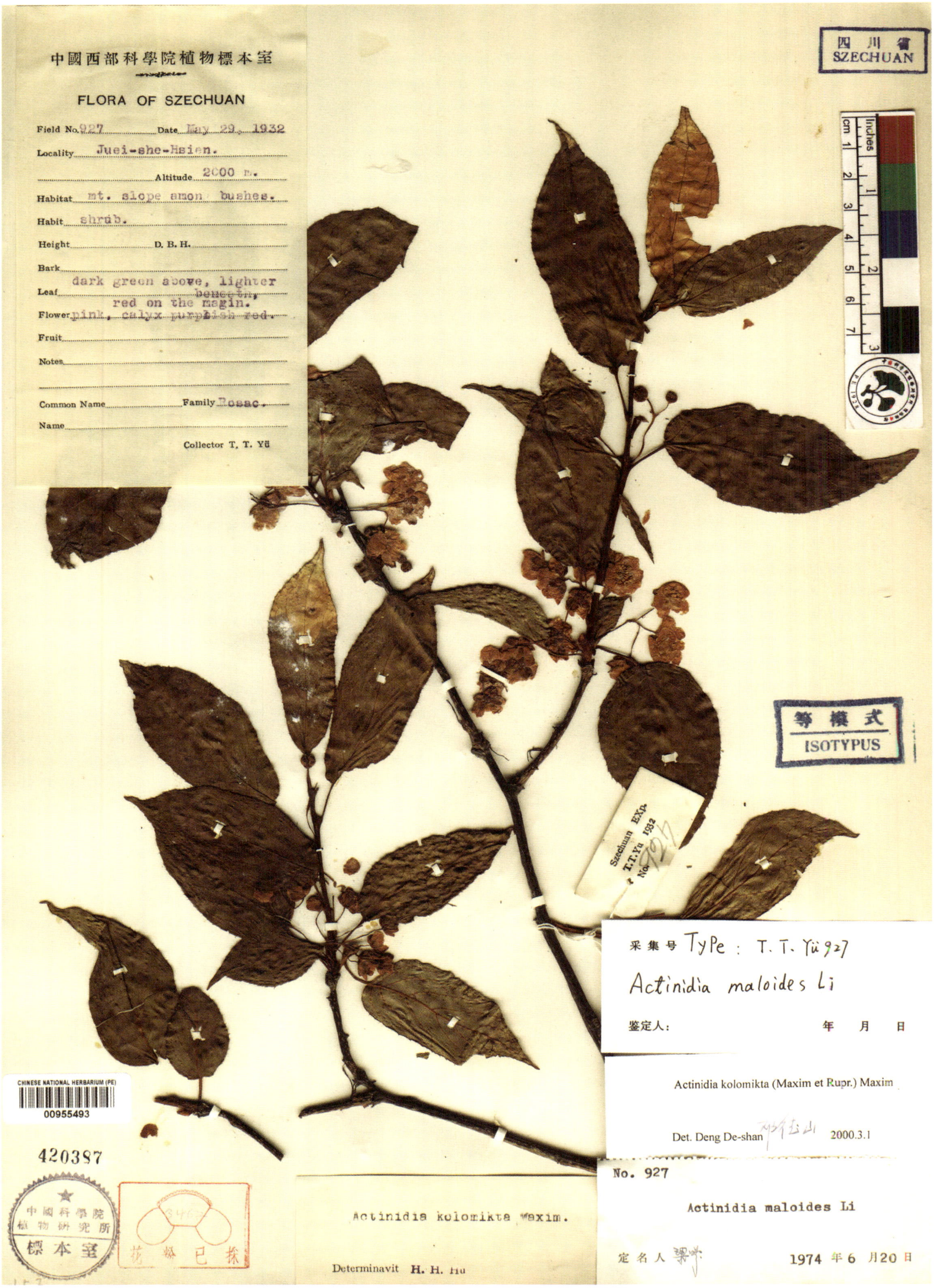

海棠猕猴桃 ***Actinidia maloides*** H. L. Li in J. Arnold Arbor. 33(1): 25. 1952. **Isotype:** China. Sichuan: Juei-she (=Yuexi), alt. 2 000 m, 1932-05-29, T. T. Yu 927.

心叶海棠猕猴桃 ***Actinidia maloides*** H. L. Li f. ***cordata*** C. F. Liang, Fl. Reip. Pop. Sin. 49(2): 311, pl. 59: 3. 1984.
Holotype: China. Sichuan: Leibo, alt. 2 100 m, 1959-07-01, Sichuan Econ. Pl. Exped. 1035.

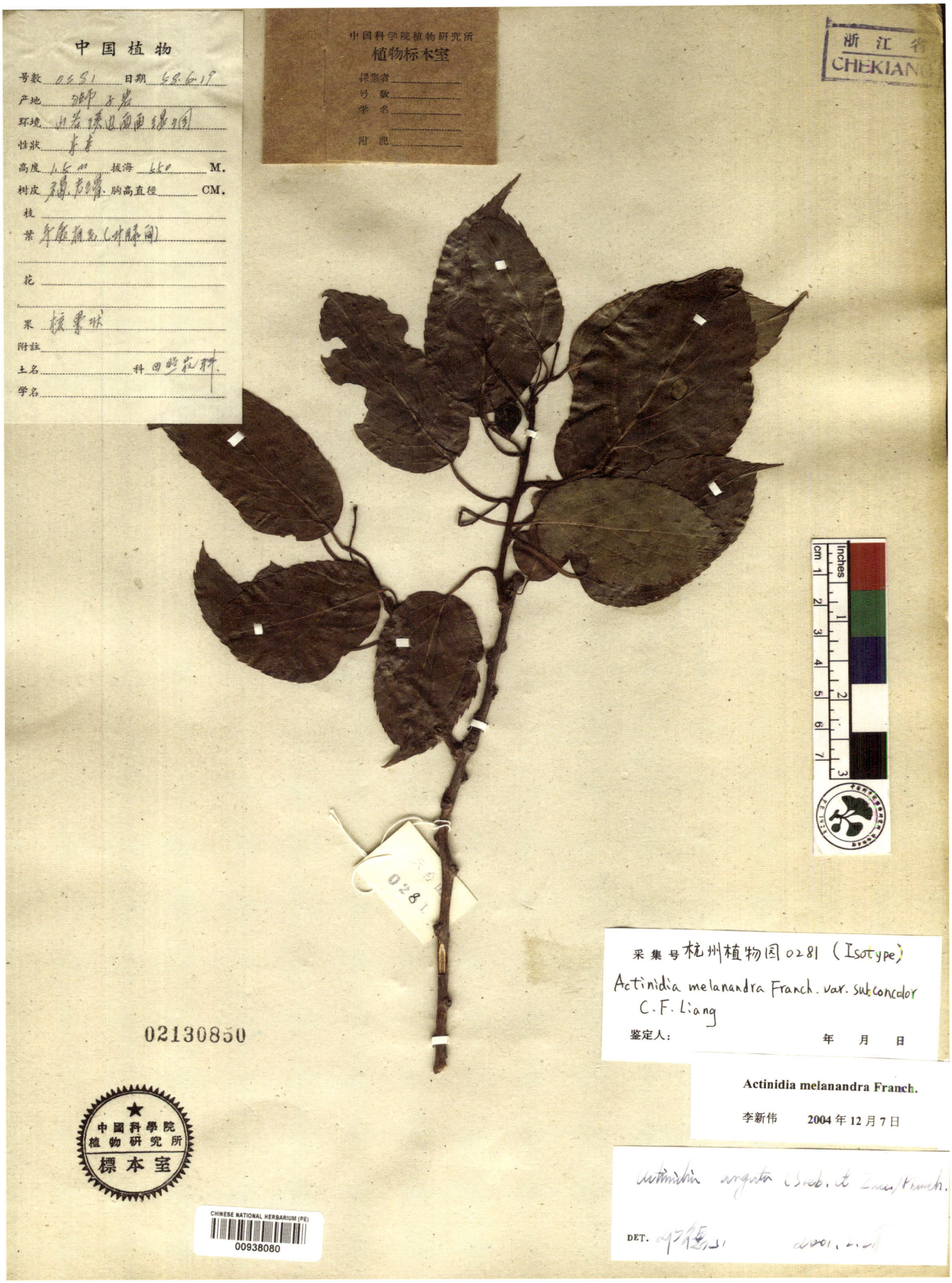

褪粉猕猴桃 ***Actinidia melanandra*** Franch. var. ***subconcolor*** C. F. Liang, Fl. Reip. Pop. Sin. 49(2): 310, pl. 58: 8. 1984. **Isotype:** China. Zhejiang: Tiantai, Tiantaishan, alt. 550 m, 1958-06-19, Hangzhou Bot. Gard. Exped. 0281.

红毛猕猴桃 ***Actinidia rufotricha*** C. Y. Wu, Fl. Yunnan. 1: 73, pl. 19: 11-12. 1977. **Isoparatype:** China. Yunnan: Malipo, alt. 1 000~1 500 m, 1947-11-20, K. M. Feng 13437.

花楸猕猴桃 ***Actinidia sorbifolia*** C. F. Liang, Fl. Reip. Pop. Sin. 49(2): 324, pl. 74: 6-7. 1984. **Holotype:** China. Guizhou: Yinjiang, alt. 1 270 m, 1963-08-22, C. P. Tsien & al. 31065.

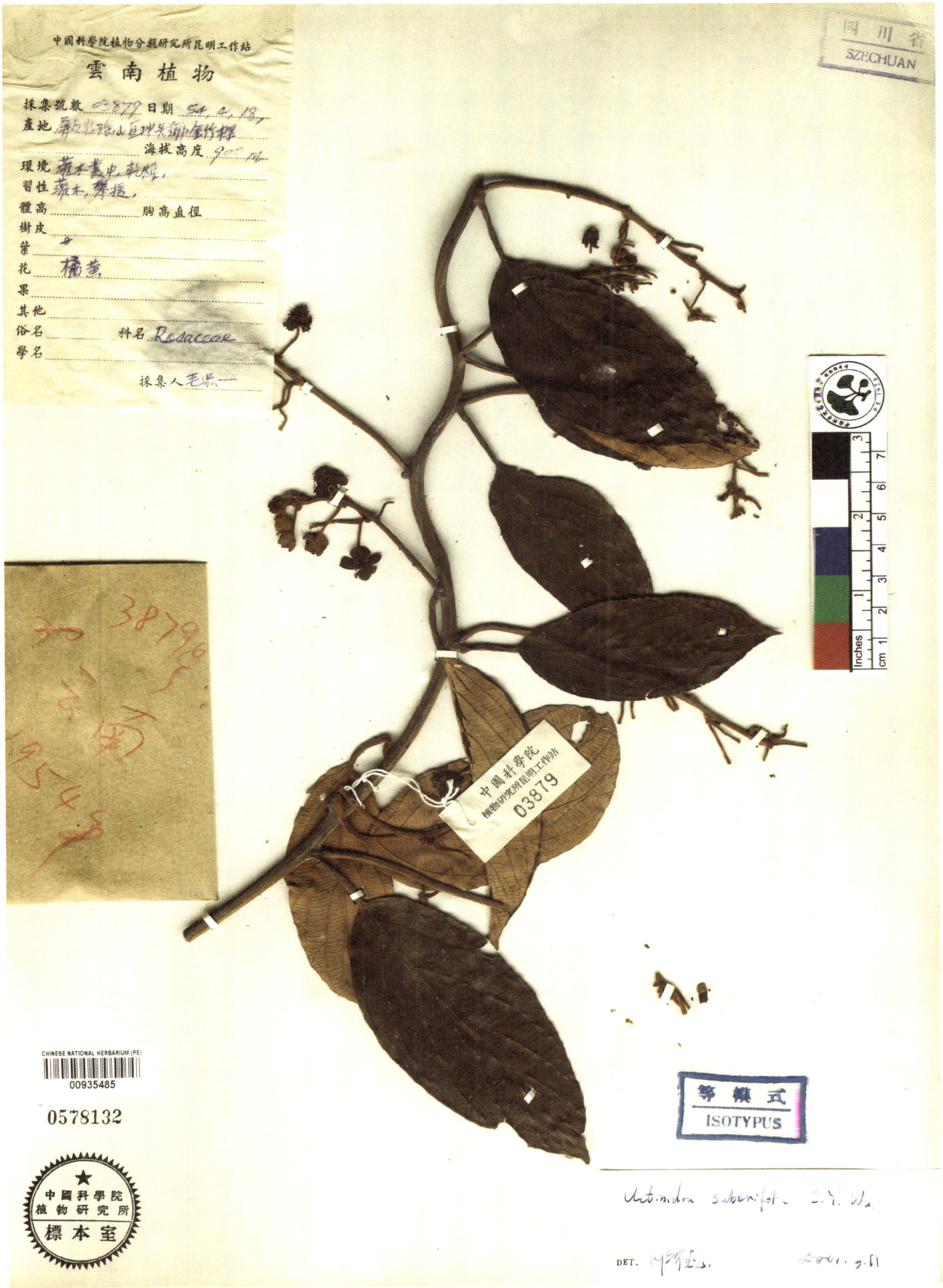

栓叶猕猴桃 ***Actinidia suberifolia*** C. Y. Wu, Fl. Yunnan. 1: 73, pl. 19: 13-15. 1977. **Isotype:** China. Yunnan: Pingbian, alt. 900 m, 1954-04-18, P. I Mao 03879.

安息香猕猴桃 ***Actinidia styracifolia*** C. F. Liang, Fl. Reip. Pop. Sin. 49(2): 321, pl. 73: 3. 1984. **Paratype:** China. Fujian: Precise locality not known, K. Ho 2167.

近粉绿叶猕猴桃 ***Actinidia subglaucifolia*** Metc. in Lingnan Sci. J. 11(1): 15. 1932. **Isotype:** China. Fujian: Shouning, 1926-08-12, Y. L. Keng 339.

榆叶猕猴桃 ***Actinidia ulmifolia*** C. F. Liang, Fl. Reip. Pop. Sin. 49(2): 314. 1984. **Holotype:** China. Sichuan: Pingshan, alt. 965 m, 1934-05-25, T. H. Tu 5417.

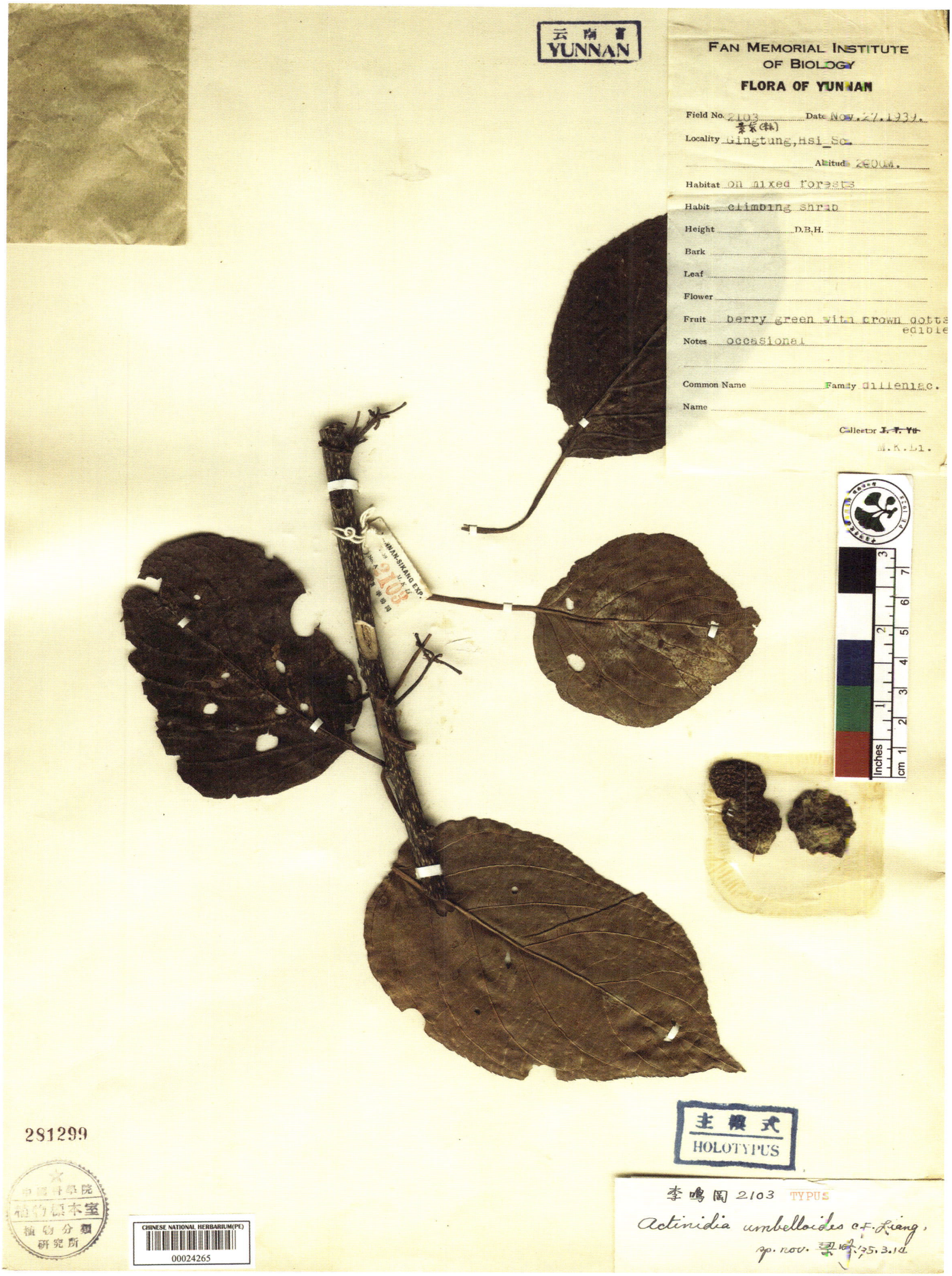

伞花猕猴桃 ***Actinidia umbelloides*** C. F. Liang, Fl. Reip. Pop. Sin. 49(2): 313, pl. 63: 1. 1984. **Holotype:** China. Yunnan: Jingdong, alt. 2 000 m, 1939-11-27, M. K. Li 2103.

扇叶猕猴桃 ***Actinidia umbelloides*** C. F. Liang var. ***flabellifolia*** C. F. Liang, Fl. Reip. Pop. Sin. 49(2): 314, pl. 63: 2. 1984. **Holotype:** China. Yunnan: Fo-Hai（=Menghai）, alt. 1 800 m, 1936-07-??, C. W. Wang 77266.

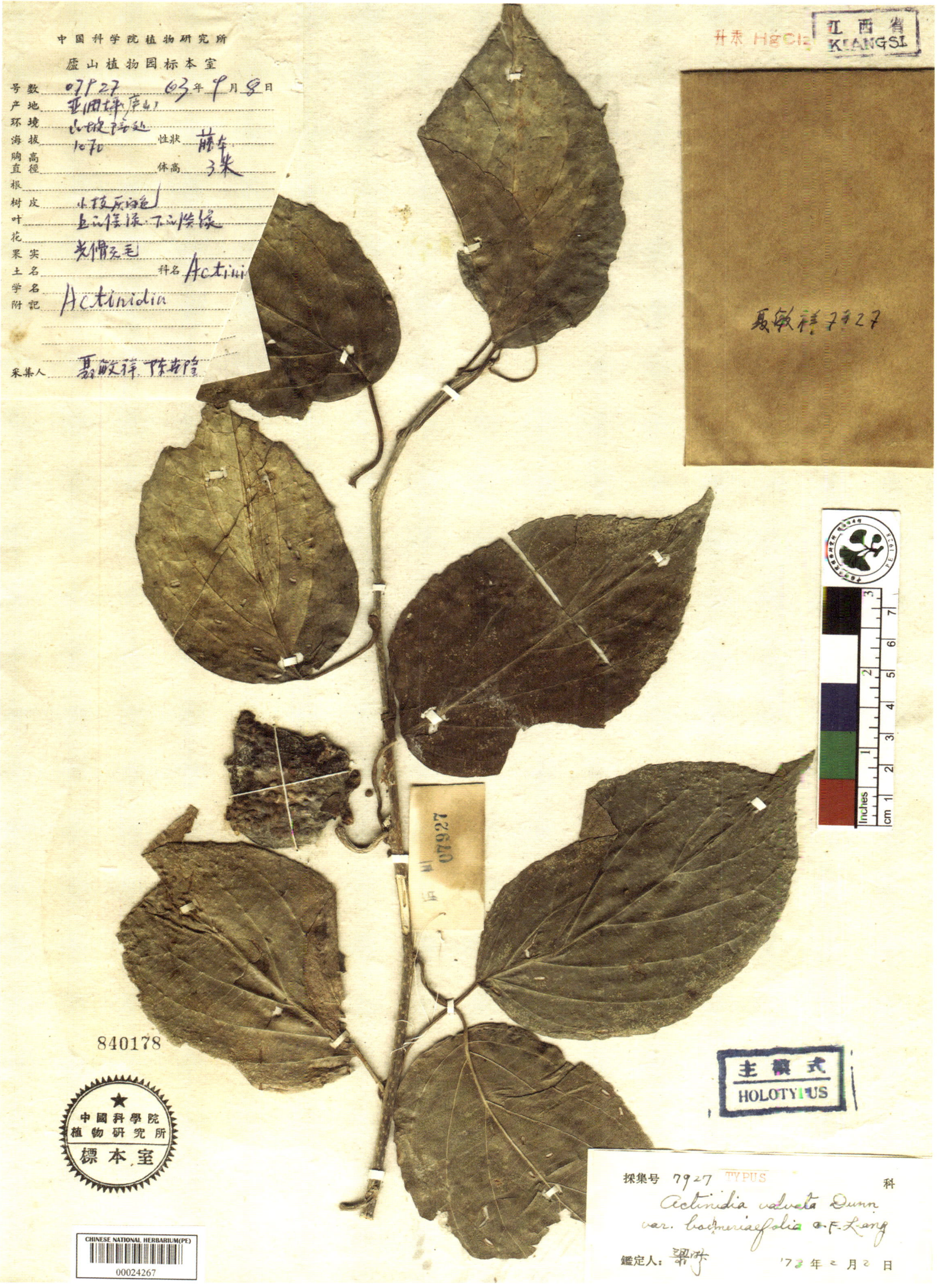

麻叶猕猴桃 ***Actinidia valvata*** Dunn var. ***boehmeriaefolia*** C. F. Liang, Fl. Reip. Pop. Sin. 49(2): 311, pl. 61: 4-6. 1984. **Holotype:** China. Jiangxi: Jiujiang, Lushan, alt. 1 070 m, 1963-09-08, M. X. Nie & S. L. Chen 07927.

猕猴桃藤山柳 ***Clematoclethra actinidioides*** Maxim. in Acta Horti Petrop. 11(1): 38. 1890. **Isotype:** China. Gansu: Precise locality not known, 1885-07-11, G. N. Potanin. s. n.

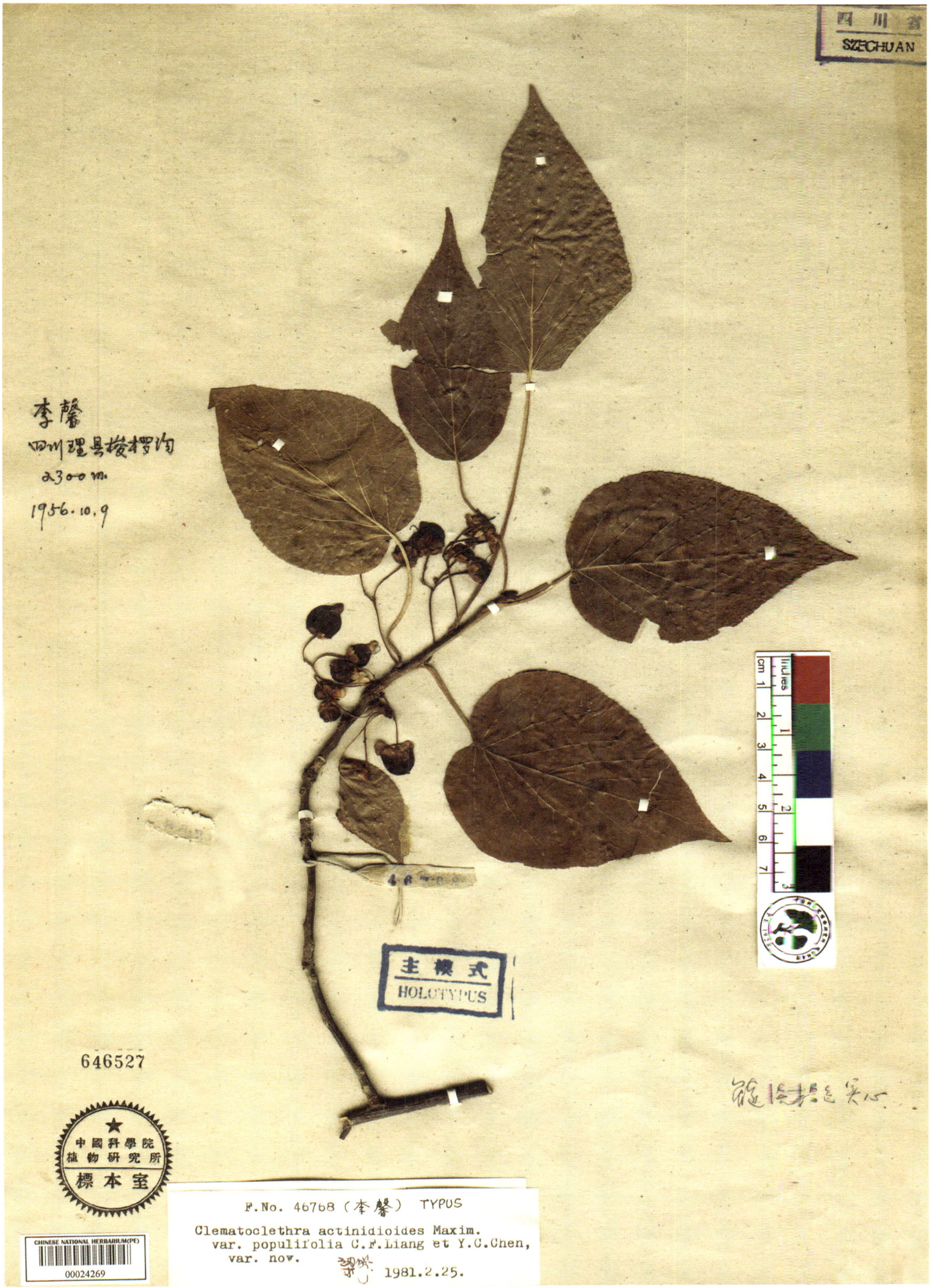

杨叶藤山柳 ***Clematoclethra actinidioides*** Maxim. var. ***populifolia*** C. F. Liang & Y. C. Chen, Fl. Reip. Pop. Sin. 49(2): 324, pl. 76: 1-5. 1984. **Holotype:** China. Sichuan: Li Xian, alt. 2 300 m, 1956-10-09, X. Li 46768.

银叶藤山柳 ***Clematoclethra argentifolia*** C. F. Liang & Y. C. Chen, Fl. Reip. Pop. Sin. 49(2): 325, pl. 76: 6-10. 1984.
Isotype: China. Sichuan: Pingwu, alt. 1 860 m, 1958-06-05, H. L. Tsiang 10459.

贵州藤山柳 ***Clematoclethra guizhouensis*** C. F. Liang & Y. C. Chen, Fl. Reip. Pop. Sin. 49(2): 327, pl. 78: 7-3. 1984. **Holotype:** China. Guizhou: Dafang, alt. 2 000 m, 1959-08-20, Bijie Exped. 1120.

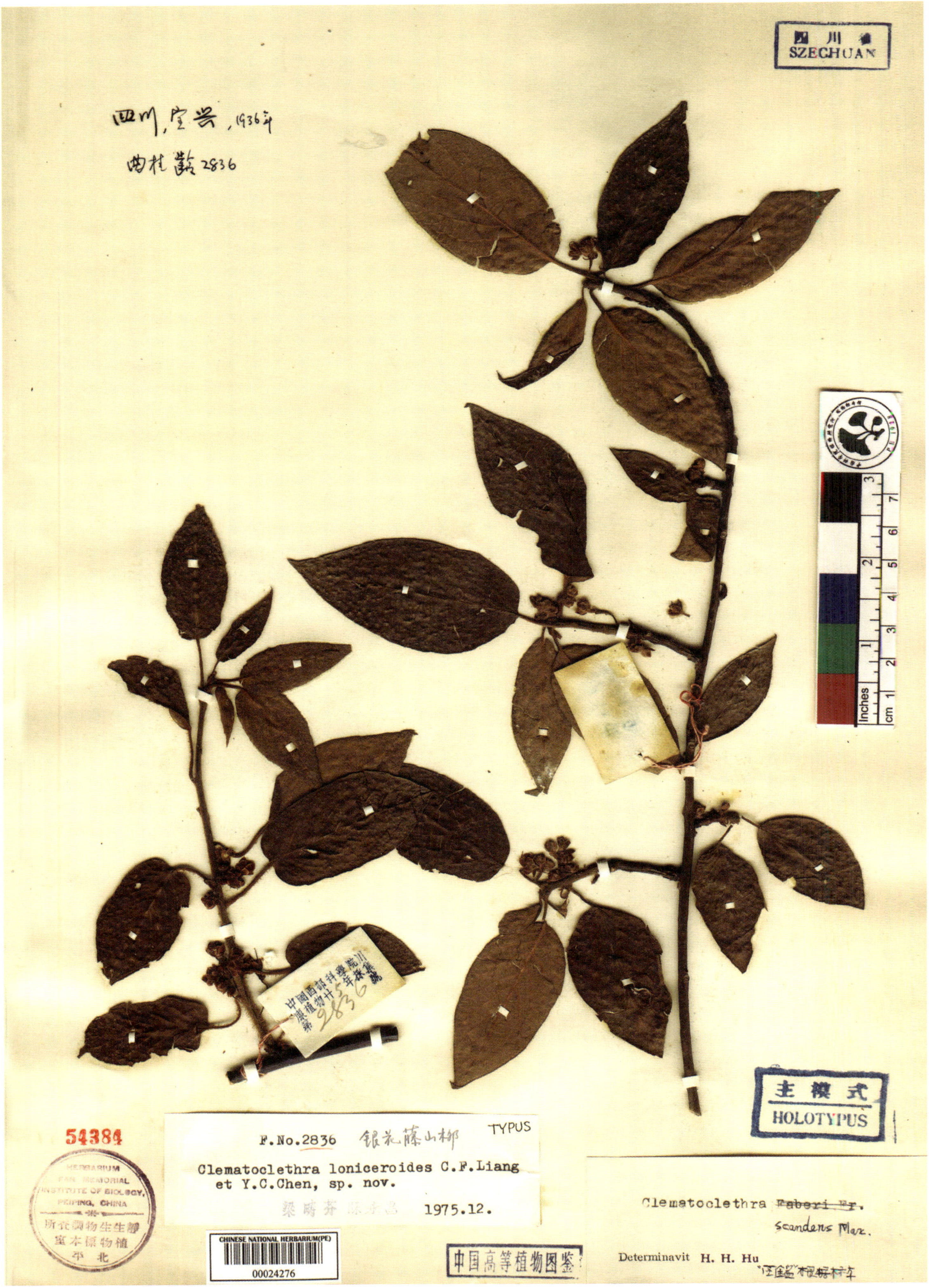

银花藤山柳 ***Clematoclethra loniceroides*** C. F. Liang & Y. C. Chen, Fl. Reip. Pop. Sin. 49(2): 327, pl. 80: 1-6. 1984.
Holotype: China. Sichuan: Baoxing, alt. 2 400 m, 1936-??-??, K. L. Chu 2836.

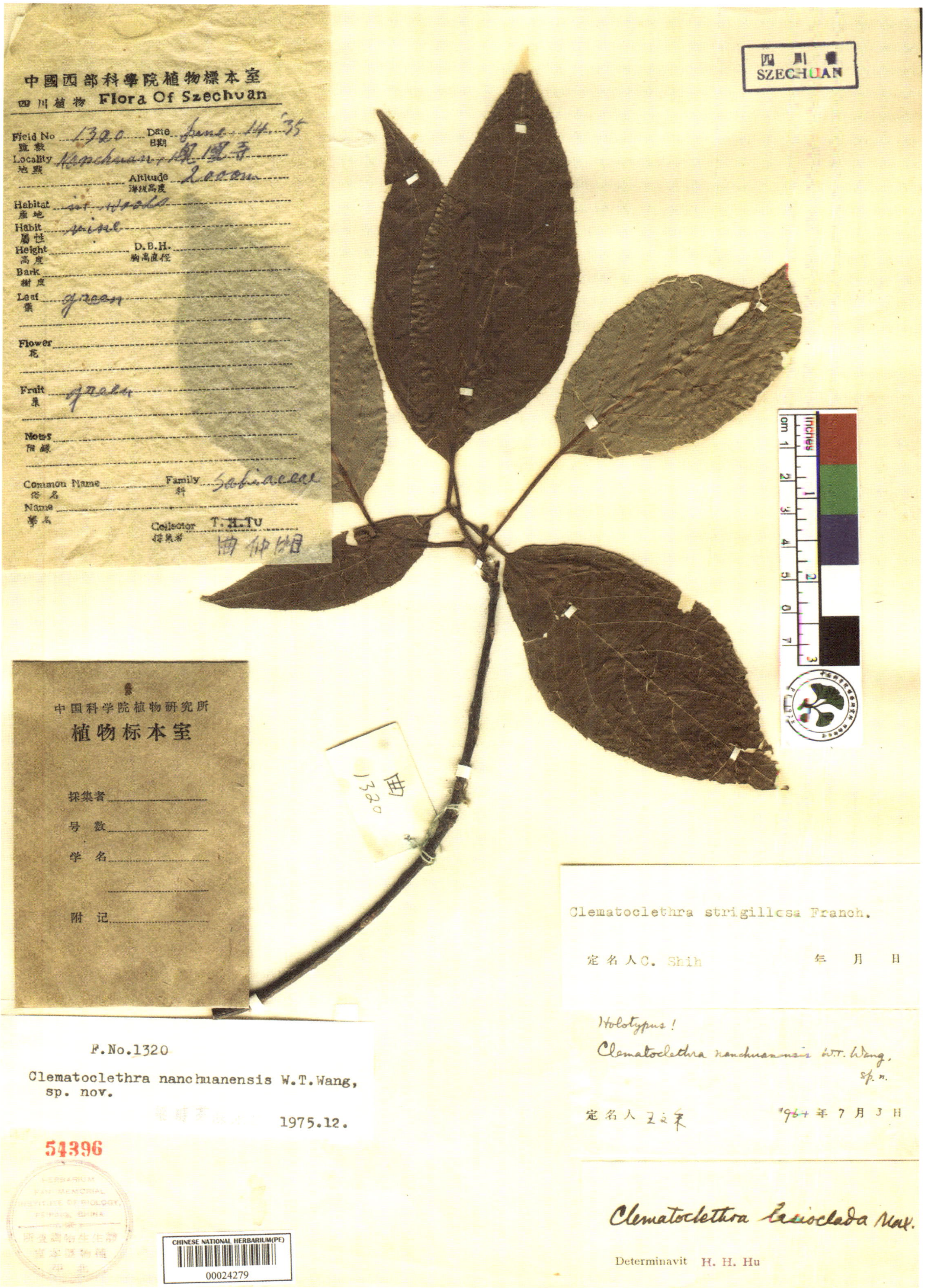

南川藤山柳 ***Clematoclethra nanchuanensis*** W. T. Wang ex C. F. Liang & Y. C. Chen, Fl. Reip. Pop. Sin. 29(2): 328, pl. 79: 4-6. 1984. **Holotype:** China. Chongqing: Nanchuan, alt. 2 000 m, 1935-06-14, K. L. Chu 1320.

榄叶藤山柳 ***Clematoclethra oliviformis*** C. F. Liang & Y. C. Chen, Fl. Reip. Pop. Sin. 49(2): 328, pl. 81: 1-3. 1984.
Holotype: China. Sichuan: Emei, Emeishan, alt. 1 700 m, 1935-07-23, T. H. Tu 494.

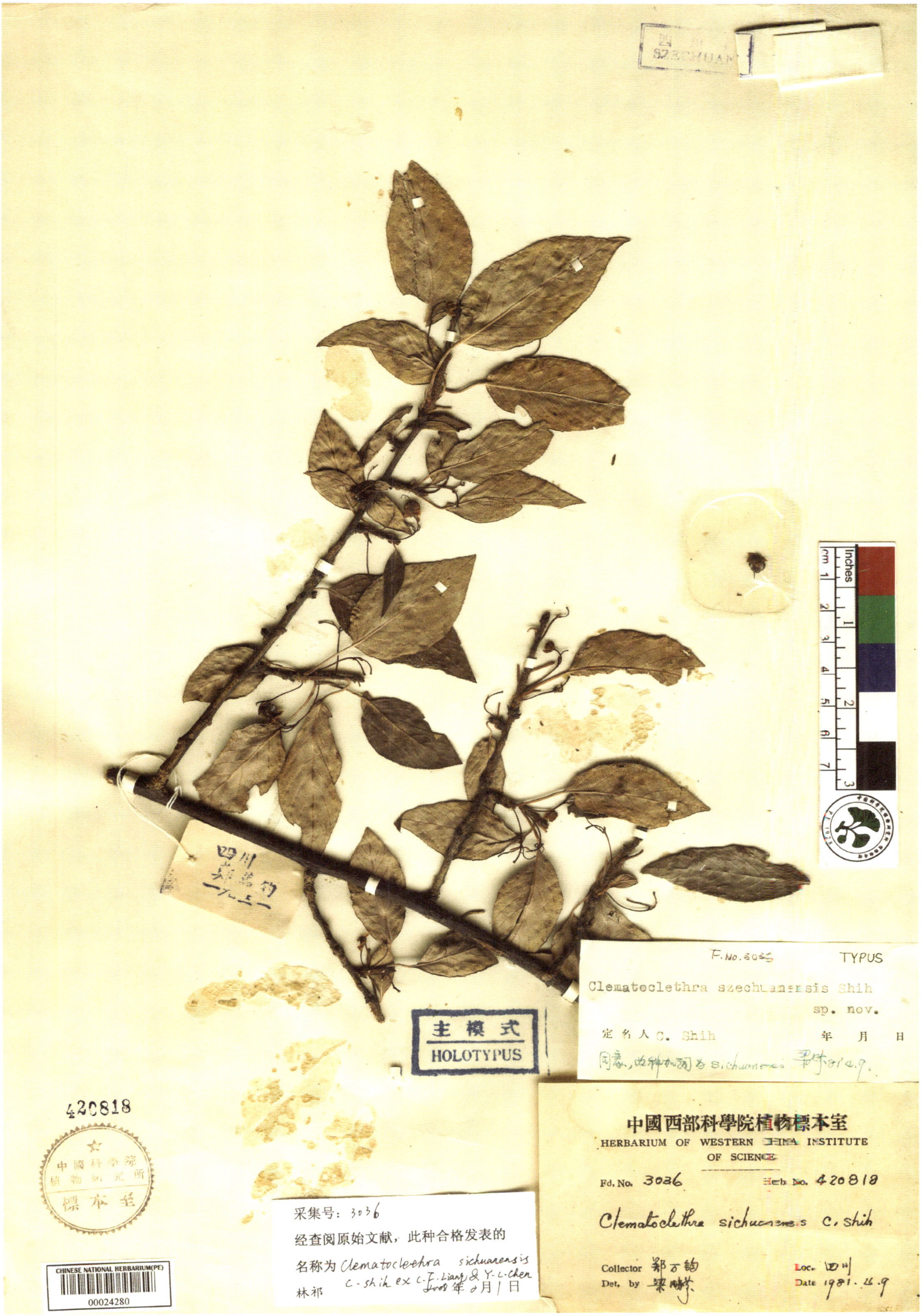

四川藤山柳 ***Clematoclethra sichuanensis*** C. Shih ex C. F. Liang & Y. C. Chen, Fl. Reip. Pop. Sin. 49(2): 328, pl. 79: 1-3. 1984. **Holotype:** China. Sichuan: Precise locality not known, W. C. Cheng 3036.

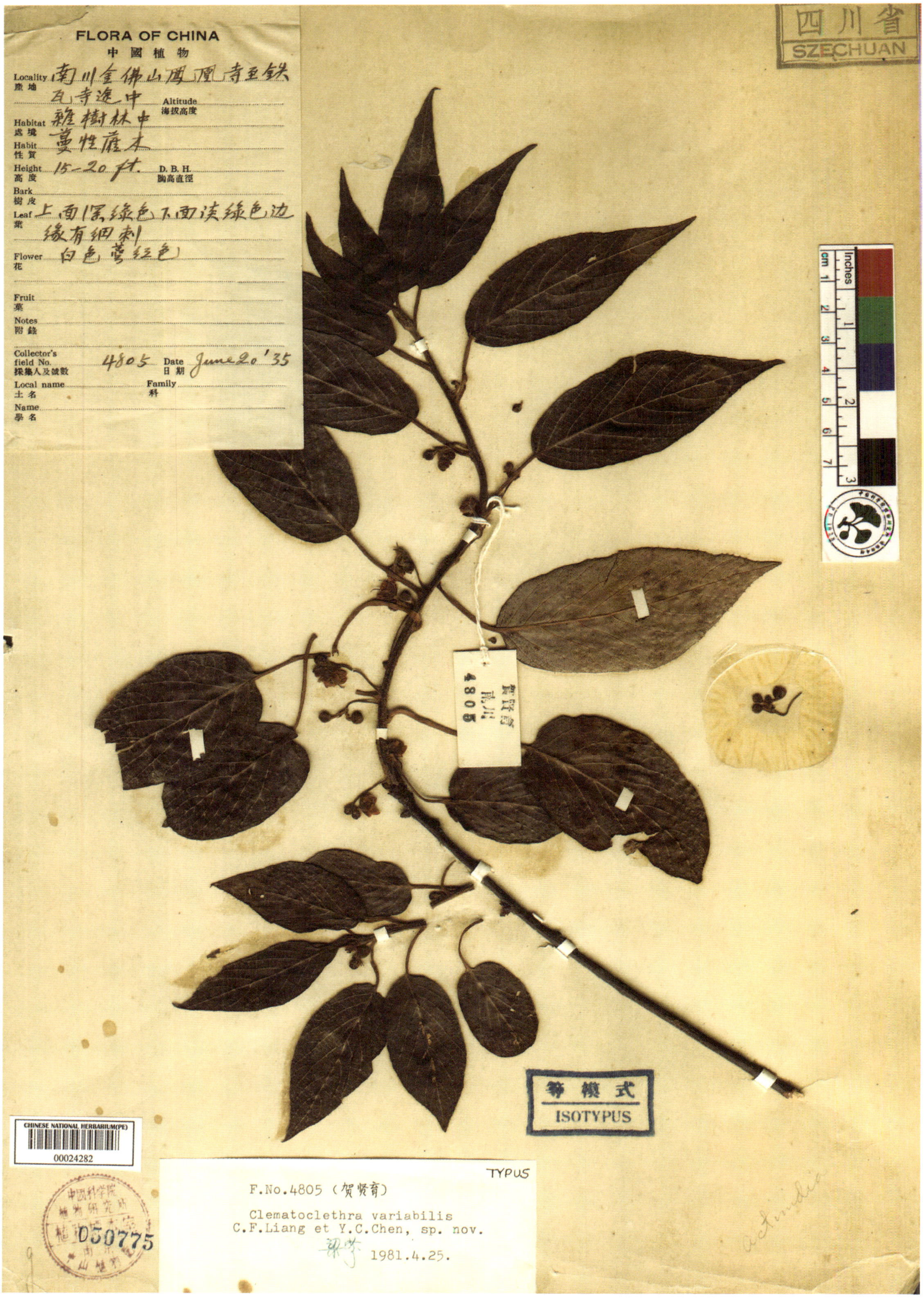

变异藤山柳 ***Clematoclethra variabilis*** C. F. Liang & Y. C. Chen, Fl. Reip. Pop. Sin. 49(2): 325, pl. 77: 1. 1984. **Isotype:** China. Chongqing: Nanchuan, 1935-06-20, X. Y. He 4805.

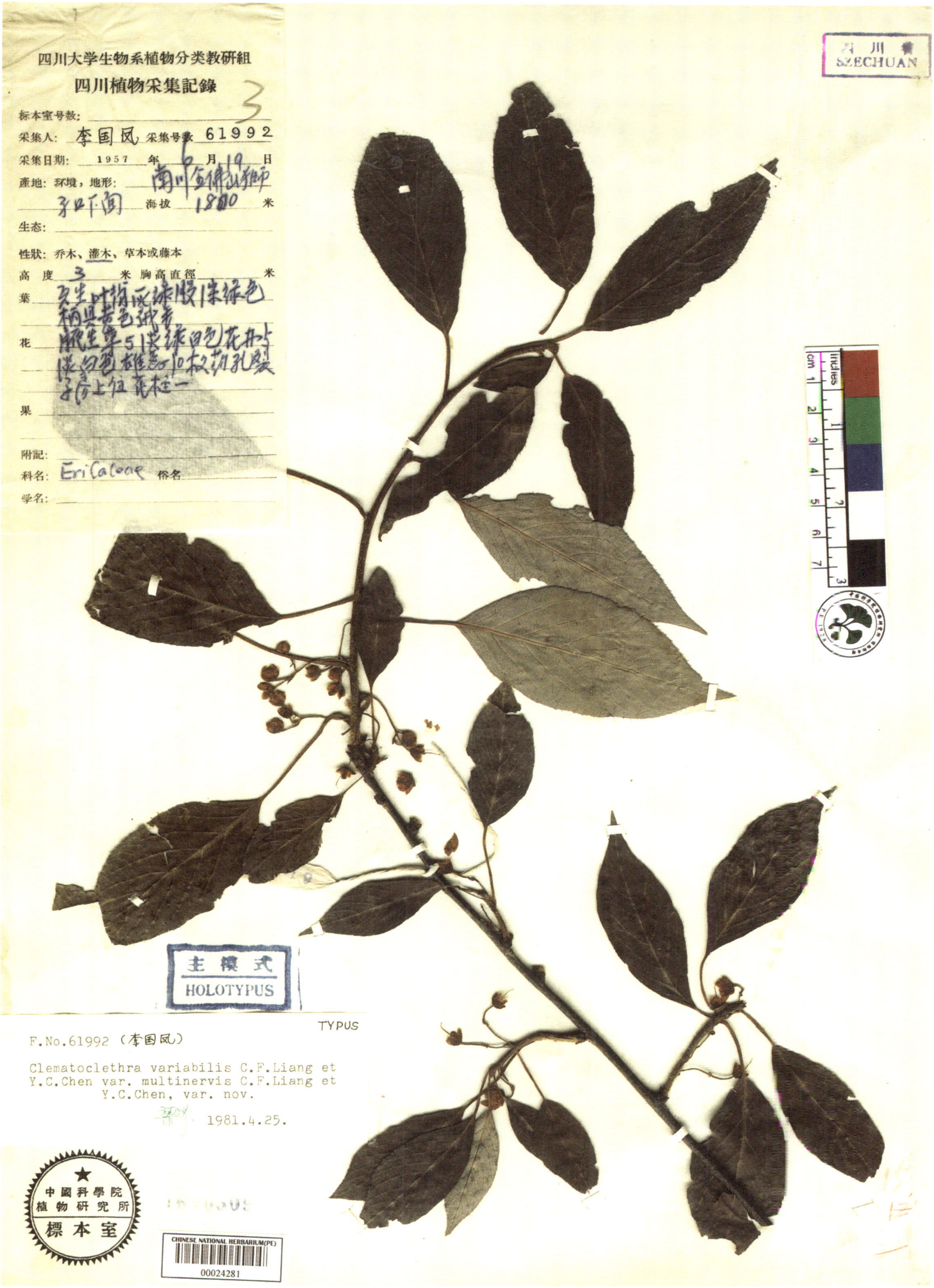

多脉藤山柳 ***Clematoclethra variabilis*** C. F. Liang & Y. C. Chen var. ***multinervis*** C. F. Liang & Y. C. Chen, Fl. Reip. Pop. Sin. 49(2): 326. 1984. **Holotype:** China. Chongqing: Nanchuan, Jinfoshan, alt. 1 800 m, 1957-06-19, G. F. Li 61992.

粗齿水东哥 ***Saurauia erythrocarpa*** C. F. Liang & Y. S. Wang var. ***grosseserrata*** C. F. Liang & Y. S. Wang, Fl. Reip. Pop. Sin. 49(2): 331. 1984. **Holotype:** China. Yunnan: Jinping, alt. 1 350 m, 1938-09-24, T. T. Yu 20414.

糙毛水东哥 ***Saurauia hirsuta*** C. F. Liang in Guihaia 6(3): 175, f. 1986. **Holotype:** China. Xizang: Vêdog, alt. 850 m, 1983-05-28, B. S. Li & S. Z. Cheng 04896.

硃毛水东哥 ***Saurauia miniata*** C. F. Liang & Y. S. Wang, Fl. Reip. Pop. Sin. 49(2): 329, pl. 82: 2-4. 1984, "minata"; S. Y. Jin, Cat. Type Specim. (Cormophyta) Herb. China 126. 1994. **Paratype:** China. Yunnan: Xichou, alt. 1 200 m, 1947-10-04, K. M. Feng 12154.

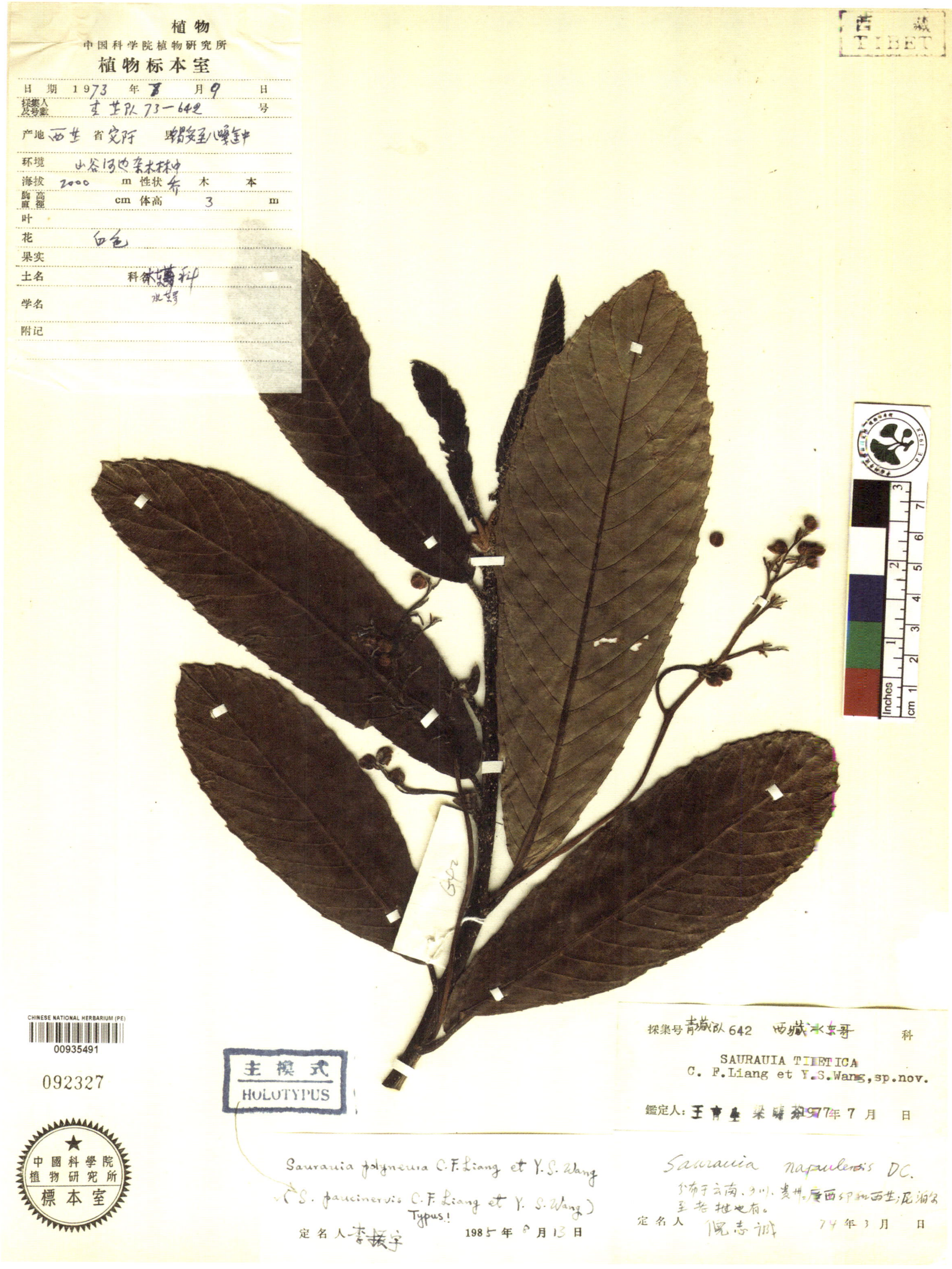

少脉水东哥 ***Saurauia paucinervis*** C. F. Liang & Y. S. Wang, Fl. Reip. Pop. Sin. 49(2): 333, pl. 86: 7. 1984. **Holotype:** China. Xizang: Zayü, alt. 2 000 m, 1973-07-09, Qinghai-Xizang Exped. 73-642.

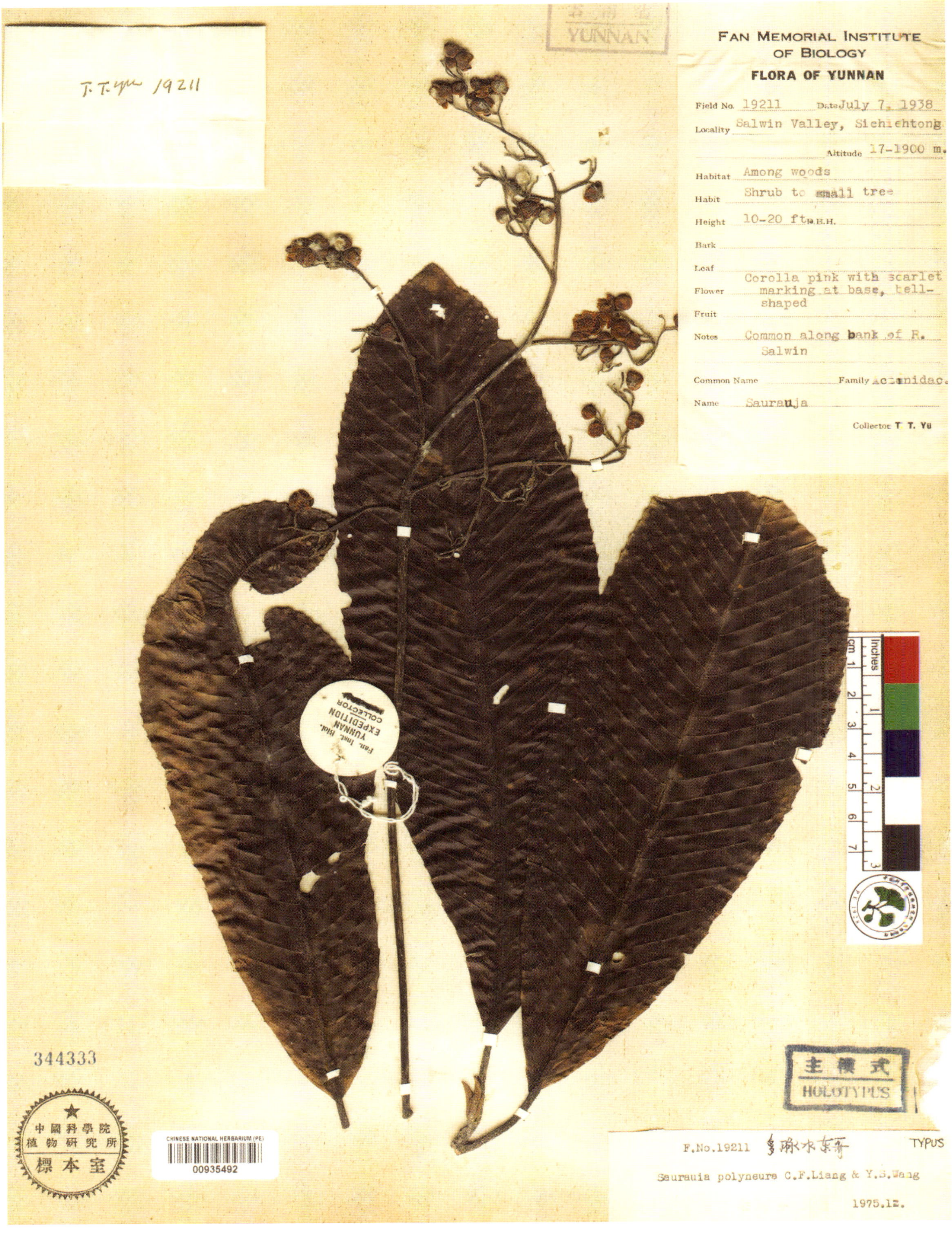

多脉水东哥 ***Saurauia polyneura*** C. F. Liang & Y. S. Wang, Fl. Reip. Pop. Sin. 49(2): 333, pl. 86: 1-6. 1984. **Holotype:** China. Yunnan: Gongshan, alt. 1 700~1 900 m, 1938-07-07, T. T. Yu 19211.

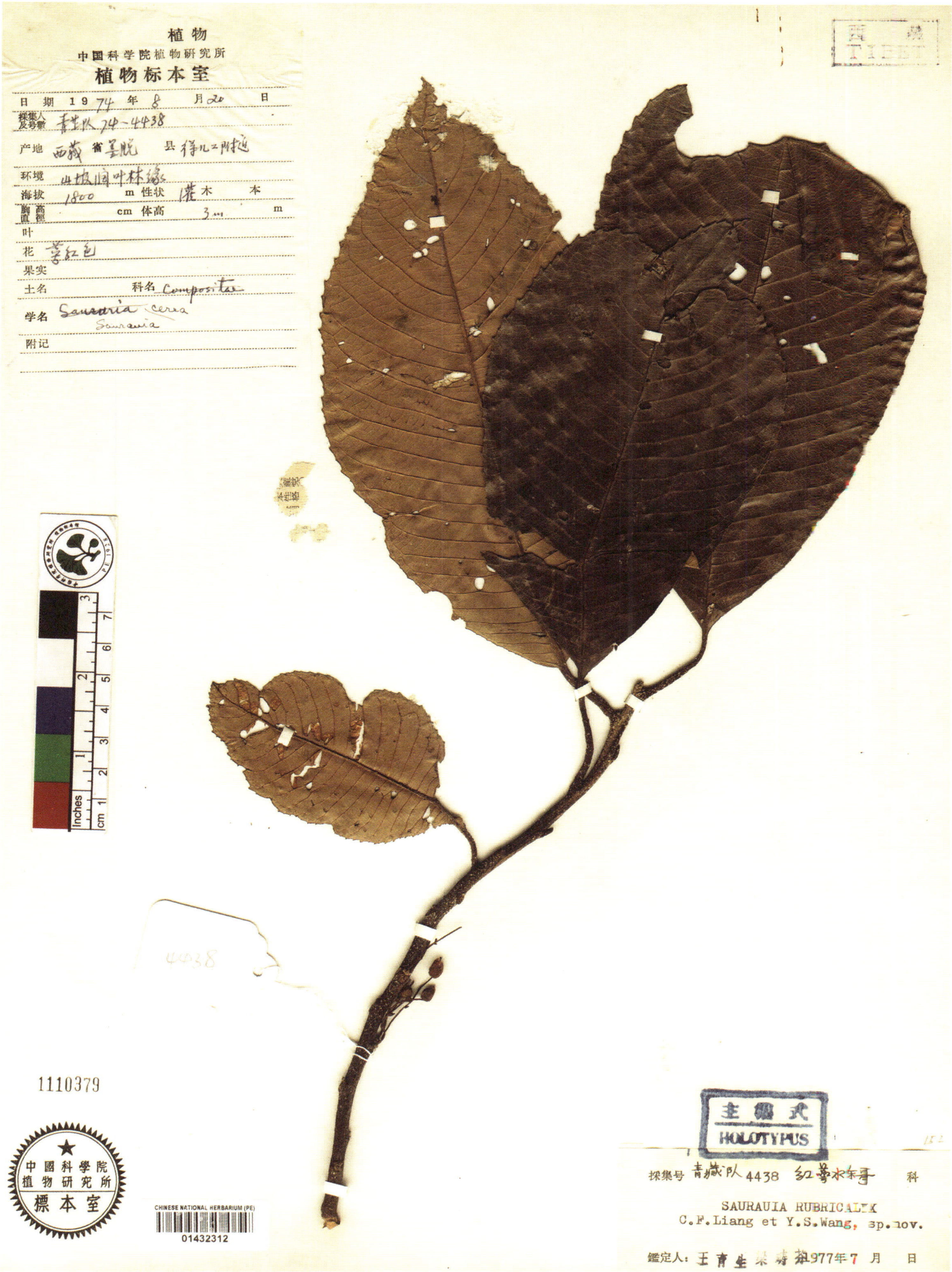

红萼水东哥 ***Saurauia rubricalyx*** C. F. Liang & Y. S. Wang, Fl. Reip. Pop. Sin. 49(2): 331, pl. 84: 1. 1984. **Holotype:** China. Xizang: Mêdog, alt. 1 800 m, 1974-08-20, Qinghai-Xizang Exped. 74-4438.

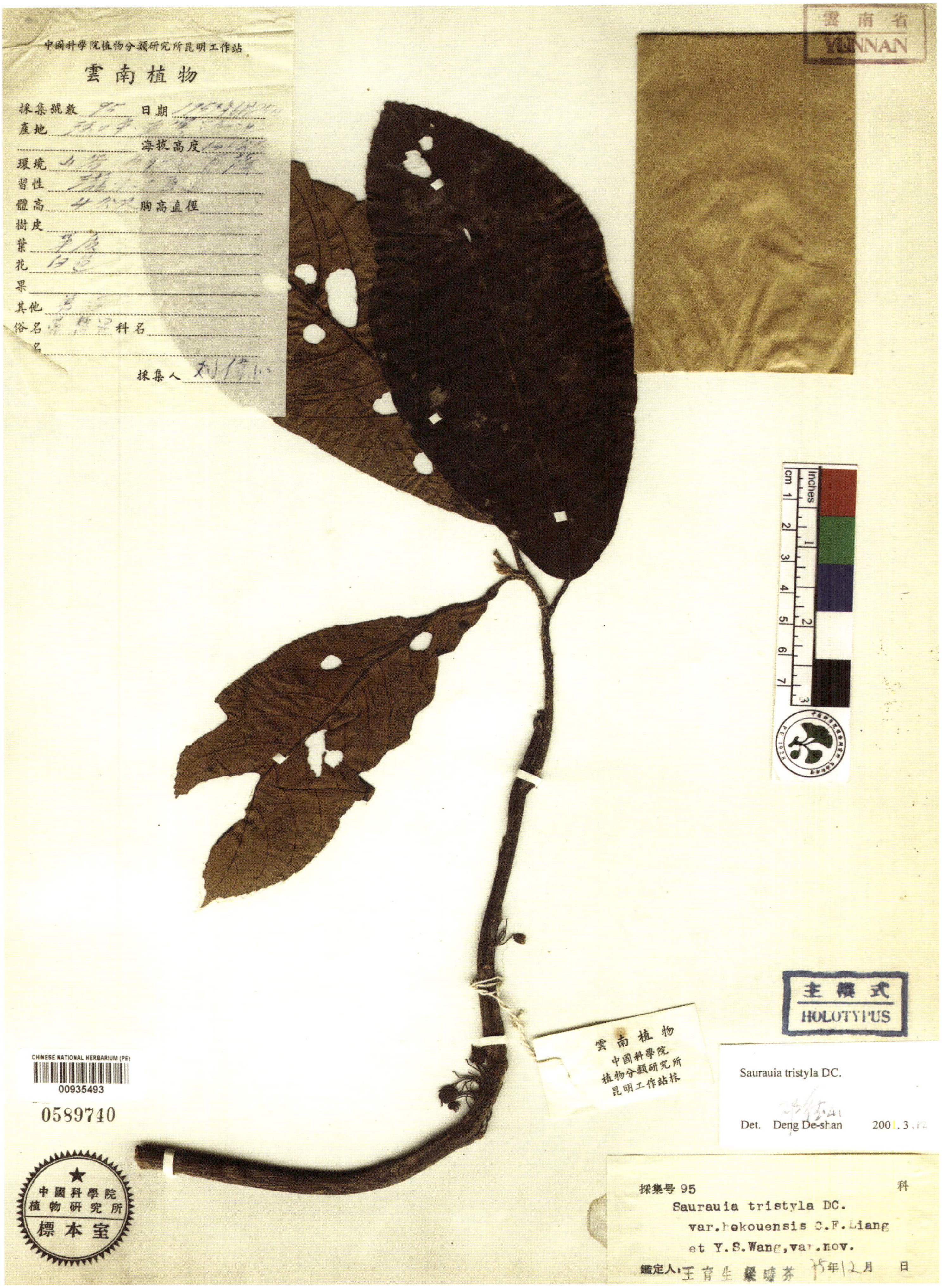

河口水东哥 ***Saurauia tristyla*** DC. var. ***hekouensis*** C. F. Liang & Y. S. Wang, Fl. Reip. Pop. Sin. 49(2): 332, pl. 85: 6-11. 1984. **Holotype:** China. Yunnan: Hekou, alt. 180 m, 1953-06-25, W. X. Liu 95.

云南水东哥 ***Saurauia yunnanensis*** C. F. Liang & Y. S. Wang, Fl. Reip. Pop. Sin. 49(2): 334, pl. 87: 1-4. 1984. **Paratype:** China. Yunnan: Che-li (=Jinghong), alt. 900 m, 1936-09-??, C. W. Wang 78789.

Ochnaceae

金莲木科

jinlianmu ke

合柱金莲木 ***Sinia rhodoleuca*** Diels in Notizbl. Bot. Gart. Berlin-Dahlem 10: 889. 1930. **Isotype:** China. Guangxi: Pingnan, Yaoshan, alt. 600~1 000 m, 1929-04-26, S. S. Sin 8197.

Theaceae（1）

山茶科（1）

shancha ke

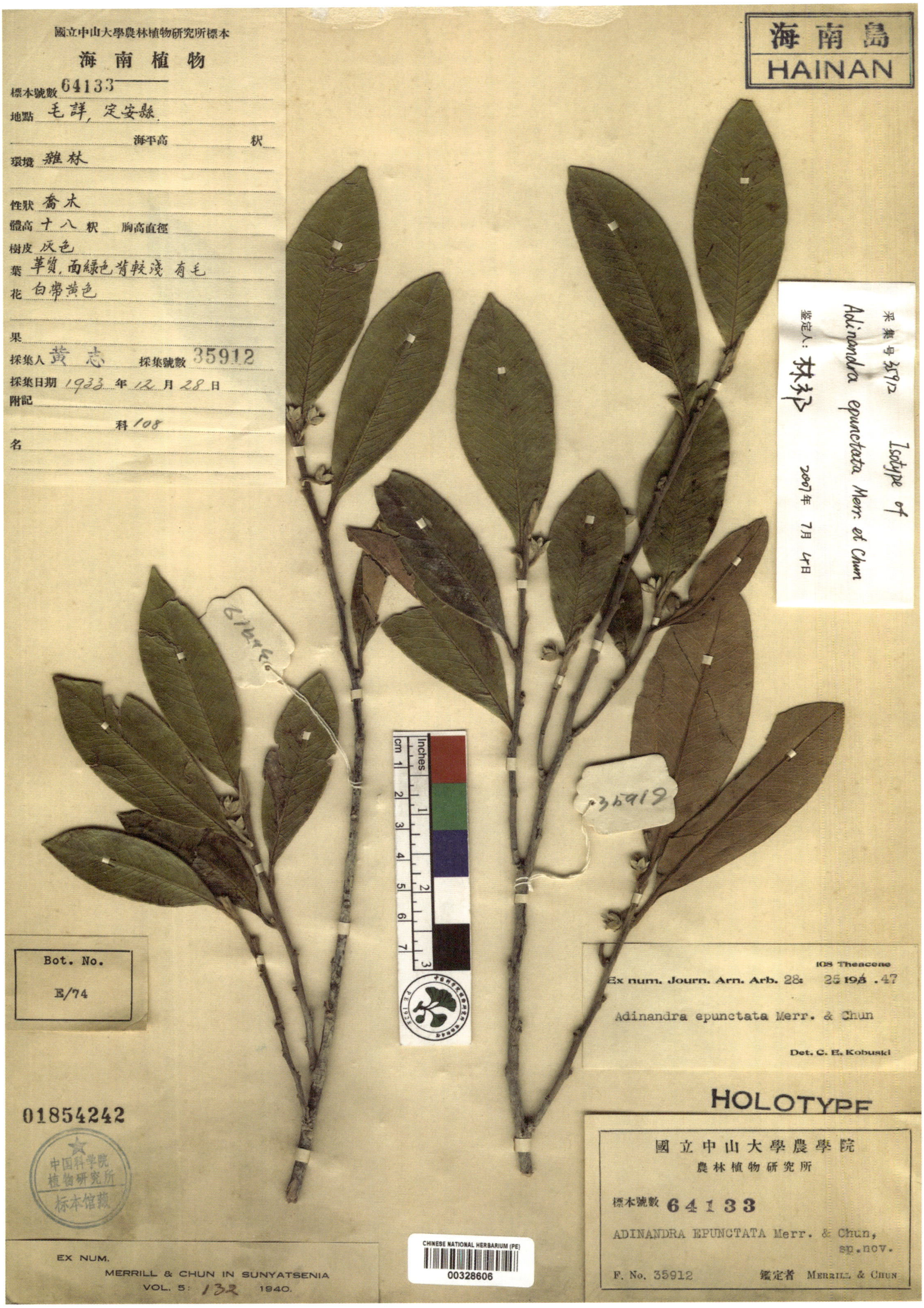

无腺杨桐 ***Adinandra epunctata*** Merr. & Chun in Sunyatsenia 5(1-3): 132, f. 14. 1940. **Isotype:** China. Hainan: Dingan, 1933-12-28, C. Wang 35912.

细梗杨桐 ***Adinandra filipes*** Merr. ex Kobuski in J. Arnold Arbor. 28(1): 22. 1947. **Isotype:** China. Guangxi: Lingyun, alt. 1 464 m, 1928-08-25, R. C. Ching 7138.

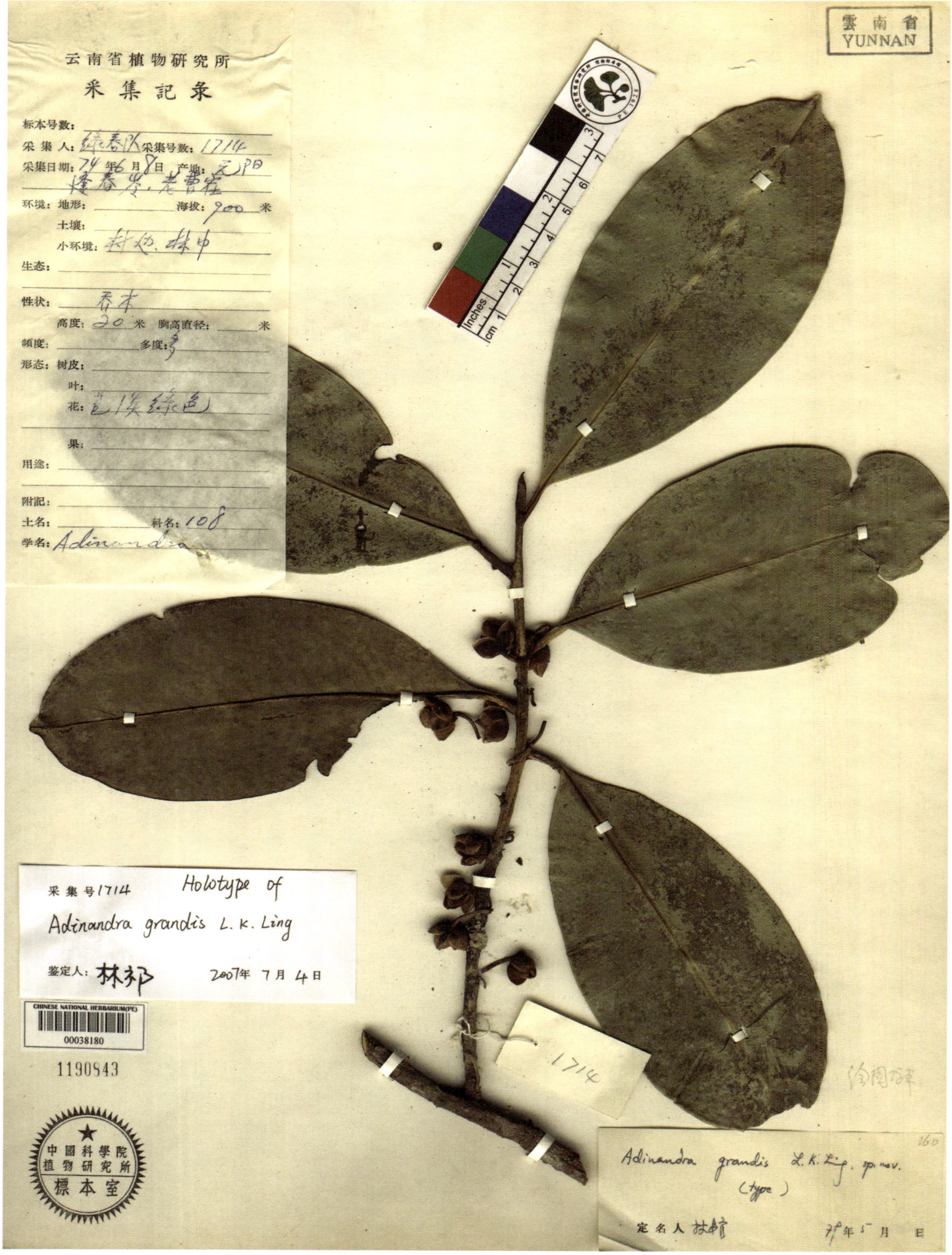

大杨桐 ***Adinandra grandis*** L. K. Ling, Fl. Reip. Pop. Sin. 50(1): 190. 1998. **Holotype:** China. Yunnan: Yuanyang, alt. 900 m, 1974-06-08, Luchun Exped. 1714.

保亭杨桐 ***Adinandra howii*** Merr. & Chun in Sunyatsenia 5(1-3): 131. 1940. **Isotype:** China. Hainan: Baoting, alt. 2 300 m, 1935-08-30, F. C. How 73559.

贵州杨桐 ***Adinandra kweichowensis*** Hu in Bull. Fan Mem. Inst. Biol., Bot. Ser. 8(3): 145. 1938, "***Adinandra kweichovensis***". **Lectotype** (designated by Q. Lin & al. in Acta Bot. Boreal.-Occident. Sin. 28: 1696. 2008.): China. Guizhou: Fanjingshan, alt. 1 320 m, 1932-09-18, T. T. Yu 3903.

狭瓣杨桐 ***Adinandra lancipetala*** L. K. Ling, Fl. Reip. Pop. Sin. 50(1): 191. 1998. **Paratype:** China. Guangxi: Longzhou, alt. 1 000 m, 1957-06-16, S. H. Chun 12647.

闊叶杨桐 ***Adinandra latifolia*** L. K. Ling, Fl. Reip. Pop. Sin. 50(1): 189. 1998. **Holotype:** China. Yunnan: Gongshan, alt. 1 300 m, 1938-09-25, T. T. Yu 20427.

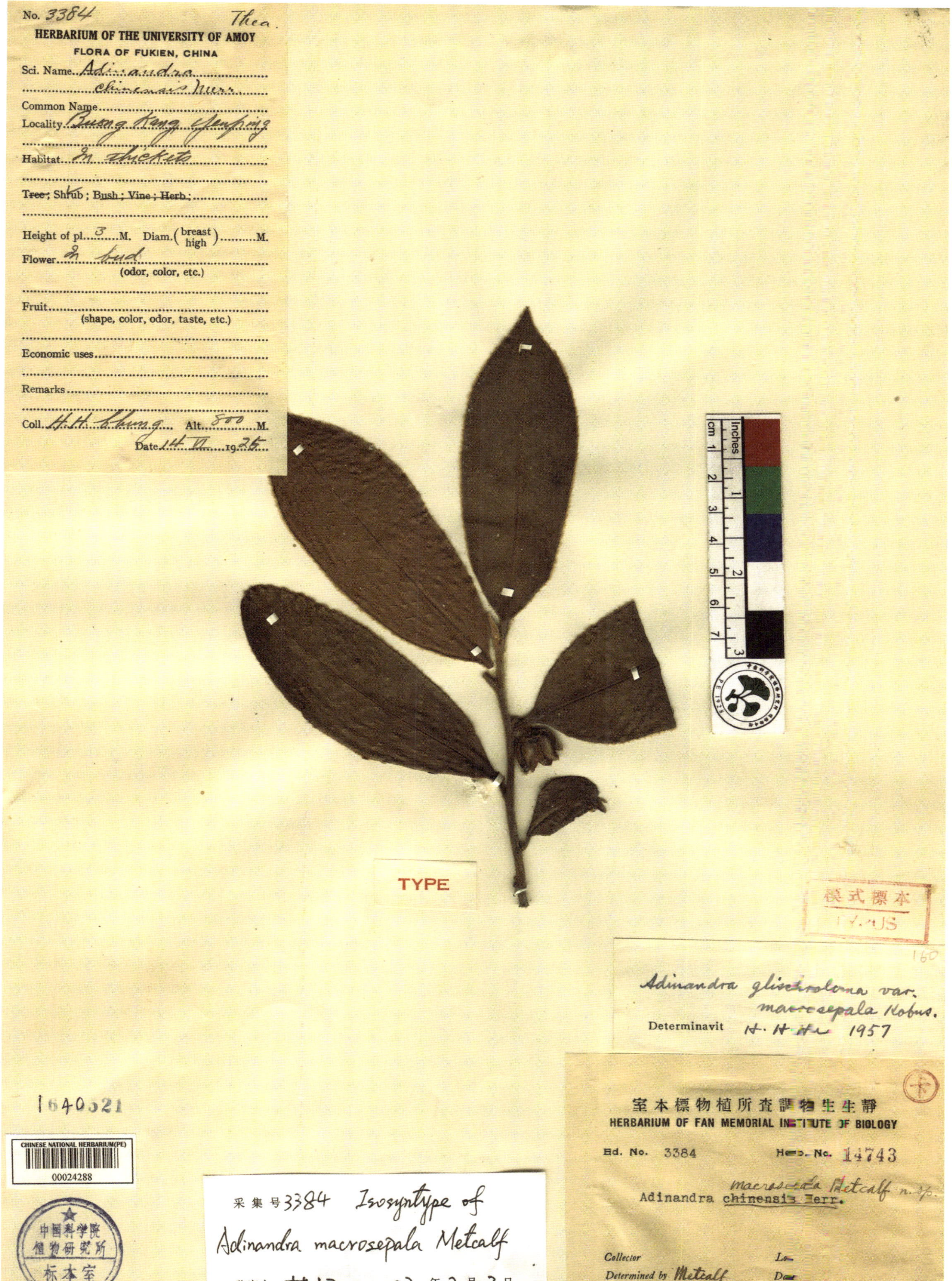

大萼杨桐 ***Adinandra macrosepala*** Metcalf in Lingnan Sci. J. 11(1): 18. 1932. **Isosyntype:** China. Fujian: Nanping, alt. 800 m, 1925-06-14, H. H. Chung 3384.

大叶红淡 ***Adinandra megaphylla*** Hu in Bull. Fan Mem. Inst. Biol., Bot. 6(4): 172. 1935. **Holotype:** China. Yunnan: Pingbian, alt. 1 200 m, 1934-06-19, H. T. Tsai 60288.

腺叶杨桐 ***Adinandra nigroglandulosa*** L. K. Ling, Fl. Reip. Pop. Sin. 50(1): 193. 1998. **Paratype:** China. Yunnan: Malipo, alt. 1 500~1 700 m, 1947-12-13, K. M. Feng 13808.

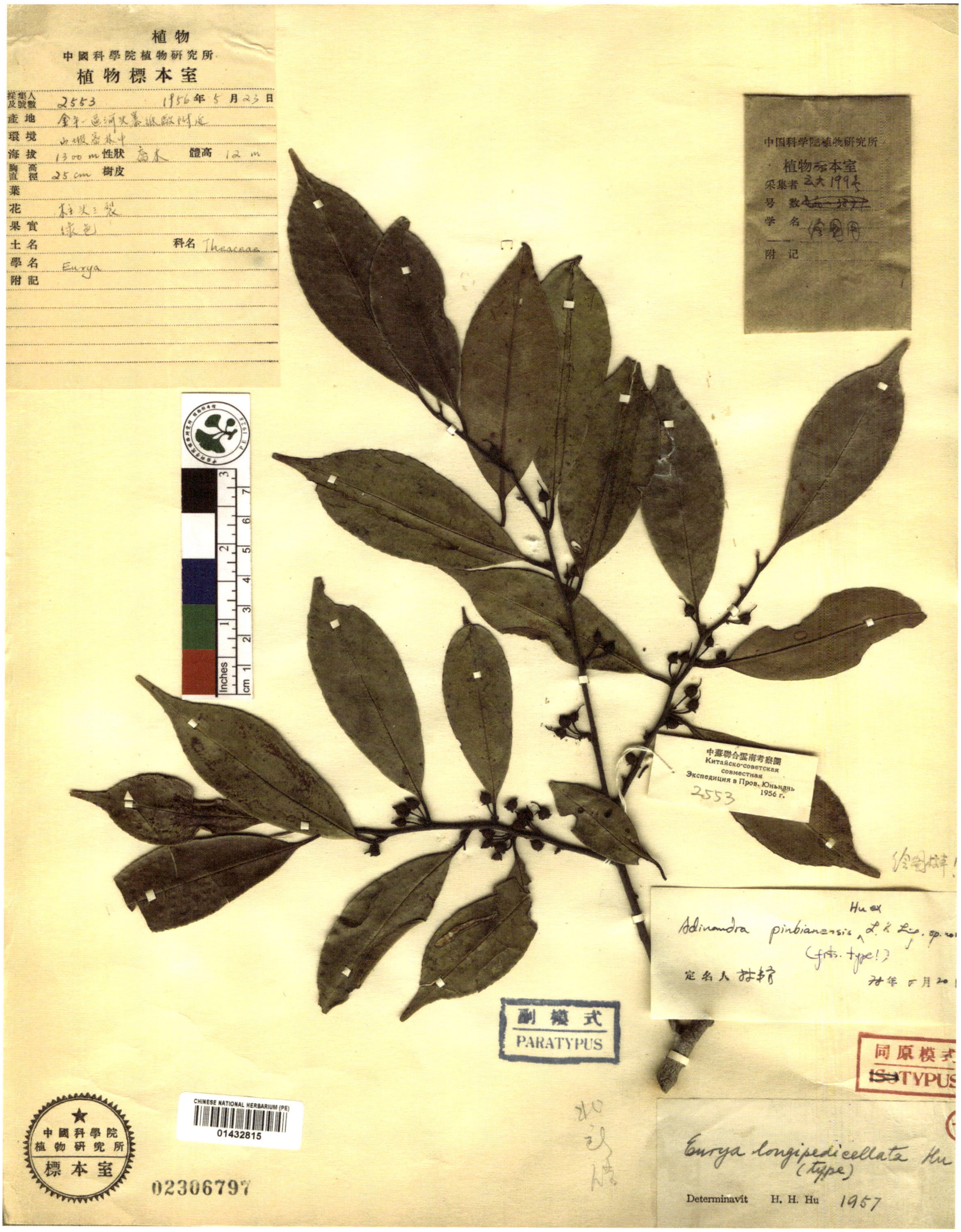

屏边杨桐 ***Adinandra pingbianensis*** L. K. Ling, Fl. Reip. Pop. Sin. 50(1): 188. 1998. **Paratype:** China. Yunnan: Jinping, alt. 1 300 m, 1956-05-23, Sino-Russia Yunnan Exped. 2553.

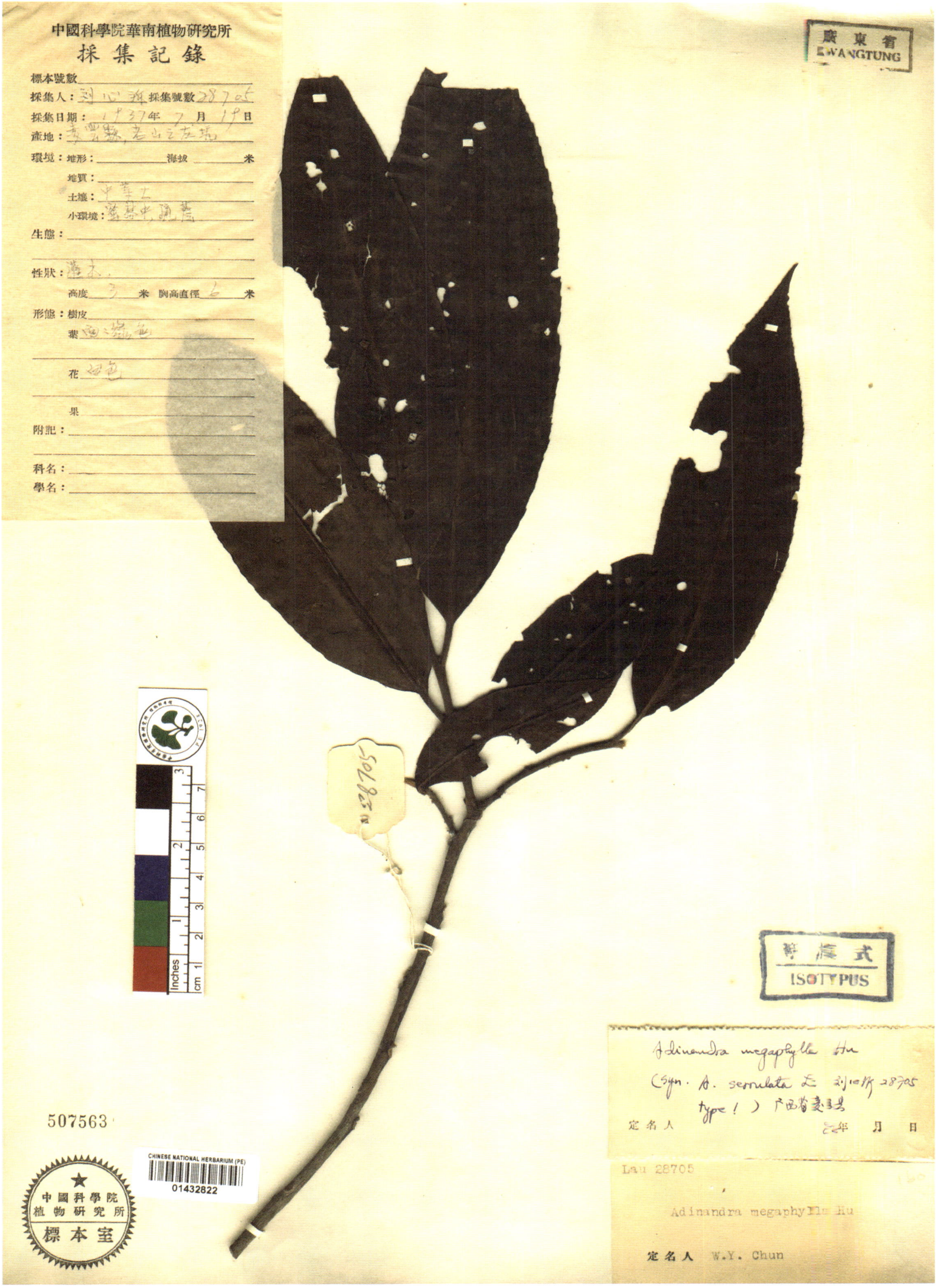

细锯齿杨桐 ***Adinandra serrulata*** H. L. Li in J. Arnold Arbor. 26(1): 66. 1945. **Isotype:** China. Guangxi: Lingyun, 1937-07-19, S. K. Lau 28705.

滇刺榄 ***Adinandra stenosepala*** Hu in Bull. Fan Mem. Inst. Biol., Bot. Ser. 8(3): 146. 1938. **Holotype:** China. Yunnan: Nan-Chiao (=Menghai), alt. 1 420 m, 1936-06-??, C. W. Wang 75088.

高山茶梨 ***Anneslea alpina*** H. L. Li in J. Arnold Arbor. 25(3): 307. 1944. **Isotype:** China. Yunnan: Mien-ning (=Lincang), alt. 2 700 m, 1938-10-11, T. T. Yu 18031.

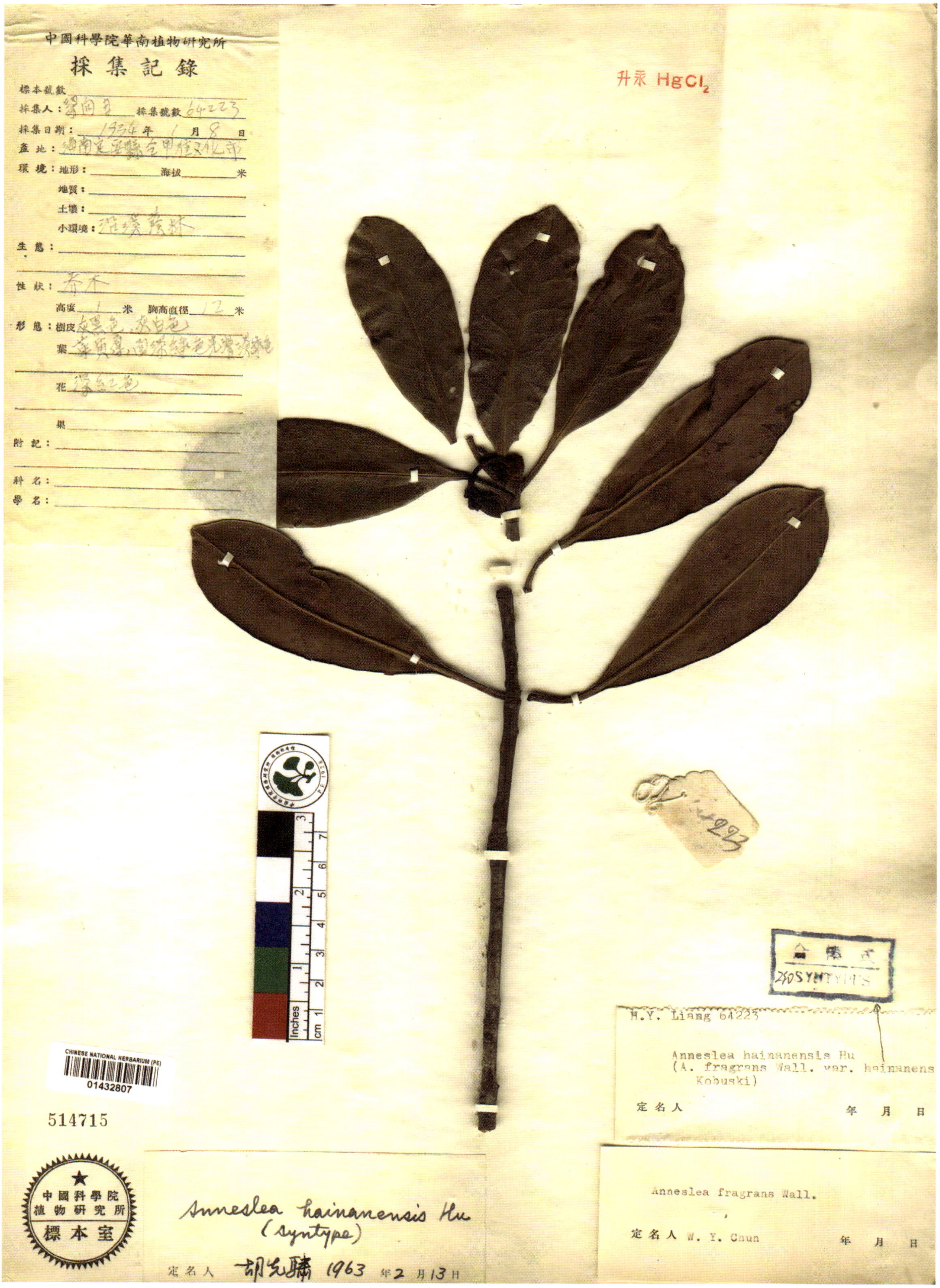

海南茶梨 ***Anneslea fragrans*** Wall. var. ***hainanensis*** Kobuski in J. Arnold Arbor. 33(1): 86. 1952. **Isosyntype:** China. Hainan: Dingan, 1934-01-08, H. Y. Liang 64223.

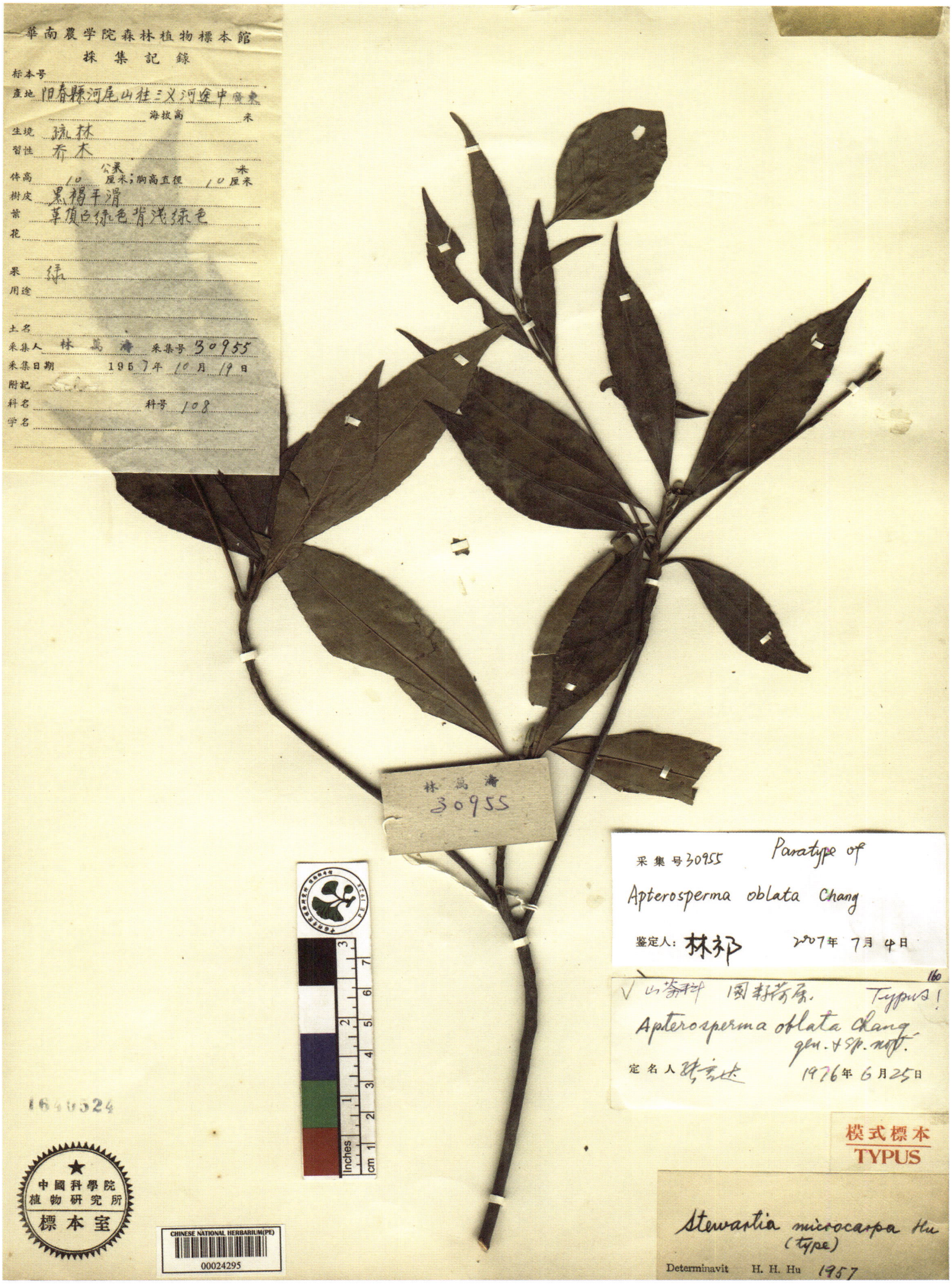

圆籽荷 ***Apterosperma oblata*** H. T. Chang in Acta Sci. Nat. Univ. Sunyatseni 15(2): 91. 1976. **Paratype:** China. Guangdong: Yangchun, 1957-10-19, W. T. Lin 30955.

尖齿离蕊茶 ***Camellia acutiserrata*** H. T. Chang, Taxon. Gen. Camellia, 91. 1981. **Holotype:** China. Guizhou: Ceheng, alt. 1 500 m, 1958-09-02, Z. Y. Cao 456.

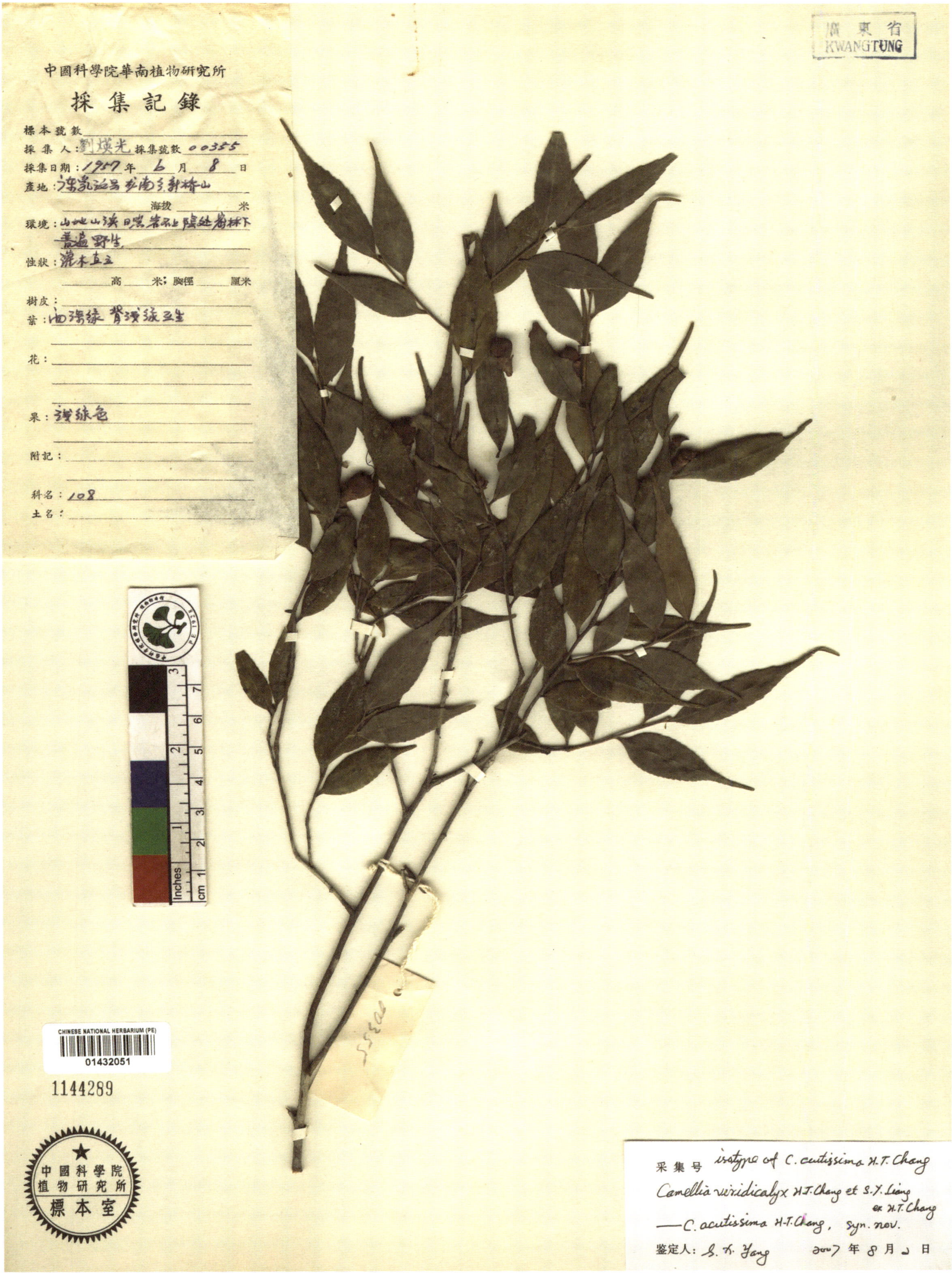

长尖连蕊茶 ***Camellia acutissima*** H. T. Chang, Taxon. Gen. Camellia 142. 1981. **Isotype:** China. Guangdong: Ruyuan, 1957-06-08, Y. G. Liu 00355.

大白山茶 ***Camellia albogigas*** Hu in Acta Phytotaxon. Sin. 10(2): 132. 1965. **Holotype:** China. Guangdong: Fengkai, 1963-12-9, S. H. Chun 18405.

白毛红山茶 ***Camellia albovillosa*** Hu ex H. T. Chang, Taxon. Gen. Camellia 62. 1981. **Isotype:** China. Yunnan: Yuanjiang, alt. 1 200 m, 1964-11-23, Y. H. Li 05988

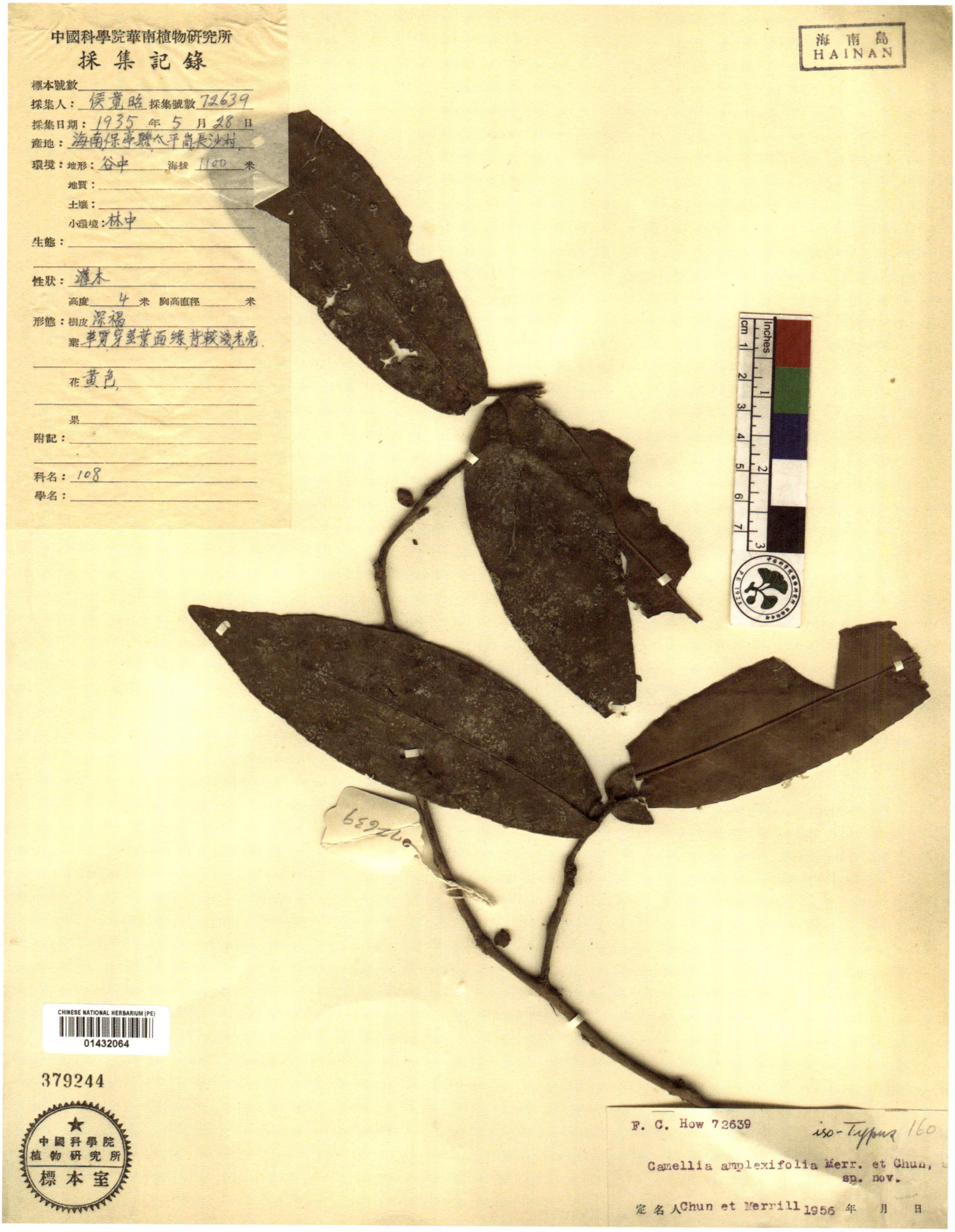

抱茎短蕊茶 ***Camellia amplexifolia*** Merr. & Chun in Sunyatsenia 5(1-3): 129, f. 13. 1940. **Isotype:** China. Hainan: Baoting, alt. 1 100 m, 1935-05-28, F. C. How 72639.

安龙瘤果茶 ***Camellia anlungensis*** H. T. Chang, Taxon. Gen. Camellia 48. 1981. **Holotype:** China. Guizhou: Wangmo, alt. 400 m, 1960-04-19, Guizhou Exped. 1757.

红紫花短柱茶 ***Camellia brevissima*** H. T. Chang & S. Y. Liang in Acta Phytotaxon. Sin. 20(1): 115, f. 1. 1982. **Isotype:** China. Guangxi: Hezhou, alt. 520 m, 1965-11-27, S. Y. Liang 6505245.

红花短柱茶 ***Camellia brevistyla*** (Hayata) Cohen-Stuart f. ***rubida*** P. L. Chiu in J. Nanjing Forest. Univ. 1987(2): 22. 1987. **Isotype:** China. Zhejiang: Longquan, 1959-11-04, S. Y. Chang 7058.

黄杨叶连蕊茶 ***Camellia buxifolia*** H. T. Chang, Taxon. Gen. Camellia 139. 1981. **Paratype:** China. Hubei: Xingshan, alt. 100~200 m, 19??-12-05, H. J. Li 1861.

白毛蕊茶 ***Camellia candida*** H. T. Chang, Taxon. Gen. Camellia 177. 1981. **Isotype:** China. Yunnan: Malipo, alt. 1 300 m, 1940-01-14, C. W. Wang & Y. Liu 83855.

浙江红花油茶 ***Camellia chekiangoleosa*** Hu in Acta Phytotaxon. Sin. 10(2): 131, pl. 23, 25. 1965. **Holotype:** China. Zhejiang: Kaihua, alt. 1 100 m, 1955-04-12, J. X. Wang 0001.

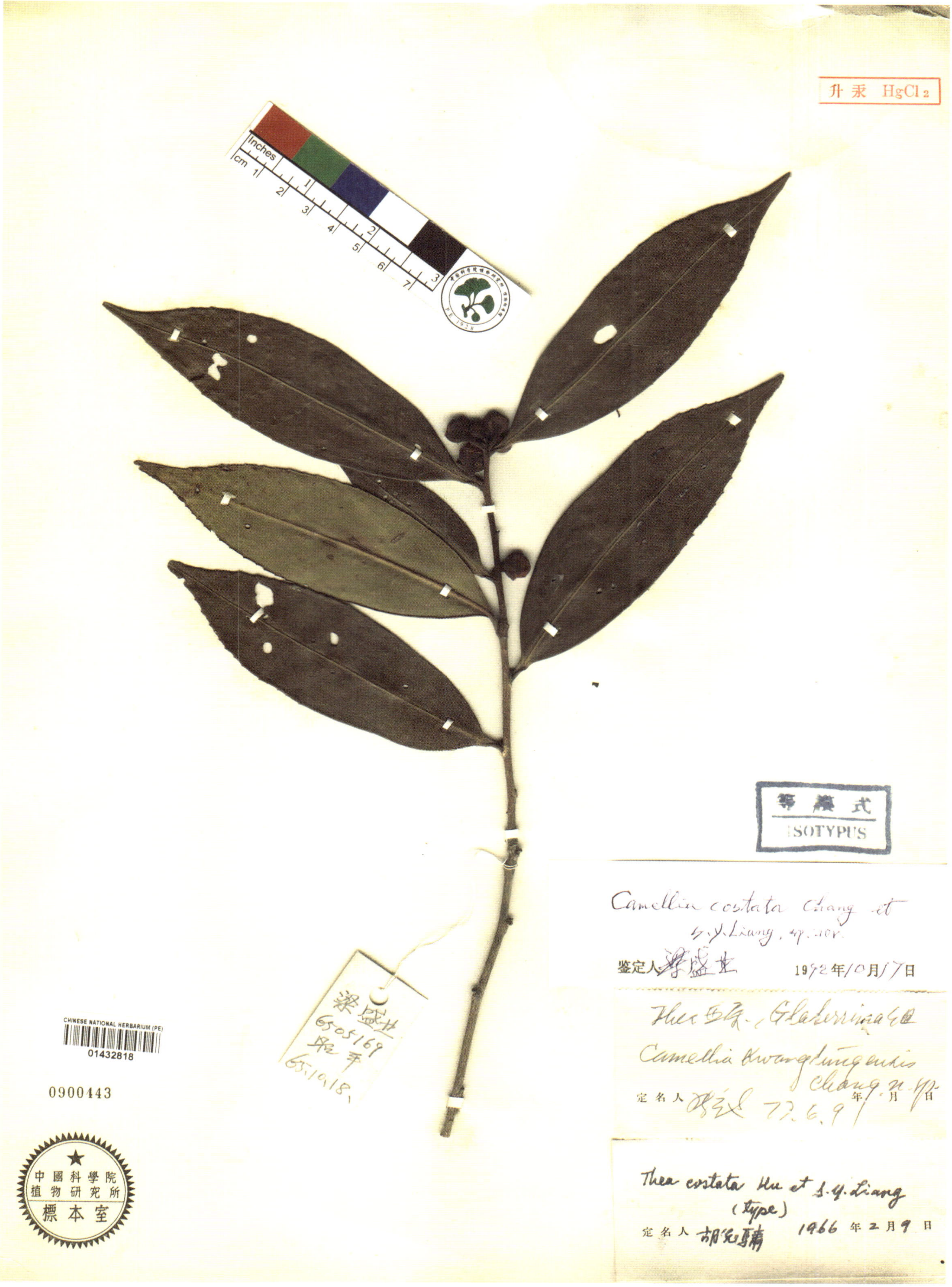

突肋茶 ***Camellia costata*** Hu & S. Y. Liang ex H. T. Chang in Acta Sci. Nat. Univ. Sunyatseni 20(1): 94. 1981. **Isotype:** China. Guangxi: Zhaoping, 1965-10-18, S. Y. Liang 6505169.

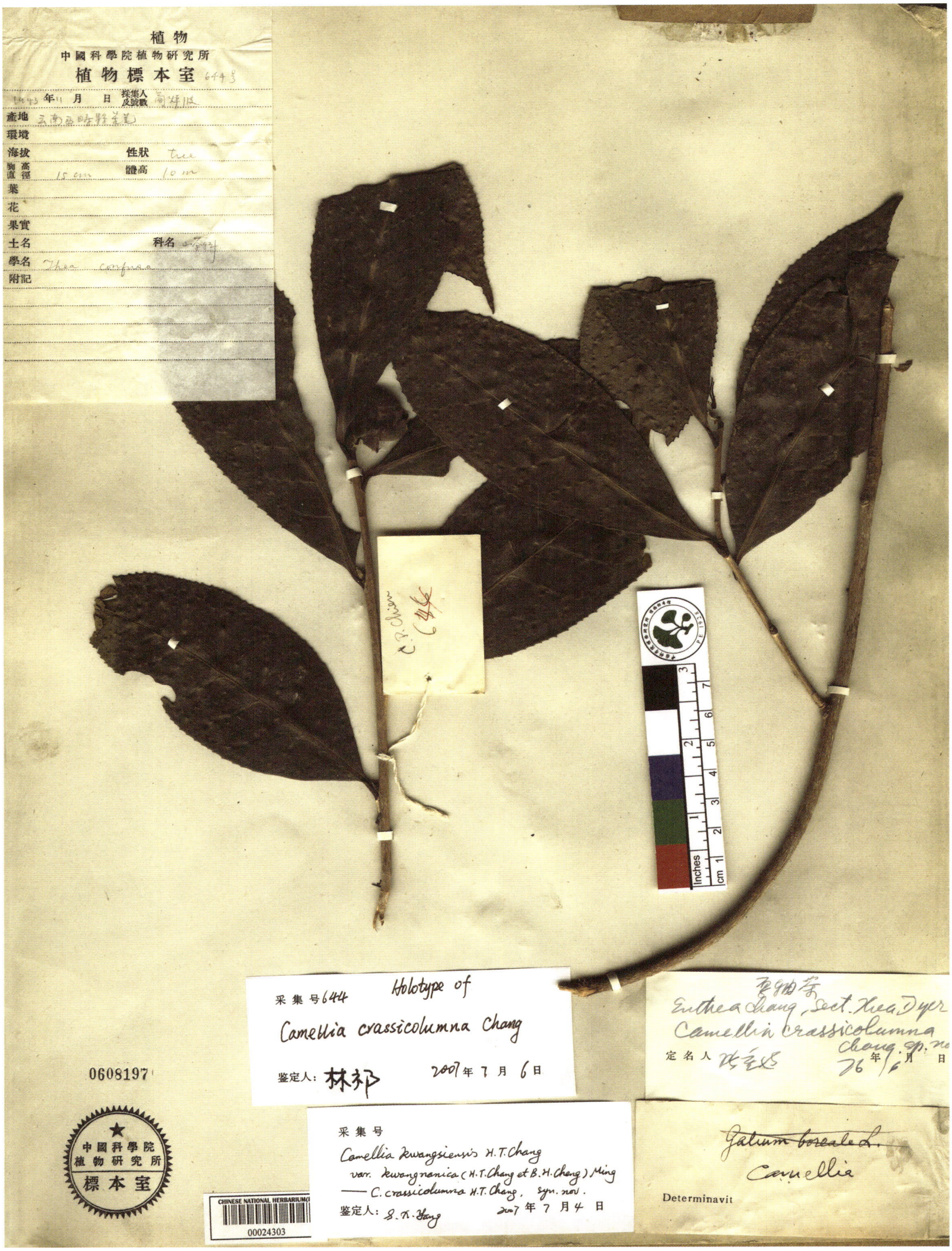

厚轴茶 ***Camellia crassicolumna*** H. T. Chang in Acta Sci. Nat. Univ. Sunyatseni 20(1): 91. 1981. **Holotype:** China. Yunnan: Xichou, alt. 1 800 m, 1943-11-??, C. P. Tsien 644.

杯萼毛蕊茶 ***Camellia cratera*** H. T. Chang, Taxon. Gen. Camellia 170. 1981. **Isotype:** China. Guangdong: Yangshan, alt. 800 m, 1956-05-28, L. Deng 1067.

皱叶茶 ***Camellia crispula*** H. T. Chang in Acta Sci. Nat. Univ. Sunyatseni 20(1): 93. 1981. **Isotype:** China. Yunnan: Precise locality not known, 1956-??-??, Sino-Russia Yunnan Exped. 1344.

高州油茶 ***Camellia gauchowensis*** H. T. Chang in Acta Sci. Nat. Univ. Sunyatseni 1961(4): 58. 1961. **Isotype:** China. Guangdong: Gaozhou, 1960-12-23, H. T. Chang 5002.

博白大果油茶 ***Camellia gigantocarpa*** Hu & T. C. Chung in Acta Phytotaxon. Sin. 10(2): 133. 1965. **Lectotype** (designated by Q. Lin & al. in Acta Bot. Boreal.-Occident. Sin. 28: 1696. 2008.): China. Guangxi: Bobei, alt. 250~500 m, 1956-06-27, T. C. Huang 2026.

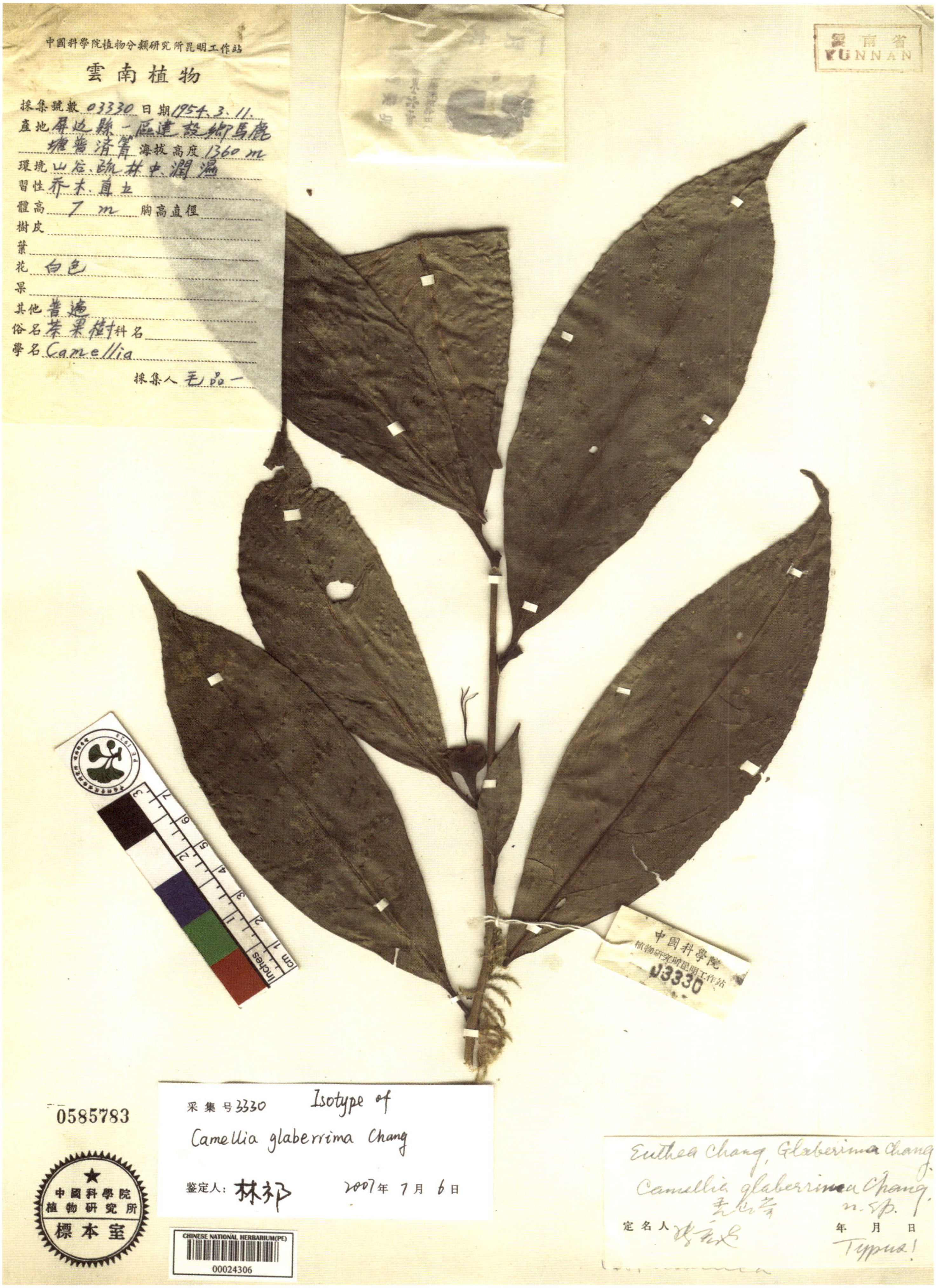

秃山茶 ***Camellia glaberrima*** H. T. Chang, Taxon. Gen. Camellia 126. 1981. **Isotype:** China. Yunnan: Pingbian, alt. 1 360 m, 1954-03-11, P. I Mao 03330.

秃房茶 ***Camellia gymnogyna*** H. T. Chang in Acta Sci. Nat. Univ. Sunyatseni 20(1): 94. 1981. **Paratype:** China. Guangdong: Maoming, 1956-08-04, L. Deng 1852.

异型叶山茶 ***Camellia heterophylla*** Hu in Bull. Fan Mem. Inst. Biol., Bot. 8(1): 37. 1937. **Lectotype** (designated by Q. Lin & al. in Acta Bot. Boreal.-Occident. Sin. 28: 1696. 2008.): China. Yunnan: Shun-Ning (=Fengqing), alt.2 400 m, 1936-02-??, C. W. Wang 71975.

贵州金花茶 ***Camellia huana*** T. L. Ming & W. J. Zhang in Acta Bot. Yunnan. 15(1): 12, f. 1: 4-8. 1993. **Holotype:** China. Guizhou: Ceheng, alt. 750 m, 1958-11-01, Z. Y. Cao 1260.

大花短柱茶 ***Camellia kissii*** Wall. var. ***megalantha*** H. T. Chang, Taxon. Gen. Camellia 35. 1981. **Isotype:** China. Guangxi: Zhaoping, 1965-12-11, S. Y. Liang 6505258.

广西茶 ***Camellia kwangsiensis*** H. T. Chang in Acta Sci. Nat. Univ. Sunyatseni 20(1): 89. 1981. **Isotype:** China. Guangxi: Tianlin, 1956-07-28, Y. K. Li 00560.

广东山茶 ***Camellia kwangtungensis*** H. T. Chang, Taxon. Gen. Camellia 127. 1981. **Isotype:** China. Guangdong: Yangshan, alt. 1 100 m, 1958-11-23, P. C. Tam 60382.

披针叶连蕊茶 ***Camellia lancilimba*** H. T. Chang, Taxon. Gen. Camellia 161, f. 29: 1-2. 1981. **Paratype:** China. Guangdong: Huaiji, alt. 600~700 m, 1956-10-25, Y. G. Liu 02592.

散柱茶 ***Camellia liberistyla*** H. T. Chang, Taxon. Gen. Camellia 18. 1981. **Paratype:** China. Yunnan: Wenshan, alt. 1 900~2 300 m, 1947-08-16, K. M. Feng 11264.

连山离蕊茶 ***Camellia lienshanensis*** H. T. Chang, Taxon. Gen. Camellia 89. 1981. **Paratype:** China. Guangdong: Liannan, alt. 700 m, 1958-09-20, P. C. Tam 59565.

刘幼堂山茶 ***Camellia liuii*** Tsai & K. M. Feng in Acta Phytotaxon. Sin. 1(2): 189, pl. 11. 1951. **Isotype:** China. Yunnan: Jingdong, alt. 2 200 m, 1939-11-12, M. K. Li 1163.

长萼连蕊茶 ***Camellia longicalyx*** H. T. Chang, Taxon. Gen. Camellia 136. 1981. **Isotype:** China. Guangxi: Quanzhou, 1935-05-14, C. H. Tsoong 81616.

闪光红山茶 ***Camellia lucidissima*** H. T. Chang, Taxon. Gen. Camellia 79. 1981. **Holotype:** China. Jiangxi: Nanfeng, alt. 1 100 m, 1965-04-27, X. X. Yang & al. 650455.

龙胜红山茶 ***Camellia lungshenensis*** H. T. Chang, Taxon. Gen. Camellia 67. 1981. **Paratype:** China. Guangxi: Longsheng, 1962-04-10, S. F. Yuan & L. F. Liu 5153.

白花毛蕊山茶 ***Camellia mairei*** (Lévl.) Melchior var. ***alba*** H. T. Chang, Taxon. Gen. Camellia 60. 1981. **Holotype:** China. Sichuan: Emei, Emeishan, alt. 1 650 m, 1964-11-18, K. C. Kuan & al. 2760.

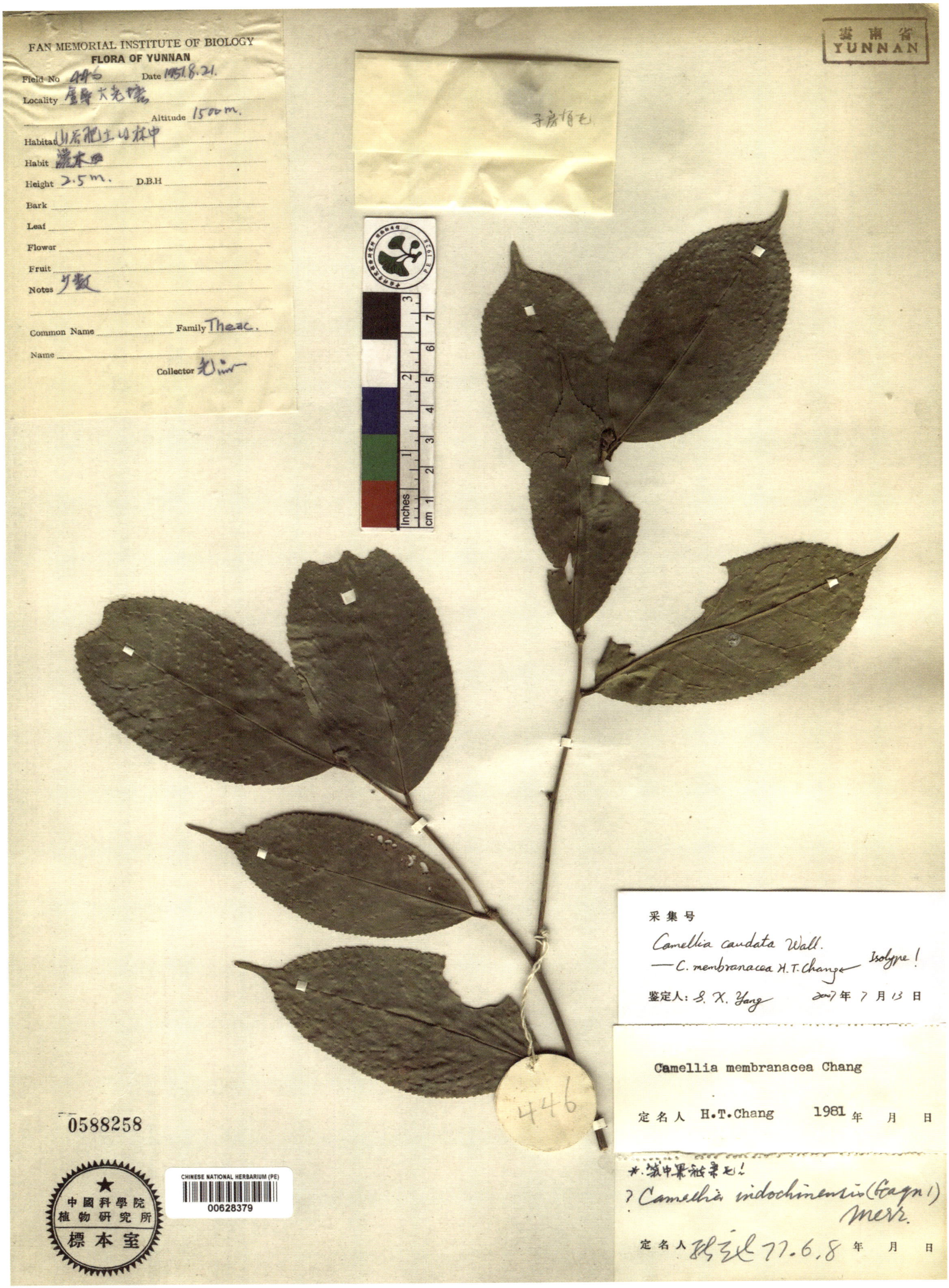

膜叶连蕊茶 ***Camellia membranacea*** H. T. Chang, Taxon. Gen. Camellia 159. 1981. **Isotype:** China. Yunnan: Jinping, alt. 1 500 m, 1951-08-21, P. I Mao 446.

多萼红山茶 ***Camellia multiperulata*** H. T. Chang, Taxon. Gen. Camellia 66. 1981. **Isotype:** China. Guangdong: Fengkai, 1963-12-15, S. H. Chun 18469.

钝叶短柱茶 ***Camellia obtusifolia*** H. T. Chang, Taxon. Gen. Camellia 38. 1981. **Paratype:** China. Zhejiang: Longquan, 1959-09-28, S. Y. Chang 6939.

茶梨油茶 ***Camellia octopetala*** Hu in Acta Phytotaxon. Sin. 10(2): 134. 1965. **Holotype:** China. Zhejiang: Longquan, 1959-11-17, S. Y. Chang 7002.

峨眉红山茶 ***Camellia omeiensis*** H. T. Chang, Taxon. Gen. Camellia 56, f. 8. 1981. **Paratype:** China. Chongqing: Nanchuan, alt. 1 500~1 800 m, 1959-03-27, Sichuan Econ. Pl. Exped. 00819.

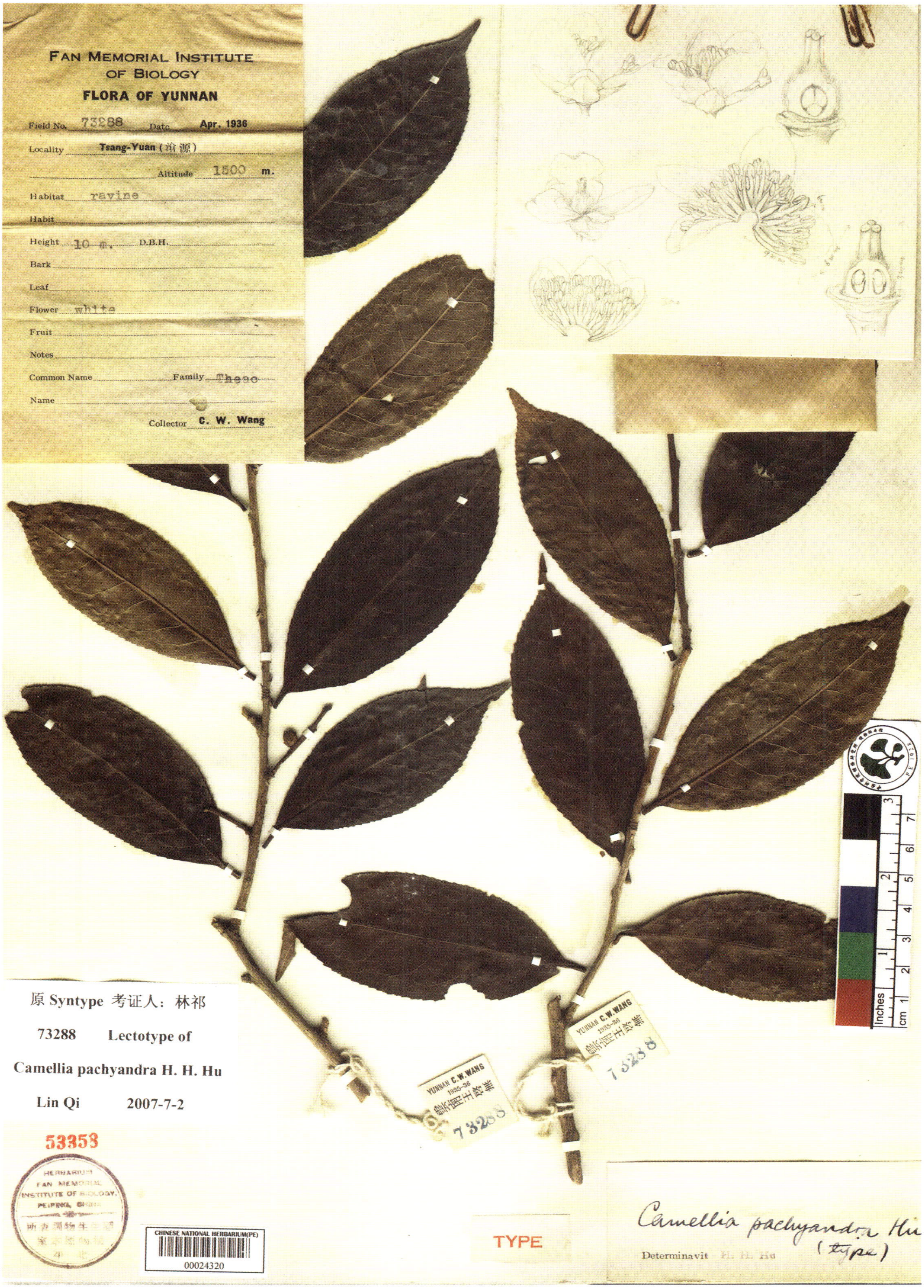

厚短蕊茶 ***Camellia pachyandra*** Hu in Bull. Fan Mem. Inst. Biol., Bot. Ser. 8(3): 131. 1938. **Lectotype** (designated by Q. Lin & al. in Acta Bot. Boreal.-Occident. Sin. 28: 1696. 2008.): China. Yunnan: Tsang-Yuan (=Cangyuan), alt. 1 500 m, 1936-04-??, C. W. Wang 73288.

细尖连蕊茶 ***Camellia parvicuspidata*** H. T. Chang, Taxon. Gen. Camellia 141. 1981. **Paratype:** China. Guangdong: Jiaoling, alt. 1 100 m, 1957-05-09, L. Deng 4654.

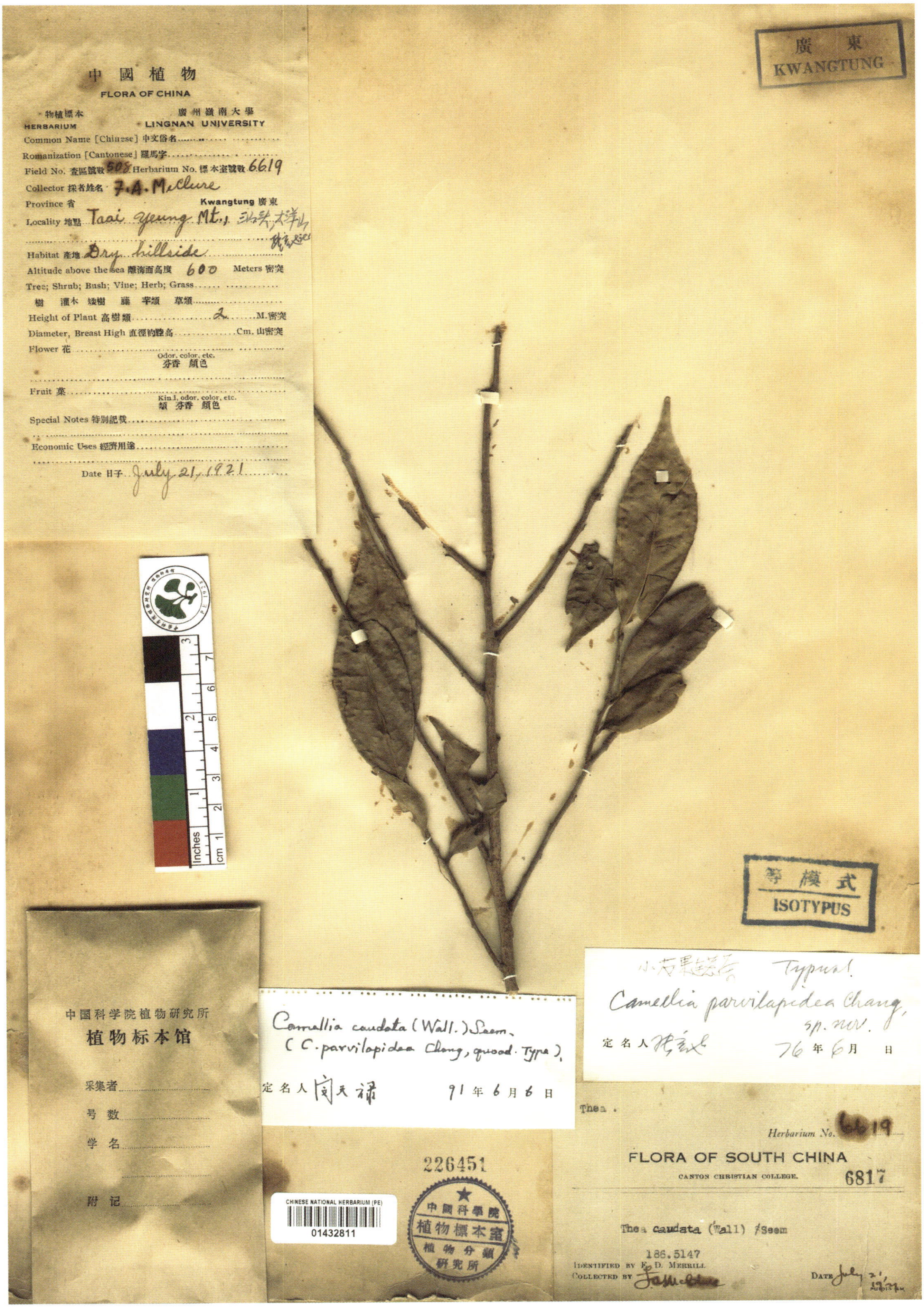

小石果连蕊茶 ***Camellia parvilapidea*** H. T. Chang, Taxon. Gen. Camellia 155. 1981. **Isotype:** China. Guangdong: Shantou, Dayangshan, alt. 600 m, 1921-07-21, F. A. McClure 6619.

细叶连蕊茶 ***Camellia parvilimba*** Merr. & Metc. in Lingnan Sci. J. 16(2): 171, f. 9. 1937. **Isotype:** China. Guangdong: Dapu, 1932-09-(08~29), W. T. Tsang 21560.

短柄细叶连蕊茶 ***Camellia parvilimba*** Merr. & Metc. var. ***brevipes*** H. T. Chang, Taxon. Gen. Camellia 151. 1981. **Isotype:** China. Jiangxi: Anfu, Wugongshan, 1959-08-09, S. S. Lai 1699.

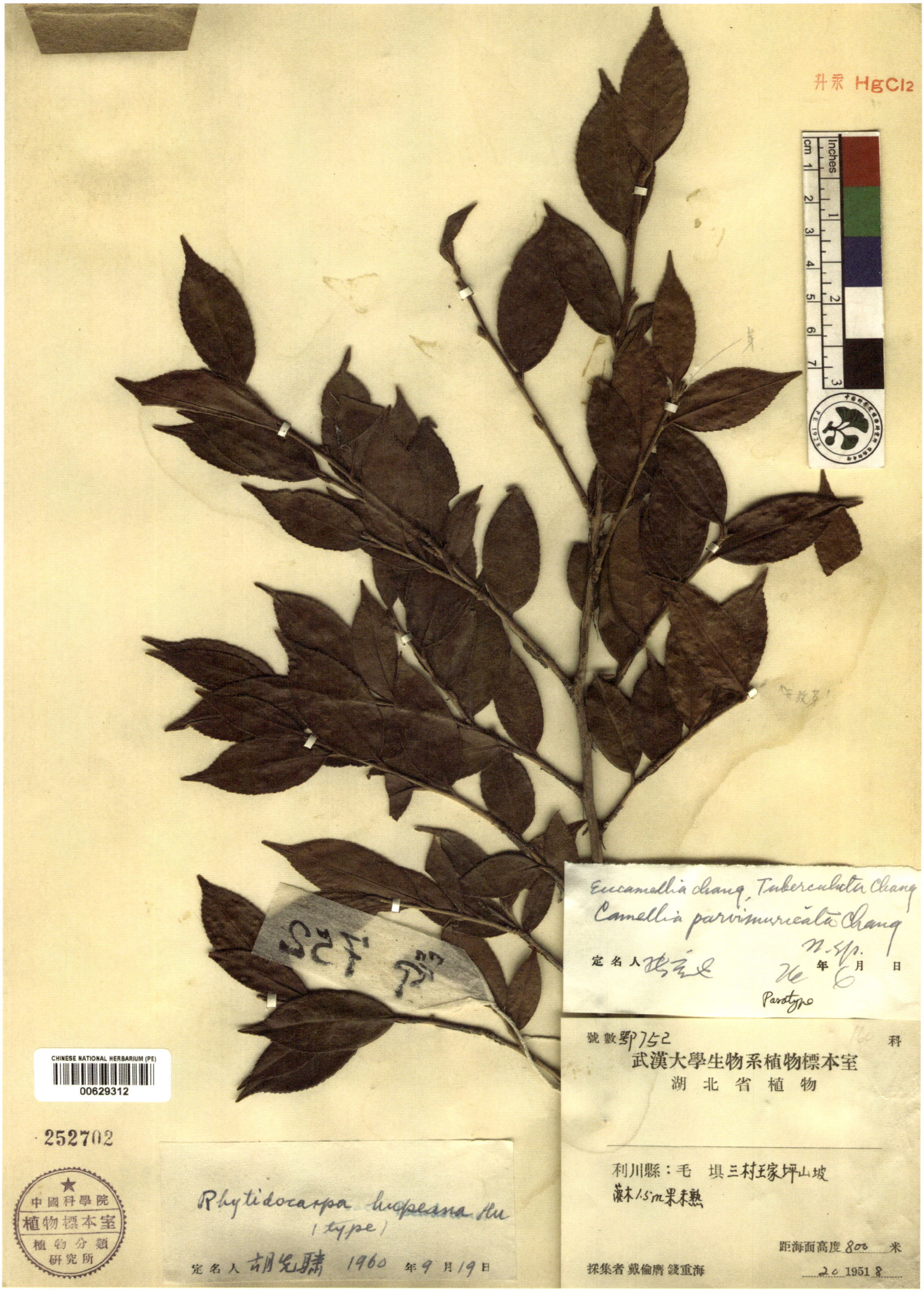

小瘤果茶 ***Camellia parvimuricata*** H. T. Chang, Taxon. Gen. Camellia 51, f. 7. 1981. **Paratype:** China. Hubei: Lichuan, alt. 800 m, 1951-08-20, L. Y. Dai & Z. H. Qian 752.

小卵叶连蕊茶 ***Camellia parviovata*** H. T. Chang & S. S. Wang in Chang, Taxon. Gen. Camellia 163. 1981. **Holotype:** China. Sichuan: Emei, Emeishan, 1932-04-16, T. T. Yu 304.

超尖连蕊茶 ***Camellia percuspidata*** H. T. Chang, Taxon. Gen. Camellia 156. 1981. **Isotype:** China. Yunnan: Jinping, 1956-12-08, Sino-Russia Yunnan Exped. 2230.

毛籽茶 ***Camellia pilosperma*** S. Y. Liang in Acta Phytotaxon. Sin. 17(4): 95, f. 1. 1981. **Isotype:** China. Guangxi: Zhaoping, alt. 450 m, 1965-12-11, S. Y. Liang 6505259.

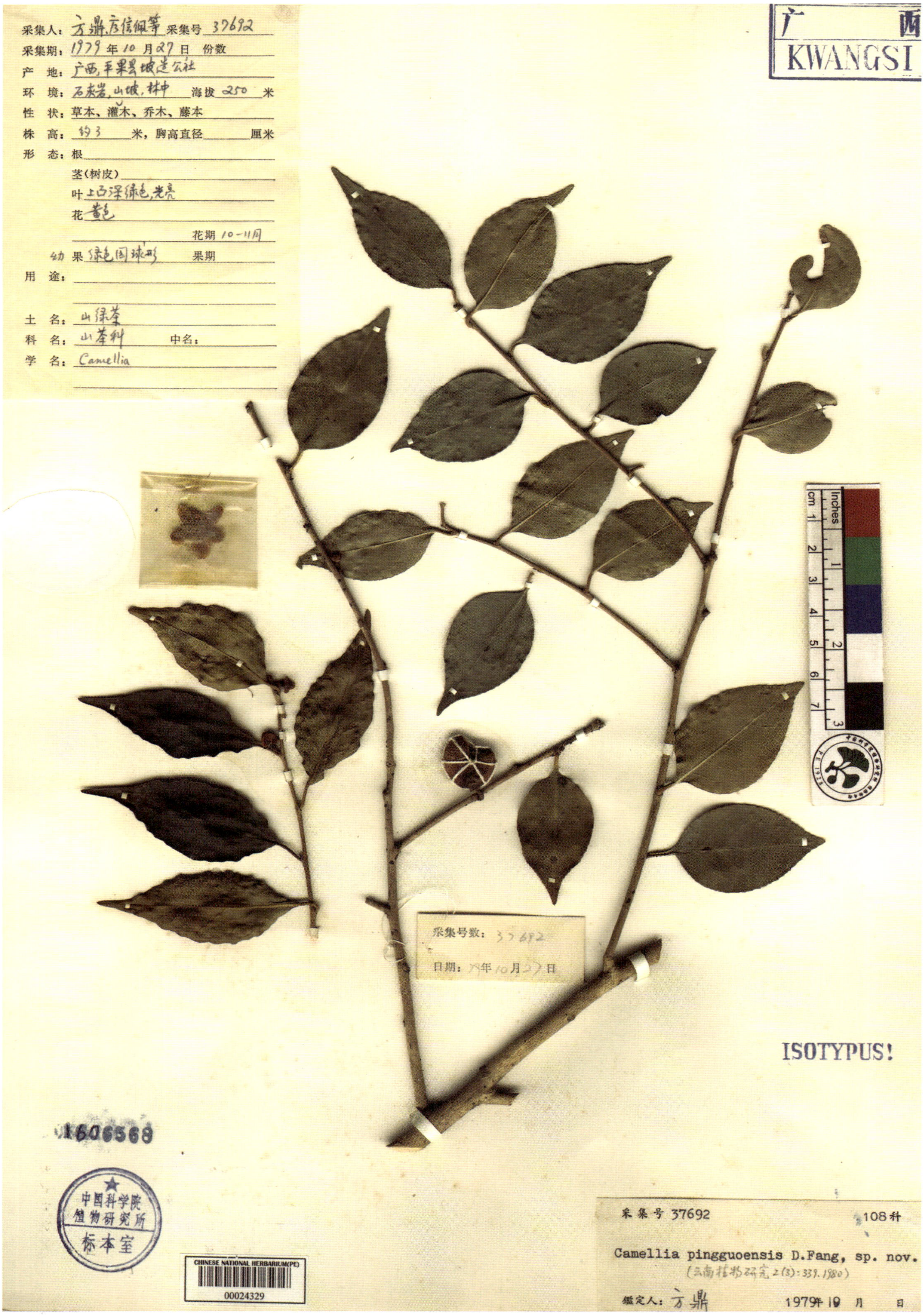

平果金花茶 ***Camellia pingguoensis*** D. Fang in Acta Bot. Yunnan. 2(3): 339, f. 2. 1980. **Isotype:** China. Guangxi: Pingguo, alt. 250 m, 1979-10-27, D. Fang & al. 37692.

宛田红花油茶 ***Camellia polyodonta*** How ex Hu in Acta Phytotaxon. Sin. 10(2): 135, pl. 27. 1965. **Holotype:** China. Guangxi: Lingui, 1957-02-??, Z. J. Huang 2084.

多瓣糙果茶 ***Camellia polypetala*** H. T. Chang, Taxon. Gen. Camellia 27. 1981. **Isotype:** China. Guangdong: Fengkai, 1963-12-11, S. H. Chun 18404.

毛叶茶 ***Camellia ptilophylla*** H. T. Chang in Acta Sci. Nat. Univ. Sunyatseni 20(1): 98. 1981. **Paratype:** China. Guangdong: Conghua, alt. 480 m, 1958-11-09, L. Deng 8365.

毛瓣金花茶 ***Camellia pubipetala*** Y. Wan & S. Z. Huang in Acta Phytotaxon. Sin. 20(3): 316, f. 1. 1982. **Isotype:** China. Guangxi: Longan, 1980-11-28, B. Qin & Y. Wan 80042.

粉红短柱茶 ***Camellia puniceiflora*** H. T. Chang, Taxon. Gen. Camellia 40. 1981. **Isotype:** China. Zhejiang: Longquan, 1959-11-10, S. Y. Chang 7150.

皱果茶 ***Camellia rhytidocarpa*** H. T. Chang & S. Y. Liang in H. T. Chang, Taxon. Gen. Camellia 49. 1981. **Isotype:** China. Guangxi: Longsheng, 1957-11-19, H. F. Qin 700908.

白花南山茶 ***Camellia semiserrata*** C. W. Chi var. ***albiflora*** Hu & T. C. Huang in Acta Phytotaxon. Sin. 10(2): 137. 1965. **Lectotype** (designated by Q. Lin & al. in Acta Bot. Boreal.-Occident. Sin. 28: 1696. 2008.): China. Guangdong: Fengkai, 1963-12-21, S. H. Chun 18468.

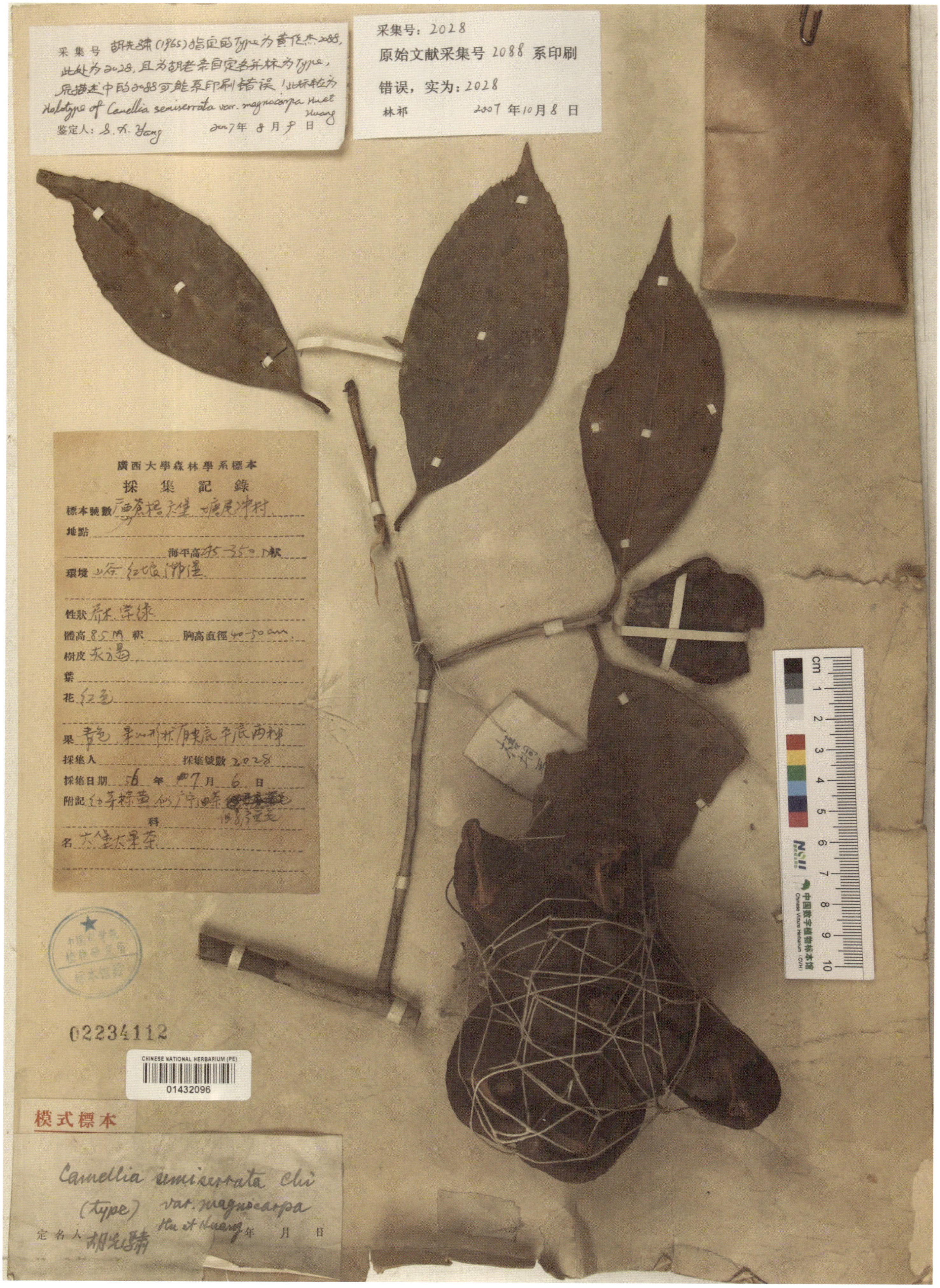

大果南山茶 ***Camellia semiserrata*** C. W. Chi var. ***magnocarpa*** Hu & T. C. Huang in Acta Phytotaxon. Sin. 10(2): 137. 1965. **Holotype:** China. Guangxi: Cangwu, alt. 275~350 m, 1956-07-06, T. C. Huang 2028.

陕西短柱茶 ***Camellia shensiensis*** H. T. Chang, Taxon. Gen. Camellia 39. 1981. **Holotype:** China. Chongqing: Beibei, 1939-01-19, C. W. Yao 3410.

云南石笔木 *Camellia sophiae* Hu in Bull. Fan Mem. Inst. Biol., Bot. Ser. 8(3): 134. 1938. **Lectotype** (designated by Q. Lin & al. in Acta Bot. Boreal.-Occident. Sin. 28: 1697. 2008.): China. Yunnan: Shih-Ping (=Shiping), alt. 1 600 m, 1933-05-19, H. T. Tsai 53347.

肖长尖连蕊茶 ***Camellia subacutissima*** H. T. Chang, in Taxon. Gen. Camellia 143. 1981. **Paratype:** China. Guangxi: Rongshui, alt. 480~720 m, 1958-09-04, S. H. Chun 16681.

全缘红山茶 ***Camellia subintegra*** P. C. Huang ex H. T. Chang, Taxon. Gen. Camellia 83. 1981. **Paratype:** China. Jiangxi: Anfu, Wugongshan, alt. 890 m, 1954-09-23, Jiangxi Exped. 1515.

四球茶 ***Camellia tetracocca*** H. T. Chang in Acta Sci. Nat. Univ. Sunyatseni 20(1): 90. 1981. **Holotype:** China. Guizhou: Puan, Guizhou Agricultural Product Procurement Agency 2.

毛丝连蕊茶 ***Camellia trichandra*** H. T. Chang, Taxon. Gen. Camellia 168. 1981. **Paratype:** China. Guangxi: Baise, 1955-12-27, Baise Exped. 1816.

棱果毛蕊茶 ***Camellia trigonocarpa*** H. T. Chang, Taxon. Gen. Camellia 173. 1981. **Paratype:** China. Guangdong: Lechang, 1930-12-06, N. K. Chun 42388.

云南连蕊茶 ***Camellia tsaii*** Hu in Bull. Fan Mem. Inst. Biol., Bot. Ser. 8: 132. 1938. **Holotype:** China. Yunnan: Luxi, alt. 1 750 m, 1933-02-09, H. T. Tsai 56865.

屏边连蕊茶 ***Camellia tsingpienensis*** Hu in Bull. Fan Mem. Inst. Biol., Bot. Ser. 8(3): 129. 1938. **Lectotype** (designated by Q. Lin & al. in Acta Bot. Boreal.-Occident. Sin. 28: 1697. 2008.): China. Yunnan: Tsing-pian (=Pingbian), alt. 1 800 m, 1932-12-29, H. T. Tsai 52519.

细萼连蕊茶 ***Camellia tsofui*** Chien in Contr. Biol. Lab. Sci. Soc. China, Bot. Ser. 7(2): 91, f. 2. 1939. **Lectotype** (designated by Q. Lin & al. in Acta Bot. Boreal.-Occident. Sin. 28: 1697. 2008.): China. Chongqing: Beipei, 1932-04-06, C. Pei 7090.

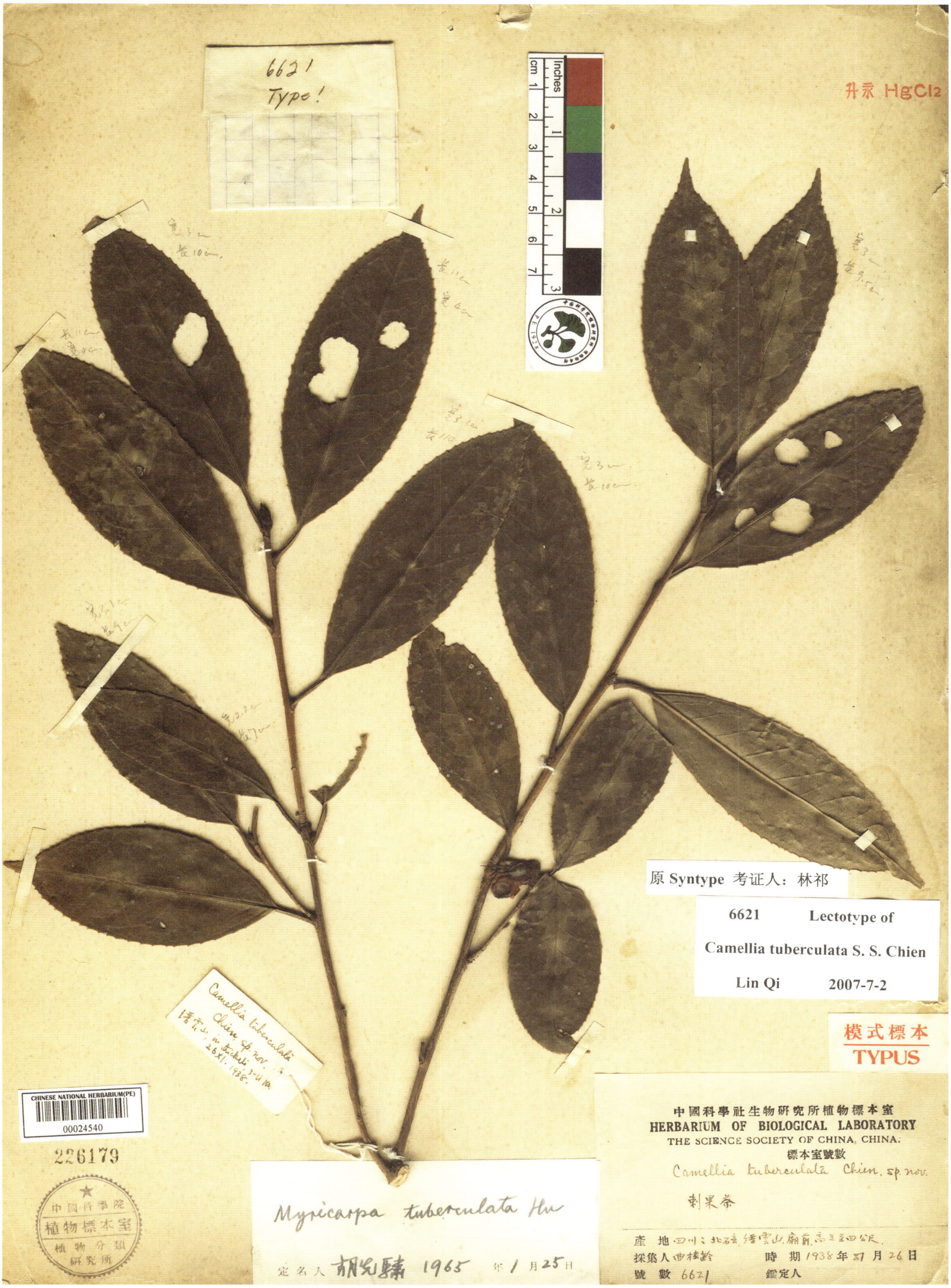

瘤果茶 ***Camellia tuberculata*** Chien in Cont. Biol. Lab. Sci. Soc. China, Bot. Ser. 7(2): 94, f. 3. 1939. **Lectotype** (designated by Q. Lin & al. in Acta Bot. Boreal.-Occident. Sin. 28: 1697. 2008.): China. Chongqing: Beipei, 1938-11-26, K. L. Chu 6621.

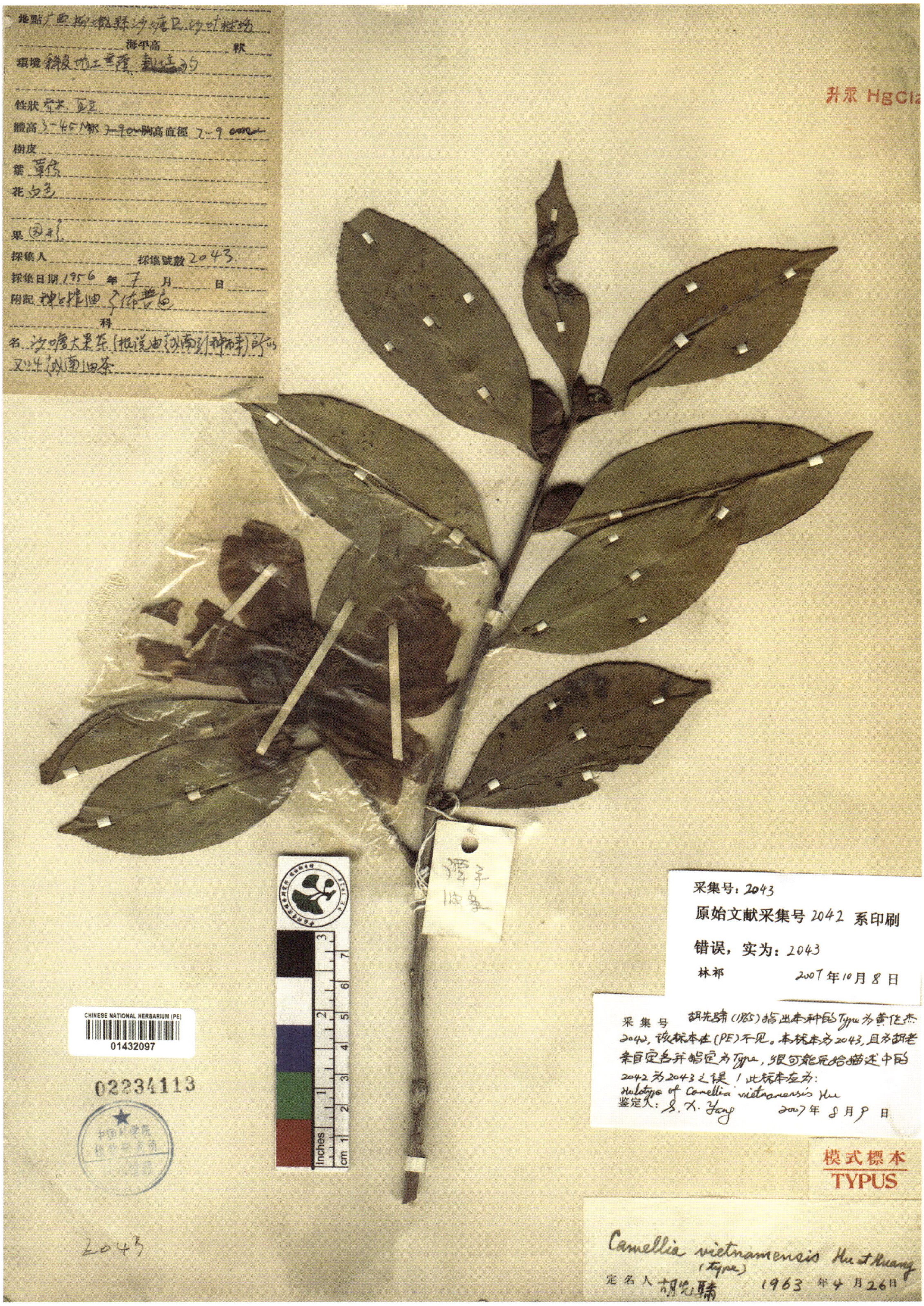

越南油茶 ***Camellia vietnamensis*** T. C. Huang ex Hu in Acta Phytotaxon. Sin. 10(2): 138, pl. 28. 1965. **Holotype:** China. Guangxi: Liucheng, 1956-07-??, T. C. Huang 2043.

Camellia drupifera Lour. Fl. Cochinch. 2: 411. 1790. **Neotype** (designated by T. L. Ming & B. Bartholomew, Fl. China 12: 411. 2007.): China. Guangxi: Liucheng, 1956-07-??, T. C. Huang 2043.

小果毛蕊茶 ***Camellia villicarpa*** Chien in Contr. Biol. Lab. Sci. Soc. China, Bot. Ser. 12(2): 99. 1939. **Holotype:** China. Sichuan: Guan Xian (=Dujinagyan), alt. 915~1 098 m, 1928-07-06, W. P. Fang 2058.

长毛红山茶 ***Camellia villosa*** H. T. Chang & S. Y. Liang in H. T. Chang, Taxon. Gen. Camellia 60. 1981. **Isotype:** China. Guangxi: Longsheng, 1956-10-15, T. C. Huang 2060.

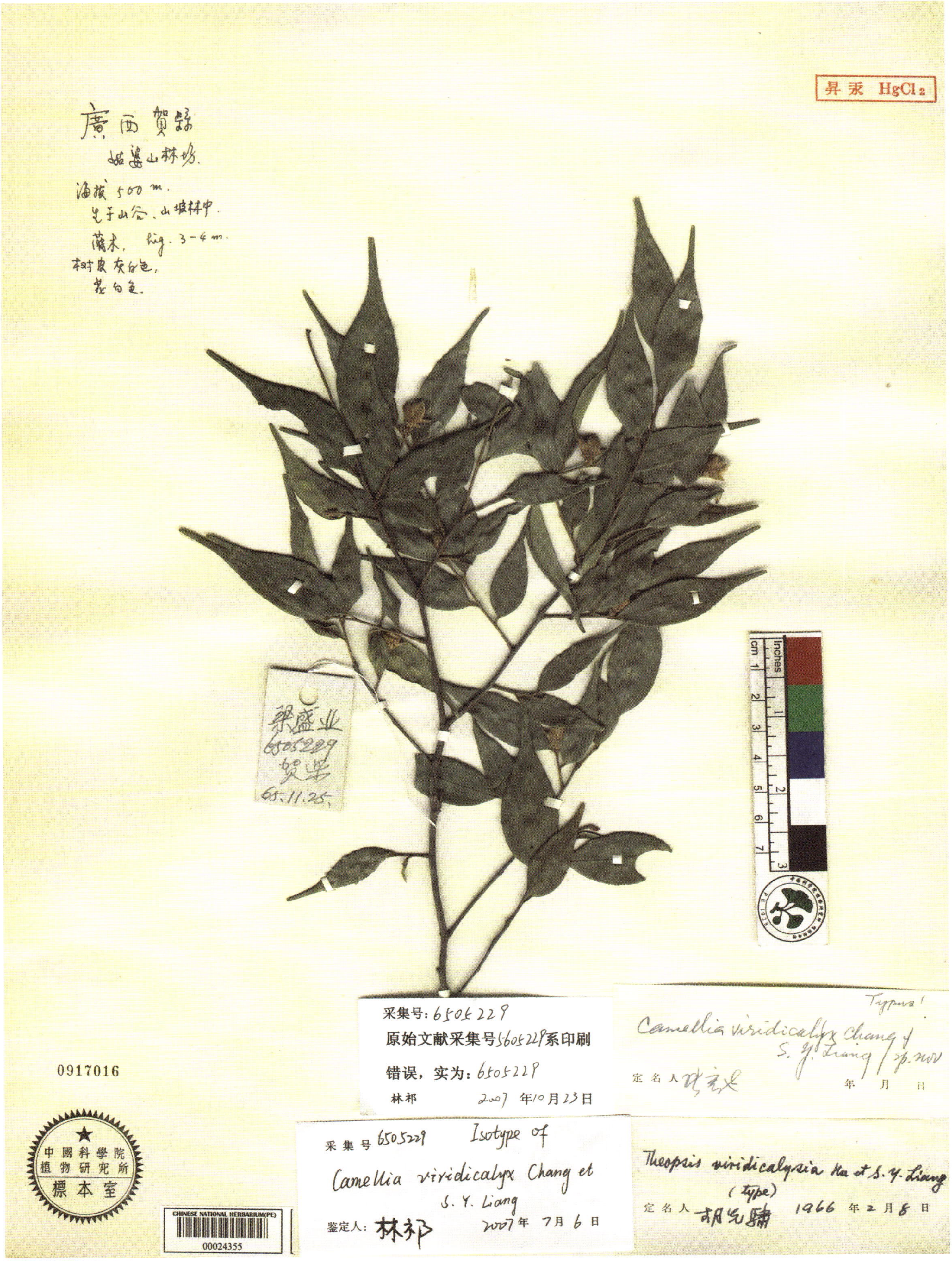

绿萼连蕊茶 ***Camellia viridicalyx*** H. T. Chang & S. Y. Liang in H. T. Chang, Taxon. Gen. Camellia 164. 1981. **Isotype:** China. Guangxi: Hezhou, alt. 500 m, 1965-11-25, S. Y. Liang 6505229.

文山毛蕊茶 ***Camellia wenshanensis*** Hu in Bull. Fan Mem. Inst. Biol., Bot. Ser. 8: 130. 1938. **Holotype:** China. Yunnan: Wenshan, alt. 2 000 m, 1933-01-22, H. T. Tsai 51612.

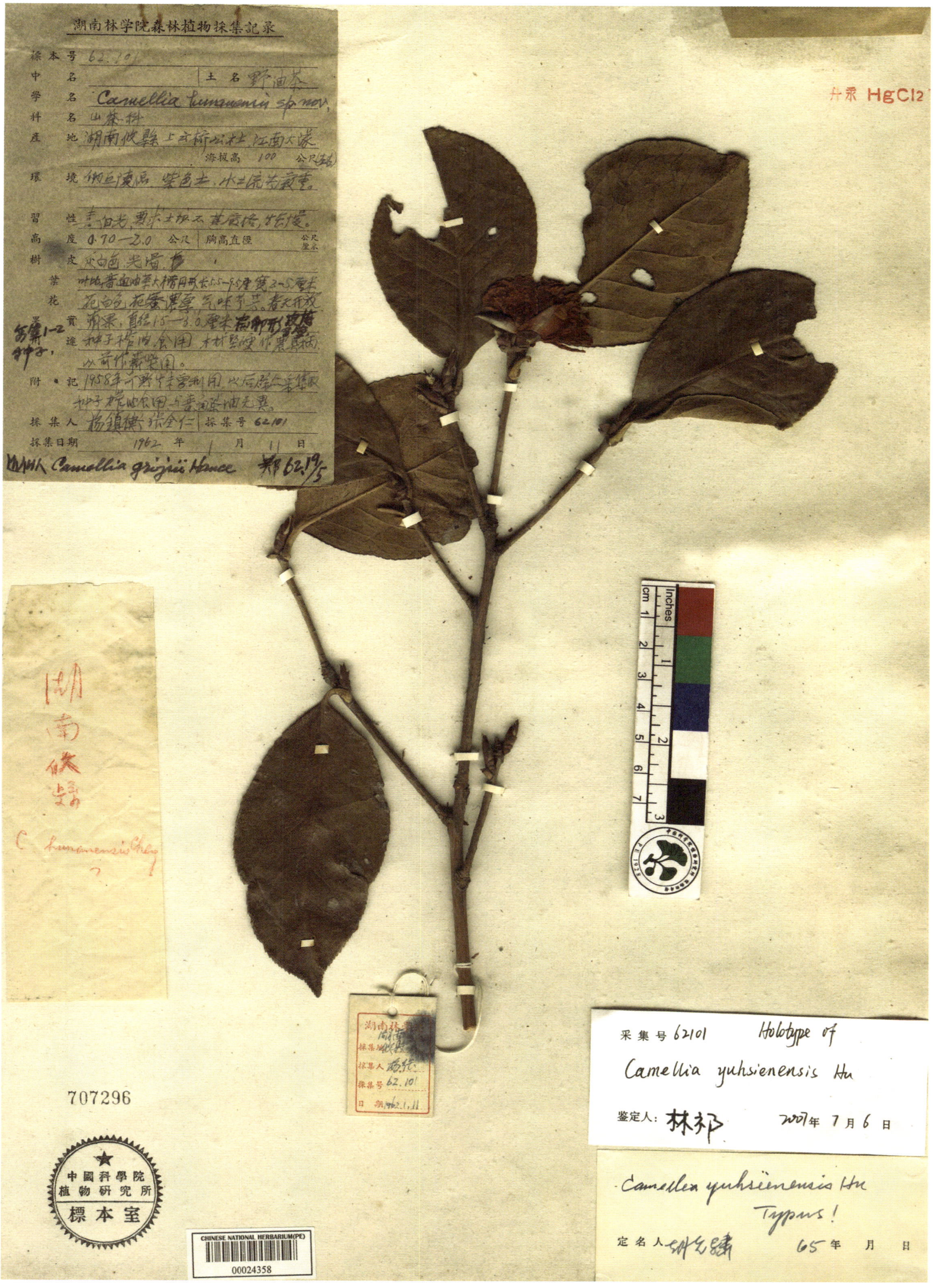

攸县油茶 ***Camellia yuhsienensis*** Hu in Acta Phytotaxon. Sin. 10(2): 139. 1965. **Holotype:** China. Hunan: You Xian, alt. 100 m, 1962-01-11, Z. H. Yang & Q. R. Zhang 62101.

榕江茶 *Camellia yungkiangensis* H. T. Chang in Acta Sci. Nat. Univ. Sunyatseni 20(1): 95. 1981. **Holotype:** China. Guizhou: Rongjiang, alt. 970 m, 1965-08-10, C. P. Tsien & al. 51745.

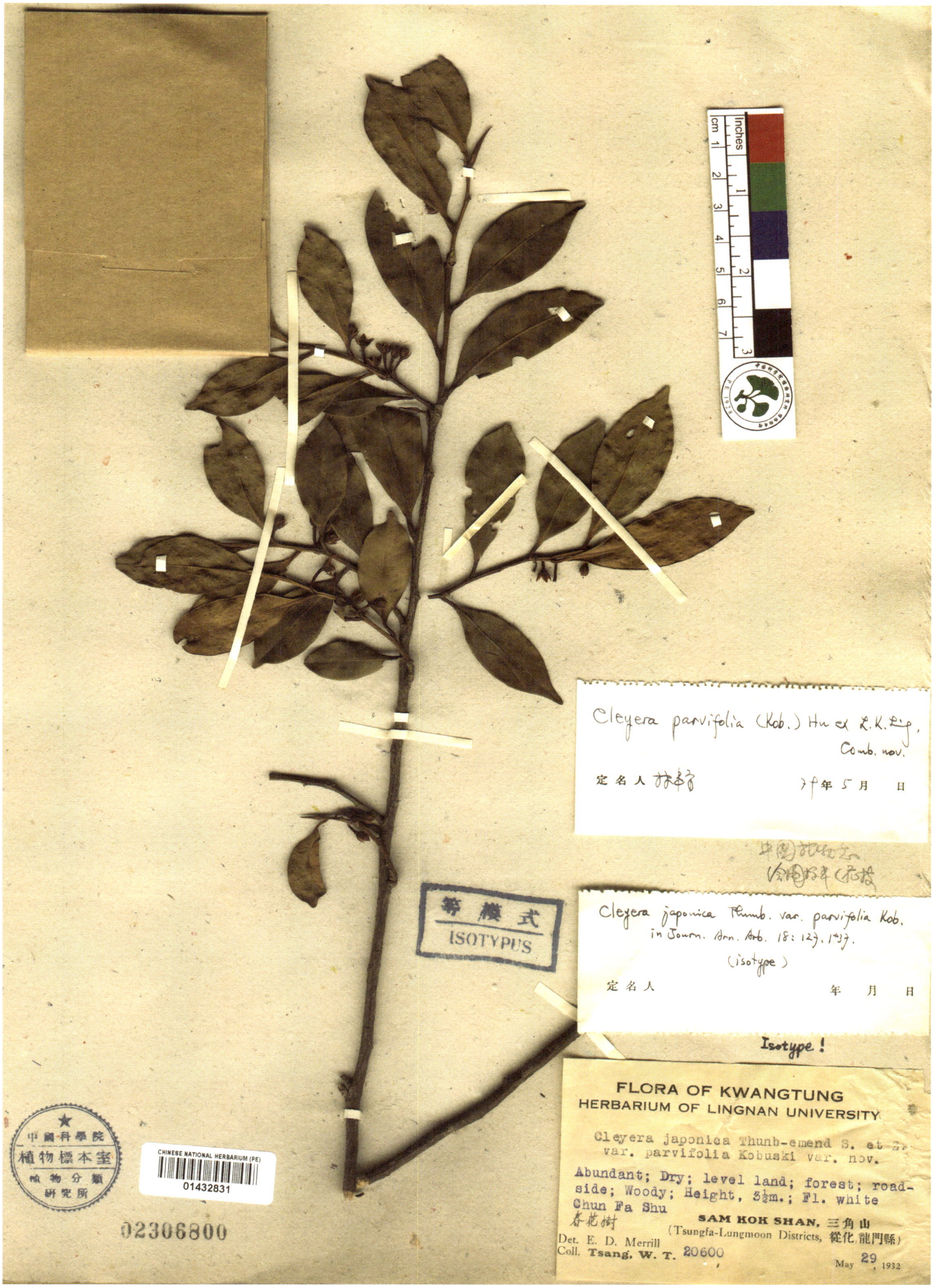

小叶红淡比 ***Cleyera japonica*** Thunb. var. ***parvifolia*** Kob. in J. Arnold Arb. 18(2): 125. 1937. **Iostype:** China. Guangdong: Conghua, 1932-05-29, W. T. Tsang 20600.

阳春红淡比 ***Cleyera yangchunensis*** L. K. Ling, Fl. Reip. Pop. Sin. 50(1): 194, pl. 17: 1-3. 1998. **Holotype:** China. Guangdong: Yangchun, alt. 200~500 m, 1957-10-??, K. Liang 69590.

Index to Scientific Names / 拉丁学名索引

Index to Chinese Names / 中名索引

6 画

7 画

8 画

9 画

10 画

11 画

12 画

13 画

14 画

15 画

16 画

17 画

21 画

Authors and Addresses ／作者及工作单位地址

BAN Qin, CHEN Shurong, DU Yufen, FU Lianzhong, LIN Qi, MA Xintang, WANG Zhongtao, YANG Zhirong
China National Herbarium (PE), Institute of Botany, Chinese Academy of Sciences, Xiangshan, Beijing 100093, Beijing.

CHEN Yali, HE Shanshan, JING Xuan, LIN Yun, LIU Wenqun, WANG Mingqiong, WU Huibing, YUN Yingxia
Hunan Medication Vestibule School, Hunan Food and Drug Vocational College, Changsha 410208, Hunan.

LI Hongli
Haidian Agricultural Institute, Beijing100080, Beijing.

SHI Qingchun, WU Jiali
College of Life Science, Hebei Normal University, Shijiazhuang 050016, Hebei.

班　勤　陈淑荣　杜玉芬　傅连中　林　祁　马欣堂　王忠涛　杨志荣
邮政编码：100093，北京市，香山，中国科学院植物研究所 国家植物标本馆（PE）

陈雅丽　何珊珊　敬　璇　林　云　刘文群　王明琼　吴慧冰　云映霞
邮政编码：410208，湖南省，长沙市，湖南食品药品职业学院，湖南省医药技工学校

李红丽
邮政编码：100080，北京市，海淀区农业科学研究所

石青春　吴佳丽
邮政编码：050016，河北省，石家庄市，河北师范大学　生命科学学院